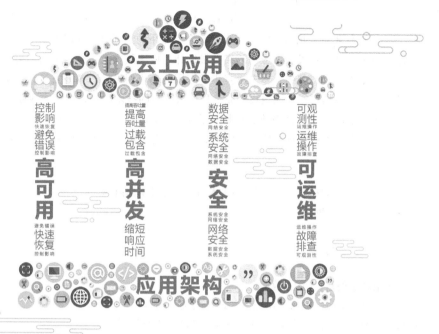

Reinvent Applications on the Cloud

应用上云改造
从知识图谱到最佳案例

贺阮　史冰迪　陆佳亮　著

电子工业出版社

Publishing House of Electronics Industry

北京·BEIJING

内 容 简 介

十年前的云计算是以资源为中心的，而现在（2024 年），云计算是以应用为中心的。

本书分为 8 章，内容涉及应用上云简介、应用的空间维度和时间维度、应用的功能性设计、应用的高可用设计、应用的高并发设计、应用的安全设计、应用的可运维设计、应用上云总结与展望。其中，本书重点讲解应用的高可用设计、高并发设计、安全设计及可运维设计，介绍如何通过应用设计充分释放云平台的技术红利，快速实现业务构建。

希望本书能为云计算领域的从业者提供一个清晰的方向，通过分享经验与方法帮助他们更好地探索、设计并优化应用，以更高效地应对不断变化的市场需求和技术挑战。

图书在版编目（CIP）数据

应用上云改造 ： 从知识图谱到最佳案例 / 贺阮，史冰迪，陆佳亮著. -- 北京 ： 电子工业出版社，2024. 8.

ISBN 978-7-121-48562-6

Ⅰ. TP393.027

中国国家版本馆 CIP 数据核字第 2024YF4075 号

责任编辑：孙奇俏

印　　刷：固安县铭成印刷有限公司

装　　订：固安县铭成印刷有限公司

出版发行：电子工业出版社

　　　　　北京市海淀区万寿路 173 信箱　　　　邮编：100036

开　　本：720×1000　　1/16　　印张：26　　字数：624 千字

版　　次：2024 年 8 月第 1 版

印　　次：2025 年 1 月第 2 次印刷

定　　价：128.00 元

凡所购买电子工业出版社图书有缺损问题，请向购买书店调换。若书店售缺，请与本社发行部联系，联系及邮购电话：（010）88254888，88258888。

质量投诉请发邮件至 zlts@phei.com.cn，盗版侵权举报请发邮件至 dbqq@phei.com.cn。

本书咨询联系方式：faq@phei.com.cn。

推荐序

这是我第二次为贺阮博士的书作序。我与这本书的渊源可以追溯到 2021 年夏天。当时，贺博士来到我的住处，向我展示这本书的大纲。我看到，书的框架已经基本形成，但具体内容还未准备充分。于是，那天我和贺博士讨论了一整个下午，深入理解每一章的意图，探讨如何更好地组织书中的知识结构，并推敲了一些标题的措辞，希望使内容更加精准。在那个时候，他就已经有了"结构比内容更重要"的观点。

接下来的几年中，我们多次讨论本书的一些思想和案例，直至有一天贺博士告诉我，书已经定稿了。我很惊讶，因为他原本的预期是需要更长的时间。至于原因……ChatGPT 的出现大大提升了文字工作的生产力。

在某种意义上，当贺博士构建出他对云上应用需要关注的知识图谱时，对应的知识模型就已经被抽象出来了。书中的内容只不过是将这个模型具象化了，提供了更详细的解释和更具体的例子来帮助读者理解。比如，当书中谈到"高可用"这样一个概念时，它会明确具体在说什么，以及应当从哪几个维度来探讨这个概念，这就是所谓的知识图谱。因此，本书的读者需要特别关注知识的体系性，而非具体的展现形式。

当阅读本书中的案例时，如果能尝试实现相对复杂且具体的案例，并与书中的知识结构对应起来，则将有助于理解案例中所涉及概念的层级结构。这样的思考能使我们将本书的内容与日常工作结合起来，从而获得不同视角的理解和启发。

另外，有一个有趣的问题是，"云计算"似乎已经是一个多年前的概念了，甚至从"云原生"这个概念被提出来到本书定稿，也已经超过了 10 年。那为什么选择现在出书来介绍应用上云的实践呢？是不是显得太晚了？

我们可以这样类比：C++作为一种面向对象的编程语言，早在 20 世纪 80 年代初就被发明了，而四位在 C++和其他面向对象语言领域颇有经验的大师，直到 1995 年才合作出版了经典之作 *Design Patterns*（国内引进版《设计模式》于 2000 年出版）。云计算作为一个大幅改变资源部署和运维模式的基础设施，对上层应用的影响是深远的。我们作为从业人员，需要多年的实践来总结经验教训，形成云上的应用设计模式。本书正是贺博士在这方面的尝试。

书中总结的设计模式和架构建议都源自真实场景，有些还配有代表性的案例。在这些案例中，有的是贺博士多年的亲身经历，有的则是业内的知名事件。很多案例从未被公开，尤其是一些重大故障案例，要想全面且系统地了解这些案例，属实很难。但本书为读者提供了这样的机会。

业内常说"有故事可说的人，往往没时间写；有时间写的人，往往没有足够的故事"。但贺博士是少有的既有丰富的故事，又有时间述说的人。我相信，本书中的案例和相应的设计模式会帮助大量从业人员建立起对应用上云的认知，而不必亲身经历那些惨痛的失败过程。

最后，我想谈谈贺博士在前言中写的那个精妙的"医书"比喻。我们奋战在研发一线的同行，就像写处方的"医生"，面对的是一个个具体的挑战和现实的问题，这些问题就好比一个个鲜活的"病人"。如何开出合适的处方，是对我们"医术"的考验。而本书更像一本"医书"，它收集了一些"病例"，并将其总结、抽象为一套云上应用的知识体系。

但是，研发归根结底是一门"临床科学"。我们作为"医生"，不能按图索骥，必须对症下药。再好的"医书"也只是纸上的文字，只有通过开出的"处方"和"临床试验"，才能真正检验我们的认知是否符合现实情况。从这个层面来说，只有知行合一，我们才能成为更好的"医生"。

当从业者面对复杂多变的现实问题时，希望本书能为他们提供一个清晰的"框架"，帮助他们找到有效的"方案"。

叶绍志 博士

2024 年 7 月 6 日

推荐语

　　这是一本应用上云的宝藏级参考书。三位作者通过自身多年在云计算领域的研究和实践，绘制了一幅完整的应用上云知识图谱，让读者能够快速掌握如何充分利用云平台的技术红利来实现业务构建。同时，本书是从业人员通向架构师之路的技术指南，包含丰富的实战案例，能帮助读者理解和找到平衡效能与成本的实践路径。

朱浩瑾

上海交通大学教授

IEEE Fellow

　　近年来，随着云计算，尤其是云原生技术的快速发展，越来越多的企业开始将应用迁移到云上。然而，在应用上云的过程中，企业往往面临着诸多挑战。如何高效地进行上云适配，直接关系到应用迁移的效率及云上应用的稳定性和可维护性。本书以应用为核心，系统介绍了应用上云过程中涉及的各个方面，包括应用的功能性设计、高可用设计、高并发设计、安全设计、可运维设计等。通过全面且深入的讲解，本书为读者提供了清晰的应用上云设计指南。在我看来，企业如果能够遵循本书的方法进行应用上云，其上云效率必将大幅提升，且云上应用在稳定性和可维护性方面也将达到最佳状态。

孔令飞

字节跳动云原生开发专家

《企业级 Go 项目开发实战》作者

前 言

大部分人更关心如何在股市投资上成功，查理·芒格最关心的却是为什么在股市投资上大部分人都失败了。这是《穷查理宝典》中关于芒格思维的大致刻画。

在芒格漫长的一生中，他持续不断地收集并研究各种各样的失败案例，并把失败的原因总结成做出正确决策前的检查清单，这使他在人生、事业的决策上几乎从不犯重大错误。我们对云上应用的设计也应如此，需要通过对各类故障进行分析，获得架构设计最佳实践——这里的"最佳"指的是犯最少的错误。

笔者还记得自己刚刚接手"上云迁移"业务时，有一个重要客户的线上商城应用上线仅仅 5 秒，就因为大量用户的争相访问及"黄牛"抢票软件的疯狂刷票而变得不可用。笔者当时就在想，要是有一本书，可以体系化地介绍在应用上云过程中需要考虑的方方面面，并且能结合实际案例把这些说清楚，就太好了！于是，笔者萌生了撰写本书的想法。

在后续的工作中，随着帮助越来越多的客户将原先的传统应用迁移上云，笔者逐步积累了云上应用知识体系，并且慢慢接触到了应用上云的各种案例——固然有许多通过应用上云改造支撑海量用户的正面案例，但更多的是反面案例——因为在应用上云的设计或流程上没有做到位。通过对各种反面案例进行分析，我们能够更好地设计和优化云上应用，使其满足高可用、高并发、安全和可运维的要求。

有了 ChatGPT 后，还有没有必要读书

在撰写本书期间，以 ChatGPT 为首的大语言模型逐步兴起，它们对"世界知识"的概括和抽象使人们逐渐产生一个疑问：有了 ChatGPT 后，还有没有必要读书？人们可以便捷地通过"提问"从大语言模型中获取任何需要的知识，那读书还有什么意义？

笔者在实际使用大语言模型的过程中发现，大语言模型的确可以快速、准确地给出我们需要的知识点，但对于"应用上云改造"这样的领域，大家真正需要的不是一个个知识点，而是一套完整的知识体系，这样的知识体系是 ChatGPT 远远无法给出的。读者

在工作中遇到相关问题时，可以通过查询知识体系在诸多方案中选择最合适的解决方案，从全局的视角给出最优解。而大语言模型更多地基于"关键词提问"得出局部最合适的答案。

总结出完整的上云知识体系也是笔者撰写本书的一大初衷。结合这套知识体系和大语言模型的知识抽象能力、检索能力，笔者希望可以快速帮助读者在今后的应用上云工作中解决实际的问题。有了 ChatGPT 后，我们其实更需要去阅读那些体系化的图书，为自己构建领域知识体系，方便后续更好地使用 ChatGPT。希望大家明确——结构比内容更重要。

如何理解应用架构设计

对应用架构设计的讲解往往是一大难点。如果单纯地讲解理论知识，则会显得非常枯燥乏味，读者也很难将其与实际工作相结合。同时，读者往往觉得架构是过于抽象甚至有些"缥缈"的概念，听着好像懂了，但遇到实际问题时还是手足无措。

其实，应用架构设计有点儿像老子所说的"道可道，非常道"。笔者无法直接把观点灌输给读者，而需要读者通过实际的场景自行理解、领悟。这也是为什么笔者花费了大量的精力为本书搜集和整理了众多实际案例。笔者希望通过实际案例带领读者进入当时的场景，通过对实际案例的分析更进一步地巩固那些体系化的知识点。当然，为了避免纠纷，本书对实际案例做了脱敏处理。

架构师在日常工作中的真正价值是什么

其实本书所写的是云上应用的"理想国"，在现实中，它的实现难度非常大，而且需要各方面资源的配合——很多真正需要这种先进架构的应用都面临着各种历史遗留问题，还有大量的应用并不需要先进、全面的架构，而只需要做好某些基础设计即可。基于此，为架构设计做最适合的选择，正是架构师真正价值的体现。

笔者觉得架构师的成长分为三个阶段。

（1）刚开始的第一阶段，积累了某些技术的理论知识和实操经验，并且可以就这些技术点及案例进行分享，也就是所谓的"见而识之"。

（2）随着工作中的逐步积累，架构师逐步进入第二阶段，形成了体系化的技术框架。如果拿医生做比喻，那么这个阶段的架构师仿佛拥有了自己的"医书"。但架构师实际需要解决的"病患问题"千差万别，"医书"只能指明最终目标。

（3）处于第三阶段的优秀架构师会因为其更了解业务且更有经验，而能够厘清从现状到最终目标的最佳路径。一个经历过实际项目锤炼的架构师，还有能力将路径分拆为多个里程碑，并且为每个里程碑设定具体的验收指标，量化控制进程。

大部分技术人员经常会听到某些架构师说"应用应该这样、应该那样"，听的时候觉得他们说的都对，但有些东西又说不上哪里别扭。其实这就是典型的处于第二阶段的架构师给人的感觉，他们累积了一定的技术体系，形成了自己的"医书"，但由于缺乏实际的操作经验，所以不知道通往理想架构的路径是什么样的，也就是我们常说的"不接地气"。优秀的架构师有点儿像经验丰富的"主治医生"，他们能弥合现实与理想的缝隙，找到通往成功的最佳路径，平衡效能和成本。

请读者们始终记住：最适合的架构才是最好的架构，好的"医生"比好的"医书"更重要。

本书中介绍的部分案例并不是笔者亲身经历过的，而是行业相关人士提供的。感谢汪星、祁敏志、阳叶、马冬冬、汪震、陈海华、曾一凡、康开元、尹鹏、庞博、顾宇、李剑锋、叶辉、杨泽华等的帮助。最后，也对所有在本书撰写过程中为笔者提供帮助的人，一并表示感谢。

目　录

第 1 章

应用上云简介

云计算在当下是同时强调电力和宽带的基础设施，更确切地说是 IT 资源基础设施。云计算中的虚拟化技术带来的高效、弹性、灵活、自动、安全，以及低成本的特性，使得上云成为企业数字化发展的重要考量。

在和许多企业家、IT 部门负责人，甚至专门从事企业数字化转型研究的学者的交流中，我发现上云往往是一个绕不开的话题，我也时常分享自己在多年工作中遇到的一个个经典的案例。然而，他们在兴致勃勃地听完这些案例后，往往还是会问一句：那您觉得我们要上云吗？

这就像一个搞人工智能算法的专家被人问"您看我需要换电脑吗？"一样尴尬。问问题的人没有真正理解上云的场景、需求、价值，也没有从企业的现状出发进行考量。而这也是我想写这本书的原因。如果以后再有上述场景，我可以非常自然地从随身电脑包中抽出这本书，并且微笑着说：应用上不上云，怎么上云，直接照着这本书来就行了。

以上只是为博各位读者一笑，其实，本书最重要的使命是希望大家能了解上云需要考量的几个重要维度：高可用、高并发、安全和可运维。根据本书目录，你可以直达相关章节，从书中获得帮助。当然，如果你想在上云之前再确认一下应用构建的合理性，你也可以在第 2 章找到相关内容，这些内容可以帮助你从架构（空间维度）和生命周期（时间维度）这两方面更好地认识应用。

让我们回到最初那个让我尴尬却必须面对的问题上，当有人问是否需要上云的时候，我们究竟要思考什么？首先是上云价值，接着是上云路线，最后是上云策略。

1.1　上云价值

上云的价值主要是节约计算成本。但对于比较复杂的业务场景，与在原有架构下持续迭代相比，彻底做一次云原生重构需要投入不小的技术成本，这也是云原生重构启动前最容易让人纠结的地方。

但云原生重构是对流量动态治理和调度能力的系统提升，可以提升容灾和容错能力，进而提升业务的可靠性。通过重构上云，服务的动态伸缩成为常态化动作，甚至每时每刻都能进行，这也就意味着任何节点或网络出现故障的时候，都能自动实现故障转移。

类似的情况还体现在故障管理上。传统客户端发生故障时，因为后端发生了一系列复杂调用，所以需要分析日志以找到问题源头。但在云原生架构下，调用链路清清楚楚，问题节点一目了然。将这些治理能力下沉到基础设施层面，虽然前期业务架构重构的成本和挑战很大，但研发效率、服务质量的提升却是让业务长期受益的。

下面我们将从业务价值和技术价值两个方面详细说明应用上云的价值。

1.1.1　业务价值

应用上云后，可以带来多方面的业务价值，包括业务敏捷性、业务广度（地域灵活性）、降低成本。

1. 业务敏捷性

应用上云可以显著提升业务的敏捷性。传统的本地部署方式需要进行烦琐的硬件采购、搭建和配置，而上云后，通过云服务商的自动化工具和弹性资源分配方案，可以快速部署和扩展应用。这使得企业可以更加灵活地响应业务需求，快速上线新功能、新服务，缩短产品迭代周期，提高产品的市场竞争力。

2. 业务广度

应用上云能够带来业务广度，即地域灵活性。云服务商通常在全球各个地区都有数据中心，企业可以轻松将应用部署到不同的位置，满足不同地区用户的需求。这种业务广度为企业的业务扩展和全球化战略提供了更大的灵活性和便利性，可以更好地服务全球用户。

3. 降低成本

应用上云还能够显著降低成本。首先，应用上云可以降低建设成本。传统的本地部署方式需要企业自行购买和维护硬件设备，而上云后，企业可以通过租用云服务商的基础设施来替代传统硬件。这样可以大大降低硬件设备的购买成本和维护成本，降低企业的初始建设成本。其次，应用上云可以降低运维成本。云服务商负责硬件设备的维护和更新，同时提供自动化的运维工具和管理平台，简化了应用的管理和监控。企业无须投入大量的人力资源进行硬件设备的维护和管理，可以将精力更多地集中在业务创新和核心竞争力提升上。最后，应用上云可以降低闲置成本。采用传统的本地部署方式，企业需要根据业务峰谷期的需求来配置硬件资源，这导致了大量的资源浪费。而应用上云后，企业可以根据实际业务需求弹性地调整资源的使用，避免资源浪费，进而降低闲置成本。

总而言之，应用上云后的业务价值体现在多个方面。它提升了业务敏捷性，使企业能够更快速地响应市场变化和用户需求；它扩展了业务广度，帮助企业实现了全球化战略；它还显著降低了成本，包括建设成本、运维成本和闲置成本。这些优势使得企业能够更加灵活、高效地开展业务，提升竞争力，并专注于核心业务的创新和发展。

1.1.2　技术价值

应用上云后带来了很大的技术价值，包括更完整的技术栈、更可靠的服务、更高的并发能力、更全面的安全防护、更丰富的运维工具，以及演进型架构。

1. 更完整的技术栈

应用上云后可以获得更完整的技术栈。云服务商提供了涵盖计算、存储、大数据等多个领域的云产品，企业可以根据需求选择合适的服务，构建更为完整的技术架构。通过使用云产品，企业不再需要自行搭建和维护各种基础设施，而是可以直接使用云平台提供的功能和服务。同时，云平台还能实现整个组织的技术栈共享，不同部门和团队可以共同使用云上的资源和工具，促进协作和知识共享。

2. 更可靠的服务

应用上云后可以获得更可靠的服务。云平台提供了高可用的保障机制，通过数据的冗余备份和自动故障转移，确保业务的连续性和可靠性。云平台还具备快速扩容和弹性伸缩的能力，可以根据业务需求自动调整资源的分配，提升系统的稳定性和性能。在计算方面，云平台可以提供弹性虚拟机和容器服务，灵活满足业务的计算需求。在存储方面，云平台提供了高可用的分布式存储服务，确保数据的安全性和可靠性。在网络方面，云平台提供了强大的网络服务，包括负载均衡、防火墙等，保障应用的网络连接和安全性。通过使用云平台的可靠服务，企业可以更加放心地运行业务，减少因硬件故障或网络中断而造成的业务中断。

3. 更高的并发能力

应用上云能够带来更高的并发能力。云平台具备弹性扩展的能力，可以根据业务负载的变化自动增加或减少资源，以满足用户的需求。在高峰期，可以快速扩展计算和存储资源，提供更好的性能和更短的响应时间。同时，云平台提供了负载均衡和流量管理等功能，能够合理分配请求和流量，保证应用的可靠性和稳定性。

4. 更全面的安全防护

安全性是应用上云的重要考量因素之一。云平台提供了全面的安全防护机制，包括身份认证、访问控制、数据加密等。云平台还具备网络隔离和入侵检测等安全功能，可以保护应用和数据的安全性。企业可以借助云平台的安全防护机制，提高应用的安全性和抵御能力，降低安全风险。

5. 更丰富的运维工具

应用上云提供了丰富的运维工具。云平台提供了控制台、日志管理、自动化部署等工具，简化了应用的管理和运维流程。企业可以通过云平台的控制台进行应用的监控和管理，及时发现和解决问题。自动化部署工具可以简化应用的发布流程，提高发布效率。运维团队可以借助云平台提供的工具，更好地管理应用，提升运维的效率和质量。

6. 演进型架构

应用上云促进了演进型架构的实现。在传统环境中，应用的架构决策通常是静态的、一次性的，可能只有几个主要版本，这就导致传统应用在设计、建设完成后，再难以随业务发展进行大规模调整。然而，在云平台上，自动化和按需测试的能力降低了设计变更的风险。云平台提供了弹性的资源调配和部署方式，应用可以随着时间的推移不断演进和发展，根据业务需求进行灵活调整。同时，云上的自动化工具和持续集成/持续交付流程可以支持快速迭代和部署新功能，加快应用的创新和上线速度。这种演进型架构能够满足企业不断变化的业务需求，帮助企业保持竞争力，并适应市场的变化。

总而言之，应用上云带来了很高的技术价值。通过使用更完整的技术栈，即使是 IT 技术不够先进的企业或行业也可以充分利用云平台提供的各种功能和服务，构建完善的应用架构，享受更可靠的服务和更高的并发能力，保障业务的连续性和稳定性。更全面的安全防护和更丰富的运维工具可以提升应用的安全性和管理效率。而演进型架构则使应用能够灵活演进和适应不断变化的业务需求。通过应用上云，企业或行业可以实现技术的全面升级和优化，提升业务的竞争力和创新能力，加速业务的发展。

1.2　上云路线

应用上云是企业数字化转型的重要步骤，它能够带来灵活性、可扩展性和创新能力的提升。应用上云的过程分为三个阶段：私有云、混合云和多云。

1.2.1　私有云

在私有云阶段，企业将应用部署在自己的数据中心或私有云平台上。私有云提供了对数据和应用的完全控制权，适用于对安全性和合规性有较高要求的企业。在私有云中，企业可以构建符合自身需求的定制化解决方案，灵活调配资源并满足业务需求。然而，私有云也面临着建设和运维成本高昂及资源利用率较低的问题。

1.2.2 混合云

随着云计算的发展,混合云成了企业的另一个选择。在混合云中,企业将应用和数据同时部署在私有云和公有云之间,以实现弹性和可备份的优势。将数据在公有云中备份可以提供灾备和恢复的能力,确保数据的安全性和可用性。而应用(服务)的弹性备份意味着可以根据需求扩展或缩减计算资源,以满足业务的高峰期需求和低谷期需求。混合云架构可以在一定程度上平衡成本,具有灵活性,同时能为企业提供更多选择。

1.2.3 多云

随着企业业务的不断发展和扩张,多云架构逐渐成为趋势。多云是指将应用和数据部署在多个公有云服务商之间,充分利用不同云平台的优势。多云架构在应用上云后带来了极大的技术价值。通过更完整的技术栈、更可靠的服务、更高的并发能力、更全面的安全防护,以及更丰富的运维工具,多云架构为企业带来了灵活性、可扩展性和创新能力。然而,企业在实施多云架构时需要面对跨云互联互通、跨云应用管理与流量控制、异构基础设施监控和管理、多身份识别等挑战。通过合理规划和采取相应的解决方案,企业可以应对这些挑战,实现多云环境的成功部署和管理,从而充分发挥多云架构的技术优势和价值。

1. 多云架构的优势

多云架构具有一系列优势,这使它成为众多企业的首选方案。

首先,多云架构能够提供更高的稳定性。应用和数据部署在多个云平台上,当某个云服务商发生故障或业务中断时,其他云平台仍能保持业务的连续性。这种分散风险的能力使得多云架构更加稳定可靠。

其次,多云架构能够降低成本。每个云服务商都有自己独特的定价模型,选择多云架构可以避免被单一云服务商所束缚,使企业能够在不同的云平台上选择成本最低的解决方案。此外,多云架构还能帮助企业避免服务商锁定,保持灵活性,根据业务需求灵活调整和优化成本。

再次,多云架构能够促进创新。不同的云服务商都具备独特的功能和创新特性,多云架构可以使企业充分利用各个云平台的优势,从而提升产品的市场竞争力。企业可以根据自身的需求将不同云服务商的创新点和特性应用于产品中,实现优势互补和创新驱动。

最后,多云架构为企业的发展提供了更大的空间。在全球化的背景下,多云架构可以灵活选择不同的部署区域,不受限于单一云服务商的服务能力。企业可以根据业务需求和市场情况,在全球范围内部署应用,为全球化战略提供支持和助力。

2. 多云架构的问题

当然,多云架构也存在一些问题需要解决。

首先,需要面临跨云互联互通的问题。不同云平台之间的网络互通和数据传输可能存在限制和困难，需要企业协调各云服务商共同解决连通性问题。为了应对跨云互联互通的挑战，企业可以选择使用虚拟专用网络（VPN）、软件定义广域网（SD-WAN）或专有线路等来建立可靠的云间连接，确保数据的安全传输和云平台之间的高速互通。此外，使用云中继服务或云中继网络也可以提供跨云通信解决方案。

其次，要解决跨云应用管理与流量控制问题。在多云环境中，需要对应用的部署方式及流量的调度进行有效的管理和控制。比如，可以采用容器技术，如使用 Kubernetes（以下简称"K8s"）进行应用容器编排和管理，实现在多个云平台上的一致性部署和运行。同时，可以基于云原生技术和开放标准，如云原生应用接口和开放容器倡议，使应用在多云环境中具备高度可移植性和互操作性。

再次，异构基础设施监控和管理也是一个挑战。不同云服务商的产品和配置差异增加了多云管理和问题排查的复杂性。对于异构基础设施的监控和管理，企业可以使用云管理平台或第三方管理工具来实现统一的监控、配置和自动化管理。这些工具可以提供对多个云平台的集中管理，降低管理的复杂性，并提供实时性能监控、警报和故障排除等功能。

最后，多身份识别问题也需要解决。该问题涉及多个云服务商的账号体系和平台管理的协调。在多身份识别方面，企业可以采用单一登录（SSO）解决方案，通过一次身份认证即可访问多个云平台。此外，使用身份和访问管理（IAM）服务，企业可以统一管理和控制用户在多云环境下的访问权限，确保安全性和合规性。

总之，多云架构具有稳定性、成本优势、创新优势和发展优势。通过合理规划和设计，企业可以充分利用多云架构的优势，实现业务的稳定性、灵活性和创新性。同时，企业需要克服多云环境下的挑战，确保多云架构的安全性、可管理性及成本效益。

1.3   上云策略

应用迁移上云是一个多角度决策过程，需要考虑应用的特性、架构、依赖关系及业务需求。本节将介绍一些常见的应用迁移上云策略。

1.3.1   直接迁移

直接迁移（Rehosting）是指在不做任何修改的情况下将应用程序部署到云平台上。

这种上云策略不会对应用程序的架构和功能进行任何修改，只会将应用程序的部署位置由本地服务器调整为云上的虚拟机或容器，优点是迁移过程简单快捷。然而，这种策略可能无法充分利用云平台提供的各种高级功能和服务，而仅仅是将应用程序迁移到了云上而已。

1.3.2　重新规划

重新规划是指对应用程序进行调整和改造，以使其更好地适应云环境和云平台的特性和功能。重新规划的常见策略如下。

1. 采购替换

采购替换（Repurchasing）是指通过购买新的云上应用或服务来替代原有的应用程序。这种策略适用于一些商业应用或通用功能，可以选择购买云上已经存在的应用或服务来替代原有的应用程序。采购替换的优点是可以快速获取云平台上已经成熟稳定的应用或服务，无须自行开发和维护。然而，这种策略可能需要企业重新适应新的应用或服务，并调整一些业务流程和集成方式。

2. 平台适配

平台适配（Readapting）是指对现有的应用程序进行一些修改和调整，以使其能够在云平台上顺利运行。这种策略通常涉及对应用程序的架构、配置和依赖关系进行一些调整。平台适配的优点是可以充分利用云平台提供的各种功能和服务，提升应用程序的性能和可伸缩性。然而，这种策略需要对应用程序进行一定的修改和调整，可能需要投入一定的开发资源和时间。

3. 应用改造

应用改造（Rearchitect）是指对应用程序进行重构和重新设计，以使其充分利用云平台的优势和功能。这种策略涉及对应用程序的架构、组件、数据模型等方面的全面改进和优化。应用改造的优点是可以实现更高的性能、弹性和可扩展性，充分利用云平台的服务和功能。然而，这种策略可能需要投入较大的开发资源和时间，并可能对现有的业务流程和数据模型产生较大的影响。

综上所述，应用迁移上云的策略可以根据应用的特性和要求来确定。对于已经适应云环境的应用，可以考虑直接迁移的策略，而对于需要进一步适应云环境和云平台的应用，可以采用采购替换、平台适配、应用改造的策略。

1.3.3　不合适上云的应用

有些应用可能不适合直接迁移到云平台上，这些应用可能存在一些技术限制，或其中的某些业务需求无法顺利地在云环境中运行，具体包括以下情况。

- 架构紧耦合：应用程序的架构设计紧耦合，难以分离和迁移其中的组件。
- 依赖云环境不支持的数据库：应用程序依赖云环境不支持的数据库，如 DB2、Oracle 等。
- 依赖特殊硬件：应用程序依赖特殊的硬件设备，如小型机、加密机，无法在云平台上进行迁移。

- 依赖多种第三方应用：应用程序与多种第三方应用程序紧密集成，迁移时难以处理这些依赖关系。
- 法规和许可证问题：应用程序受到法规或许可证的限制，在迁移到云平台上时存在法律或合规性问题。

对于不适合上云的应用，可以采取以下应对措施。

- 维持不变（Retain）：保持应用的当前状态，继续在现有的基础设施上运行应用，不进行迁移。这种策略适用于一些关键业务应用场景或特殊业务应用场景，无须改变现有的部署方式和架构。
- 停用（Retire）：对于那些不再需要或无法继续支持的应用，可以选择将其停用并逐步淘汰，以避免不必要的成本投入和管理工作。

1.4　注意事项

在应用迁移上云的实际操作过程中，还需要考虑以下几个方面。

1. 数据迁移

数据迁移是应用迁移上云的重要环节。在数据迁移的过程中，需要将现有应用所使用的数据迁移到云平台的存储系统中。这包括将数据库中的数据迁移到云数据库服务中，或将文件系统中的数据迁移到云存储服务中等。数据迁移需要确保数据的完整性和一致性，同时需要考虑迁移过程中的数据安全性和保密性。

2. 安全性和合规性

在应用迁移上云后，安全性和合规性成为关键的考虑因素。云平台提供了一系列安全功能和服务，如身份认证、访问控制、数据加密等，以保护应用和数据的安全性。同时，需要遵循通用的合规性标准，如数据隐私保护、个人信息安全等。

3. 监控和管理

应用迁移上云后，需要建立有效的监控和管理机制。云平台提供了丰富的监控和管理工具，可以对应用的性能、可用性和安全性进行实时监控和管理。通过监控和管理，可以及时发现和解决潜在的问题，提高应用的运行效率和稳定性。

4. 弹性和可伸缩性

云平台提供了弹性和可伸缩性，可以根据业务需求对应用进行自动扩缩容。在应用迁移上云后，可以充分利用云平台的弹性和可伸缩性，根据业务负载的变化自动调整应用的资源使用情况，提高应用的性能。

5. 持续集成和部署

云平台支持持续集成和部署，可以自动进行应用的构建、测试和部署。通过持续集成和部署，可以实现快速交付和频繁更新，提高应用的迭代速度和灵活性。

6. 成本优化

应用迁移上云后，可以通过云平台提供的按需付费模式来优化应用的成本。云平台提供了灵活的计费方式，可以根据实际的资源使用情况付费，避免传统部署模式下的资源浪费和闲置。

综上所述，应用迁移上云需要根据应用的特性和要求选择合适的迁移策略，并考虑数据迁移、安全性和合规性、监控和管理、弹性和可伸缩性、持续集成和部署，以及成本优化等因素。通过合理规划和有效执行，应用上云后可以充分发挥云平台的优势，提升业务的灵活性、可用性和执行效率。

第 2 章

应用的空间维度
和时间维度

本书提到的应用指的是企业应用，它既包含了为满足企业的各类需求而提供的维系企业运营、管理的信息系统，又包含了企业面向作业者群体、客户群体的业务所需要的开放、动态、协同的系统。本章将从"空间维度即架构"和"时间维度即生命周期"这两个方面来描述应用，帮助那些要想透彻地了解应用，或者正在思考应用是否上云、怎么上云的企业做出决策。

2.1 节至 2.6 节从空间维度描述应用，其实就是对应用做架构层面的解读。架构是对应用的描述，用于分解应用的复杂性。

2.7 节至 2.15 节从时间维度描述应用，其实就是讲述应用构建的生命周期，即构建一个应用分几步，每一步应该做什么，会得到什么样的成果（如形成某种架构图）等。

2.1　应用架构

本节将介绍如何从空间维度构建一个应用，即详细介绍如何来做应用架构。本节首先对应用架构进行简介，以帮助对架构的概念掌握不足的读者建立基本的概念体系；然后介绍主流架构的演进，并给出本书对架构的定义。

2.1.1　架构概述

2.1.1.1　架构的作用

应用的复杂度不会消失，只会被转移和控制。

在工作中，我们经常会遇到不同岗位的人从不同的视角来描述应用，但他们很少能达成共识。刚开始大家也不清楚为什么讨论不到一起去，后来发现是因为各自的视角不同。于是，大家明白，需要从不同维度划分应用类别，以帮助技术人员聚焦讨论，提高沟通效率，达成技术共识。用架构来描述应用，可以使视角不同的人达成共识。

应用是不断变化的，其中两个主要变化为：以满足客户需求为目的的外在功能变化；以提高应用质量为目的的内在结构变化。无论是何种变化，架构的本质都是不断进行判断和取舍，在业务需求和软件实现之间做权衡，从而应对未来的不确定性。

如果没有架构设计，应用将变得复杂不堪。随着业务的增长，应用由单体应用逐渐演化为分布式应用和微服务应用。应用的复杂性越来越高，技术团队可能从一个团队变成多个细分团队。假如没有架构，应用一定会呈现无序、失控的状态。架构的作用是解决应用复杂性带来的问题，其本质就是对应用进行有序化构建，使其符合当前的业务发展趋势，并可以快速扩展。

综上所述，架构设计的作用如下。

- 提供合理的决策。
- 提供明确的应用结构。
- 提供系统协作关系。
- 提供约束规范和指导原则。

基于以上几点进行架构设计，应用将朝着可控的方向发展。

2.1.1.2　好架构的特点

好的架构应该具备简洁抽象、可解释、能指导行动、可演进等特点。

1. 简洁抽象

好的架构应该具备简洁的特点，能够清晰地展现各个组件之间的关系，让人一目了然。同时，它应该具备一定的抽象性，即通过高度概括和抽象表达来描述应用。如果一个架构充斥着纷繁复杂的线条和环路，那么它的抽象性可能还不够。真正有意义的架构应该去除冗余的细节，突出核心思想。

2. 可解释

好的架构应该能够解释当前应用的状态和行为。通过架构图，人们应该能够理解应用的整体结构和各个组件之间的关系，从而更好地评估和分析应用的各个方面。架构应该提供足够的信息和可视化元素，使观察者能够准确地理解应用的功能、性能、部署方式等。

3. 能指导行动

好的架构应该具备指导行动的能力，这也是架构的最高价值。应该能够通过架构预测应用未来的演进方向，并为相关决策和行动提供准确的指导。对于领域特定应用来说，无论是有经验的人还是没有经验的人，都应该能够根据架构进行模块划分，更好地组织开发工作，调整开发节奏，在遇到问题时做出决策并解决问题。

4. 可演进

由于应用是动态的，因此好的架构应该具备可演进性。随着时间的推移，应用会不断变化，架构也应该相应地调整和进化。一个僵化不变的架构就像一个花瓶，看上去美观但缺乏实用性。好的架构应该具备可扩展性、灵活性和可维护性，允许应用变化，并能够适应这些变化，随之灵活调整。

2.1.1.3 架构与框架

在日常沟通中，我们往往会将"架构"与"框架"两词混用。下面我们对这两个词做一个清晰的解释以避免混淆。

1. 框架

框架通常指的是用于实现某个业界标准或完成某项特定任务的软件组件规范，也指为了实现某个软件组件规范而提供的基础软件产品。比如，MVC、MVP、MVVM 等，是提供基础功能的产品。比如，开源框架 Ruby on Rails、Spring、Laravel、Django 等，是可以拿来直接使用或进行二次开发的。再比如，Spring MVC 是 MVC 的开发框架，除了可以满足 MVC 规范，还可以提供 Spring Security、Spring JPA 等基础功能。

2. 架构

架构源于古代的建筑术语。我们把架构拆分成两个字"架"和"构"。"架"由"加"和"木"组成，把木头叠加（连接）起来就是架。"构"就是架木建屋的意思。对应到软件架构中，木头就是系统中的要素，这些要素可以是子系统、模块、服务、组件等。结构则是架构的产物，不同的软件系统结构不同，要针对具体的场景来设计。连接是指通过定义架构元素之间的接口、交互关系、集成机制，实现要素之间的结合，连接可以是分布式调用、进程间调用、组件间交互等。总结而言，架构=要素+结构+连接，即将系统要素按照特定的结构进行连接。

框架和架构的区别还是比较明显的，具体来说，框架关注的是"规范"，而架构关注的是"结构"。

2.1.2　主流架构

本节将会对"4+1"、ArchiMate 和 TOGAF 这几个行业主流架构进行介绍，读者会发现它们各有优劣。

2.1.2.1　"4+1"

应用架构往往是具有多面性的，不同的人会从不同的视角看待架构，因此需要设计不同的架构视图。菲利普·克鲁奇顿（Philippe Kruchten）在《Rational 统一过程引论》中提到：一个架构的视图是对从某一视角或某一点上看到的系统所做的简化描述，描述中涵盖了系统的某一特定方面，而省略了与此方面无关的实体。也就是说，架构要涵盖的内容和决策太多了，因此需要采用分而治之的方法从不同的视角分别观察，这也为架构的理解和归档提供了便利。

从不同涉众的角度来看，应用开发人员及客户等各自对应用架构的理解存在很大的差异。为了完成各自的工作，他们需要分别采用不同的技术子集。架构视图便是从不同角度提供这类子集的方式。将架构通过视图分而治之，可以使不同涉众分别关注架构的不同方面，独立分析和解决问题，从而将应用架构简化和厘清。

"4+1"架构视图就是一个多维度的架构视图，它最早在菲利普·克鲁奇顿的书中被提出，以提供全面而详细的描述，每个视图都只描述架构的一个特定方面。目前"4+1"架构视图已经成为事实上应用架构标准，分别给最终用户、开发者、系统工程师、产品经理等不同角色提供不同视角的应用描述。

通过"4+1"架构视图，架构师可以从不同的角度全面描述系统的结构、行为和交互，促进团队之间的沟通和理解，支持系统的设计、开发和演化。

1. 逻辑视图

逻辑视图从功能角度为最终用户描述不同功能组件的层次关系。它规定了应用由哪些逻辑组件组成，以及这些逻辑组件之间的关系。这些逻辑组件可以是逻辑层、功能子系统、模块。逻辑视图主要支持应用的功能需求，即应用提供给最终用户的功能。在逻辑视图中，应用被分解成一系列的功能抽象，这些抽象主要来自问题领域，可用来进行功能分析。在面向对象设计中，通过抽象、封装和继承等可以用对象模型来代替逻辑视图，用类图来描述逻辑组件及它们之间的关系。逻辑视图设计中的重点是要让一个单一的、内聚的对象模型贯穿整个应用。逻辑视图将功能模块分离出来并封装成类，然后将对象类与功能类之间的所有关系表示出来。

2. 开发视图

开发视图也称模块视图，从实现层面为开发者描述了不同代码的包、类、库的构成。它主要侧重于应用开发过程中的工程模块的组织和管理。开发视图主要考虑应用内部的需求，如应用开发的容易性、应用工程模块的重用性、应用的通用性等，要充分考虑由开发工具不同而引发的局限性。开发视图通过系统输入输出关系的模型图和子系统图来描述。

开发视图通常包含一些层次结构，往往有4~6层，而且每层中的系统仅能与同层或更低层的子系统通信，这样可以使每层的接口既完备又精练，避免了各个模块之间依赖关系的复杂性。在设计时，层次越低，其中的接口通用性越强。这样可以保证在应用程序的需求发生改变时，所做的改动最小。

3. 过程视图

过程视图的设计目标是描述应用的执行过程、处理流程及组件之间的交互方式。它以过程为中心，描述了应用在运行时的行为，并显示了应用组件之间的消息传递、数据流动和流程控制。通过过程视图，人们可以更好地理解应用在运行时是如何响应用户请求、处理数据、进行协作和执行业务逻辑的。

过程视图通常使用流程图、状态图、活动图等图形化工具来展示应用的执行过程和交互细节。它可以显示应用中的各个组件，以及它们之间的消息传递、函数调用、数据流动等关系。过程视图还可以展示应用的并发性、异步处理、事件驱动等特点，帮助人们理解应用的性能、可伸缩性和可靠性。

通过过程视图，架构师和开发团队可以更好地理解应用的动态行为，评估应用的可行性和性能需求，优化应用的处理流程和交互方式。它还可以作为应用文档的一部分，为开发者提供指导，支持应用的设计、开发和维护工作。

4. 物理视图

物理视图也叫部署视图，它主要考虑如何把应用程序映射到具体的物理硬件上，描述了组成应用的物理元素、物理元素之间的关系，以及将应用功能部署到硬件上的策略。物理视图可以反映应用动态运行时的组织情况，设计时通常要考虑系统性能、规模、可靠性等，解决系统拓扑结构、安装、通信等方面的问题。

当应用运行在不同的物理节点上时，各视图中的组件都直接或间接地对应系统的不同节点。因此，从应用到节点的映射要有较高的灵活性。当环境改变时，对系统其他视图的影响最小。物理视图就是分配应用组件的物理资源，将组件或进程的物理资源分配情况具体展示出来。

5. 场景视图

场景视图负责把以上视图串联起来，它描述了应用所涉及的不同对象之间的关系。每个场景负责描述一个视图中的多个元素如何协作，通常以用例图的形式来呈现。场景可以看作对重要应用活动的抽象，它使 4 个视图有机联合，从某种意义上说是最重要的需求抽象。在开发应用时，开发者可以通过场景视图找到应用架构组件，并厘清它们之间的相互关系，也可以用场景来分析一个特定的视图或描述不同视图组件间是如何相互作用的。场景视图描述了现实中应用的运行场景，把其中涉及的对象、服务和操作都展示了出来。

菲利普·克鲁奇顿在其论文中给出了场景视图的设计过程：场景驱动方法。首先，通过场景用例来捕获应用中大部分的关键功能；然后，基于这些场景用例开始迭代设计。

● 基于风险和重要性为某次迭代选择一些场景并形成架构草图。

● 对场景进行描述，以识别主要的架构抽象概念。

● 将识别到的架构抽象概念分布到 4 个视图中。

● 实施、测试、度量该架构，以检测到一些缺点或潜在的增强要求。

"4+1"架构视图如图 2-1 所示。它是描述应用架构的通用方法，其更大的价值是提供了一套分析应用的框架，能让不同的团队通过不同的形式描述应用。但是从应用所涉及的方方面面来说，"4+1"架构视图不够全面，无法完整地描述应用的不同方面。

图 2-1

2.1.2.2 ArchiMate

1. ArchiMate 概述

ArchiMate 是一套被广泛认可的架构描述建模语言，它使用清晰的概念和关系来描述架构领域，提供简单一致的结构化架构描述模型。

（1）3 个层次：业务、应用、技术

如图 2-2 所示，ArchiMate 希望从业务架构、应用架构和技术架构这 3 个层次完整地描述应用。

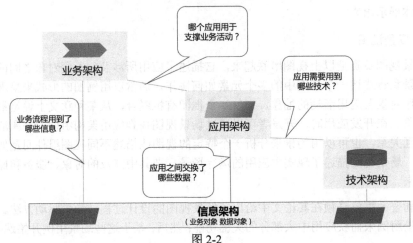

图 2-2

- 业务架构提供对用户业务服务的描述，这些服务由业务角色通过业务流程来实现。
- 应用架构是用于支持业务活动的应用组件，主要用于实现应用的主体业务逻辑。
- 技术架构则通过硬件和软件来支持应用程序的运行。

（2）3 个方面：主体、行为、对象

如图 2-3 所示，ArchiMate 对业务、应用、技术的具体描述都用到了主体、行为、对象这 3 方面的建模中。

- 主体元素可以通过不同形式的主体接口调用行为服务。
- 行为服务由一个或多个行为元素实现。
- 行为元素会创建、使用、修改涉及的对象。

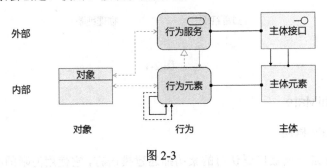

图 2-3

（3）7 个领域

如图 2-4 所示，ArchiMate 将 3 个层次与 3 个方面结合，先分层，再将每层分成不同的领域，从而可以将企业应用整体分为业务产品、业务信息、业务过程、业务组织、数据、应用、技术架构这 7 个领域来进行描述。

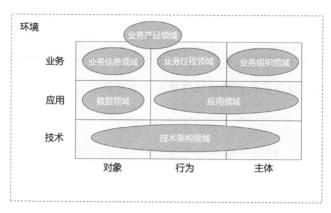

图 2-4

2. ArchiMate 业务架构

从企业视角来看，ArchiMate 业务架构重在关联多部门进行协作，提供价值。业务层的主体是业务组织领域，具体包括以下内容。

- 业务用户（Business Actor）：业务用户是执行某些行为的一个组织实体。业务用户可以是人、部门或者业务单元，一个业务用户通过一个或多个业务角色来执行行为。

- 业务角色（Business Role）：执行一组特定行为的角色，业务角色根据责任和技能来执行或使用业务流程或业务功能。

- 业务接口（Business Interface）：业务角色使用应用的连接方式。业务接口是一个业务服务对外交互的通道，同一个业务服务可以使用不同的接口。业务接口主要是被业务角色调用的。

业务层的主要行为通过业务过程领域来体现，具体包括以下内容。

- 业务流程（Business Process）：包含更多业务子流程或业务功能的工作流。

- 业务功能（Business Function）：提供一个或多个对业务流程有用的功能。

- 业务事件（Business Event）：触发业务流程的事件。

- 业务服务（Business Service）：外部可见的功能单元。

业务层中信息的最小单元是业务对象（Business Object），这也是领域中最重要的概念之一。业务流程、业务功能、业务事件和业务服务均使用业务对象。

如图 2-5 所示，我们通过一个具体示例来说明业务流程。

- "员工"业务用户通过"普通员工岗"业务角色来使用业务服务。

- 应用提供"请假申请服务""请假审批服务""考勤备案服务"这 3 个业务服务。

- "请假申请服务"由"请假处理流程"这一业务流程中的"填写申请"业务子流程实现。

- "填写申请"业务子流程也可以由"员工请假"这一业务事件触发。

- "考勤备案"业务子流程的结果将被写入"考勤汇总"业务对象。

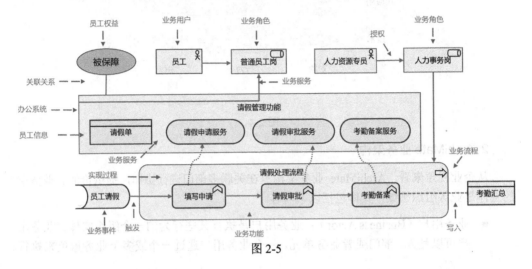

图 2-5

3. ArchiMate 应用架构

ArchiMate 应用架构描述了部署各个应用的蓝图，体现应用间的交互关系及应用与组织核心业务流程的关系。它的主体和行为都集成在了应用领域，包括应用组件、应用接口、应用服务和应用功能。

- 应用组件（Application Component）：应用组件是一个独立的功能单元，它实现一个或多个应用功能。应用组件只能通过应用接口来访问，一个应用组件可以包括一个或多个应用接口。

- 应用接口（Application Interface）：应用接口就像应用组件的一种契约，它规定了一个组件为外部环境提供的功能，可能包括参数、执行前后的条件和数据格式等。其中供接口（Provided Interface）表示外部组件访问这个组件的功能接口，而需接口（Required Interface）则表示需要由外部提供的功能接口。

- 应用服务（Application Service）：应用服务由一个或多个应用功能实现，通过定义良好的接口为外部提供可见的功能，实现与业务层的对接，可以被业务流程、业务功能或应用功能使用。

- 应用功能（Application Function）：应用功能描述应用组件内部的行为。应用功能对外部是不可见的，如果需要提供给外部，则必须通过应用服务。应用功能可以自主实现应用服务，也可以使用其他应用功能提供的应用服务。

应用层的对象主要以数据对象（Data Object）的形态存在。数据对象可以在交互过程中传递信息，也可以由应用服务生成或被应用服务使用。

下面我们通过图 2-6 来说明应用层的事务流程。

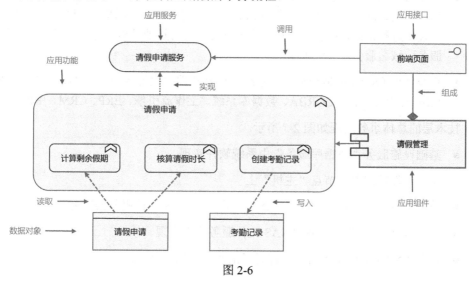

图 2-6

- "请假管理"应用组件中包含"前端页面"应用接口，并且可以通过该接口调用"请假申请服务"这一应用服务。

- "请假申请服务"由"请假申请"应用功能实现，并且该功能中包含"计算剩余假期""核算请假时长""创建考勤记录"这些应用子功能。

- 这些应用子功能会读取"请假申请"数据对象，写入"考勤记录"数据对象。

4. ArchiMate 技术架构

ArchiMate 技术架构用于支持部署业务，提供数据和应用所需的逻辑软件和硬件功能。其主体行为都集成在技术架构领域，具体包含以下内容。

- 工件（Artifact）：工件代表事实存在的具体元素，如元文件、可执行程序、脚本、数据表、消息、文档等。工件可以部署在节点上，一个应用组件可以由一个或多个工件实现。

- 节点（Node）：节点是执行和处理工件的单元，它的具体表现形式可以是服务器、虚拟机、应用服务器、数据库服务器等。节点能通过通信路径被连接起来，工件可以与节点关联，如部署在节点上。

- 设备（Device）：设备是节点的继承机制，表示拥有处理能力的物理资源，如主机、PC 机、路由器，通常用来对硬件建模。设备通常与系统软件一起使用，它们通过网络相连。

- 网络（Network）：网络是两个或多个设备间的连接，有带宽和响应时间等属性，实现了一条或多条通信路径。网络中可以包含子网络。
- 基础设施服务（Infrastructure Service）：基础设施服务由一个或多个节点组成，通过定义好的接口对外部提供可见的功能单元。外部环境通过基础设施接口对基础设施进行访问，可以使用和生成工件。典型的基础设施服务有消息服务、存储服务、域名服务和目录服务。
- 系统软件（System Software）：系统软件是软件的执行环境，它可以是操作系统、J2EE 应用服务器、CORBA、数据库系统、工作流引擎、ERP、CRM、中间件等。

技术层的总体事务流程如图 2-7 所示。

- 基础设施服务"数据库服务"由系统软件实现。
- 系统软件被部署在节点"主机"上
- 节点"主机"连接在网络"LAN"及设备"NAS 文件服务器"上。
- "数据访问服务"由设备"NAS 文件服务器"实现。
- 设备"NAS 文件服务器"上部署了工件"数据文件"。

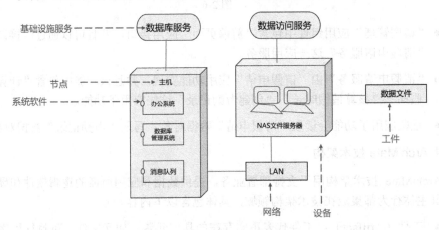

图 2-7

通过 ArchiMate 架构为应用建模时，会将应用拆分为业务、应用、技术 3 层，每层通过不同维度对应用进行描述。集成业务、应用、技术层的总体流程，就能得到完整的 ArchiMate 架构。参考上述案例，对 3 个层面的事务流程进行细化和拼接，大致如图 2-8 所示。

从图 2-8 中可以看出，即使是请假这样一个比较简单的功能，通过 ArchiMate 架构进行描述后也变得很复杂，因为 ArchiMate 架构相对复杂、烦琐，有些设计细节没有实际的使用场景，所以它往往只能作为一种架构语言供开发者参考。

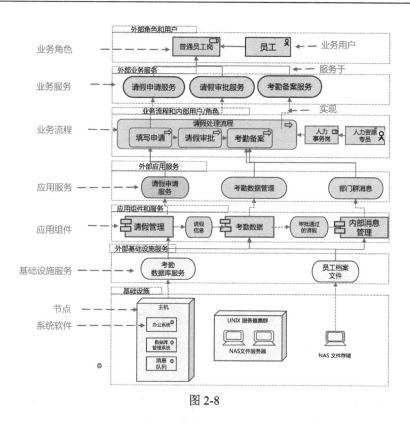

图 2-8

2.1.2.3 TOGAF

业界有很多企业架构框架，TOGAF 是其中使用最广泛的一种。它结合 ArchiMate 的模型语言来描述业务、应用和技术等不同层次，从而实现一套完整的企业应用体系。

如前所述，应用由不同的架构来呈现其不同的特性，而框架主要用于说明如何组织和使用这些架构。如图 2-9 所示，对于大型、复杂的企业级应用及由多个应用组成的企业 IT 系统，将不同架构之间的关系梳理清楚后，就能得到一个标准的企业架构框架，它可以实现标准化的流程和高质量的应用软件交付。

TOGAF 是在美国国防部的信息管理技术体系架构 TAFIM 上建立的。大多数企业在进行 IT 建设时都会跳过企业架构这个环节而直接进行项目建设，这会导致重复投资、信息孤岛等现象。缺少规划就会发现很多功能被重复开发，有的功能开发完成后无人使用。因此，企业架构尤其重要，其应当是业务、应用、技术人员的共同愿景，是理解、沟通的基础。如果没有一个清晰的架构，就无法保证做出正确的决策。

在具体操作层面，可使用 TOGAF 及 ADM（Architecture Development Method，架构开发方法）来定义企业愿景、目标、组织架构、职能及角色。在 IT 战略方面，TOGAF 及 ADM 详细描述了如何定义数据架构、业务架构、应用架构和技术架构，它们是描述企业级应用架构的最佳实践指南。

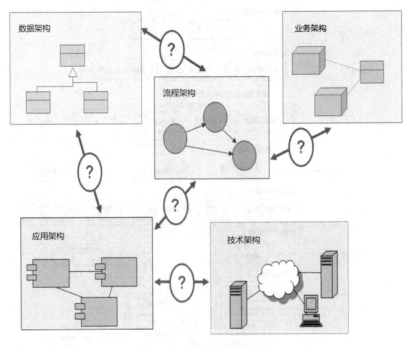

图 2-9

　　大型企业一般由多个部门组成，每个部门往往都会开发及维护一些独立的企业架构来处理本部门的业务。但是各部门的业务通常都有很多相同之处，因此使用相同的架构框架能带来诸多便利。一个架构框架就是一个工具包，可被应用于开发的不同阶段。

　　TOGAF 是一个架构框架，也是一种在架构的开发、运行、使用、验收和维护阶段均能用到的工具。

　　ADM 对开发企业架构所要执行的各个步骤及其关系进行了详细的说明，是 TOGAF 中最核心的内容。企业架构的发展过程可以看成企业从基础架构开始，历经通用基础架构和行业架构阶段，最终形成组织特定架构的演进过程，而在此过程中用于对组织开发行为进行指导的正是 ADM。ADM 是企业应用顺利演进的保障，作为企业应用演进中的实现形式或信息载体，企业架构资源库也与 ADM 有着千丝万缕的联系。企业架构资源库为 ADM 的执行过程提供了各种可重用的信息资源和参考资料，而 ADM 中各个步骤所产生的交付物和制品也会不停地填充和更新企业架构资源库。在刚开始使用 ADM 时，各个企业常常会因为企业架构资源库中缺乏资源而举步维艰，但随着一个又一个架构开发流程的开启，企业架构资源库中的内容将日趋丰富和成熟，企业架构的开发也会越来越简单和快捷。

　　如图 2-10 所示，ADM 建立在一个循环迭代的模型基础之上，TOGAF 还通过定义一系列有顺序的阶段来对这一迭代过程进行更加详尽和标准的描述。

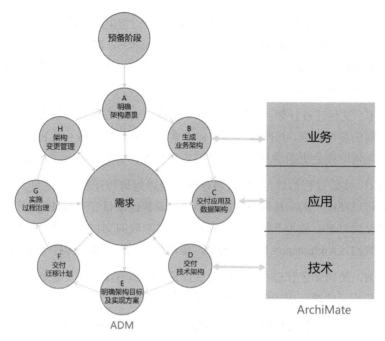

图 2-10

ADM 的具体步骤如下。

1. 预备阶段：确定实现过程涉及的人员，并让他们了解企业架构工作的内容。该阶段交付基于组织业务逻辑的架构指导方针（Architecture Guiding Principles），并且描述用于监控企业架构实现进程的过程和标准。

2. 阶段 A，明确架构愿景：架构愿景（Architecture Vision）表明了企业架构的目标，该阶段也将确立基线。如果目标不明确，那么该阶段中的一部分工作便是帮助业务人员确定业务目标。该阶段的交付物是架构工作描述（Statement of Architectural Work），用于描述企业架构的范围及约束，并制订构建架构的计划。

3. 阶段 B，生成业务架构：架构愿景中的基线和目标会在此阶段被详细说明，并作为技术分析的有用输入。业务过程建模、业务目标建模和用例建模是用于生成业务架构的具体方法，这其中还包含对所期望状态的间隙分析。

4. 阶段 C，交付应用及数据架构：该阶段利用阶段 A 中的基线和目标架构，以及阶段 B 中的业务架构，根据架构工作计划，为目前和将来的环境交付应用及数据架构。

5. 阶段 D，交付技术架构：该阶段通过交付技术架构完成 TOGAF ADM 循环的详细架构设计工作。基于前面阶段中的分析结果及交付物（如建模语言 UML）生成各种详细的技术架构。

6. 阶段 E，明确架构目标及实现方案：该阶段的目的是，阐明架构目标并概述可能的实现方案，此阶段的工作围绕着实现方案的可行性和实用性展开。交付物包括实现与移植策略（Implementation and Migration Strategy）、高层次实现计划（High-level Implementation Plan）及项目列表（Project List），还有更新的应用架构可作为实现项目所使用的蓝图。

7. 阶段 F，交付迁移计划：该阶段对上一阶段的实现方案划分优先级，从而交付迁移过程的详细计划。该阶段包括评估方案中的依赖性并最小化它们对企业运作的影响。该阶段会更新项目列表、详述实现计划，并将蓝图传递给实现团队。

8. 阶段 G，实施过程治理：该阶段将建立起治理架构和开发组织之间的关系。例如，企业可以在统一的软件开发过程（RUP）或其他项目管理方法的指导下，对各个信息化项目进行较为严格的管控和治理。该阶段的交付内容是开发组织所接受的架构契约（Architecture Contracts），最终输出的是符合架构目标的解决方案。

9. 阶段 H，架构变更管理：该阶段的重点是对实施方案的变更进行管理，将生成为企业架构后续循环而设置的架构变更工作请求。

虽然目前可用的企业架构有很多，但 TOGAF 是最主流的，已经有超过 15 年的历史。TOGAF 是一个较为完整的企业级架构框架，但是在实际落地中，它表现出较为烦琐的缺点，同时无法适应如云原生等最新的技术及开发模式。

2.1.3　本书定义

本书对应用架构的定义采用了 LenBass 的观点，认为应用架构由多个部分组成，每个部分又由一些抽象元素及这些元素之间的关系组成。参考 ArchiMate 架构中业务、应用、技术的分层，本书将应用架构分为业务架构、数据架构、功能架构、实现架构及部署架构，整体如图 2-11 所示。

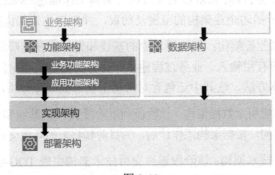

图 2-11

- 业务架构：业务架构描述使用者的组织结构，以及交付业务远景所需的功能性能力。业务架构解决了 What 和 Who 的问题——组织的业务愿景、战略和目标是什么？谁在执行业务服务？业务架构具体描述外部或内部用户与应用交互的整体流程，可以通过角色、流程等建模。

- 数据架构：数据架构描述组织的物理数据资产及数据管理资源结构，包含应用涉及的业务数据的结构。

- 功能架构：参考"4+1"架构视图中的逻辑视图，主要描述应用的不同功能元素及它们之间的关系。功能架构的核心任务是比较全面地描述功能模块、规划接口，并基于此进一步明确功能模块之间的使用关系和使用机制。

- 实现架构：基于 ArchiMate 架构中的技术架构，具体描述实现应用功能架构的各种方式。

- 部署架构：描述业务、数据和应用程序所需的软件和硬件环境，这些环境中的每一个都有众所周知的工件、图表和实践。描述软件运行时产物及该产物在实际物理环境中的实施部署。

归根到底，架构的核心价值只有一个——分解复杂性。也就是将三言两语难以描述清楚的业务需求和技术需求，通过多个不同角度的架构语言梳理清楚，明确范围，降低实现难度。

2.2　业务架构

业务架构一般独立于其他架构而存在，仅对应用的业务规则进行描述，不受实现方式的影响。

业务逻辑是事务管理或处理中那些真正有价值的逻辑与过程。无论这些业务逻辑是通过 IT 系统实现的，还是人工执行的，对业务而言都应该是没有差别的。业务架构就是描述业务逻辑的模型，它需要尽可能地把业务逻辑说清楚，包括业务场景、业务用例、业务实体、业务流程等。

- 业务场景：应用在具体使用过程中的上下文描述。
- 业务用例：企业向其业务角色提供的服务，包括内部的和外部的。
- 业务实体：量化展示与业务相关的信息，其中最重要的就是业务实体建模。
- 业务流程：实现每个业务服务的具体逻辑。

2.2.1　业务场景

业务场景是对业务问题的一种描述，它使需求能在复杂的上下文关系中被清晰地识别出来。如果缺乏对于业务场景的描述，解决问题带来的业务价值就会不清晰，潜在的解决方案也不明确，而且很可能会基于不充分的需求来建立解决方案，这样做风险很大。

任何应用开发成功的关键都是它能与业务需求紧密联系，并且支持企业实现其业务目标。业务场景是一种帮助识别和理解业务需求的重要手段，它可以通过迭代被不断完善。一般来说，业务场景的构建包括如下步骤。

1. 对要解决的问题进行识别、记录，并确定其等级。

2. 通过大概的架构模型来记录发生问题的业务情景和技术环境。

3. 识别并记录期望的目标，以及问题成功处理后的预期结果。

4. 识别涉及人员及其在业务模型中的位置和角色。

5. 识别相关应用及其在技术模型中的位置和角色。

6. 记录每个涉及人员的角色、职责和测量成功的标准，以及正确处理该场景的预期结果。

7. 检查上述场景对于开展后续工作是否适合，仅在必要时进行完善。

总体来说，在需求调研之后会得到一个详细的业务场景，业务架构将基于业务场景被进一步细化。

2.2.2　业务用例

在应用设计阶段，领域建模会通过业务用例图对业务场景进行大致的描述。本着"不断细化"的原则，在应用的业务架构中会对之前的业务用例进行更详细的描述，用例规约就是对业务用例的详细描述。用例规约负责定义业务用例的行为需求，包括简要说明、事件流程、非功能需求、前置条件、后置条件、优先级等描述。用例规约的主要目的是界定应用的行为需求，以及约定为提供用户所需的功能而必须执行的行为。业务用例图可以从整体上反映应用的功能结构，而用例规约则提供了对每个业务用例的详细描述。一般用文字描述业务用例，以得到结构化的用例文档。

2.2.3　业务实体

除了详尽的用例规约，应用的业务架构中还需要包括明确的"业务实体模型"及"业务时序图"。业务实体模型指的是从业务角度出发识别到的实体，例如一张请假单、一份保险合约或一个商品订单；而业务时序图描述了一个应用内所有业务实体之间的关系。详细内容可见作者此前所著的《云原生架构：从技术演进到最佳实践》一书。

2.2.4　业务流程

对于较为复杂的场景，尤其是某些大型应用的使用场景，单靠业务时序图无法详细描述业务流程，这时就需要对业务时序图进行细化，形成业务流程图。业务流程图反映信息流在不同阶段的流转情况。

图 2-12 是办公系统中一个常见的请假业务流程。

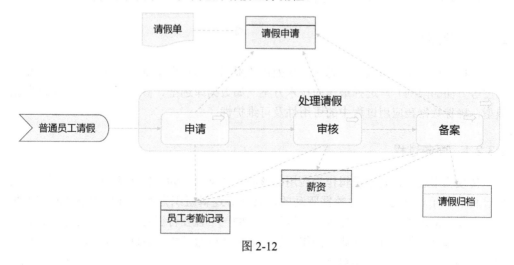

图 2-12

2.3　数据架构

对于应用，尤其是较为复杂的应用，需要清楚地定义其数据架构，描述如何组织和管理应用中的数据。一个应用的数据架构大体由两部分组成：数据模型（包含数据规范）和数据实现。例如，一个面向对象的应用，其数据模型是指应用的类图，而数据实现则描述了数据库对类图的持久化存储设计。因此，数据架构不仅要考虑开发中涉及的数据库实体模型，还要考虑这些数据实体模型的存储设计。

2.3.1　数据模型

模型是对事务的抽象描述，而建立数据模型就是发现数据对象，然后正确地表示、传播和存储这些数据对象的过程。数据模型会分别从静态（实体图）和动态（系统时序图）两个方面描述目标应用的数据，甚至可以通过遵循某些命名规范或其他标准来提高应用中信息的质量，从而使信息更加一致和可靠。

数据模型中包含应用涉及的业务领域的实体及这些实体之间的关系，更细化的数据模型还会进一步描述业务实体的具体属性，细化业务架构中的业务实体模型，针对每个实体具体描述其属性和方法。数据模型中包含实体、关系和属性这几大要素。

- 实体：实体在数据模型中是聚合信息的对象，它往往可以从多个方面描述业务中真实存在的事务。

- 关系：关系是实体之间的关联，它捕捉了业务实体之间的约束。在两个实体的关系中，基数（cardinality）表示一个实体参与另一个实体的程度。

● 属性：属性是标识、描述和度量实体性质的参数。

2.3.2   数据实现

数据实现是指，通过仔细思考数据处理的限制（如数据总量、处理时效性、数据精确度等方面的限制），选择最佳的技术方案（如数据库选型、参数调优等）来实现数据模型，确保数据在应用过程中的可用性及可维护性。

2.3.2.1   面向过程

传统应用总是将处理逻辑作为应用的核心，数据只作为可持久化的后端支撑，而面向过程的应用设计方法是由数据驱动的，将业务逻辑组织为面向过程的事务脚本的集合，为每个请求编写一个事务脚本。这种方法的一个重要特征是实现行为与存储状态完全分离。每个服务都有一套业务操作方法，数据往往通过数据访问对象（DAO）访问数据库，不存在有行为的数据对象。

应用的数据结构总是从设计数据库及其中的字段开始的，整个应用围绕数据库驱动进行设计和开发，所以面向过程有时也被称为"数据驱动"。这种方法适用于简单的业务逻辑，往往不是实现复杂逻辑的好方法。另一方面，因为总是以业务逻辑为应用的核心，所以往往会产生数据孤岛现象，不同应用间的数据无法打通。

2.3.2.2   面向对象

在单体应用数据架构的发展过程中，对于较为复杂的应用，往往采用面向对象的设计方法，应用的数据架构变为各种类交织在一起而形成的网络。面向过程设计主张将应用看作一系列函数的集合，或一系列对计算机下达的指令。而面向对象设计与这种思想刚好相反，其将业务逻辑看成不同对象模型的有机集合，对象模型由具有状态和行为的类构成，如图 2-13 所示。在面向对象设计里，应用是由各种独立且能互相调用的对象组成的，每一个对象都应该能够接收数据、处理数据并将数据传递给其他对象。对象作为应用的基本单元，将逻辑和数据封装起来，提高了应用的重用性、灵活性和扩展性。

在单体架构中，无论是否采用模块化模型，最终一个完整的应用都会被拆分为一个个功能独立的代码块，代码块的功能可能是读写某张数据表，也可能是实现某个业务逻辑等。这种功能独立的代码块刚好非常适合用对象进行封装，这些对象再通过合理的相互调用最终组成一个完整的应用，这就是采用面向对象方法开发的单体应用。

面向对象设计有许多好处。首先，这样的设计易于理解和维护，应用由类组成，每个类只承担一部分职责。其次，每个类都充分反映了相关的业务领域，在做应用设计时，它承担的角色更容易被理解。最后，面向对象设计更容易扩展，在不修改代码的情况下可以通过扩展组件来实现应用的扩展。面向对象理论是由 Dahl 和 Nygaard 在 1966 年提出的,其核心是对象的封装、继承和多态。

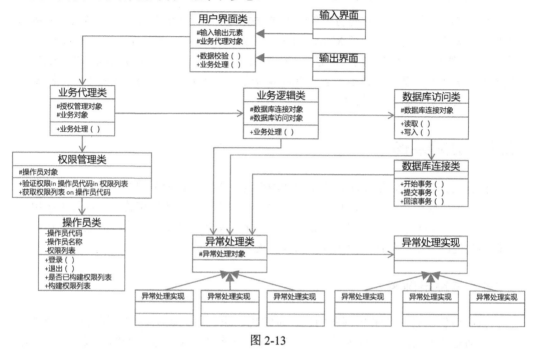

图 2-13

但无论面向对象的模型如何建立,它总需要通过数据访问对象(DAO)实现数据的持久化存储,例如数据库存储等。传统的数据库存储模式是多个应用或服务共享同一个数据库,由数据库自身提供事务原子性(Atomicity)、一致性(Consistency)、隔离性(Isolation)和持久性(Durability)能力,简称 ACID 能力。而更先进的微服务架构模式则更多地采用"分库分表"的方式,能为每个应用或服务配置单独的数据库。

2.3.2.3　面向数据服务

在最新的应用数据架构中,分布式数据服务层打破了"数据总是作为应用的附属支撑"这一固有认知,使得之前被事务处理逻辑限制的数据孤岛可以通过 ETL 数据抽取和汇总机制以分布式模式对外统一提供数据服务。此方法往往并非针对单个应用,而是针对由多个应用组成的大型复杂系统。

在面向数据的体系架构(Data-Oriented Architecture,DOA)中,应用仍然以小型的、松耦合的标准来组织模块、组件,但是 DOA 与传统的 SOA 或微服务应用仍有区别,主要体现在两个方面。

- 组件通常是无状态的:DOA 没有要求对每个相关组件中的数据进行本地存储,而是要求每个组件按照集中管理的模式来描述和存储数据。

● 最小化服务之间的交互，并通过数据层的交互来替代：功能架构组件可以通过数据层来获得所需要的信息，而无须调用某个特定的组件 API。

设计 DOA 的主要方法是将组件组织成数据的生产者和消费者。在较高层次上将功能架构的模块编写为一系列的 Map、Filter、Reduce、flatMap 和其他一元（monadic）操作，每个组件都查询或订阅输入信息并产生输出信息，这使得组件集成是线性的。在 DOA 模式下，N 次变更意味着最多只需要更新 N 个组件，而在传统 SOA 模式下，N 次变更有可能带来的是更新 N^2 个组件。

2.4   功能架构

构建业务架构后，需要构建应用的功能架构，也就是在业务架构中确定应用的功能性需求，形成应用功能蓝图。功能架构有时也被称为企业级应用架构，它展现了应用组（层、模块）与应用的关系。它把业务架构的设计成果转化成应用系统的服务或功能，再确定功能的分布，从而避免出现应用孤岛现象。

2.4.1   系统用例图

系统用例图是对业务用例图的进一步细化。系统用例图不再把应用看成一个"黑盒"，而是通过遍历应用的使用场景，确定应用内部不同功能模块间的交互，从而确定用户是如何使用该应用的各个功能模块的。

具体操作方法就是在业务架构中的业务用例图中进行模拟和修改，看哪些环节通过应用实现，哪些是人机交互的接口，涉及应用的哪些功能模块，从而逐步细化，得到应用的系统用例场景，并形成系统用例图。

2.4.2   业务功能架构

应用可以按照功能被横向分拆，业务功能架构其实就对应了前面介绍的应用架构，它描述了应用由哪些功能模块组成，以及这些功能模块之间的关系。具体而言，组成应用的功能模块可以是逻辑层模块，也可以是子系统。在业务功能架构中，各个业务所承担的职责不同，具体体现为对层、子系统和模块等的划分。

业务功能架构在有的地方也被称为"业务功能模块图"，主要用于阐述产品功能模块的业务能力。比如一辆汽车，它的方向盘有什么功能，方向盘上的各个按钮的功能是什么，仪表盘分成哪些功能模块，油门踏板有什么作用，刹车踏板有什么作用……但是也不排除有些高阶用户需要明确知道变速箱的齿比等信息。

为了解决应用固有的复杂性问题，需要将在不同系统用例中确定的功能分配到不同的功能模块中，并且在分配后定义模块间的接口，以便于独立设计每个功能模块，对外以功能模块的形式展现业务功能。具体可以根据系统用例图中涉及的不同用例的功能进行划分，确定应用的业务功能架构。

业务功能架构的设计重点是将不同的功能分离，然后按照属性、变更方式等的不同对它们进行重新分类。其中技术层次、变更原因或变更时间相同的功能可以被分到同一个功能模块中。反之，要将技术层次、变更原因或变更时间不同的功能放到不同的功能模块中。

我们以自动化办公系统中的请假管理和报销管理两个主要业务为例，其功能架构中的模块如图 2-14 所示。我们会发现两个业务中有重复的功能，包括申请和审批功能。架构师也可以细化功能模块，形成另外一种业务功能架构，如图 2-15 所示。

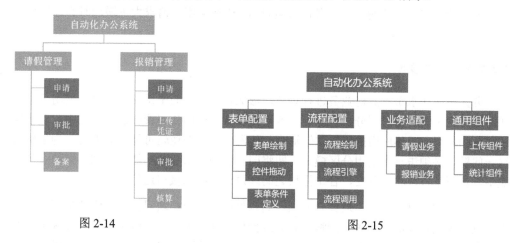

图 2-14   图 2-15

对业务功能架构中的不同功能进行组合时，一般会采用分层模式和分区模式，下面我们分别介绍。

2.4.2.1 分层模式

分层模式在垂直方向将架构分成若干层，每一层都有清晰的角色和分工，不需要知道其他层的细节。层与层之间通过接口通信，较高的层可以调用较低的层，反之不然。虽然没有明确规定应用应该分成多少层，但在具体实践中往往将应用分为 3~4 层。分层架构将应用功能按照层的方式组织，每一层有明确的职责。层与层之间的依赖关系也被限制，每一层只能依赖其下方的层。

分层模式可以应用于不同的架构中，当将分层模式用于功能架构中时，层便是对功能的粗颗粒度分组，其表现是将应用所有的功能模块按照技术层次分层。在严格的分层模式架构中，某一层的服务只能调用与其相邻的下层的服务。而在相对宽松的分层模式架构中，较高层的服务可以调用其下任何层的服务。

采用分层模式的业务功能架构的优点如下。

- 结构简单：容易理解和开发。
- 内聚性高：每一层都可以独立开发、测试，接口通过模拟来实现。
- 职责分明：不同技能的开发人员可以分工，负责不同层的开发，适合大多数公司的组织架构。

缺点如下。

- 一旦需求发生变化，需要调整代码或增加功能时，通常比较费时费力。
- 部署不灵活，即使只修改一个功能，往往也需要重新部署整个应用。
- 升级时无法做到服务不中断，有时可能需要暂停整个应用。
- 扩展性差，由于每一层内部的功能耦合，因此当用户请求大量增加时必须以层为单位进行扩展。

2.4.2.2　分区模式

分区模式在水平方向对业务进行划分，形成相对平行的子系统。如果只采用分层模式，那么由于缺乏横向划分，可能会导致不同业务功能的代码聚合在同一层中。对于比较复杂的应用，虽然应用的层次比较清晰，但同一层内的逻辑可能十分混乱。为了解决这一问题，必须进一步采用分区模式，即将同一层的复杂业务功能划分到不同的业务模块中，使每个模块相对独立，各个模块之间通过定义好的接口通信。

分区模式遵循高内聚、低耦合原则：高内聚就是一个模块只负责一组业务逻辑；低耦合就是模块之间的依赖关系清晰，只通过接口沟通。为了便于维护，每个分区也会遵循之前所说的分层原则。图 2-16 是一个企业级人力资源系统的分区模式设计示意图。

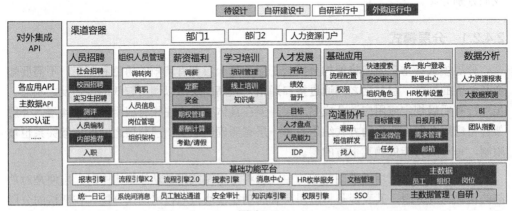

图 2-16

尽管单体应用也可以采用分层模式或分区模式，但是从部署的角度来看，一个应用作为单一的单元被打包和部署，其还属于单体应用的范畴。

2.4.3　应用功能架构

应用功能架构涉及职责单元及其协作关系。功能架构关注职责的划分和接口的定义，不同颗粒度的职责都需要被关注，它们可能是逻辑层、功能子系统、模块、关键类等。不同通用程度的职责应分离，分别被封装到专门的功能模块中。通过划分模块、定义模块间交互的接口，应用功能架构为团队开发提供了基础。可以把不同模块分配给不同的小组，接口就是小组间合作的契约。

先前提到的业务功能模块是用来明确问题领域的，但需求做得再细也没法打破系统是"黑盒"这一事实。所谓细化架构设计，就是要完成从问题向解决方案的转换，切分结构、定义协作，从而进入"黑盒"内部。也就是说，应用功能模块是对业务功能模块进行分解的结果。应用功能模块是架构师根据上游需求分析得到的，需注意两方面：一是面向使用，体现使用价值；二是全面覆盖，没有遗漏。

把紧密相关的一组功能映射到一个功能模块中有利于实现高内聚、低耦合，并且有利于小组间分工。另一些公共功能（如安全验证）需要同时支撑多个业务，也会被划分到单独的功能模块中，该功能模块通常被称作"通用模块"。

如果拿汽车举例就是，发动机模块中包含了哪些子模块，发动机模块和变速箱模块之间的关联关系是什么，发动机、底盘、变速箱、电子系统在整辆汽车中的职责是什么……这些都是用来指导汽车研发的，而不是用来指导用户如何使用这辆汽车的。

如前所述，基于业务功能架构对应用进行整体划分之后，需要更进一步地对每个功能模块进行细化，逐步梳理出子功能，即形成应用功能架构。具体方式是描述不同应用功能模块之间的依赖关系，连接不同的应用功能模块，说明每个模块的输入、输出信息。有分工就必然产生协作，应用功能架构还规定了不同功能模块之间交互的接口和机制，后期的开发工作必须实现这些接口和机制。交互机制具体包括方法调用、基于 RPC 的调用、RESTful API、消息队列等。设计应用功能架构的核心是比较全面地识别模块、规划接口，并基于此进一步明确模块之间的调用关系和交互机制。图 2-17 为请假功能模块的分解示意图。

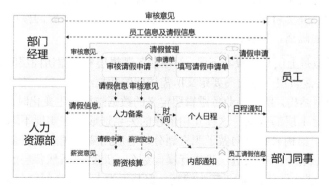

图 2-17

2.4.3.1 面向数据

从面向数据的维度来看，典型的应用功能架构采用三层架构模式。如图 2-18 所示，一个简单的 Web 应用程序，按照调用顺序，从上到下一般分为表示层、业务逻辑层、数据访问层。

图 2-18

- 表示层：用于呈现数据、接收用户输入的数据，包括数据显示与页面渲染、逻辑转跳等，为用户提供交互环境。典型的表示层是 MVC，它用于分离前端表示和后端服务。

- 业务逻辑层：负责定义业务逻辑，用来处理各种功能请求，实现应用的业务功能。它是整个应用的核心，既能直接提供公开的 API，也能通过表示层提供 API。

- 数据访问层：主要与数据打交道，负责数据库层的数据存取。数据访问层用于定义数据访问接口，实现对底层数据库的访问。该层无须公开任何公有 API。由于 NoSQL 在传统三层架构模型时代还未兴起，因此数据访问层主要对关系数据库进行访问。

分层架构的一个重要原则是每层只能与位于其下方的层存在依赖关系。由于层间耦合关系松散，因此我们可以专注于本层的设计，而不必关心其他层的设计，也不必担心自己的设计会影响其他层。另外，分层架构使得应用结构清晰，升级和维护都变得十分容易，修改某层的代码时，只要本层的接口保持稳定，其他层的代码可以不必修改。即使本层的接口发生变化，也只影响相邻的上层，修改代码的工作量小且错误可以控制。

要保持应用分层架构的优点，就必须坚持层间的松耦合关系。设计应用时，应先划分出可能的层次，并尽可能设计好每层对外提供的接口和它需要的接口。设计接口时，应尽量保持层间的隔离，仅使用下层提供的接口。

三层架构看似是上层只依赖其下层，但在业务逻辑层和数据访问层间其实存在一定的问题。首先，业务逻辑层一方面需要定义所需访问的数据结构，另一方面需要通过数据访问层来实现该数据结构，所以当业务逻辑层定义的数据结构发生变化时，数据访问层也需要相应调整以满足上层的要求，这样互相依赖的关系造成无法实现不同层之间真正的松耦合。其次，分层架构只在纵向做了职责划分，当应用变得越来越复杂时，每一层的复杂性问题还是无法解决，需要进一步进行横向划分。最后，虽然各层的维护者只需要关注该层的核心功能即可，层内职责较为清晰，但其仅为上下层之间划分了较清晰的职责，而分属于不同层的代码并没有明确的边界，因此这些代码依然会混杂地相互调用。

2.4.3.2　面向领域

上述面向数据的应用功能架构最大的问题是业务逻辑与底层数据库强绑定，每次修改前端代码或数据接入逻辑时必须更新业务逻辑层代码。数据库应该是业务逻辑间接使用的，业务逻辑本身并不需要了解数据库的表结构、查询语言或内部实现细节，唯一需要知道的是，有一组可以用来查询或保存数据的接口（通常被称为存储接口），可以通过这些接口实现获取数据、变更数据的需求，数据库则隐藏在接口后面，不直接为业务逻辑提供服务，如图 2-19 所示。

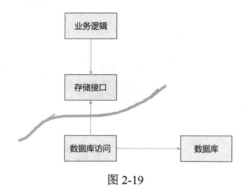

图 2-19

如图 2-20 所示，通过边界的划分及箭头朝向，GUI（图形用户界面）可以用任何一种形式的界面来代替，而业务逻辑不需要了解这些细节。面向领域的架构实现了依赖关系与数据流向脱钩，依赖关系始终从低层次指向高层次。

图 2-20

2.4.3.3　六边形架构

六边形架构是最典型的面向领域的架构，其核心理念是应用通过端口与外部进行交互。如图 2-21 所示，六边形架构将应用分为内部和外部两个六边形。内部应用程序六边形代表了应用的核心业务逻辑，其中包含领域模型（领域对象）。外部的六边形代表对外的技术支撑，包括内存、适配器等。内部应用程序通过端口和适配器与外部通信，以 API 主动适配的方式为应用提供服务，通过依赖反转被动适配的形式呈现资源。一个端口可能对应多个外部系统，不同的外部场景使用不同的适配器，适配器负责对协议进行转换。这就使应用能够以一致的方式被用户、程序、自动化测试、批处理脚本所使用。

六边形架构使内部业务逻辑（领域模型）与外部资源（App、Web 应用及数据库资源等）完全隔离，仅通过适配器进行交互，业务逻辑不再依赖适配器。这种隔离更准确地反映了现代的应用功能架构，可以通过多个入站适配器调用业务逻辑，每个适配器实现特定的 API 或用户界面。同时，业务逻辑还可以调用多个出站适配器，每个出站适配器对接外部不同的基础服务。通过六边形架构的隔离，单独测试业务逻辑变得容易很多。可以说，六边形架构在真正意义上做到了将业务与应用分离，实现面向领域进行架构设计。

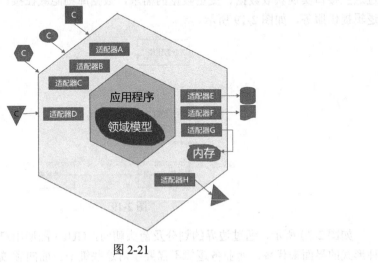

图 2-21

2.4.3.4 洋葱架构

洋葱架构是对六边形架构的优化，将六边形架构中的内部六边形分拆为领域层和应用层两层。领域层专注于实现领域模型内部的逻辑，而应用层则更多的是对应用生命周期进行管理，如图 2-22 所示。

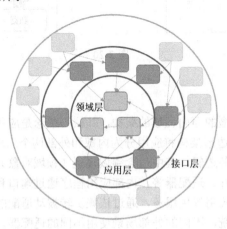

图 2-22

　　洋葱架构主要参考依赖原则，它定义了各层的依赖关系，越往里依赖越少、代码级别越高。代码依赖只能从外层指向内层，内层不需要知道外层的任何逻辑。一般来说，外层的代码声明（包括方法、类、变量）不能被内层引用，其数据格式也不能被内层使用。

2.4.3.5　整洁架构

　　整洁架构基于洋葱架构，但是在洋葱架构的领域层与应用层之间又增加了用例层，如图 2-23 所示。

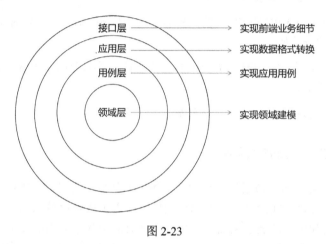

图 2-23

- 领域层：这一层封装整个应用的业务逻辑，实现领域建模，它由多个业务实体组成。一个实体可以是一个带方法的对象，也可以是一个数据结构和方法集合。这些对象封装了该应用中最通用、最核心的业务逻辑，属于应用中最不容易受外界影响的部分。

- 用例层：包含了特定应用场景下的业务逻辑，封装并实现了应用的所有用例，包括跨业务对象的相关组合与编排，如果存在分布式事务，其也将存在于这一层。它引导了数据在业务实体间的流入、流出，并指挥着业务实体利用其中的关键业务来实现自身的功能。用例层涉及多个实体间的复杂业务逻辑，在传统的应用中是业务架构和功能架构交互的桥梁，只是在传统应用中并没有将其单独拆分。

- 应用层：该层通常包含一组数据转换器，在适用于用例和业务实体的数据格式和适用于外部服务的数据格式间进行转换。该层同时实现与用户操作相关的应用生命周期管理，它包含了使用应用时特有的流程规则，封装和实现了应用管理所需的功能。

- 接口层：这是实现所有前端业务细节的地方，包括 UI、工具箱、技术框架等。在该层中，通常需要编写一些与内层交互的黏合代码，主要是根据外部不同的接入，如网页或移动端的接入访问等，来设计一些适配器。

在实际使用过程中，整洁架构中不同的圆代表应用的不同部分，从里到外依次是领域模型、领域服务、应用服务、数据模型，最外面的是容易变化的内容。整洁架构是以领域模型为中心的，而不是以数据模型为中心的，越靠近中心的应用，其层级就越高，通常外层是具体的实现机制，内层是核心业务逻辑。

整洁架构具有以下以下独立性。

- 独立于开发框架：基于整洁架构的应用不依赖任何开发框架，开发框架可以作为工具使用，但不需要让应用适应开发框架。

- 独立于 UI：UI 更新相对频繁，整洁架构不依赖 UI，UI 更新时不需要修改应用的其他部分代码。

- 独立于数据库：因为整洁架构中的业务逻辑与数据库已完全解耦，所以可以轻易地替换数据库。

- 独立于外部服务：应用的业务逻辑不依赖外部服务。

2.4.4　面向数据与面向领域

如图 2-24 所示，面向数据的架构向面向领域的架构演进时，主要是业务逻辑层和数据访问层发生了变化。面向领域的架构在接口层引入了依赖反转原则，给前端提供了更多的可使用数据和更高的展示灵活性。另外，其对面向数据架构的业务逻辑层进行了更清晰的划分（分为应用层和领域层），应用层快速响应前端的变化，领域层实现领域模型的能力，改善了核心业务逻辑混乱、代码改动相互影响大的情况。

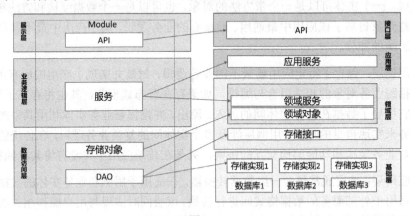

图 2-24

另外一个重要的变化发生在数据访问层和基础层之间。面向数据架构的数据访问采用 DAO 方式，而面向领域架构采用了适配器模式，通过依赖反转实现各层与基础资源的解耦。适配器模式基于存储接口和存储实现来设计。存储接口放在领域层中，定义了统一、通用的存储使用模式；存储实现放在基础层中，具体实现存储接口的操作。

两类架构中都包含领域和业务的概念，但两者的核心业务逻辑也是有差异的，面向数据架构中关于业务的部分只包含业务逻辑层，而面向领域架构则更多地拓展了应用层的应用生命周期管理能力和领域层的领域建模能力。

- 领域层实现面向领域模型的核心业务逻辑，属于原子模型，它需要保持领域模型和业务逻辑的稳定，对外提供稳定的、细粒度的领域服务，所以它处于架构的核心位置。

- 应用层实现面向用户操作的用例和流程，对外提供粗粒度的 API 服务。它就像一个齿轮一样进行前台用户和领域层的适配，接收用户需求，随时做出响应和调整，尽量避免将用户需求传导到领域层。

面向领域架构考虑了前端需求的变与领域模型的不变。但总体来说，不管前端如何变化，在业务没有大的改变的情况下，核心业务逻辑基本不会大变，所以领域模型相对稳定，而应用层则会随着外部应用需求的变化随时调整。应用层通过组合和编排服务来实现业务流程的快速适配上线，减少传导到领域层的需求，使领域层保持长期稳定。应用功能架构的核心使命就是要分离业务逻辑和技术细节：让核心业务逻辑可以反映领域的核心概念，实现清晰呈现及可复用；让技术细节在辅助实现业务功能的同时，实现"热插拔"式的替换。

2.5　实现架构

基于功能架构和数据架构，实现架构会将其转化为具体的技术实现，以确保应用能够正常运行并交付业务价值。实现架构是个体级别的架构，关注应用组件之间的关系和采用的技术手段，以实现应用的功能。

实现架构包括应用内部的架构实现方案和技术栈的选型。

应用内部的架构实现方案涉及将功能架构和数据架构设计为具体的组件、模块和服务。包括确定组件之间的通信方式、数据流动的路径，以及各个模块的功能划分和接口定义。实现架构需要考虑系统的性能、可靠性、安全性和可扩展性等方面，以确保应用能够满足业务需求。

技术栈的选型是实现架构的另一个重要方面。选择适合应用需求的技术栈可以提供必要的工具和框架来支持应用的实现。包括选择编程语言、开发框架、数据库系统、缓存技术、消息队列等。技术栈的选型需要考虑应用的性能要求、开发团队的熟悉程度、市场趋势和生态系统的支持等因素。

与功能架构的分层概念不同，实现架构的分层更加关注功能的具体实现方式。在实现架构中，不同层次的组件和模块相互配合，通过定义清晰的接口和协议来实现功能的具体细节。这可以帮助开发人员更好地理解和掌握系统的结构和行为，提高开发效率和代码的可维护性。

实现架构的成功与否对于应用的稳定性和性能至关重要。一个优秀的实现架构应该能够支持应用的快速迭代和扩展，并具备良好的可测试性和可维护性。它通常能够满足业务需求，保证系统的稳定性和可靠性，并提供良好的用户体验。

在实现架构的设计过程中，需要充分考虑团队的技术能力和资源限制。选择适合团队技术水平和经验的实现方式和工具，可以提高开发效率和质量。同时，需要与团队成员进行良好的沟通和协作，确保每个人对实现架构的理解和任务分工都是清晰的，以避免潜在的沟通和协调问题。

总之，实现架构能将功能架构和数据架构转化为具体的技术实现。它是应用成功交付的关键。

2.6　部署架构

实现架构用于推导重点功能如何部署，是要跨机房部署，还是要跨国部署等，还需要考虑稳定性、性能、成本等问题。部署架构就是通过技术手段支持、实现应用，这往往是 IT 设施需要承担的工作。部署架构主要描述的是技术支撑上层应用运行的方式，包括物理架构和运行架构。物理架构很好理解，即服务器、交换机、存储设备等可见物理设备的部署策略，运行架构则是应用运行时在内存或虚拟机中呈现出来的状态。

2.6.1　物理架构

如图 2-25 所示，物理架构规定了组成应用的物理设备、这些物理设备之间的关系，以及应用部署到硬件上的策略。物理架构反映了应用动态运行时的组织情况。例如，在

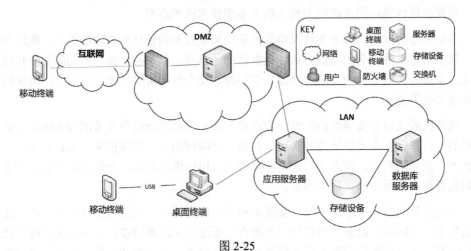

图 2-25

分布式架构中，物理层（tier）通过将一个整体应用逻辑划分为多个部分并把这些部分分别部署在不同位置的多台服务器上，从而为远程访问和负载均衡提供解决方案。当然，物理层是粗粒度的物理单元，它可以由粒度更细的服务器、虚拟机等单元组成。物理架构更多关注的是应用部署前期的情况。

2.6.2　运行架构

在"4+1"架构视图中，我们通过过程视图来描述应用进程间的关系，通过物理视图来描述应用进程或容器如何映射到物理服务器上，这里的运行架构集成了过程视图与物理视图的功能。

传统意义上，运行架构是应用进程在物理架构上的映射，动态反映了应用的实际运行情况。PC 机上运行着消息接收器、用户界面和命令发送器这几个进程，调试机上运行着消息发送器、数据采集器（简称"数采器"）、命令执行器和命令读取器这几个进程，它们之间的交互关系如图 2-26 所示。

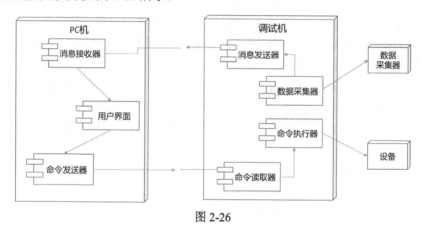

图 2-26

当应用被部署在不同的环境中时，应用进程的状态各不相同。在物理服务器上，应用进程就以物理服务器进程的方式运行，对外提供各种服务，进程运行依赖服务器及其操作系统的稳定性。当应用在虚拟机、容器中时，应用进程就以虚拟机进程、容器进程的方式运行，依赖虚拟机和容器的稳定性。

当应用被部署在云上之后，其物理架构和运行架构将会被整合，统一称为"云上部署架构"。

2.7　应用生命周期

应用生命周期一般分为以下阶段：明确愿景、业务建模、需求分析、架构设计、技术实现、部署发布、线上运维。在接下来的几节中，我们将逐一介绍每个阶段的具体内容，同时对领域驱动设计进行详细论述。

- 明确愿景：确定开发应用所要实现的目标。
- 业务建模：明确应用所在的整体业务上下文，并且为该上下文建立统一的语言。
- 需求分析：明确应用的主要业务流程，并且识别参与这些业务流程的业务角色。
- 架构设计：明确应用内部的职责分配、模块划分，包括总体的功能架构设计及细化的功能架构、数据架构、物理架构、运行架构等的设计。
- 技术实现：将应用功能架构转化为实际可运行的应用。
- 部署发布：将经过开发和测试的应用程序安装和配置到目标环境中。
- 线上运维：确保应用持续稳定运行。

2.8　明确愿景

很多软件行业的从业人员都对明确愿景这一比较"务虚"的步骤缺乏深刻的认识，如果缺乏清晰、共享的愿景，开发人员可能会在错误的方向狂奔。愿景体现了引进某个应用会给目标企业带来的改进。通俗地讲，明确愿景就是搞清楚开发的应用该卖给谁（涉众），对他有什么好处（价值）。

明确愿景的主要目的是对应用的顶层价值进行设计，使产品在目标用户、核心价值、差异化竞争等方面都能有比较明确的目标，并且将各方面目标整合成一个共同的目标，避免应用在产品化的过程中偏离方向。参与制定应用愿景的群体一般包括领域专家、业务需求方、产品经理、项目经理和开发经理。在进行更进一步的业务建模之前，需要思考两点：应用到底能够做什么？它的业务范围、目标用户、核心价值与其他同类产品相比，优势在哪里？

所谓愿景，往往是针对应用目标、主要特性、功能范围和成功要素等进行构思而后形成的。这一阶段设定了所要开发的应用的范围、约束和预期结果，最终输出一份顶层愿景视图。明确愿景的目的是让各方从一开始就对应用应该交付什么样的预期结果达成共识，从而使架构师及开发人员能够聚焦关键领域，验证其可行性。应用愿景也通过给出一个完整架构，使用统一的架构语言来支持利益相关者之间的沟通。基于愿景，业务推动者能明确架构设计的目的，并且创建对基线和目标环境的粗略描述。

愿景是对未来可行性的构想，一定不是无中生有的，它必须经过认真的研究、分析、提炼、创新、风险管理，并且可以有计划地实现。这需要借助专业领域的知识和业务模型，选择可以提高应用竞争力的技术，还需要弄清用户的使用习惯并进行市场分析。

2.8.1　识别目标对象

明确愿景的第一步是识别目标对象，说明哪些人是应用的重点服务对象，并且着重说明这些人的期望。应用是用来改善人们的日常工作的，但是需要说明是改善谁的日常工作。因此，需要由目标对象的期望推导出应用的开发方向，如果没有期望，应用的功能性就无从谈起。

目标对象可以细分为目标组织和该组织中的决策人。目标组织是待开发应用将为之服务的组织，它可以是一个机构、一个部门，也可以是一群人。而决策人是该目标组织的代表人，是应用应该最先照顾到的人。

在这个阶段往往容易犯的错误是将 IT 负责人作为目标对象，其实 IT 负责人并不是目标对象。因为应用要改进的不是 IT 部门的工作流程，而是业务部门的工作流程，所以目标对象应该是业务部门的负责人。

2.8.2　度量价值

我们需要通过评估不同的愿景来聚焦应用的真正价值，指出使用该应用后能给目标组织带来什么改善。所以，应用的价值应该能够度量。度量价值是业务环节或行为的指标，而不是应用行为的指标。要从业务的角度去看应用对于企业的意义。

例如，"建立一个财务应用""提供在线打卡功能""进行人事评估"等，这样的愿景就不具备度量价值。实现这些愿景也不知道能不能给目标对象带来效用，或带来多大的效用。而"减少处理数据所花费的时间""提高数据采集的效率""减少员工在内部交流所花费的时间"等，这样的愿景就清晰明确且具备度量价值，有具体的指标来描述实现这个愿景能为目标对象带来的效用。

度量价值与应用功能的关系是多对多的：一个度量价值可能会对应应用的多个功能，应用的一个功能也可能会覆盖多个度量价值。在不同维度的度量价值之间，也需要确立优先级。例如，对某个应用的要求是支持海量用户、准确且安全地进行数据处理。但在不同的行业或场景中，这些要求的权重则不同。例如，在银行中，数据处理准确的权重要高于其他要求；在军事领域，安全性的权重可能是最高的；在互联网行业，支持海量用户可能成了最高的要求。

2.8.3　详细描述

在明确了度量价值之后，应该对应用愿景进行详细的描述，具体如下。

- 项目背景：说明开发应用的原因及业务现状等。
- 业务目标：实现应用所要达到的目的。
- 需求范围：应用涉及的业务领域，可以认为需求范围是业务用例的一个分类。
- 主要特性：特性是从应用愿景到具体需求的过渡产物，描述需求范围内每个业务领域的功能分类，大致描述特色功能。

以前面提到的某 IT 企业自动化办公系统为例，说明如下。

- 项目背景：企业发展达到了一定规模，但内部管理工作部分靠人工完成，部分业务由比较小的独立系统（如员工管理系统）实现，没有整体的规划，导致企业内部的管理仍然效率低下，所以希望能够实现一个比较完整的企业自动化办公系统。

- 业务目标：整体上提高企业内部的办公效率，具体包括方便企业员工办理各种事务，如考勤、请假、报销、领取员工福利等；能将职能部门的业务迁移到线上，如人力资源部的招聘业务、财务部的报销业务、后勤部的资产管理业务等。

- 需求范围：因为应用的开发时间和资金有限，所以需求范围以人力资源部的业务、财务部的业务和后勤部的业务为主。市场部和销售部的合同流程业务、运营业务等暂时不考虑迁移到线上。

- 主要特性：招聘业务能够比较方便地对接其他系统，如内部员工管理系统；报销业务能够与员工管理系统中的员工薪酬功能对接；资产管理业务能够实现自动打印资产标签、自定义资产标签的格式等。

2.8.4　上下文图

在愿景文档中，上下文图有着重要的作用。它能辅助说明应用的需求范围，清晰地描述待开发应用与周围所有事物之间的界限与联系。它往往以待开发应用为图中心，所有与待开发应用有关联的其他应用、环境和活动围绕在其周围。但上下文图不提供应用内部的任何信息，其目的是通过"黑盒"模式，明确与应用相关的外部因素和事件，促进开发者更完整地识别应用需求和约束。上下文图可以帮助团队关注应用的核心领域，并与涉众进行沟通。

根据 2.8.3 节的描述，某 IT 企业自动化办公系统的上下文图如图 2-27 所示。

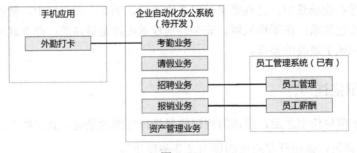

图 2-27

根据上下文图，我们把这个应用的愿景用文字描述——为了满足内外部员工的在线请假、自动考勤统计和人员管理等需求，我们实现企业自动化办公系统。它是一个在线请假平台、自动考勤统计平台，可以同时支持内外网请假、管理内外部员工的考勤、定期进行考勤分析，而不像 HR 系统只能管理内部员工的考勤情况。该应用内外网皆可使用，可实现内外部员工无差别管理。

如图 2-28 所示，通过应用愿景分析，项目团队统一了系统名称——在线请假考勤系统，明确了业务目标和关键功能，与竞品的关键差异，以及自身的优势和核心竞争力等。

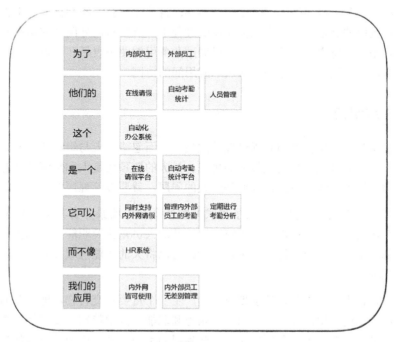

图 2-28

2.9　业务建模

业务建模是指从公司或组织整体角度出发，对所有业务进行建模。它不会非常详细，但能够清晰地说明各个业务之间的逻辑关系。下面，我们先介绍业务建模的定义和描述模型，然后将业务建模的过程分为组织架构、业务领域、业务场景等子过程进行说明。

2.9.1　业务建模概述

通过愿景确定了目标对象的不满后，可通过业务建模弄清哪些方面可以改善。业务建模描述了企业内各个应用系统间如何协作，使企业可以提供有价值的服务。基于先前的愿景，业务建模可以迅速定位最重要的需求。业务建模与技术毫无关系，而是为了更加结构化地拆解和表达业务逻辑。业务逻辑来自现实世界里的具体场景，涉及操作动作和流程等。要准确表达业务逻辑需要先讲清楚业务中的每个概念是什么，再建立概念之间的联系，基于这些联系组合出更多的流程。由概念、联系、流程组成的模型也被称为领域模型。围绕领域模型去进行业务建模会自然而然地把技术实现细节分离出去。后续的代码实现就是将业务架构映射到技术架构的过程，业务架构发生变化时也能快速地对技术架构进行调整。

首先需要针对企业的整体业务建模，而后续的应用需求分析则是针对某一个独立的应用进行的。因此，需要把应用当作一个零件，将其放在企业的整体业务中去观察，这样才能获取应用的真正需求。在业务建模的过程中，需要从内外两个视角来研究企业。从外，企业是一些特定价值的集合，可以通过业务用例图来表示。从内，企业是一系列应用的集合，可以通过业务序列图来表示应用间的协同。

2.9.2　组织架构

很多公司在数字化转型的时候过度关注技术，而忽略了人与组织的价值。将数字化转型推到深水区的时候，会发现最大的挑战、最大的瓶颈还是人和组织的问题，而不是技术的问题。技术用钱买得到，但要处理人的问题，就要看管理层的决心了。

应用场景涉及的组织架构反映了需求方的各个业务场景并将其关联到了相应的组织单元上。在组织架构中可以进一步将应用涉及的人员角色及职能进行细化。角色描述了企业内部对个人职位及技能的要求，职能则可以将大的职能区域逐步地、递归地分解为各个子职能。

在 TOGAF 中，需求分析的前期阶段会产生一个重要的交付物，即企业的组织架构分解图，用于描述应用涉及人员的组织、角色和职能。其中特别重要的是要划定不同的应用涉及人员之间的界限，并明确跨越这些界限的治理关系。应用涉及人员是指在应用之外，透过应用边界与应用进行有意义交互的任何人，本质上是应用的操作者。边界不一定是物理边界，更多的是责任边界。应用涉及人员可分为以下几类。

- 操作者：使用应用功能、更新应用状态、对应用进行运维的人。
- 设备或外部应用：与应用进行交互的事物。
- 自动触发的事件。

从应用涉及人员的组织架构中，首先需要明确企业不同部门之间的依赖关系。以某 IT 企业自动化办公系统为例，企业的组织架构分解图如图 2-29 所示，它逐步把企业内的部门分解，从而具体呈现部门之间的关系。

2.9.3　业务领域

业务领域是某一领域的所有应用的

图 2-29

集合，在企业中往往被称为系统。

2.9.3.1　领域建模（静态）

在一个应用设计之初，应该更关注应用所在的业务领域，透过业务领域捕捉其背后最为稳定的领域概念及这些概念之间的关系，业务领域往往通过领域模型来描述。模型是对问题领域的书面表达，能把问题领域中的人、事、物、规则映射到应用中的参与者、业务用例、业务实体、业务场景中。应用需要成为领域的反射，体现领域里重要的概念和元素，并精确实现它们之间的关系，也就是为领域建模。领域建模就是在一个特定的领域边界内，把已有的使用场景抽象成领域对象及其依赖关系的过程，可以认为领域模型是对业务领域的抽象。领域模型中主要包括领域对象、对象之间的依赖关系及一些相关的行业数据或概念。可以认为，应用的领域建模是对现实业务的完整认识和清晰理解。领域建模前期将为不同涉众交流提供共同认可的语言，随着设计的不断细化，领域模型也会不断地演进为分析类图及数据模型，最终支持应用设计。

最初的领域建模是与领域专家一起找出概念名词，用以代表一个确切的业务实体，然后明确业务实体之间的关系。业务实体是对领域核心业务元素的一种描述，这些元素中包含了一系列用于进行关键领域业务操作的业务逻辑。而这套整体的描述，可以作为一种统一的语言，成为不同人员交流的基础。它是对目标领域的展现方式，会贯穿业务建模、需求分析、架构设计等应用开发的全过程。领域建模是应用设计中最基础的步骤，通过它来处理复杂问题，对领域的所有思考过程也会被汇总到模型中。

领域建模的过程首先会尽可能多地从领域专家处学到领域知识，通过提出恰当的问题，妥善地处理得到的信息，与领域专家一起勾勒出领域的初步认识视图。但交流不是从领域专家到架构师再到开发人员的单向关系，而是存在着反馈的，这会帮助架构师更好地建立模型，获得更清晰的对领域模型的理解。通过与领域专家交流，架构师会分析出一些领域中的关键概念，并且帮助构建可用于将来讨论的基础结构。在应用设计的前期，所建立的领域模型将为不同人员、团队与客户之间的交流提供共识。随着应用设计的进展，领域模型不断被提炼和丰富，最终可以覆盖应用的整个领域层，实现该应用的业务逻辑。

对于面向领域的应用架构，领域模型经过提炼之后会成为领域层的核心。另一方面，领域模型后续往往会演进为需求分析阶段的分析类图及架构设计阶段的数据模型。

1. 领域驱动

《UML 和模式应用》一书中肯定了用例作为领域概念来源的重要性，但同时表达了其他文档和专家想法也可作为领域概念的来源。在领域驱动方法中，领域专家的想法被给予较高的优先级，这样得到的领域模型往往具有更高的价值。在应用的整个生命周期中，领域模型能够不断地演进以展示领域相关的重要概念。相关的领域知识及专家观点将作为建立领域模型的输入。反之，领域模型又会影响后续的需求分析、架构设计、代码开发，尤其是应用领域层的设计及开发。

领域驱动往往与面向对象相结合，逐步将领域概念映射到面向对象的类图上。面向对象强调的是在业务领域内发现和描述对象的概念。在后续的应用设计过程中，应通过对象及它们之间的协作来满足应用的需求。

2. 业务抽象

业务抽象的具体过程是通过"事件风暴"建立通用语言，然后提取领域对象（如实体），找出它们的依赖关系。具体可以基于业务分析来识别相关的事件，同时梳理出事件对应的命令，事件和命令中都会附带对应的领域对象，进而分析对象之间的依赖关系，从而建立领域模型。领域模型封装和承载了全部业务逻辑，并且通过对象间的聚合方式保持业务的"高内聚、低耦合"。

事件风暴是一种业务协作模式，可通过事件风暴识别领域事件。领域事件是领域专家关心的、业务上真实发生的事情。事件风暴是领域专家与项目团队通过头脑风暴罗列出的领域中所有的事件，整合之后形成最终的领域事件集合。对于每一个领域事件，应快速识别与抽象出与该领域事件相关的业务概念，找出领域中所有相关的名词，重新命名这些名词，消除二义性。最后对这些名词进行分类，整理出实体。事件风暴可以快速分析和分解复杂的业务领域，完成领域建模。

3. 通用语言

让模型植根于领域并精确反映领域中的基本概念，是领域建模中最重要的工作。在建模过程中，通过通用的语言能更好地推动架构师和领域专家之间的沟通，以及明确要在模型中使用的主要领域概念。建模的目的是建立一个优良的模型，使不同的参与者都能理解业务。通过建立模型，可以明确业务领域中的事务，从而形成通用的领域语言。

由于应用开发的专业分工不同，因此会产生非常严重的沟通问题，由于视角上的差异，领域专家对他们的需求只能"模糊"地进行描述，或使用"行话"去描述。开发人员初期很难理解领域中对自己来说陌生的业务，尤其是很多专业词汇，因此也只能模糊地理解领域专家的思想。领域建模是将领域概念（即领域行话）以标准化的方式抽象成一套模型的过程，其中，使用通用语言便显得尤为重要。

领域建模广泛采用 UML 类图作为通用语言，UML 是对领域内概念或物理世界中对象的可视化表示。一般采用不涉及方法的 UML 类图来表示领域对象、对象的属性及对象之间的关联，可以认为 UML 是领域词汇的"可视化字典"。

4. 划分子领域/限界上下文

对于复杂的业务领域，需要将其进一步划分为子领域，甚至还需要将子领域进一步划分，可能需要经过多级划分后才能开始进行领域建模。要尽量把那些相关联的，以及能够形成一个自然概念的因素放在同一个子领域中。当子领域划分完成后，实际上大部分的业务概念及逻辑也就定义清楚了，各个领域对象究竟归属于哪个子领域也能搞清楚了。

子领域的划分往往按照业务阶段或功能模块边界进行，其目的是，能在一个相对较小的问题空间内，比较方便地用事件风暴来梳理业务逻辑。每个子领域中可以有多个解决领域，也就是领域驱动设计中的限界上下文，本书将沿用该说法。限界上下文是指在明确的子领域内用事件风暴划分出统一的语言范围。限界上下文往往是通过不断澄清业务概念从而消除名词的二义性，统一词汇并对具有相关性的概念进行归类而创建的。限界上下文内明确了领域对象及领域对象的依赖关系，因此，限界上下文是领域模型的边界，也是业务的边界。在该边界内，要确保交流某个业务概念时不会产生理解或认知上的歧义。

建议将限界上下文作为团队组织的基础，使在同一个团队里的人更容易沟通，每个团队都为自己的领域模型工作。只有独立的模型是不够的，它们还需要被集成，每个模型的功能都只是整个应用功能的一部分。在应用开发的后期阶段，各个部分要被组织在一起，在应用中必须能正确互通。如果限界上下文定义不清晰或限界上下文之间的关系没有被正确地抽象出来，则应用在被集成的时候有可能无法正常工作。在领域驱动设计中，推荐使用上下文映射来描述限界上下文之间的依赖关系。在依赖关系中，两个上下文是不同的，而且一个上下文涉及的子领域的处理结果会被输入另一个上下文。梳理依赖关系的目的就是提前确认依赖关系，避免依赖矛盾。

2.9.3.2 业务用例

在建立了领域模型后，需要进行业务用例分析，明确用例，并且确认用例的执行者及用例的目标。业务用例描述了用户使用应用来完成哪些工作，主要通过业务用例图来表示，体现应用涉及人员的不同角色和应用中功能的交互关系。业务用例一方面展现了业务执行者的目标，另一方面说明了应用的功能性，是需求探索最有效的机制。

良好的应用设计应该是围绕着业务用例展开的，这样应用设计可以在脱离框架、工具及运行环境的情况下被完整描述。应用设计应该只关注业务用例，并能够将它们与其他因素隔离。基于业务用例的应用（用例驱动），后期可以在不依赖任何框架的情况下进行测试与改进，可以通过业务用例来调度业务对象，确保所有的操作都不依赖底层框架。因此，业务用例会作为最基本的输入，影响需求分析、架构设计等后续流程。

1. 识别业务执行者

企业之外的人也会参与交互，这群人就被称为业务执行者。与企业内部员工不同，业务执行者必须是企业外部的人员，在某些场景下也可以是外部组织或系统。

业务建模是为了体现问题领域内的关键概念及概念之间的联系。一个应用的设计要经历业务建模、需求分析、架构设计等多个环节。每个环节有不同的角色，同样的文档、同样的话语越向后传递就越容易失真，容易出现最终交付的产品不是客户真正想要的产品的情况。

为了避免不同角色间信息传递的失真，保证信息能被准确地传达和理解，一般会采用标准化的建模语言，即前面提到的统一建模语言（UML）。在信息传递方面，图形相对于文字更能被人接受。因此，UML 采用了"可视化"的图形来定义语言。UML 既可以描述某个问题领域，也可以表达构思中的应用设计，还可以描述已经完成的应用实现。UML 的目标是通过固定结构的表达来解决从物理世界到数字世界的沟通问题。

业务执行者和业务用例是 UML 的核心元素。业务执行者是一个特定事件的驱动者，业务用例则描述了该驱动者的业务目标。

- 业务执行者是事件的第一驱动者，也是应用的服务方。比如你在电商网站购物，你就是业务执行者。

- 业务用例是应用执行的一系列操作，并生成业务执行者可以感受到的价值。比如你在电商网站购物时会生成在线订单，用户下单就是一个业务用例。

业务用例图是对业务用例的描述，用于在业务建模阶段更好地描述问题领域，与应用最终的实现无关。业务建模的最终目标是让需求人员和客户能够达成共识。比如下单用例可以不依赖在线服务，而只是在线下签署协议。同一个业务用例可以由多种方式实现，如下单后的支付可以用现金，也可以通过银行卡转账，还可以使用第三方支付平台。

2. 识别业务用例

业务建模首先要做的就是识别业务用例。前面已经介绍过，业务用例主要通过业务用例图来表示。在用例分析的过程中，应不断明确每个角色的每种用例（具体功能项），并且可以通过需求范围、主要特性为业务用例划分模块。

在实际的操作过程中，业务用例是指在应用中执行的一系列动作，这些动作将产生可见的业务价值，帮助涉众达到某种目的。还以前面提到的请假管理功能为例，图 2-30 是请假管理功能的业务用例图。

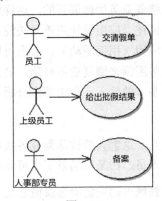

图 2-30

业务用例体现企业的价值，不会因为某个应用软件的改变而改变。业务用例刷新了业务场景的概念，可以把业务场景看作业务用例的实现，将其组织在业务用例中。企业内部之所以有业务场景，是因为要实现业务用例。而所谓优化，做的只是通过业务实体等重新构建业务场景，实现业务用例。

识别业务用例，往往要思考业务执行者与企业的交互目的，因为业务用例是为业务执行者服务的。要站在业务执行者的角度，才能看清企业的价值。

虽然 UML 的业务用例图可以很好地描述业务用例，但是文本形式的业务用例更为常见。文本形式更为详细且更具结构性，但两者的本质都是通过编写业务用例来实现用户目标，从而发现和记录功能性需求。业务用例的文本形式能详细描述所有步骤及各种变化，同时具有补充部分，如前置条件和成功保证，包括以下内容。

- 名称。
- 范围。
- 业务执行者：调用应用的人。
- 涉众及其关注点：关注该用例的人及他们的需求。
- 前置条件：启动该用例前必须具备的条件，隐含了需要事先完成的其他业务用例。
- 成功保证：成功完成该业务用例必须满足的条件。
- 主成功场景：理想的成功场景，描述了满足涉众关注点的典型成功路径。
- 扩展场景：其他场景。编写业务用例时，需要结合主成功场景和扩展场景。

2.9.4　业务场景

在确定了业务用例之后，下一步是分析业务场景。对业务场景的建模是对业务用例的实现。它向上映射了原始需求，向下为应用的实现规定了一种高层次的抽象方法。业务场景分析是从用户视角出发的，探索领域中的典型场景，找出正在开发的应用的关键使用场景，并明确这些场景的优先级。业务场景分析的参与者包括领域专家、产品经理、需求分析人员、架构师、项目经理、开发经理和测试经理。

一个企业的某个业务用例可能涉及多个业务场景，场景表现的是业务执行者与应用之间的一系列特定活动和交互。业务场景是使用应用的特定路径，是一组相关的成功和失败路径的集合，描述了业务执行者如何使用应用来实现其目标。每个业务场景中都包含了一系列活动，这些活动产生了对某个业务执行者而言有价值的反馈。成功的路径一般对应主成功场景，而失败的路径则对应扩展场景。每个场景又涉及多个业务实体（应用软件），业务序列图用于展现企业内不同业务实体、人员之间的交互关系。

2.9.4.1　业务序列图

在领域驱动、面向对象的方法中，通常采用 UML 业务序列图来表示业务场景。UML

通过序列图来描述按时间顺序排列的业务人员、实体之间的交互关系。领域模型是以静态的形式描述业务领域的，而业务序列图则是以动态的形式来表示不同业务执行者与应用的交互关系的。业务序列图研究的对象是企业，在业务序列图中，应用（业务实体）自身被看作一个"黑盒"，业务序列图的重点是体现业务执行者与企业内部不同的业务人员和业务实体间的交互。至于每个业务实体内部怎么处理业务，这不是业务序列图所要表达的重点。业务实体内部的流程会在业务用例图中被更详细地描述，这也是软件架构"渐进明细"特性的一个典型体现。业务序列图可以作为后续需求分析的重要输入。还以请假管理功能为例，其业务序列图如图 2-31 所示。

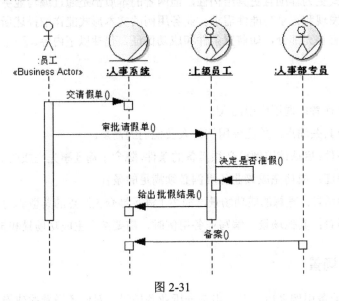

图 2-31

业务序列图把业务流程看作一系列业务对象（人员、实体）之间为了完成某个业务用例而进行的协作。业务序列图是业务建模阶段的产物，它展现了业务的实际需求，因此应当采用业务术语来描述。业务序列图中会涉及一些 UML 元素。

- 对象：表示参与交互的对象，每个对象都有一条生命周期线。对象被激活时，生命周期线上会出现一个长条（会话），表示对象存在。

- 生命周期线：表示对象存在。当对象被激活时，生命周期线上出现会话，表示对象参与了这次会话。

- 消息：表示对象间交互所发生的动作，由一个对象的生命周期线指向另一个对象的生命周期线。常见的消息类型有以下几种。

  ○ 简单消息：用向右的实线箭头表示，最为常用。

  ○ 返回消息：源消息的返回体，并非新消息，用向左的实线箭头表示。一般不需要为每个源消息都绘制返回消息，一方面源消息在默认情况下都有返回消息，另一方面过多的返回消息会让业务序列图变得复杂。

- ○ 同步消息：表示发出消息的对象将停止所有的后续动作，一直等到接收消息方响应，用向右的带有×符号的实线箭头表示。同步消息将阻塞源消息的所有行为，通常程序之间的方法调用都是同步消息。

- ○ 异步消息：表示源消息发出后不等待响应，而继续执行其他操作。异步消息一般需要消息中间件的支持，如 MQ 等。

- ● 会话：表示一次交互，在会话过程中，所有对象共享一个上下文环境，例如操作上下文。

- ● 销毁：表示生命周期的终止，绘制在生命周期线的末端，一般没有必要强调。

在给出了业务用例图及业务时序图之后，还需要对业务领域进行更进一步的改进，明确业务实体及它们之间的关系，更新业务实体模型，进一步完善领域模型。

2.9.4.2　信息化改进

在许多信息化程度较高的领域，绝大多数领域概念都已经完全运行在业务实体中。随着信息化的发展，企业通过业务实体代替人工的比例将会越来越大。之前那种通过人工来封装、记忆、执行业务逻辑的方式将逐步被业务实体所代替。企业间的竞争力也将越来越依赖软件应用在业务场景中的占比。

在明确了业务流程的现状之后，接下来就要思考如何通过信息化的方式对现状进行改进。例如在物流场景下，通过应用软件交换信息可以大大提高流转速度，降低流转成本。所谓信息化，就是将物流转化为信息流。在信息化改进的过程中，可以逐步将由人判断和处理的步骤通过业务实体封装起来，让业务实体来完成大部分工作。

2.9.5　业务建模小结

业务建模是整个应用生命周期中非常关键的一步，因为让模型植根于业务领域并精确反映出业务领域中的基础概念，是应用架构设计中的最重要且最基础的工作。在建模的过程中，通过使用通用语言能更好地推动架构师、开发人员和领域专家之间的沟通，并且能发现要在模型中使用的主要的领域概念。总而言之，业务建模就是创建一个优良的模型，帮助编写应用代码。

1. 核心目的：统一语言

前面多次提到通用语言的重要性，因此业务建模的一个核心目的就是统一语言。

领域专家和开发人员最终会在领域模型上达成共识，领域建模为两者之间建立桥梁。对比"领域词汇表"，领域建模不仅注重重要的领域概念，还刻画了领域概念之间的关系。领域建模过程影响应用的可扩展性，丰富的应用功能背后藏着"强大的"领域模型。Martin Fowler 表示，领域模型决定了最终应用的灵活性和可重用性。

2. 过程建模与领域建模

图 2-32 展示了过程思维和领域思维的不同，这些不同造成了领域建模和过程建模方式的巨大差别，最终形成的结果也十分不一样。

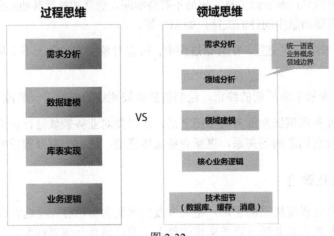

图 2-32

3. 业务建模与需求分析

需求分析与业务建模往往是相互伴随、相互迭代的。一方面，领域模型提供的词汇表应当成为所有团队成员使用的通用语言，作为交流的基础。另一方面，通过需求分析，可以逐步丰富领域模型。借助领域建模，我们可以循序渐进地厘清领域知识。在需求分析的过程中，每当搞清楚一些新的领域知识时，便可以将此部分知识集成到统一的领域模型中。业务建模往往要经历一个从模糊到清晰、从零散到系统的过程。领域模型会随着需求分析、应用设计被不断细化，提炼出领域对象及它们之间的关系，从而不断深入对问题领域的认识。

2.10　需求分析

2.10.1　需求分析概述

业务建模是针对整个企业的，而需求分析是针对某个应用的，包含了人们使用应用的各种场景。在应用开发之初，应该更关注应用所在的领域，透过问题领域的现象捕捉其背后最为稳定的业务概念及这些概念之间的关系。需求分析就是从问题领域到应用设计的映射过程，把问题领域中的人、事、物、规则映射到应用架构中的参与者、业务用例、业务实体、业务场景中。

需求描述了为解决企业的某个问题，应用必须提供的功能及性能。而分析则提供了为了实现某些功能需求，应用需要封装的核心领域概念和知识。需求分析就是把业务需求转化为应用架构的过程，具体分为明确涉及角色、描述业务实体、梳理业务流程这 3 个步骤。

应用是对业务需求的整体满足，设计应用必须基于对业务需求的全面认识，所以全面的需求分析也是非常必要的。全面地认识需求需要从不同级别来考察需求，如组织级、用户级和开发级，对于每个级别的需求，还要分别从功能需求、非功能需求及约束等维度进行考虑。例如，应用的组织级需求是帮助达成业务目标；应用的用户级需求是辅助完成日常工作；应用的开发级需求则是用户需要实现的功能。对需求进行分级、分类，有助于全面认识、把握需求，从而设计出高质量的应用。

1. 需求采集与需求分析

在实际工作中，大家会把需求采集和需求分析搞混，只注重需求采集的过程，而忽略了需求分析的过程，这将导致实际生产的产品不能满足用户真实的需求。下面我们对这两个概念做简单的区分。

- 需求采集：把应用看成一个"黑盒"，通过业务实体来实现。
- 需求分析："分析"强调的是对问题和需求的调查研究，即逐步把应用"黑盒"打开，观察其内部的机制，通过业务流程来实现。

2. 需求类型

"FURPS+"是较为普遍的需求模型，它将需求分为几种不同的类型，同时可以作为检查列表避免遗漏应用的某些重要方面。

- 功能性（functional）：特性、功能、安全性。
- 可用性（usability）：人性化因素、帮助、文档。
- 可靠性（reliability）：故障频率、可恢复性、可预测性。
- 性能（performance）：响应时间、吞吐量、准确性、有效性、资源利用率。
- 可支持性（supportability）：适应性、可维护性、国际化程度、可配置性。
- 其他（+）：一些辅助性因素和次要因素。
  - 实现（implementation）：资源限制、语言和工具、硬件等。
  - 接口（interface）：外部系统接口上的约束。
  - 操作（operation）：为操作设置的系统管理。

在需求分析阶段，还会涉及"补充规格说明书""词汇表""设想""业务规则"等其他文档，感兴趣的读者可自行查阅相关资料。

2.10.2 涉及角色

在进行需求分析时，需要就应用使用场景不断跟领域专家、架构师、开发人员进行交流。在这个过程中，各领域人员不是孤立的，他们需要彼此共享知识和信息。因此，需求分析的第一步是明确应用不同场景涉及的角色（涉众）。

1. 识别涉众

涉众与之前愿景中的目标对象不同，愿景只考虑最重要的组织或人，而不考虑其他的对象。其他对象的利益叫作涉众利益，可以说愿景实际上是应用最重要的涉众的利益。

一个应用是由各种各样的愿景组成的，各种各样的人为各自的目的做着各种各样的事，这些人和他们做的事共同组成了一个应用。以某 IT 企业自动化办公系统为例，当设计一个考勤管理应用时，识别涉众主要应考虑人力资源部的愿景，虽然企业中的每个人都是这个应用的使用者，但应用最初的功能需求是来自人力资源部的，也就是主管考勤的部门。同理，如果设计一个财务报销应用，那么识别涉众主要应考虑财务部的愿景。

2. 组织角色清单

基于业务建模中的组织架构分解图，需要进一步描述每个部门的涉众，这往往通过定义不同的角色来实现，即形成组织角色清单，如图 2-33 所示。

组织	施动者	角色
公司领导	总经理、副总经理	总经理、业务副总、职能副总
人力资源部	人力资源经理、人力专员	人力管理岗、人力事务岗、部门经理岗、普通员工
财务部	财务经理、财务专员	财务管理岗、财务事务岗、部门经理岗、普通员工
销售部	销售总监、销售专员	销售管理岗、销售事务岗、部门总监岗、部门经理岗、普通员工
交付部	交付总监、交付经理、交付专员	部门总监岗、部门经理岗、普通员工
研发部	技术总监、技术经理、程序员	部门总监岗、部门经理岗、普通员工

图 2-33

2.10.3 业务实体

描述业务实体就是把思考的边界从整个企业缩小到某个应用（业务实体）上，具体交付物分为分析类图与系统用例图两种。

2.10.3.1 分析类图

在需求分析阶段，领域模型会被进一步映射为应用程序更容易接受的、面向对象的分析类图，以一种更规范的方式被描述，因为该阶段主要采用类来表现业务实体。分析类图是对领域模型的实体化映射，可帮助建立适合应用实现的模型，得到相对详细的设计模型。

当前多采用面向对象的方法来实现领域驱动设计，假设应用由多个"对象"构成，对象封装了数据和行为。与面向过程的方法相比，其优势在于更贴近人们的思考习惯，有利于人们对应用的复杂性进行拆解。一般采用 UML 中的类图展示领域中业务实体及其相互之间的关系。业务实体代表涉众执行业务用例时所处理或使用的事物。例如，网上购物主要由商品、订单、支付账户这几个关键类构成，这几个类的交互能够达成网上购物这个业务目标。

2.10.3.2　系统用例图

系统用例图通过黑盒模式来定义应用的职责，它可以定义应用做什么（What），但是不会决定应用如何实现（How）。

1. 识别系统执行者

系统用例的执行者被称为系统执行者，指在所研究的业务实体之外，与业务实体发生功能性交互的人或其他业务实体。系统执行者不是所研究的业务实体的一部分，而是存在于业务实体边界之外的部分。这里的业务实体边界不是物理边界，而是责任边界。系统执行者有其目标，并通过应用达成这些目标。系统用例的目的就是寻找系统执行者的目标。系统执行者往往与系统重要性无关，其只关注哪个外部业务实体和所研究的业务实体有交互。与系统重要性有关的是涉众，描述系统用例时必须在不同业务流程中考虑这些涉众的利益。

系统执行者可以是一个人，也可以是其他业务实体。对于大部分系统，初期系统执行者往往是人，随着信息化的不断深入，系统执行者中非人执行者的比例会越来越高。

2. 绘制系统用例图

系统用例图被定义为业务实体能为系统执行者提供的、可被涉众接受的价值。与业务用例图相比，系统用例图的范围从整个企业变为业务实体，定义业务实体的范围、获取功能性需求，说明业务实体要实现哪些业务流程。业务实体封装了业务数据及行为，能独立为外部提供服务。系统用例图需要覆盖所有的业务场景，并且体现其主要特性。它基于业务序列图绘制，不断地明确每个系统用例（具体功能项），并且可以通过需求范围、主要特性为系统用例划分模块。

在实际绘制的过程中，往往可以从业务序列图推导出系统用例图，且可以通过一个业务序列图推导出多个系统用例图。业务序列图中从外部指向业务实体的消息可以被映射为一个系统用例。有的箭头是从系统执行者指向系统用例的，这里涉及的执行者被称为主执行者。有的箭头是从系统用例指向系统执行者的，这里涉及的执行者被称为辅助执行者。主执行者发起用例交互，而辅助执行者在交互过程中被动参与进来。分析类图与系统用例图往往是相互迭代、同步推进、共同细化和完善的。

3. 系统用例文本

简单的系统用例图可以为应用提供简洁、可视化的语境，能够阐明外部执行者对应用的使用情况。它可以作为沟通的工具，用以概括应用及系统执行者的行为。

2.10.4　业务流程

在业务流程开始之前，收集需求是从涉众角度出发的，只要求应用满足功能性需求及非功能性需求，而无须关注应用是如何实现的。进入业务流程之后，架构师需要考虑，为了满足这些需求，应用必须封装哪些概念，以及如何组织这些概念。因此，需要进入需求分析阶段，将业务实体拆分为多个类。这一步可分为静态建模和动态建模两部分：动态建模主要借助系统序列图或系统用例规约来描述业务行为逻辑及对象间的信息交互；静态建模主要用于完善和细化分析类图。动态建模与静态建模可以同时进行。

2.10.4.1　系统序列图

系统序列图用于描述与目标应用相关的输入和输出事件，它展现了直接与应用交互的系统执行者、其他应用及由执行者发起的时间。

可以采用业务实体的类作为对象来绘制系统序列图。和业务序列图相比，系统序列图中已经带有了对应用内部结构的理解，展示出的已经是应用实现的原型。当把某个类放到系统序列图中后，可逐一遍历并分析每个业务流程，根据流程反馈，给每个类注入相应的方法，形成更加完善的分析类图。后续进入应用设计阶段，要做的是，选择合适的实现方式来实现这些类。系统序列图是日常应用开发设计中最为常用的图。图2-34是用户注册功能的系统序列图。

2.10.4.2　系统用例规约

系统用例规约以系统用例图为核心来组织需求。有了系统用例规约，就不需要其他格式的需求规约了，它的主要目的是丰富涉众的利益。

- 前置条件：用例开始前，业务实体需要满足的约束。用例相当于业务实体的一个承诺，在满足前置条件的情况下才能开始。

- 后置条件：用例成功结束后，业务实体需要满足的约束。用例按照基本路径执行，业务实体就能"遇到"后置条件。

- 涉众利益：前置条件是起点，后置条件是终点，中间的路径由涉众利益决定。涉众主要包括系统用例的人类执行者、上游用例资源提供者、下游用例影响者等。大多涉众可以从业务序列图中推导得出。

- 基本路径：一个用例中会有多个流程，其中基本流程被定义为执行者和业务实体的顺利交互，实现了业务实体感知和承诺的内容，凸显用例的价值。

- 扩展路径：基本路径上的每个流程都可能发生意外，其中有些意外需要由业务实体负责处理，处理意外的路径就是扩展路径。例如，若业务实体在基本路径中的验证流程未通过，就会产生扩展路径。因为一个流程中出现的意外及处理可能有多种，所以扩展路径也可能有多条。

- 补充约束：因为路径流程中描述的需求是不完整的，所以需要通过补充约束进一步丰富需求。

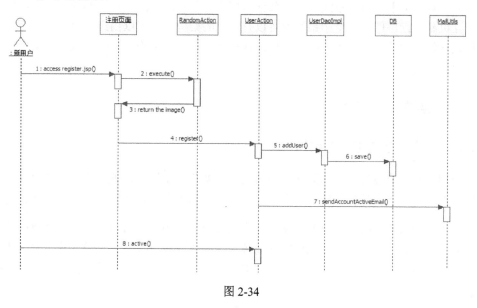

图 2-34

2.10.4.3 分析类图

业务流程的静态建模主要用于细化分析类图，补充每个类的属性及方法。分析类图可以包含属性和方法，属性用来保存业务实体的特征，方法用来访问业务实体。系统序列图及系统用例规约可以作为创建、丰富、识别分析类图的开始。

2.10.4.4 系统序列图与分析类图

系统序列图与分析类图往往是相互伴随、相互迭代的。一方面，分析类图提供的词汇表应当成为所有团队成员所使用的通用语言，作为交流的基础。另一方面，梳理系统序列图可以逐步丰富分析类图。借助分析类图，我们可以循序渐进地厘清建模知识。在梳理业务流程的过程中，每当搞清楚一部分新知识时，都应将这些知识集成到统一的分析类图中。建模往往要经历一个从模糊到清晰、从零散到系统的过程。随着应用需求分析和应用设计建模，分析类图会被不断细化，从而能够不断深入对业务的认识。

2.11　架构设计

需求分析阶段重点关注"做正确的事"，理解业务实体中的一些重要目标，以及相关的规则和约束。而架构设计阶段更多强调的是"正确地做事"，也就是熟练地设计应用架构来满足业务需求。

在应用的架构设计阶段，为了满足质量需求和设计约束，要充分考虑靠需求分析得出的核心机制，提出从业务需求到应用功能模块的映射方式。对于一个独立的应用而言，它常常被划分为不同的子系统，每个部分承担相对独立的功能，各个部分之间通过特定的交互机制进行协作。每个子系统都可以有自己的架构，也可以由组件递归组合而成。架构设计的本质是不断迭代、细化架构，这种迭代在业务架构、功能架构、数据架构和实现架构之间循环进行。

2.11.1　架构设计概述

2.11.1.1　应用架构与业务架构

应用架构与业务架构都强调从业务出发，根据业务发展，合理划分领域边界，持续调整现有架构，优化现有代码，以保持架构和代码的生命力，实现所谓的演进式架构。

业务架构主要关注对业务的抽象，建立领域模型、构建通用语言、实现高效沟通、根据业务领域划分领域边界，从而实现业务和代码的逻辑一致性。应用架构主要关注实现时的应用架构模式，去中心化治理，应用的业务实体可以独立开发、测试、构建、部署和运行。

2.11.1.2　分析类图与数据模型

分析类图是对真实业务领域的建模，数据模型反映了业务实体从物理世界中获取的需求，但它不是对真实物理世界的直接建模，因此，从分析类图到数据模型需要通过映射的方式实现。

分析类图会逐步被细化为数据模型，用于获取业务中的关键概念，分析出核心业务结构，同时为后续的应用架构设计提供重要指导。同样地，分析类图会因为选择不同的编程语言或中间件而被映射为不同的数据模型。为什么需要这一转换呢？因为"边界""控制""实体"这些对象化的概念虽然可以被计算机理解，但它们并不是真正的对象实例，也就是说它们并不是可执行的代码，所谓分析类图只是"纸上谈兵"。真正的对象世界行为是由 Java 类、C++类、JSP 等这些可执行的代码构成的。换句话说，数据模型是在特定环境和条件下对分析类图的实例化。数据模型又可细分为概念数据模型、逻辑数据模型和物理数据模型。

2.11.2　业务功能架构

2.11.2.1　构建聚合

为了满足强事务一致性，往往会通过聚合将一组类绑定并进行写入控制。聚合对外只提供唯一的操作入口，该入口也是一个类，叫作聚合根。聚合根是聚合对外暴露的唯一操作入口，外部不可直接操作聚合内部的成员类，聚合根维护了聚合内部成员类关系的强一致性，聚合内部成员类的生命周期小于或等于聚合根的生命周期，因为它们是由聚合根管理的。

构建聚合是把概念数据模型中的相关类通过强一致性边界聚合在一起的过程。聚合的梳理是指根据聚合根的管理性质从类图中找出聚合根，然后根据业务依赖和业务内聚原则将聚合根及与它关联的类聚合起来。聚合一方面负责封装业务逻辑，内聚决策命令和领域事件，识别类为聚合根还是成员类；另一方面负责执行业务规则。聚合根是全局标识，其内部的成员类只是局部标识，所以只有聚合根可以直接从外部查询。

在梳理和细化每个聚合内的不同类及它们之间的关系时，需要明确一些原本比较模糊的概念。更进一步地，需要明确概念数据模型的具体属性，并验证这些属性是否完整，这也就生成了逻辑数据模型。生成逻辑数据模型后，需要对逻辑数据模型进行初始化。

在概念数据模型中，类与类的关系一般分为泛化（继承）、关联（聚合）和依赖。其中依赖关系过于随意，所以暂不考虑。而泛化和关联是面向对象中最基本的两类关系。

在泛化关系中，子类通过继承超类拥有超类的特征。泛化表示集合关系，两个类形成泛化，意味着超类的对象集合中包含子类的对象集合。

在关联关系中，类通过聚合其他类而拥有其他类的特征。关联表示个体关系，两个类形成关联关系，则意味着一个类的对象聚合了另一个类的对象。有些类之间的关联关系非常密切，当推断或观察到这些类之间的协作频率远超过它们和其他外部类的协作频率时，便可以通过聚合来封装它们，这样可以大大降低外部类调用这些类的复杂度。组合可以看作更强的聚合，相对于聚合，组合还要满足以下要求。

- 整体对象被销毁，部分对象也将被销毁。
- 部分对象只属于一个整体对象。
- 整体对象负责部分对象的创建和销毁。

在逻辑数据模型的最终确认过程中，因为考虑到大部分场景会通过关系数据库进行数据持久化存储，所以需要去泛化，即通过聚合去掉继承关系。泛化关系可以用更抽象的类之间的关联关系来代替。

2.11.2.2　拆分微服务

通过构建聚合，我们逐步建立了以聚合为基础单元的模型。微服务是自治、职责单一的管理单元，具有完整的技术栈和由自身管理的数据（独立数据库原则）。微服务同时是独立部署的单元，可以根据不同的性能要求单独配置合适的运行环境。

根据领域上下文语境，原则上一个限界上下文（独立的领域模型）可以被对应设计为一个微服务。限界上下文具有独立性，限界上下文中的概念和解释都不超出该限界上下文的范围。参考微服务中数据库的独立原则，限界上下文是进行微服务拆分的首选。

但由于领域建模只考虑了业务因素，没有考虑落地时的技术、团队及运行环境等非业务因素，因此在进行应用设计时，不能简单地将限界上下文作为唯一标准。微服务的设计还需要考虑服务的粒度、分层、边界划分、依赖关系和集成关系。除了要保证业务职责单一，还要考虑弹性伸缩、安全性、团队组织和沟通效率、软件包大小，以及技术异构等非业务因素。因此，在某些场景下还会将一个限界上下文中的聚合分拆到多个微服务中。基于聚合进行拆分是微服务拆分的另一种方式，它是微服务拆分的最小单元，它能满足强事务一致性要求。聚合和限界上下文都可以作为微服务拆分的依据。

2.11.2.3　服务契约

业务服务是具有业务价值的，其可以以 API 的形式对外提供服务供消费者使用。在确定了微服务拆分的方式后，基于已经识别的微服务，需要识别其 API 接口，确定每个微服务对外提供的、颗粒度更细的接口能力。

基于系统序列图，可以把逻辑数据模型中类之间的调用方法映射为服务间的接口，补充接口的具体参数和字段。服务契约的设计需要选择适合的通信方式、API 设计风格，并且利用可视化文档对 API 进行详细设计。总体而言，基于系统序列图，可以把类方法映射为服务的接口。

2.11.2.4　业务功能列表和架构图

在业务场景中，如果有些能力能够被多个场景重复使用，那么这些能力就可以被称为"功能"，能够达成特定的目标。多个功能会被集成到一个应用中，应用起到功能组织和容纳的作用。

在 UML 中，往往通过包图来实现组件。图 2-35 可以表达组件实现的过程，通过第三方软件，或者分析模型与设计模型中产生的各种包，可以实现组件定义。组件可以按功能分为模块、子系统、库、可执行文件和程序包等不同类别。

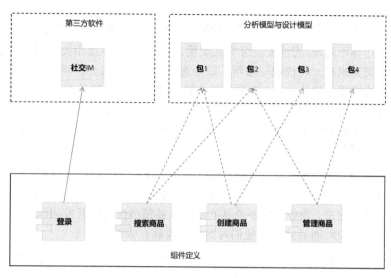

图 2-35

2.12　领域驱动设计及架构设计

2.12.1　领域驱动设计概述

本节我们会详细讲述如何做领域驱动设计（Domain Driven Design，DDD）建模。DDD 通过一套完整的领域建模方法打通业务建模、需求分析、架构设计、技术实现整个流程，从而把应用设计过程中的各种方法融为一体。

2.12.1.1　领域建模与 DDD

领域建模不是在 DDD 中被提出的，它的出现远早于 DDD。虽然 DDD 着重强调了领域建模的重要性，但领域建模本身早已建立了一套完整的方法论。DDD 的理论是基于现有的领域建模体系形成的，用统一的建模语言贯穿了整个应用设计的生命周期。

2.12.1.2　分布式建模的痛点

在单体架构时代，应用在开发流程和领域建模两方面都有一定的方法论。但是当类似的方法被运用到分布式的 SOA 架构或微服务架构中后，其弊端也随即显露。

- 业务建模、需求分析、架构设计、技术实现各个阶段割裂：在开发流程方面，传统单体应用的各个开发阶段相互独立，导致需求、设计与代码实现之间不一致。应用设计主要是对架构设计阶段的建模，模型无法完全符合前期的需求，也无法应对后期的开发。这些问题往往在应用上线后才会显现。

- 模型边界不清晰，无法支持分布式架构：领域建模往往使用面向对象的建模方式，各种类交织在一起构成一张网，缺少对象间的明确边界。将此方法运用到 SOA 架构或微服务架构中后，不同的类将被分散在不同的服务中，因此需要尽量避免跨越服务边界的对象引用。比较通用的做法是独立设计和开发每个服务。对于需要相互协作的服务，由于没有统一的领域模型，因此往往会引发数据重复且无法打通的问题，造成严重的烟囱效应。

- 缺乏通用语言，代码难以理解：由于应用设计的不同阶段采用不同的语言，往往经过过滤和翻译转换，因此存在遗漏、曲解的问题，而这些问题直到应用上线后才会暴露出来。业务逻辑不能从产品团队被精准传递给开发团队，有时开发团队开发了一段时间后才发现他们对需求的理解有偏差。

- 缺乏合理的抽象：在复杂度问题上，业务人员不能代替领域专家。没有领域专家的协助，往往无法很好地解决复杂度问题。同时，开发团队面对需求增长和变化时，缺乏对业务逻辑的抽象和理解，往往开发一个需求点需要改动多处，容易出错且导致开发效率低、代码可维护性差。

2.12.1.3　DDD 的历史

2004 年，Eric Evans 撰写了《领域驱动设计》（*Domain-Driven Design – Tackling Complexity in the Heart of Software*）一书，从此领域驱动设计（DDD）这一概念诞生。

DDD 的核心思想是通过具体的领域方法建立领域模型，从而确定业务和应用的边界，保证业务模型与代码模型一致。但 DDD 被提出后一直没有合适的使用场景，直到 Martin Fowler 提出微服务架构，DDD 才真正迎来了最适合的场景。有些熟悉 DDD 方法的开发人员在进行微服务设计时，发现可以利用 DDD 方法来建立领域模型、划分领域边界，再根据这些领域边界从业务视角来划分微服务边界。按照 DDD 方法设计出来的微服务，其边界都非常清晰，可以很好地实现微服务内部和外部的"高内聚、低耦合"，于是 DDD 逐渐成为微服务设计的指导思想。

2.12.1.4　DDD 的原理

DDD 是一种处理高度复杂领域的设计思想，它试图分离应用架构的复杂性，并围绕业务概念建立领域模型来控制业务的复杂性，以解决应用难以理解、难以演进的问题。DDD 不是架构，而是一种架构设计方法论，它通过边界划分将复杂的业务领域简单化，设计出清晰的领域和应用边界，从而支撑应用的架构演进。

DDD 的理念是对面向对象设计理念的升级，它希望通过统一的模型打通应用设计流程的不同阶段，用一套达成共识的模型充分反映领域专家、架构师和开发人员的想法，使应用能够更灵活、更快速地响应需求变化。可以利用 DDD 开发复杂的应用，在应用变得更加复杂时仍能保持敏捷性。

DDD 中的模型首先跟它所涉及的领域紧密关联，模型自身也会基于领域而持续演进。同时，代码围绕着模型展开，从而避免了代码无法反映所服务领域的问题。模型如果得不到开发人员的参与，则开发人员很难理解模型。因此，DDD 的核心是通过领域建模打通业务建模、需求分析、架构设计及技术实现等应用设计的各个阶段。

2.12.1.5 DDD 的优势

DDD 的优势通常来说有以下几点。

1. 通用语言

在领域建模时，必须通过沟通来交换对模型及其中涉及的元素的想法。如果团队没有通过一套通用的语言来讨论领域知识，那么其所开发的应用将会面临严重的问题。对于同样的领域知识，不同的参与角色可能会有不同的理解，如果领域专家使用行话，应用架构师在设计中也使用自己的语言，那么这无疑是"鸡同鸭讲"。因此，需要在领域建模之前制定一套完整的通用语言。通用语言是团队统一的语言，它可以解决沟通障碍的问题，使精通业务的领域专家、架构师和开发人员能够协同合作，从而确保业务需求得到正确表达。通用语言是用于描述领域知识的一种形式，这种形式不会出现在代码中。

DDD 的一个核心原则是使用一种基于模型的语言，因为模型是基于领域共同点而建立的，很适合作为通用语言的架构基础。无论是交流，还是写代码，都应该是基于模型语言的，以确保团队使用的语言在所有环节中保持一致。通用语言连接从设计到开发的所有环节，通过通用语言，领域专家、架构师、开发人员可以共同创建领域模型，并使用代码来表达模型。

2. 协作设计

协作设计的核心是打通业务建模、需求分析、架构设计及技术实现等应用设计的各个阶段。在传统情况下，架构师和领域专家协同工作后发现领域的基础概念，强调概念之间的关系，创建一个正确的模型以准确捕获领域知识。然后模型被传递给开发人员，开发人员研究模型后发现其中有些概念或关系不能被正确地转换成代码，于是又独立进行了设计。随着更多元素被加入设计，应用与原先的模型之间的差距越来越大。为了解决在实际开发中遇到的问题（这些问题在建立模型时是没有考虑到的），开发人员"被迫"变更设计。一个看上去正确的模型并不代表它能被直接转换成代码，如果领域模型无法直接映射为核心代码，那么该模型基本上就没什么价值了。

DDD 的一个关键优势是在建立模型时就考虑到了应用的设计和开发，开发人员参与到建模工作中，主要目的是选择一个恰当的模型，这个模型能够将应用开发过程进行一定的呈现，这样一来，基于模型的开发过程就会很顺畅。将代码和模型紧密关联会让代码更有意义，且代码能随着模型的调整而调整。有了开发人员的参与和反馈，这就在一定程度上保障了模型最终能被实现，成为应用。如果开发出现错误，则会在早期就被识别出来，问题也更容易解决。如果写代码的人能够很好地了解模型，那么他就能更好地保持代码的完整性。DDD 可以确保领域模型能够如实地反映领域的情况。最后，当从模型中去除设计阶段使用的术语后，代码就成了模型的表达式，代码的变更就可能引起模型的变更。在打通了整个流程的各个阶段之后，最大的转变是应用的设计将由领域专家和业务人员主导，而不再由开发人员主导。

3. 支持分布式架构

为了解决分布式应用领域建模的困扰，可以采用 DDD 方法，通过建立统一的领域模型，划分出子领域，使用通用子领域来实现数据同步共享。分布式事务处理也可以通过 DDD 的聚合机制来维护服务之间的数据一致性。

2.12.2　DDD 中的基本概念

DDD 这一方法论包含的基本概念如下。

2.12.2.1　领域

领域指的是范围或边界，在研究和解决业务问题时，DDD 会按照一定的规则对业务领域进行细分。当领域被细分到一定程度后，DDD 会将问题范围限定在特定的边界内（也就是领域），并在这个边界内建立领域模型，进而用代码实现该领域模型，解决相应的业务问题。DDD 的领域指的就是边界，它确定了要解决的业务问题领域。只要确定了应用所属的领域，这个应用的核心业务，即要解决的关键问题边界就基本确定了。因为领域的本质是问题领域，而问题领域可能会根据需要被逐层细分，所以领域可被分解为子领域，子领域可被继续分解为子子领域等。

领域模型不是从一开始就被完全定义好的。首先要创建领域模型，然后基于对领域的进一步认识和理解，以及来自开发人员的反馈，对其继续完善。接下来所有的需求都会被逐步集成到一个统一的模型中，进而通过代码来实现。在应用演进的同时需要维护模型的持续演进，以确保所有新增的部分和模型原有的部分配合得很好，同时在代码中也能被正确地实现及体现。

2.12.2.2　子领域

领域可以被进一步划分为子领域，每个子领域都对应一个更小的问题领域，体现更小的业务范围。一个领域往往包含多个子领域，在划分子领域时，应尽量把那些相关联的及能够形成一个自然概念的因素放在一个子领域里。子领域有 3 种，分别是核心子领域、通用子领域和支撑子领域。

- 核心子领域：用于决定独特竞争力的子领域是核心子领域，它是业务成功的主要因素和企业的核心竞争力，所以需要企业投入核心资源自行开发。

- 通用子领域：没有个性化的诉求，属于通用功能的子领域是通用子领域，如登录、认证等，其往往需要采购外部标准软件产品来实现。

- 支撑子领域：其所提供的功能是必备的，但不是通用的，也不能代表企业的核心竞争力，这样的子领域是支撑子领域，如单证、凭据等。

领域的核心思想是将问题逐级细分，来降低业务理解和系统实现的复杂度。通过划分子领域，可以逐步缩小需要解决的问题领域，建立合适的领域模型。每一个细分的子领域都会有一个知识体系，也就是 DDD 的领域模型。当所有子领域建模完成后，也就建立了全域的知识体系，即建立了全域的领域模型。

2.12.2.3　限界上下文

为了避免相同的语义在不同的上下文环境中产生歧义，DDD 在战略设计上提出了"限界上下文"这个概念，用来确定语义所在的语言边界。限界上下文就是指为封装通用语言和领域模型而提供上下文环境，保证领域之内的一些术语、业务相关对象等（通用语言）有一个确切的含义，没有二义性。Eric Evans 用细胞来形容限界上下文，细胞之所以能够存在，是因为它限定了什么在细胞内、什么在细胞外，并且确定了什么物质可以通过细胞膜。这里的细胞代表了上下文，而细胞膜代表了包裹上下文的边界。分析限界上下文的本质，就是对语言边界进行控制。在开发应用时，需要为所建立的每一个领域模型定义上下文。领域模型的上下文是一个条件集合，这些条件可以确保模型里的所有概念都有一个明确的含义。限界上下文的核心目标是形成通用语言，避免混淆系统中不同问题领域内的相似概念。正如电商领域的商品一样，商品在不同的阶段有不同的术语，比如在销售阶段是商品，而在运输阶段则变成了货物。同样的一个东西，由于业务领域的不同，会被赋予不同的含义和职责边界，通用语言和领域模型的边界往往就是通过限界上下文来定义的。

限界上下文确保所有领域相关内容在该上下文中是可见的，但对其他限界上下文不可见。在 DDD 出现之前，往往采用全局复用的通用组件对领域相关内容进行共享。共享的组件将导致耦合度高、协调难度大和复杂度增加等问题。DDD 指出实体在其本地具体的上下文中表现最佳，因此在每个限界上下文中都应该创建自己的实体，通过不同上下文中同类实体间的协调来实现共享，而不是在整个应用中创建统一的共享实体。

一个子领域可能会包含多个限界上下文，也可能子领域本身的边界就是限界上下文的边界。每个领域模型都有其对应的限界上下文，团队在限界上下文内使用通用语言交流。领域内所有限界上下文的领域模型构成了整个领域模型。理论上，限界上下文就是微服务的边界，将限界上下文内的领域模型映射到微服务上，就完成了从问题领域到应用功能架构的转变。可以说，限界上下文是微服务设计和拆分的主要依据。在领域模型中，如果不考虑技术异构、团队沟通等其他外部因素，理论上，一个限界上下文就可以被设计成一个微服务。

2.12.2.4　实体

DDD 中的实体拥有唯一标识，且标识在历经各种状态变更之后仍能保持一致。对实体来说，重要的不是其属性，而是其延续性和标识，对象的延续性和标识会跨越甚至超出应用的生命周期。实体是具有持久化 ID 的对象，即使两个实体具有相同的属性值，但是只要 ID 不同，这两个实体便会被认为是不同的对象。实体是领域模型中非常重要的对象，它在建模过程的一开始就应该被考虑到。决定一个对象是否需要成为一个实体也很重要。实体的业务形态在 DDD 的不同设计过程中也有可能是不同的。

- 实体的领域模型形态：在战略设计中，实体是领域模型中的一个重要对象，领域模型中的实体是多个属性、操作或行为的载体。在事件风暴中，我们可以根据命令、操作或者事件找出产生这些行为的业务实体，进而按照一定的业务规则将依存度高和业务关联紧密的多个实体与值对象进行聚合。

- 实体的代码形态：在代码模型中，实体的表现形式是代码中的类，这个类包含了实体的属性和方法，通过这些方法实现实体的业务逻辑。在 DDD 中，与实体相关的所有业务逻辑都在该实体的类的方法中实现，跨多个实体的业务逻辑则在领域服务中实现。

- 实体的运行形态：在应用的运行过程中，实体以对象的形式存在，每个对象都有唯一的 ID。我们可以对一个对象进行多次修改，修改后的数据和原来的数据可能会大不相同。但由于它们拥有相同的 ID，因此它们依然是同一个实体。比如商品是一个实体，通过唯一的商品 ID 被标识，不管这个商品的数据如何变化，商品的 ID 一直保持不变，说明始终是同一个商品。

- 实体的数据库形态：与传统的"数据模型设计优先"不同，DDD 是先建立领域模型的，针对实际业务场景构建对象和行为，再将实体映射到数据持久化对象上。在将领域模型映射到数据模型上时，一个实体可能对应零个、一个或多个数据持久化对象。在大多数情况下，实体与数据持久化对象是一对一的关系。在某些场景下，有些实体只是暂驻静态内存的运行态实体，它们不需要被持久化。

2.12.2.5　值对象

实体是可以被跟踪的，但创建和跟踪标识需要很高的成本。对于某些对象，我们对对象本身不感兴趣，只关心它的属性。对于用来描述领域的特殊方面且没有标识的对象，其被称为值对象。因为没有标识符，值对象可以轻易地被创建或丢弃。值对象描述了领域中的不可变对象，它将不同的相关属性组合成一个概念整体。当度量和描述改变时，可以用另一个值对象予以替换。

区分实体和值对象非常重要，建议选择那些符合实体定义的对象作为实体，将剩下的对象处理成值对象。在领域建模的过程中，值对象可以保证属性归类的清晰和概念的完整，避免属性零碎。

- **值对象的领域模型形态**：值对象是 DDD 领域模型中的一个基础对象，它跟实体一样都来源于事件风暴所建立的领域模型，都包含若干个属性。本质上，实体是看得到、摸得着的实实在在的业务对象，实体具有业务属性、业务行为和业务逻辑。而值对象只是若干个属性的集合，只涉及数据初始化操作和有限的不涉及修改数据的行为，基本不包含业务逻辑。值对象的属性集合虽然在物理上被独立出来，但在逻辑上仍然是实体属性的一部分，用于描述实体的特征。在值对象中也有部分共享的标准类型的值对象、自己的持久化对象，可以建立共享的数据类微服务，比如数据字典。

- **值对象的代码形态**：值对象在代码中有两种形态——如果值对象只有单一属性，则直接将其定义为实体类的属性；如果值对象是一个属性集合，则将其设计为类，这样的值对象没有 ID，会被实体整体引用。

- **值对象的运行形态**：经过实例化的领域对象的业务属性和业务行为非常丰富，而值对象实例化后的则相对简单，只保留了值对象数据初始化和整体替换的行为。值对象创建后就不允许修改了，只能用另一个值对象来整体替换。

- **值对象的数据库形态**：DDD 引入值对象是希望实现从"以数据模型为中心"到"以领域模型为中心"的转变，减少数据库表的数量和表与表之间复杂的依赖关系，尽可能简化数据库设计。传统的数据模型大多是根据数据库范式实现的，一个数据库表对应一个实体，每个实体的属性值都用单独的一列来存储，一个实体主表会对应 N 个实体从表。而值对象在数据库持久化方面简化了设计，它的数据库设计大多采用非数据库范式，值对象的属性值和实体的属性值被保存在同一个数据库实体表中。在进行领域建模时，可以将部分对象设计为值对象，保留对象的业务含义，同时减少实体的数量。在进行数据建模时，可以将值对象嵌入实体，减少实体表的数量，简化数据库设计。

2.12.2.6　聚合

领域模型内的实体和值对象就好比个体，而能让实体和值对象协同工作的组织就是聚合。聚合是由业务与逻辑紧密关联的实体和值对象组合而成的，聚合是数据修改和持久化的基本单元。一个限界上下文内可能包含多个聚合，每个聚合都有一个根实体，叫作聚合根。聚合根的主要作用是避免由于复杂数据模型缺少统一的业务规则控制，而导致实体之间数据的不一致。传统数据模型中的所有实体都是对等的，如果任由实体无控制地调用和修改数据，则很可能导致实体之间的数据逻辑不一致。而如果采用锁的方式，则会增加应用的复杂度，也会降低性能。聚合进一步封装了实体和值对象，让领域逻辑更内聚，起到了保护边界的作用，聚合的引入使得业务对象之间的关联变少了。

聚合用于管理领域对象的生命周期，是一种定义对象所有权和边界的领域模式。聚合是对某个子领域中多个实例的统一封装，一个子领域中可以包含多个聚合。聚合可以被看作对代码和数据的封装，形成一个统一的对外边界。聚合使用边界将内部和外部的对象区分开来，而聚合根就是这个实体中可以被外部访问的唯一对象。如果把聚合比作组织，那么聚合根就是这个组织的负责人。

聚合根也被称为根实体，它不仅是实体，还是聚合的管理者。首先，聚合根作为实体本身，拥有实体的属性和业务行为，能实现自身的业务逻辑。其次，聚合根作为聚合的管理者，在聚合内部负责协调实体和值对象按照固定的业务规则协同完成业务逻辑。如果边界内有其他实体，那么这些实体的标识都是本地化的。最后，在聚合之间，聚合根还是聚合对外的对接人，外部对象只能引用聚合根对象。

因为外部其他对象只能引用聚合根对象，因此，它们不能直接变更聚合内的其他对象，它们能做的就是对聚合根进行变更，或者让聚合根来执行某些变更操作。如果将聚合根删除，则聚合内的其他对象也将被删除。如果聚合对象被保存在数据库中，那么只有聚合根可以通过查询来获得它，其他对象只能通过关联来获得它。因为聚合具有原子性，因此需要避免不同的聚合相互调用，唯一可以调用聚合的应该是应用层。每个聚合都对应一个本地事务，具有操作的原子性。例如，一个银行系统会处理并保留客户数据，包括客户个人数据和账户数据，当系统归档或完全删除一个客户的信息时，必须要保证所有的调用都已被删除。同样，如果一个客户的某些数据发生了变化，则必须确保在系统中执行了适当的更新操作。

总体来说，聚合具有以下特性。

- 在一致性边界内对真正的不变性进行建模：聚合用来封装真正的不变性，而不是简单地将对象组合在一起。聚合内有一套不变的业务规则，各实体和值对象按照统一的业务规则运行，实现对象数据的一致性，边界之外的任何东西都与该聚合无关，这就是聚合能实现业务高内聚的原因。

- 设计小聚合：如果聚合设计得过大，则会因为聚合包含过多的实体，导致对实体的管理过于复杂，高频操作时会出现并发冲突或者数据库锁，最终导致系统可用性变差。设计小聚合可以降低由于业务过大导致聚合重构的概率，让领域模型更能适应业务的变化。

- 通过唯一标识调用其他聚合：聚合之间是通过关联外部聚合根的方式互相调用的，而不是直接通过对象调用的。将外部聚合的对象放在聚合边界内管理，容易导致聚合的边界不清晰，也会增加聚合之间的耦合度。

- 在边界之外达到最终一致性：应在聚合内实现数据强一致性，而在聚合之间实现数据最终一致性。在一次业务操作中，最多只能更改一个聚合的状态。如果一次业务操作涉及多个聚合状态的更改，则应采用异步的方式修改相关的聚合，实现聚合之间的解耦。

- 通过应用层实现跨聚合的服务调用：为实现聚合之间的解耦，以及未来以聚合为单位的组合和拆分，应该避免跨聚合的领域服务调用和跨聚合的数据库表关联。

聚合在 DDD 分层架构中属于领域层，领域层包含了多个聚合，共同实现核心业务逻辑。对应限界上下文，每个限界上下文中可以包含多个聚合，而一个聚合只能属于一个限界上下文。

讲完聚合的概念，我们再来讲讲与聚合相关的另外两个概念：工厂和存储库。

- 工厂：工厂是负责实现聚合创建逻辑的对象，它与领域层控制器和聚合根的具体关系如图 2-36 所示。因为聚合通常会很大、很复杂，根实体的构造函数内的创建逻辑也会很复杂，这就意味着对象的每个客户程序都将持有关于对象创建的知识，但这样也就破坏了领域对象和聚合的封装。工厂可以帮助封装复杂对象的创建过程，即封装对象创建所必需的知识。工厂的原理是将创建复杂聚合的职责打包给一个独立对象，虽然这个对象本身在领域模型中没有职责，但它提供了一个可以封装所有复杂聚合的接口，客户程序将不再调用需要初始化的对象和具体类，而将整个聚合当作一个单元来创建，强化它们的不变性。聚合根建立后，所有聚合包含的对象将随之建立，所有的不变量将得到强化。

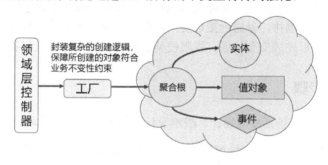

图 2-36

- 存储库：在面向对象的语言中，必须保持对一个对象的调用以便能够使用它。要使用一个对象，则意味着这个对象已经被创建且会被持久化存储（可能存储在数据库中，也可能以其他持久化形式被存储）。对领域模型中的对象进行调用，可以从数据库中直接获取。当需要使用一个对象时，应用可以访问数据库，检索出对象并使用它。在 DDD 中通过资源库来访问持久化实体的对象，使用存储库封装访问数据库的底层机制。使用存储库的目的是封装所有对象调用所需的逻辑，通过资源库实现对对象的调用。存储库作为一个全局的可访问对象的存储点而存在，实现了对象和其调用之间的解耦。存储库中包含用来访问基础设施的细节信息，可以访问潜在的持久化基础设施。

工厂和存储库能将领域对象的创建、保存等关联起来。工厂关注的是对象的创建，而存储库关心的是已存在的对象。聚合先由工厂创建，然后被传递给存储库保存。

2.12.2.7　服务

在领域建模的过程中，有些概念很难被映射成对象。对于对象，通常要考虑其拥有的属性，管理其内部状态并暴露行为。有些领域中的动作看上去不属于任何对象，它们代表了领域中的重要行为，所以不能忽略它们或者简单地把它们合并到某个实体或值对象中。通常这样的行为会跨多个对象。当这样的行为从领域中被识别出来时，最佳方式是将其声明成一个服务，服务实现了不属于实体和值对象的业务逻辑。

服务通常被建立在实体和值对象的上层，以便直接为这些相关对象提供所需的服务。服务的目的是简化领域所提供的功能，它具有非常重要的协调作用，一个服务可以对实体和值对象关联的相关功能进行分组。服务充当一个提供操作的接口，它通常为很多对象提供连接点。引入应用服务，就是对领域逻辑进行编排、封装，供上层接口层调用。一个应用服务对应一次编排，一次编排对应一个业务用例。

领域服务通过对多个实体和实体方法进行组合（聚合），完成核心业务逻辑。如果要将实体方法暴露给上层，则需要将其封装成领域服务后再让其被应用服务调用。

应用服务用来表示应用和用户的行为，负责服务的组合、编排和转发，负责处理业务用例的执行顺序及结果拼装，对外提供粗粒度的服务。具体来说，应用服务会对多个领域服务进行组合与编排，暴露给接口层，供前端应用调用。除了服务的组合与编排，在应用服务内还可以完成安全认证、权限校验、数据校验和分布式事务控制等功能。

2.12.3　实施步骤

基于 DDD 的建模包括战略设计、战术设计和技术实现三个阶段。

- 战略设计（业务架构到领域模型）：主要从业务架构出发，指导如何拆分一个复杂的系统。主要包括划分领域边界，建立拥有通用语言的限界上下文。战略设计关注领域模型的定义，在限界上下文内形成通用语言，从而提升业务人员和技术人员的沟通效率。主要过程是，领域专家、架构师和开发人员在交流的过程中发现领域概念，然后将这些概念设计成一个领域模型。

- 战术设计（领域模型到数据架构）：战术设计用于指导如何将拆分出来的单个子系统落地。主要针对数据架构，侧重于领域模型的建立，完成应用开发和落地。其主要设计概念包括聚合根、实体、值对象、领域服务、应用服务和资源库等。战术设计关注战略设计在落地时与应用技术架构的差异性，缩小业务和技术之间的鸿沟。在战术设计阶段，应关注聚合根、实体、值对象及不同层的服务的代码实现，以完成应用设计。

- 技术实现：推荐使用服务化架构、分层架构、整洁架构等模式，通过代码来实现每个业务实体（分布式应用服务）。

如图 2-37 所示，DDD 体现了从问题领域到解决方案领域的过程。问题领域属于需求分析阶段，重点是明确这个应用要解决什么问题、为什么能解决这个问题，也就是关注应用的 What 和 Why。解决方案领域属于应用的架构设计阶段，针对识别出来的问题寻求如何解决，也就是关注应用的 How。

图 2-37

战略设计会控制和分解战术设计的边界与粒度，战术设计则验证领域模型的有效性、完整性和一致性，进而以演进的方式对之前的战略设计进行迭代。战略设计基于需求获得清晰的问题领域，通过对问题领域进行分析和建模，识别限界上下文、划分相对独立的子领域。之后进入战术设计阶段，深入限界上下文内进行领域建模，并以领域模型指导应用设计与代码开发。

领域和子领域属于问题领域范畴，限界上下文属于解决方案领域范畴。从问题领域到解决方案领域，实际上就是从需求分析到架构设计的过程，限界上下文是解决方案领域的架构基石。在应用开发过程中，若发现领域模型存在错误，就需要对模型进行调整，甚至可以重新划分限界上下文。通过统一的领域模型，贯穿始终地确保从业务、需求，到设计、开发的一致性。

2.12.3.1　战略设计

DDD 战略设计的核心目的是澄清业务与问题，战略设计会建立领域模型的边界，可以用于指导应用设计，尤其是分布式应用的设计。在 DDD 中，战略设计的主要目的是建立标准的领域模型，步骤如下。

1. 找出实体和值对象等领域对象：根据场景分析，找出发起命令或事件的实体和值对象，将与实体或值对象有关的命令和事件聚合到实体上。

2. 定义聚合：在定义聚合前，要先找出聚合根，然后找出与聚合根具有紧密依赖关系的实体和值对象。

3. 定义限界上下文：根据不同聚合的语义进行组织、分类，将具有相同语义的聚合归类到同一个限界上下文内。

子领域和限界上下文是两个完全不同的维度。子领域是对问题的澄清，是对问题空间的边界划分，单纯从问题角度划分职能边界。而限界上下文明确了业务边界和通用语言的范围，是对解决方案领域的边界划分，定义解决方案的职责范围。影响限界上下文的因素首先是通用语言，应没有二义性；其次是规模的复杂度、遗留系统的隔离性、技术策略与团队组织等，限界上下文会随着这些因素的变化而变化。

在概念上，子领域与限界上下文是不存在包含与被包含关系的。而在实际场景中，每个子领域中往往都会包含一个或多个限界上下文。但这层包含关系只是从大部分场景出发考虑的一个简化方案。

传统的单体应用往往只有一个领域。而当对应用进行微服务拆分后，不同的微服务将对应不同的问题领域，每个子领域中的模型都需要定义一个或多个限界上下文，在每个限界上下文中都有独立的领域模型。当使用多个领域模型时，限界上下文定义了每个模型的边界，而建模的过程可以确保每个模型的一致性和完整性。

限界上下文的核心理念是通过一套通用语言为领域建模，而建模的核心是创建独立的数据库，用于存储、隔离领域数据。微服务架构与 SOA 架构最大的区别在于数据隔离，微服务架构通过数据复制的方式，而不是 SOA 架构中数据共享的方式来实现数据同步。换言之，微服务主导每个服务都拥有自己的数据库，也就是数据模型。通过 DDD 为微服务建模，从数据库的角度来看，也就是通过限界上下文来划分微服务，划分之后为每个微服务进行领域建模，从而实现独立数据库的创建。微服务必须被限制在一个领域模型，也就是一个限界上下文中。在某些场景下，一个限界上下文中有多个微服务，微服务对应的最小单元是聚合。

2.12.3.2　战术设计

DDD 的战术设计将在战略设计所确定的边界内提炼统一的概念抽象，它是对面向对象设计的改进，其目的是建立抽象模型，将领域模型映射到代码和数据架构上。战术设计是根据领域模型进行细化设计的过程，这个阶段主要梳理每个限界上下文内的具体领域对象，以及领域对象之间的关系，明确不同服务之间的依赖关系。

在战术设计的实施过程中，会在领域模型中的领域对象与代码模型中的代码对象之间建立映射关系，将业务架构和数据架构进行绑定。当业务变化导致需要调整业务架构和领域模型时，数据架构也会随之调整，并同步建立新的映射关系。DDD 的核心诉求是让业务领域和应用功能及其数据形成绑定关系，也就是打通应用的业务架构、功能架构及数据架构。在 DDD 中对业务架构的梳理和对功能架构与数据架构的梳理是同步进行的，其结果是业务领域模型和应用的功能架构与数据架构是深度关联的，同时它们与应用的技术架构又是解耦的，所以设计、开发人员可以根据应用的功能架构和数据架构选择最合适的实现技术，同时可以保证领域模型与实现代码的一一对应。

在典型的 DDD 中，大部分业务逻辑由聚合组成。聚合是一个边界内领域对象的集群，它由聚合根、实体和值对象组成。每个聚合阐明了加载、更新和删除等操作的范围，这些操作只能作用于聚合中的某个对象。聚合根是聚合中唯一可以被外部调用的部分，只能通过调用聚合根上的方法来更新聚合。由于聚合的更新是序列化的，因此聚合内的事务一致性通过聚合的高内聚来实现。业务对象都被放在不同的聚合中，每个聚合都可以作为一个事务单元被处理。聚合中可以包含一组对象，在同一个聚合内的对象通过聚合实现事务的强一致性。

通过 DDD 实现微服务拆分的一种方式就是规划领域对象的边界，确定哪些类属于哪个限界上下文。聚合代表了一致性的边界，因此它是事务一致性的最小单元，可以被视为分布式微服务拆分的最小单元。DDD 中实现微服务分拆的另一种方式就是将领域模型组织为聚合的集合。

2.12.3.3　技术实现

应用中的大部分内容是不能直接与领域关联的，比如它的基础设施部分为上层程序提供支撑，因此最好让应用中的领域部分尽可能与底层解耦。例如，在一个面向对象的应用中，用户界面、数据库及其他支持性的代码经常会被直接写在业务对象中，附加的业务逻辑被嵌入 UI 组件和数据库脚本中。当与领域相关的代码混入其他层时，理解代码就变得极其困难。

一种比较通用的做法是将一个复杂的应用切分成层，每一层都是内聚的设计，每一层仅依赖其下一层，遵照标准的架构模式以实现层间的低耦合。将与领域模型相关的代码集中到一个层中，然后将其与用户界面、应用和基础层的代码分隔开，通过引入分层架构来确保业务逻辑与技术实现的隔离。如果该代码没有被清晰地隔离到某层，则会变得混乱而难以管理，某处的简单修改会给其他地方的代码造成难以预计的后果。领域层应当关心领域问题，不涉及基础层的问题。用户界面不与业务逻辑绑定，也不属于基础层的任务。应用层用来监督和协调应用的整体活动。具体来说，一个应用可以分为以下几层，如图 2-38 所示。

- 接口层：负责向用户显示信息和解释用户指令。这里的用户可能是用户界面、Web 服务或其他业务，如自动化测试、批处理脚本等。

- 应用层：应用层是很薄的一层，理论上不应该包含业务逻辑，主要是面向用例和流程的相关操作。但应用层又位于领域层之上，因为领域层包含多个聚合，所以它可以协调多个聚合的服务和领域对象，完成服务的组合与编排。此外，应用层也是微服务之间交互的通道，它可以调用其他微服务的应用服务，完成微服务之间的服务组合、编排和通信。

- 领域层：该层的作用是实现核心业务逻辑，通过各种校验手段来保证业务的正确性。领域层主要体现领域模型的业务能力，用来表达业务概念、业务状态和业务规则。领域层包含聚合（实体和值对象）、领域服务等领域模型中的领域对象。当领域中的某些复杂功能不能通过单一实体（或值对象）实现时，则可以通过领域服务组合聚合内的多个实体（或值对象）来实现。

● 基础层：该层的作用是为其他各层提供通用的技术和基础服务，包括数据库、API 网关、事件总线、缓存、基础服务、第三方工具等。其比较常见的功能还是实现数据持久化存储。基础层包含基础服务，它采用依赖反转设计的原则来封装基础资源服务，实现应用层、领域层与基础层的解耦，降低外部资源变化对应用的影响。

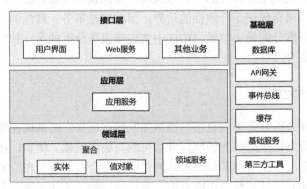

图 2-38

2.12.4　DDD 与微服务

DDD 的领域、子领域、限界上下文的划分理念和微服务的划分理念不谋而合。领域对应问题领域，子领域对应问题领域的细分领域，也就是单体应用向微服务演进过程中划分出来的各个微服务。限界上下文对应解决方案领域。

2.12.5　DDD 与架构设计

DDD 的目标是实现与领域相关的高复杂度业务应用，但在实际使用过程中，DDD 过于理想化，无法落地，具体原因如下。

● 统一模型无法完全代替文本：DDD 的统一模型希望能显性化、清晰、完整地表达业务语义，但模型本身对安全性、可用性、可靠性、性能等的描述缺乏支持，对补充规格说明书、词汇表、设想、业务规则等文本也无法完全表示。

● 需求模型与设计模型无法打通：需求模型主要用于对核心问题领域进行研究，其关注的是真实、完整地捕获问题领域的概念，并尽可能让规则显式化。而设计模型是对解决方案领域的描述，更多关注实现细节。因为两者的关注点不同，因此并非一一对应。例如，在具体实现中，出于对一致性或性能的考虑，可能要在一个设计实体中维护需求模型中的多个对象。

在实际落地中，往往采用领域模型和数据模型这两种不同的模型，业务建模阶段采用领域模型，需求分析、架构设计、技术实现阶段采用数据模型。同时建立特定逻辑在两个模型中进行转换，可以认为数据模型是领域模型的映射。领域对象在实现时会转换为数据对象，进行存储读写。这样可以确保各个模型各司其职，充分发挥各自的特性。

2.13　技术实现

技术实现是将应用功能架构转化为实际可运行的应用的过程，主要包括技术选型和代码开发两个关键环节，旨在通过选择适当的技术和编写高质量的代码来实现应用的功能。

2.13.1　技术选型

在技术实现的过程中，首先需要进行技术选型。技术选型基于应用功能架构的需求和目标实现，其中计算选型是一个重要的决策，涉及选择应用程序的运行环境，包括使用虚拟机、容器或容器编排系统（如 K8s）来承载应用。选择适合应用需求和团队技术栈的计算选型可以提高资源利用率，提供良好的可扩展性。

此外，技术选型还包括数据库选型。根据之前确定的数据架构，需要选择适当的数据库来存储和管理数据。这可能涉及选择关系数据库、键值存储（KV）数据库或分布式数据库，以满足应用对数据持久化和数据查询的需求。数据库选型应考虑数据模型、性能要求、数据一致性和可扩展性等因素。

2.13.2　代码开发

完成技术选型后，便进入代码开发阶段，将应用的业务逻辑转化为实际的代码实现。这包括根据功能架构中定义的各个组件和模块，编写相应的代码。代码开发需要遵循良好的编程实践和设计原则，以确保代码的可读性、可维护性和可测试性。开发人员应采用适当的编程语言和开发框架，并遵循团队内部的编程规范和代码审查流程。

在代码开发的过程中，需要与应用功能架构进行交互确认，并根据需要进行适当的调整和迭代。开发人员需要理解架构中定义的各个组件之间的交互方式和接口规范，以确保代码的功能和行为与架构设计一致；还需要考虑应用的性能、安全性和可靠性等，以提供稳定和高效的应用。

技术实现的成功与否直接影响着应用的质量和性能。一个优秀的技术实现过程应该能够满足应用的功能需求，具备良好的可扩展性和性能。同时，技术实现应该考虑团队的技术能力和资源限制，选择合适的技术和开发方法，以提高开发效率和质量。

2.14　部署发布

应用的部署发布阶段是将经过开发和测试的应用程序安装和配置到目标环境中的

过程。这个阶段关注的重点是如何将应用部署到物理服务器或云资源上，并确保应用在运行时的质量属性能得到满足。

部署架构的设计是关键的一步，它决定了应用在运行期间的表现和可靠性。首先，需要确定应用的部署环境，包括硬件设施和云服务商。根据应用的需求和规模，可以选择部署到物理服务器、虚拟机、容器上，或者采用服务化架构部署到云资源上。这需要考虑资源的可用性、可扩展性和成本效益等因素。

在部署的过程中，需要进行应用程序的安装和配置。这包括将应用程序的代码、配置文件和依赖项部署到目标环境中，并进行必要的配置和初始化。部署过程可能涉及系统级的操作，如操作系统的安装和配置、网络设置和安全设置等。此外，还需要确保应用程序和相关组件的版本和依赖关系正确，以保证应用能够正常运行。

安全性也是部署发布中不可忽视的方面。应用程序需要在部署过程中采取适当的安全措施，如加密通信、访问控制、漏洞修复和安全审计等。此外，还需要确保应用程序和依赖组件的安全性，及时更新和修复潜在的安全漏洞。

我们可以看到，应用的部署发布阶段是应用开发全生命周期中的关键过程。通过设计合理的部署架构，可以确保应用在部署后能够正常运行并提供稳定、可靠的服务。

2.15 线上运维

应用部署发布之后，需要通过线上运维来确保应用持续稳定运行。在线上运维的过程中，需要关注应用的可伸缩性、性能、持续可用性、安全性等方面，以确保应用能够满足用户需求并保持高可靠性。

首先，应用的可伸缩性是线上运维过程中需要重点考虑的因素之一。在高负载情况下，应用可能需要进行水平扩展或垂直扩展，以应对用户增长和高并发请求。为了实现可伸缩性，需要设计适当的负载均衡策略和容错机制，确保应用能够平衡负载并保持高可用性。例如，可以采用负载均衡器将请求分发到不同的应用实例中，并根据负载情况进行动态调整。

其次，性能是线上运维需要持续优化的关键指标。优化措施可能包括调整系统配置、优化数据库查询、缓存数据等。此外，还可以使用性能监测工具来实时监测应用的性能指标，并根据监测结果进行调整和优化，以提供更好的用户体验。

再次，持续可用性是线上运维必须关注的关键指标。为了实现持续可用性，需要设计和实施故障恢复和备份策略。这包括定期备份应用的数据和配置，以及建立故障恢复流程。备份数据的频率和方式应根据应用的重要性和数据的变化程度来确定。同时，需要建立故障恢复流程，以应对意外事件和灾难性故障的发生。

最后，安全性也是线上运维需要高度关注的方面。应采取必要的安全措施来保护应用数据和用户数据的安全，包括加密通信、访问控制、漏洞修复和安全审计等。此外，还需要及时更新和升级应用及相关组件，以修复已知的安全漏洞，并采取主动的安全监测和防护措施应对潜在的安全威胁。

在线上运维的过程中，监测和日志分析是关键的运维手段。通过实时监测应用的运行状态和性能指标，可以及时发现异常情况并采取相应的措施。日志分析可以帮助识别潜在的问题和故障，以进行故障排除和优化。

总的来说，应用部署发布之后，需要通过线上运维确保其持续稳定地运行。及时发现和解决问题，才能确保应用满足用户需求并提供优质的服务。

第3章

应用的功能性设计

有了前两章的知识铺垫，现在让我们来聚焦如何构建一个云上应用。我们先从功能性设计入手，相对于前面提到的空间维度应用架构和时间维度应用生命周期，我们还需要考虑云上架构和云上场景。本章将从应用功能架构开始讲述，明确云上的实现架构的各个模块，并通过一个生动的案例讲解云上应用的实战场景。

3.1　应用功能架构

一个典型的云上应用，其功能架构可以分为客户端、网络接入层、应用层和数据层。各层次之间具有特定的功能和职责，可以确保应用的高效运行和稳定性。也可以用一个七层的架构来描述，如图 3-1 所示，包括客户端、网络接入层、应用接入层、逻辑层、中间件层、数据库层和存储层。四层架构和七层架构的对应关系如下。

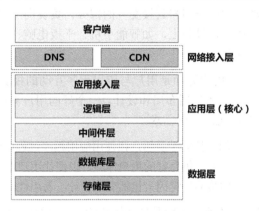

图 3-1

- 客户端：这一层包括用户与应用程序进行交互的界面和设备，如智能手机、平板电脑、计算机，主要负责向用户展示信息和接收用户输入。

- 网络接入层：这一层负责处理用户的请求和响应，以及在客户端与应用服务器之间建立传输连接。常见的网络接入层技术包括 DNS、CDN 等。

- 应用层：应用层是处理业务逻辑的核心层，可以进一步细分为应用接入层、逻辑层和中间件层。

  ○ 应用接入层：负责处理来自客户端的请求，将其转发到逻辑层进行处理，并将处理结果返回客户端。

  ○ 逻辑层：负责处理具体的业务逻辑和算法，如数据的处理、计算和分析等。

  ○ 中间件层：为逻辑层和其他系统组件提供支持，如缓存、消息队列和分布式服务等。

- 数据层：这一层负责存储和管理应用所需的数据，可以细分为数据库层和存储层。在设计应用功能架构时，可以根据数据类型、访问模式、性能需求和可扩展性等因素，选择合适的数据库和存储系统。

  ○ 数据库层：负责存储结构化数据，包括关系数据库（如 MySQL、PostgreSQL 等）和非关系数据库（如 MongoDB、Cassandra 等）。

      ○ 存储层：负责存储非结构化数据，如文档、图片、视频等。常见的存储技术包括对象存储、文件存储和块存储等。

通过将应用功能架构划分为不同的层次，可以更好地组织和管理代码，实现功能模块的解耦和复用，从而提高应用的可维护性和可扩展性。

3.1.1　客户端

客户端是应用功能架构中与用户直接交互的部分，负责向用户展示信息和接收用户输入。客户端可以运行在各种设备上，如智能手机、平板电脑、计算机等。这一层通常包括以下几个关键组成部分。

- 用户界面（UI）：用户界面是用户与应用程序互动的视觉部分。它包括图形、文本、按钮等元素，还包括布局和设计。一个好的用户界面应该是直观的、易于使用的，并能够满足用户的需求。

- 用户体验（UX）：用户体验涉及用户在使用应用程序过程中的感受和满意度。一个成功的客户端应用需要提供良好的用户体验，以便让用户愿意继续使用应用并将其推荐给他人。用户体验的关键因素包括交互设计、易用性、性能和可访问性等。

- 前端逻辑：客户端的前端逻辑是处理用户输入，以及与应用接入层（后端）进行通信的代码。这些代码通常使用前端编程语言（如 JavaScript、TypeScript 等）编写，并可以与 HTML 和 CSS 结合，以实现动态交互和视觉效果。

- 框架和库：为了简化客户端开发，开发人员通常会使用各种前端框架和库。这些框架和库提供了预先构建的组件、模板和函数，可以帮助开发人员更快速、高效地创建客户端应用程序。常见的前端框架和库包括 React、Angular、Vue.js 等。

- 跨平台支持：随着移动设备的普及，越来越多的应用需要在多个平台（如 iOS、Android、Web）上运行。为了简化跨平台开发，开发人员可以使用一些工具和框架，如 React Native、Flutter 等，它们允许使用单一的代码库创建多个平台的客户端应用。

总之，客户端是应用程序的重要组成部分，它为用户提供直观的界面和良好的体验。通过使用现代前端技术和工具，开发人员可以构建高性能、易于使用且跨平台兼容的客户端应用程序。

3.1.2　网络接入层

网络接入层负责处理客户端请求并将其转发至应用服务器。其中，DNS（域名系统）和 CDN（内容分发网络）是网络接入层的关键组成部分，它们分别负责将域名解析为 IP 地址及加速内容分发。

3.1.2.1　DNS

DNS 是一种将易于理解的域名（如 www.example.com）映射到对应的 IP 地址（如 192.0.2.1）的系统。当用户在浏览器中输入网址时，DNS 会查询相应的 IP 地址并将用户引导至正确的服务器。这使得用户无须记住复杂的数字（IP 地址），而只需要记住简单的域名即可访问网站。

DNS 解析过程通常包括以下步骤。

1. 浏览器请求操作系统解析域名。

2. 操作系统检查本地 DNS 缓存中是否有该域名的记录。

3. 如果本地缓存中没有记录，操作系统会向配置的 DNS 服务器发起查询请求。

4. DNS 服务器查找相应的 IP 地址并将其返回操作系统。

5. 操作系统将 IP 地址返回浏览器，浏览器根据该 IP 地址建立与目标服务器的连接。

在实际使用中，DNS 最主要的作用是根据用户的 IP 地址决定把请求解析到哪个地域的 IDC，一般大型互联网公司往往不止一个 IDC，为了保证访问速度，北方用户多访问联通机房，南方用户多访问电信机房。正常情况下每个用户请求的 DNS 解析是固定的，并且在客户端留有缓存记录，即以前访问联通机房就会一直访问联通机房，以前访问电信机房就会一直访问电信机房。

3.1.2.2　CDN

CDN 是一种用于加速互联网内容分发的技术，它通过将内容分发到遍布全球的边缘服务器上，使用户能够从距离最近的服务器获取所需的数据，从而减少延迟，提高加载速度。CDN 的主要优势如下。

- 加速内容分发：CDN 可以将静态资源（如图片、视频、CSS 和 JavaScript 文件）缓存到边缘服务器上，提高这些资源的加载速度。

- 减轻源服务器的负担：由于边缘服务器能为用户提供所需的内容，因此源服务器的流量和负载得到了有效减轻。

- 提高可靠性：如果某个边缘服务器出现故障，CDN 可以自动将用户请求重新路由至其他可用的服务器，从而确保内容始终可用。

- 安全性：CDN 可以提供一些安全功能，如 DDoS 防护和 Web 应用防火墙，以保护应用程序免受网络攻击。

通过使用 DNS 和 CDN，应用程序可以实现更快、更可靠的网络接入，从而提高用户体验。

3.1.3 应用接入层

应用接入层主要处理客户端请求并将其转发到相应的服务器。除了负载均衡，有时也需要一个 API 网关（API Gateway）。

API 网关可以动态、实时、高性能地提供负载均衡、灰度发布、服务熔断、身份认证、可观测性等丰富的流量管理功能。它往往用于处理传统的南北向流量（也称纵向流量，指的是数据中心外部向数据中心内部发起访问的流量），以及服务间的东西向流量（也称横向流量，指的是数据中心内部交互的流量），有时也可以当作 K8s 的路由控制器来使用。其功能特性如下。

- 身份认证：可以同时支持多种身份认证工具，如 key-auth、JWT、basic-auth、wolf-rbac、Casbin、Keycloak 等。
- 负载均衡：跨多个上游服务的动态负载均衡目前已支持 Round-Robin 轮询和一致性哈希算法，同时允许用户逐步控制各个上游服务的流量占比；还支持精细化路由，如支持全路径匹配和前缀匹配，可实现灰度发布、A/B 测试等功能。
- 健康检查：可为绑定的上游服务提供主动及被动的健康检查。
- 高度可扩展：基于插件进行扩展，还能通过 Lua 等脚本语言来自定义插件。借助灵活的插件机制，可针对内部业务完成功能定制。
- 代理请求重写：支持重写请求，支持自定义修改返回内容。
- 服务发现与治理：提供服务发现功能，可以和 Consul 和 Nacos 等组件对接。同时支持服务治理相关功能，如限流、限速、熔断等。

在这一层，通常使用 L4（传输层）网关和 L7（应用层）网关来管理请求和流量。下面是关于 L4 网关和 L7 网关的详细介绍。

3.1.3.1　L4 网关

流量经过 DNS 解析后第一个要访问的就是 L4 网关。它根据源 IP 地址、目标 IP 地址及源端口和目标端口信息来路由流量。L4 网关可以实现负载均衡、故障切换等功能，以确保应用程序的稳定性和可靠性。

我们一般用得最多的 L4 网关功能就是负载均衡，L4 负载均衡主要起到流量转发的作用，比如根据请求的域名决定将流量转发到哪个后端 L7 网关集群。L4 网关的负载均衡设备有软负载也有硬负载，最典型的软负载是 LVS，单台承载能力通常为十万 QPS 级。而硬负载，如 F5，单台承载能力可达到百万 QPS 级，不过成本也较高，所以一般互联网公司的 L4 网关负载均衡设备都是自研产品。

当一个应用面临大量用户访问而负载过高时，通常会增加服务器数量来进行横向扩展，然后使用集群和负载均衡做流量管理，从而提高整个系统的处理能力。从单机系统到分布式系统，很重要的升级是业务拆分和分布式部署，将应用拆分后部署到不同的机器上，实现大规模分布式系统。

分布式部署和业务拆分实现了从集中到分布的转变，但是每个独立部署的业务还存在单点故障和访问统一入口问题。为解决单点故障，可以采取冗余部署的方式，将相同的应用部署到多台机器上。为了解决访问统一入口问题，可以在集群前面增加负载均衡设备，实现流量分发。负载均衡的作用如下。

- 缓解并发压力：提高应用的处理性能，增加吞吐量，提高网络处理能力。

- 实现高可用性：提供故障转移能力，实现整个分布式系统的高可用性。

- 实现扩展性：通过增加或减少服务器的数量，提供网络伸缩性、扩展性。

- 实现安全防护：在负载均衡设备上做一些过滤操作，进行黑白名单等处理。

3.1.3.2 L7 网关

L7 网关处理基于 HTTP 和 HTTPS 的请求。与 L4 网关相比，L7 网关能够深入分析请求内容，包括 HTTP 请求头、URL、查询参数等，从而实现更为精细的流量管理和路由策略。常见的 L7 网关技术和应用如下。

- API 网关：如 Amazon API Gateway、Kong 等，用于管理和路由 API 请求，提供认证、授权、缓存、限速等功能，以确保 API 的安全性和性能。

- 反向代理：如 Nginx、Apache 等，用于接收客户端请求并将其转发至后端服务器，可以实现负载均衡、SSL 终止、缓存等功能。很多互联网公司通过 Nginx 搭建自己的 L7 网关集群，当流量经过 L4 网关并被转发后，就到了某个 L7 网关集群。

但是，为什么有了 L4 网关后还需要 L7 网关呢？主要有以下两方面的考虑。

- 应用层的转发：对于大型互联网公司应用来说，业务通常包括几十个甚至上百个域名，不仅要针对域名来做四层流量负载均衡，还要针对同一域名下不同的接口来做七层流量负载均衡，比如上下行接口拆分、核心和非核心接口拆分等。

- 集成鉴权、日志、监控等通用功能：一些通用的接口功能需求，如接口调用鉴权、日志统计、耗时监控等，适合放在网关层统一实现，而不需要让每个接口都实现。

总之，应用接入层通过使用 L4 网关和 L7 网关来管理和路由客户端请求，以实现应用程序的高性能、可靠性和安全性。在设计应用程序架构时，根据应用场景和需求，可以选择合适的网关技术来优化应用接入层。

3.1.4 逻辑层

逻辑层是应用功能架构中负责处理业务逻辑和算法的部分。在实际的部署过程中，逻辑层用于支撑应用的运行，它可以部署在物理服务器、虚拟机及容器化环境（如Docker、K8s）中。在逻辑层部署过程中，物理服务器、虚拟机和容器化环境各有优劣，选择哪种部署方式取决于应用程序的性能需求、可扩展性、管理复杂性及成本。

3.1.4.1　物理服务器

基于物理服务器部署是一种传统的部署方式，它直接将应用程序组件部署在专用的硬件上。物理服务器可以提供较高的性能和稳定性，但管理和维护成本较高，且无法灵活扩展。

3.1.4.2　虚拟机

虚拟机（VM）部署是一种基于虚拟化技术的部署方式，它允许在单个物理服务器上运行多个独立的操作系统实例。虚拟机可以实现资源隔离，提高硬件利用率，并简化应用程序的部署和管理。然而，虚拟机仍然存在一定的性能开销和资源占用，尤其是在进行大规模部署时。

业界的最佳实践是在虚拟机上运行无状态服务，但其弹性扩容能力不能简单地根据QPS来判定，还需要考虑耗时、慢速比等因素。一个通用的解决方案是根据接口的耗时分布对QSP加权，拟合服务器端实际的压力值，再通过压力测试获取服务器端最大的承载能力，用最大承载能力除以实际压力值就是服务器端的实时冗余度，最后确定最高冗余度和最低冗余度这两个阈值，则可以在阈值区间内通过监控和弹性伸缩控制器实现自动扩缩容。

3.1.4.3　容器化环境

容器技术是一种轻量级的虚拟化技术，它将应用程序和其依赖项打包到一个独立的、可移植的运行环境中。与虚拟机相比，容器启动更快、占用资源更少、更易于扩展。K8s 是一种广泛使用的容器编排工具，它可以自动部署、扩展和管理容器化应用程序。随着 K8s 成为云原生最热门的解决方案，越来越多的传统服务从物理服务器、虚拟机迁移到 K8s 上，享受 K8s 带来的弹性扩缩容、高可用性、自动化调度、多平台支持等益处，但这需要对应用进行一定的改造，因为 K8s 通常适用于无状态服务。

1. 基于 K8s 的应用

K8s 对复杂软件世界中的各类业务场景进行了一定程度的抽象和组合，设计出了 Pod、Deployment、StatefulSet 等应用加载模式（也称 Workload）。各个 Workload 的使用场景如下。

（1）Pod

Pod 是最小的调度、部署单位，由一组容器组成，通常包括业务容器和辅助容器，它们共享网络、数据卷等资源。因为在实际的复杂业务场景中，一个业务容器往往无法独立实现某些复杂功能，需要使用一个辅助容器帮助业务容器实现这些功能，如下载冷备快照文件、进行日志转发等。得益于 Pod 的无状态设计，辅助容器可以和 Redis、MySQL、Etcd、ZooKeeper 等有状态容器共享同一个网络命名空间和数据卷，帮助业务容器完成辅助性工作。这种辅助容器在 K8s 中有一个专属称呼——Sidecar（边车模式），它广泛应用于日志转发、服务网格等辅助场景，已成为一种典型的 K8s 应用设计模式。

（2）Deployment

通过 Pod 可以实现业务进程容器化，然而 Pod 本身并不具备自动扩缩容、滚动更新等特性，为了解决以上问题，K8s 提供了更高级的应用加载模式 Deployment，通过它可以实现 Pod 故障自愈，结合 HPA 组件按 CPU、内存或自定义指标实现自动扩缩容和滚动更新等高级特性。Deployment 一般是用来描述无状态服务场景的，因此特别适合无状态应用。但 Deployment 不适合有状态应用，主要原因是 Deployment 生成的 Pod 名称是变化的，无固定的网络标识身份，无稳定的持久化数据存储，滚动更新过程中也无法控制顺序。而这些对于有状态服务而言，是非常重要的。一方面，有状态服务通过稳定的网络身份标识进行通信是其高可用性、数据可靠性的基础，在 Etcd 中，日志提交必须要经过集群半数以上节点的确认。在 Redis 中，主备节点根据稳定的网络身份建立主从同步关系。另一方面，不管是 Etcd 还是 Redis 等其他组件，Pod 异常重建后，它对应的持久化数据不能丢失。

（3）StatefulSet

为了解决以上有状态服务的痛点，K8s 又设计实现了 StatefulSet。它可以为每个 Pod 提供唯一的名称、固定的网络身份标识、持久化的数据存储、有序的滚动更新发布机制。基于 StatefulSet 可以比较方便地对 Etcd、ZooKeeper 等组件服务进行容器化部署。

2. K8s 扩展机制

通过 Deployment、StatefulSet 能对大部分现实中的业务场景服务进行容器化处理，但仍有一些五花八门的业务诉求无法直接通过现有的 Workload 来实现。因此，K8s 构建了一个开放且强大的扩展体系，从 API Server 到 CRD、调度器，再到控制器、网络、存储方案等，一切皆可扩展，充分赋能业务，让各个业务可基于 K8s 的扩展机制进行定制化开发，满足大家对特定场景的诉求。K8s 提供了 CRD 和聚合 API 两种资源扩展机制。

CRD 是 K8s 内置的一种资源扩展机制，在 API Server 内部集成了 kube-apiextension-server，负责实现 API CRUD/WATCH 等常规操作，支持 kubectl、认证、授权、审计，但不支持 SubResource log/exec 等定制，不支持自定义存储。如果涉及大量用户自定义资源需要存储的场景，则会对 K8s 集群中 Etcd 组件的性能产生一定的影响，同时限制服务在不同集群间迁移的能力。

聚合 API 通过将单个 K8s API Server 按资源类别拆分成多个 API Server 来提升扩展性。

新增 API 时无须修改 K8s 底层代码，开发人员可以自己编写 API Server 并部署在 K8s 集群中，同时通过 API Service 资源将自定义资源的 Group Name 和 API Server 的 Service Name 等信息注册到 K8s 集群上。

总体来说，CRD 提供了简单的、无须任何编程的资源扩展能力，而聚合 API 提供了一种机制，能对 API 行为进行更精细的控制，允许自定义存储、使用 Protobuf 协议等。

3.1.4.4　应用自身服务与第三方服务

基于物理服务器、虚拟机和容器化环境，应用会运行其自身的服务，负责处理和协调应用的主要功能和业务规则，而这些服务有可能依赖第三方服务。

1. 应用自身服务

应用自身服务是应用自己定义和实现的服务，它们描述了应用的核心功能和逻辑。这些服务通常会与其他服务进行交互，形成一种依赖关系，以完成复杂的任务或工作流程。这种依赖关系必须经过仔细的设计和管理，以确保系统的健壮性和可靠性。

例如，在一个电商平台上，订单管理服务是一个应用自身服务。当用户在平台上下单购买商品时，订单管理服务可能会调用库存管理服务来检查商品库存是否足够，然后调用支付服务来处理付款。订单管理服务、库存管理服务和支付服务都是应用自身服务，并且它们之间存在依赖关系。

2. 第三方服务

第三方服务是应用所依赖的外部服务，通常由其他公司或团队提供。使用这些服务可以扩展应用功能，而无须从零开始构建。与这些第三方服务的交互通常是通过 API 或 SDK 完成的。

还以上述电商平台为例，当用户选择通过信用卡付款时，该平台可能会调用一个第三方支付网关，如 Stripe 或 PayPal，以处理信用卡交易业务。在这种情况下，Stripe 或 PayPal 就是第三方服务。

为了确保应用的稳定性和性能，无论是与应用自身服务交互，还是与第三方服务交互，都要进行仔细的设计和测试。尤其是当涉及第三方服务时，考虑到它可能会有不同的 API 版本、维护窗口，也可能突然宕机，因此要实施适当的错误处理和回退机制。同时，对于应用自身服务间的交互，开发者需要确保服务间的依赖关系清晰，避免循环依赖或调用链过度复杂，以确保系统的健壮性和可维护性。

3.1.5　中间件层

中间件层是应用程序架构中负责在不同组件之间传递和处理数据的部分。这一层通常包含多种类型的中间件组件，Kafka 和消息队列是常见的中间件组件，它们在应用中扮演着重要的角色。

3.1.5.1　Kafka

Kafka 是一个分布式流处理平台，主要用于构建实时数据流管道和应用程序。Kafka 是一个高性能的、可扩展的、容错的发布-订阅消息系统，常用于日志收集、实时分析、事件驱动等场景。Kafka 具有以下特点。

- 高吞吐量：Kafka 能够处理大量的读/写操作，适用于大数据场景。

- 可扩展性：Kafka 可以水平扩展，以应对不断增长的数据量。

- 持久性：Kafka 将消息存储在磁盘上，以确保数据不会丢失。

- 容错性：Kafka 通过数据副本和分区来实现容错，以确保系统的可用性。

3.1.5.2　消息队列

消息队列（Message Queue，MQ）是一种允许在应用程序之间传递消息的中间件组件。消息队列通过将消息暂存于队列中，解耦了消息发送者和接收者，从而实现了异步通信和负载均衡。常见的消息队列包括 RabbitMQ、ActiveMQ、AmazonSQS 等。消息队列的主要特点如下。

- 异步通信：发送者和接收者无须同时在线，可以在不同的时间处理消息。

- 解耦：发送者和接收者不直接相互依赖，降低了系统之间的耦合度。

- 负载均衡：可以根据接收者的处理能力分配消息，避免资源浪费和拥塞。

- 容错性：通常具有持久化存储和重试机制，以确保消息的可靠传输。消息队列广泛应用于分布式系统、微服务架构、事件驱动架构等场景。

总之，中间件层通过引入 Kafka、消息队列等组件，实现了应用程序之间高效、可靠的数据传递和处理，有助于提高应用程序的可扩展性、可维护性和稳定性。

3.1.6　数据库层

应用所使用的数据库历经多次迭代，从传统的单一数据库到多种不同数据库的组合。数据库层主要包括各种类型的数据库，如关系数据库、非关系数据库和时间序列数据库等。数据库用于存储、查询和管理应用程序的结构化和非结构化数据。常见的数据库类型和示例如下。

- 关系数据库：如 MySQL、PostgreSQL、Oracle 等，使用 SQL 语言和表结构来存储和查询数据，适用于具有明确数据结构和关系的场景。它往往用于存储交易型业务数据。互联网发展初期，各个业务一般都会独立运营 MySQL 集群，但随着业务越来越多，MySQL 集群规模越来越大，新的趋势将是分布式 MySQL 集群。

- 非关系数据库：如 MongoDB、Cassandra 等，不使用固定的表结构，更适用于存储非结构化数据，以及解决高并发、高可扩展性问题。非关系数据库可进一步细分为键值存储、文档存储、列式存储等类型。作为关系数据库的一种补充，非关系数据库一般提供原生的集群部署方式，且使用起来很方便。

- 缓存数据库：如 Redis、MemCache，缓存数据库在应用功能架构中扮演着重要的角色，它们主要用于临时存储热点数据，以降低数据访问延迟并提高系统性能。

Redis 是一个常见的缓存数据库，其具有以下特点。

- 内存存储：Redis 将数据存储在内存中，因此读/写操作的速度非常快。这使得 Redis 特别适用于对延迟敏感的场景，例如 Web 应用程序运行和实时分析。
- 键值存储：Redis 是一个键值存储系统，可以非常方便地存储和查询基于键的数据。此外，Redis 还支持多种数据类型，如字符串、列表、集合、哈希表和有序集合等。在应用中，缓存数据库通常用于减轻后端数据库的负担，提高数据访问速度和系统性能。当应用程序需要频繁访问某些数据时，可以将这些数据缓存在 Redis 中，从而减少对后端数据库的访问次数。此外，缓存数据库还常用于会话存储、排行榜、计数器等场景。

不同数据库在处理不同类型的数据及负载时各有优劣，在架构设计方面比较先进的应用通过合理选择和组合这些数据库，能让各种技术、产品发挥最大的功效，从而让整个数据库层满足更多的场景需求，支撑更大的数据规模。

3.1.7　存储层

存储层主要包括各种类型的存储系统，如块存储、对象存储和文件存储等。存储层用于存储应用程序的数据文件、日志、配置文件等非数据库数据。

- 块存储：如 Amazon EBS、Google Persistent Disk 等，提供基于磁盘的低延迟存储服务，适用于数据库、虚拟机和容器等场景。
- 对象存储：如 Amazon S3、Google Cloud Storage 等，提供可扩展的、基于 API 的存储服务，适用于存储大量非结构化数据，如图片、视频和文档等。对象存储多用于存储互联网上的小文件，如图片。这类小文件具有数据量少、数量多、访问量大的特点。
- 文件存储：如 NFS、SMB 等，提供基于文件系统的共享存储服务，允许多个客户端同时访问和操作文件。

3.2　云上实现架构

云上实现架构的主要工作就是为应用功能架构的各个模块选择合适的云上产品。

大部分的商业云平台都能提供丰富的服务和产品，用于实现应用的各个功能模块，满足不同的业务诉求。这些服务和产品可以大大简化应用开发、部署和运维工作，提高系统性能和可靠性。通过使用云平台上的这些产品和服务，开发人员可以更快地构建、部署和管理应用程序，同时确保系统的高性能、可扩展性和安全性。云上实现架构可以根据业务需求灵活调整资源，实现按需付费，降低成本。因为客户端一般由用户自己实现，不涉及云上产品，所以一般从网络接入层开始考虑。

由于笔者对腾讯云的产品较为熟悉，因此以腾讯云产品为例进行说明，其他云服务商的产品与之类似。

3.2.1 网络接入层

根据 3.1.2 节的介绍，DNS 和 CDN 是网络接入层的关键组成部分，本节还将介绍 EIP。

3.2.1.1 DNS

1. DNSPod

DNSPod 是腾讯云提供的一种智能化 DNS 服务产品，具有高性能、高可用性和高安全性的特点。DNSPod 提供了一系列 DNS 解析功能，帮助用户在互联网上实现域名解析、流量调度和安全防护。以下是关于 DNSPod 产品的详细介绍。

- 智能 DNS 解析：DNSPod 提供智能 DNS 解析功能，通过全球多个节点实现快速和稳定的域名解析。基于用户的地理位置和网络状况，DNSPod 能够自动选择最佳的解析节点，从而提高访问速度和用户体验。

- 负载均衡：DNSPod 支持基于地理位置、权重和其他策略的负载均衡功能。用户可以根据业务需求配置不同的解析策略，实现流量的自动分配和均衡。这有助于提高应用程序的可用性和性能。

- 安全防护：DNSPod 提供多重安全防护措施，如 DDoS 防护、DNSSEC、HttpDNS 等。这些功能可以帮助用户抵御 DNS 劫持、缓存污染和其他网络攻击，确保域名解析安全、可靠。

- 管理控制台：DNSPod 提供了一个易用的管理控制台，用户可以在此添加、删除和修改域名解析记录，配置解析策略和监控指标等。此外，DNSPod 还提供了 API 接口，方便用户通过编程方式管理 DNS 服务。

- 监控与报警：DNSPod 提供了实时监控和报警功能，用户可以查看域名解析的性能指标和访问日志，及时发现并排查问题。此外，DNSPod 还支持自定义报警策略和通知方式，确保用户能够快速响应异常事件。

DNSPod 可以帮助用户在互联网上实现快速、稳定和安全的域名解析。通过使用 DNSPod，应用程序的访问速度、可用性和安全性都能得到提高，从而优化用户体验。

2. HttpDNS

腾讯云的 HttpDNS 产品是一种基于 HTTP 的域名解析服务，旨在解决传统 DNS 服务在移动互联网环境下面临的劫持、缓存污染和延迟等问题。HttpDNS 通过将 DNS 查询请求封装在 HTTP 请求中，提高了解析的安全性、可靠性和性能。

- 防劫持与防污染：由于 HttpDNS 请求基于 HTTP 实现，能够绕过本地 DNS 服务器和中间设备，避免劫持和缓存污染问题，因此有助于确保用户始终访问到正确的目标服务器，提高服务的安全性和可靠性。

- 智能解析：HttpDNS 支持基于地理位置和网络状况的智能解析功能，可以为用户提供最佳的访问路径。这有助于降低访问延迟，提高应用程序的响应速度和用户体验。

- 负载均衡：HttpDNS 支持基于权重、地理位置等策略的负载均衡功能。通过自动将流量分配至不同的服务器，可以提高应用程序的可用性和性能。

- 全球覆盖：HttpDNS 在全球范围内拥有多个解析节点，确保用户在任何地区都能享受到高性能的解析服务。

- 易于集成：HttpDNS 提供了简单易用的 API 接口，方便开发者快速将服务集成到移动应用、网站和其他服务中。同时，腾讯云还提供了 Android 和 iOS 等平台的 SDK，简化了移动应用开发。

- 实时监控与报警：HttpDNS 提供了实时监控和报警功能，用户可以查看解析性能指标和访问日志，及时发现并排查问题。此外，HttpDNS 还支持自定义报警策略和通知方式，确保用户能够快速响应异常事件。

HttpDNS 是一种面向移动互联网的高性能域名解析服务，能够有效解决传统 DNS 服务的安全和性能问题。

3.2.1.2　CDN

腾讯云的 CDN 产品是一种全球覆盖的高性能、高可靠性的内容分发服务。通过在全球范围内部署大量的边缘节点，CDN 可以将内容缓存至离用户最近的节点，实现快速响应和低延迟的内容分发。

- 全球覆盖：CDN 在全球范围内拥有大量的边缘节点，覆盖了多个国家和地区，有助于确保用户在不同地区都能享受到高性能的内容分发服务。

- 智能调度：CDN 提供了基于地理位置和网络状况的智能调度功能，可以为用户提供最佳访问路径，有助于降低访问延迟，提高应用程序的响应速度和用户体验。

- 缓存优化：CDN 支持多种缓存策略和优化技术，如自动刷新、预取等，可以帮助用户更高效地管理内容缓存，提高缓存命中率和访问速度。

- 安全防护：CDN 提供了多重安全防护措施，如 DDoS 防护、WAF（Web 应用防火墙）等，可以帮助用户抵御网络攻击，确保内容分发安全、可靠。

- 流量分析：CDN 提供了实时流量监控和分析功能，用户可以查看访问指标和日志，了解内容分发的性能和效果。此外，CDN 还支持自定义报警策略和通知方式，确保用户能够快速响应异常事件。

- 管理控制台与 API：CDN 提供了一个易用的管理控制台，用户可以在此添加、删除和修改分发域名，配置缓存策略和监控指标等。CDN 还提供了 API 接口，方便用户通过编程的方式管理内容分发服务。

3.2.1.3　EIP

腾讯云的 EIP 产品是一种可动态分配和释放的公网 IP 地址资源。EIP 提供了灵活、可靠的公网访问能力，适用于各种云计算场景，如弹性计算、负载均衡、容器服务等。

- 灵活性：EIP 可以独立购买和使用，用户可以根据实际需要将其分配给不同的云资源，如云服务器、负载均衡器等。当需要更换或释放资源时，用户可以轻松地解绑 EIP，并重新将其分配给其他资源。

- 高可用性：EIP 提供了高可用的公网访问能力，确保用户的业务始终可以在互联网上稳定运行。通过使用 EIP，用户可以快速切换后端服务，实现故障转移和业务迁移。

- 动态调整带宽：EIP 支持动态调整带宽，用户可以根据业务需求灵活地调整上行和下行带宽，有助于满足不同场景下的网络性能要求，同时节省网络成本。

- 流量计费优化：EIP 支持按流量计费、按带宽计费两种计费方式，用户可以根据实际需求选择合适的计费方式。此外，EIP 还提供了月度、季度和年度等长期包的购买选项，帮助用户实现成本优化。

- 安全防护：EIP 提供了多重安全防护措施，如 DDoS 防护、WAF 等。这些功能可以帮助用户抵御网络攻击，确保公网访问的安全性和可靠性。

腾讯云的 EIP 可以帮助用户在云计算环境中实现高性能、高可用的公网访问。通过使用 EIP，用户可以轻松地管理和优化公网 IP 地址资源，满足不同场景下的网络需求。

腾讯云的 Anycast EIP 是一种基于 Anycast 技术的公网 IP 地址解决方案。通过在全球范围内部署多个边缘节点，Anycast EIP 可以提供高性能、高可用的全球网络接入服务，其特点如下。

- 全球覆盖：Anycast EIP 在全球范围内拥有多个边缘节点，覆盖了多个国家和地区，有助于确保用户在不同地区都能享受到高性能的网络接入服务。

- 智能路由：Anycast EIP 利用 Anycast 技术实现智能路由，可以自动将用户的请求路由至离用户最近的边缘节点，有助于降低访问延迟，提高应用程序的响应速度和用户体验。

- 高可用性：Anycast EIP 提供了高可用的全球网络接入能力，确保用户的业务始终可以在互联网上稳定运行。当某个节点发生故障时，Anycast EIP 可以自动将流量切换至其他可用的节点上，实现故障转移和业务持续性。

通过使用腾讯云的 Anycast EIP，用户可以快速、稳定和安全地访问全球网络，从而优化用户体验和业务性能。

3.2.2 应用接入层

由于所有的网络流量都将通过应用接入层，因此它对工作负载性能和行为将产生很大的影响。还有一些工作负载严重依赖网络性能，例如高性能计算（HPC），在这种情况下，深入了解应用接入层对提高应用性能至关重要。必须确定工作负载对带宽、延迟、抖动和吞吐量的需求。工作负载的最佳网络解决方案因延迟、吞吐量、抖动和带宽的不同而不同。物理约束（如用户或现场资源）决定了位置选项，这些约束可以通过边缘位置或资源部署来解除。

3.2.2.1 CLB

腾讯云的 CLB 产品是一种高性能、高可用的负载均衡服务。通过将流量分发到多个后端服务器，帮助用户实现业务的水平扩展、故障转移和流量管理。它的主要功能如下。

- 流量分发：CLB 支持多种流量分发策略，如轮询、加权轮询、最小连接数等。用户可以根据业务需求选择合适的策略，实现负载均衡和性能优化。

- 高可用性：CLB 提供了高可用的负载均衡能力，确保用户的业务始终可以在互联网上稳定运行。当某个后端服务器发生故障时，CLB 可以自动将流量切换至其他可用的服务器上，实现故障转移和业务持续性。

- 弹性扩展：CLB 支持动态扩展后端服务器的数量，用户可以根据业务需求灵活地增加或减少服务器资源，有助于满足不同场景下的业务容量要求，同时节省成本。

- 健康检查：CLB 提供了自动的健康检查功能，可以定期检测后端服务器的运行状态。当检测到故障时，CLB 会自动将流量切换至其他可用的服务器上，确保业务的稳定性和可靠性。

- 安全防护：CLB 集成了 DDoS 防护和 WAF 功能，可以帮助用户抵御网络攻击，确保业务安全、可靠。此外，CLB 还支持 SSL/TLS 加密，可以保障数据传输的安全性。

腾讯云的 CLB 可以帮助用户在云计算环境下实现业务的高可用性和弹性扩展。通过使用 CLB，用户可以优化业务性能和使用体验。

3.2.2.2 API 网关

腾讯云的 API 网关产品是一种高性能、高可用的 API 管理服务，可帮助用户轻松创建、发布、维护和监控 API。API 网关能够为微服务、无服务器架构和传统应用提供统一的 API 管理和访问控制功能。它的主要特性如下。

- API 创建与管理：用户可以在 API 网关管理控制台轻松创建、修改和删除 API。API 网关还提供了丰富的 API 配置选项，包括路径、参数、请求和响应模型等。

- API 发布与版本管理：API 网关支持 API 的多版本管理，用户可以根据业务需求创建不同的版本。此外，API 网关还提供了灵活的 API 发布和下线功能，方便用户在不同的环境中管理 API。

- 访问控制与安全：API 网关提供了多种访问控制策略，如 API 密钥、OAuth 2.0、IP 地址黑白名单等。用户可以根据业务需求配置相应的策略，确保 API 安全和可靠。API 网关还支持 SSL/TLS 加密，能保障数据传输的安全性。

- 性能与可用性：API 网关基于高性能、高可用的底层架构，确保用户的 API 服务始终可以在互联网上稳定运行。API 网关还提供了多层缓存和流量控制功能，能够帮助用户优化 API 性能和响应速度。

- 监控与日志访问：API 网关提供了实时的 API 监控和日志访问功能，用户可以在管理控制台查看 API 调用情况、错误率、响应时间等指标。这有助于用户及时发现和解决 API 问题，提高服务质量。

- 集成与扩展：API 网关可与腾讯云的其他服务（如云函数、云服务器等）无缝集成，方便用户构建完整的应用架构。此外，API 网关还提供了 API 接口，方便用户通过编程的方式管理 API 服务。

腾讯云的 API 网关可帮助用户轻松管理和保护 API，提高业务的安全性和可靠性。

3.2.2.3 自建 Nginx 集群

自建 Nginx 集群是一种基于 Nginx 开源软件的解决方案，不少用户都采用该方案，用于实现反向代理网关功能。Nginx 是一款高性能、轻量级的 Web 服务器，支持 HTTP、HTTPS、SMTP、POP3 和 IMAP 协议。自建 Nginx 集群可以实现负载均衡、反向代理、缓存、安全防护等功能。以下是自建 Nginx 集群的特点。

- 负载均衡：Nginx 支持多种负载均衡策略，如轮询、权重轮询、IP Hash 等。通过配置负载均衡策略，Nginx 集群可以将请求分发到多个后端服务器，从而实现高可用性和可扩展性。

- 反向代理：Nginx 可以作为反向代理服务器，将来自客户端的请求转发给后端服务器，并将后端服务器的响应返回客户端。这样，客户端无须直接访问后端服务器，从而可以实现网络隔离和安全访问。

- 缓存：Nginx 支持 HTTP 缓存，可以将静态资源（如图片、样式表、脚本等）缓存到本地磁盘或内存中。这样一来，当客户端请求相同的资源时，Nginx 可以直接从缓存中返回响应，提高响应速度，减轻后端服务器的负载压力。

- 安全防护：Nginx 支持多种安全防护功能，如 SSL/TLS 加密、HTTP 访问控制、IP 地址黑白名单、防 CC 攻击等。通过配置相应的安全策略，自建 Nginx 集群可以保护后端服务器免受恶意访问和攻击。

- 高可用性：通过部署多个 Nginx 实例并配置负载均衡策略，可以实现自建 Nginx 集群的高可用性。当某个 Nginx 实例发生故障时，其他实例可以继续处理请求，确保业务可以持续运行。

- 管理与监控：自建 Nginx 集群可以使用 Nginx 自带的状态模块或第三方插件进行管理和监控。用户可以查看实时的请求处理情况、响应时间、错误率等指标，以及访问日志，从而及时发现和解决问题。

自建 Nginx 集群在云上可以通过虚拟机和 K8s 两种方式部署。这两种部署方式各有优势，应根据实际需求和场景进行选择。

1. 虚拟机部署

通过在云平台上创建虚拟机实例，用户可以在虚拟机上安装和配置 Nginx 服务。部署 Nginx 集群时，可以在多台虚拟机上分别部署 Nginx 实例，然后通过负载均衡器（如云服务商提供的负载均衡服务或自建的负载均衡器）将流量分发到各个 Nginx 实例上。虚拟机部署方式的优势如下。

- 灵活性：用户可以根据需要选择不同的虚拟机规格和操作系统，方便地对 Nginx 实例进行定制和优化。

- 隔离性：每个虚拟机实例都运行在独立的环境中，资源和安全隔离性更好。

- 简单易用：对于熟悉虚拟机管理的用户来说，部署和维护相对容易。

2. K8s 部署

K8s 是一个容器编排平台，可用于自动部署、扩展和管理容器化应用程序。用户可以通过在 K8s 集群中创建 Nginx 容器，实现 Nginx 服务的部署。K8s 提供了多种原生功能，如负载均衡、自动扩缩容、滚动更新等，可以帮助用户轻松管理 Nginx 集群。K8s 部署方式的优势如下。

- 自动化：K8s 提供了丰富的自动化功能，可简化 Nginx 集群的部署、扩展和更新。

- 资源利用率高：K8s 支持多个容器共享同一台虚拟机的资源，能提高资源利用率。

● 易于扩展：通过 K8s 的自动扩缩容功能，用户可以根据需要快速调整 Nginx 集群的规模。

3.2.3　逻辑层

3.2.3.1　CVM

腾讯云的 CVM 产品是一种基于虚拟化技术的计算服务，提供了弹性、安全、可扩展的虚拟服务器资源。用户可以通过 CVM 创建、配置和管理虚拟机实例，以满足各种应用场景的需求。其特点如下。

● 弹性伸缩：CVM 支持用户按需购买及调整虚拟机实例的数量和配置，实现计算资源的弹性伸缩。用户可以根据业务负载的变化，快速扩展或缩减虚拟机实例，从而提高资源利用率，降低成本。

● 支持多种实例类型：CVM 提供了多种实例类型，包括通用型、计算型、内存型、GPU 型等。用户可以根据应用场景和性能需求，选择合适的实例类型。同时，CVM 允许更改配置，可以尝试使用不同类型的服务器，配置包括固态硬盘（SSD）和图形处理单元（GPU）等。

● 自定义镜像：CVM 支持用户创建自定义镜像，以便快速部署虚拟机实例。用户可以根据业务需求定制操作系统、软件和配置，然后将这些设置保存为自定义镜像。通过使用自定义镜像，用户可以简化虚拟机部署流程，提高部署效率。

● 数据持久化存储：CVM 支持与云硬盘服务集成，为虚拟机实例提供持久化的数据存储服务。用户可以根据需要为虚拟机实例添加、扩展或移除云硬盘。

● 安全防护：CVM 提供了多种安全防护功能，如防火墙、安全组、DDoS 防护等。用户可以通过配置相应的安全策略，保护虚拟机实例免受恶意访问和攻击。

● 网络与连接：CVM 支持与私有网络（VPC）和弹性公网 IP 地址（EIP）服务集成，实现虚拟机实例之间及虚拟机实例与公网的连接。

● 管理与监控：CVM 提供了一个易用的管理控制台，用户可以在此创建、配置和监控虚拟机实例。此外，用户可以使用腾讯云提供的 API、SDK 和命令行工具，通过编程的方式实现对 CVM 的管理。

当应用程序在云上的 CVM 中进行部署和运行时，意味着应用程序可以利用云计算平台提供的弹性、安全性和可扩展性。部署在云上的应用程序可以轻松调整计算资源、存储资源和网络资源，以满足不断变化的业务需求。此外，云平台提供了诸如自动伸缩、负载均衡和容灾恢复等功能，以确保应用程序的稳定性和可用性。

3.2.3.2 TKE

容器是一种操作系统虚拟化方法，允许在隔离的计算资源中运行应用程序。腾讯云的 TKE 是一种容器管理服务，它基于开源的 K8s 系统构建，能帮助用户轻松地部署、管理和扩展容器化应用程序。其特性如下。

- 易用性：TKE 提供了一个用户友好的管理控制台，用户可以在此创建、配置和监控 K8s 集群。此外，腾讯云还提供了 API、SDK 和命令行工具，方便用户通过编程的方式管理集群。

- 弹性伸缩：TKE 支持弹性伸缩功能，可以根据应用程序的负载情况自动调整容器实例的数量。这有助于优化资源利用率，同时确保应用程序在流量波动时能够保持稳定性和可用性。

- 高可用性：TKE 支持多可用区部署，确保在某个可用区发生故障时，应用程序可以继续在其他可用区运行。此外，TKE 集成了腾讯云的负载均衡服务，可自动将流量分发至不同的容器实例上，提高应用程序的可用性。

- 安全防护：TKE 提供了多种安全防护功能，包括网络隔离、安全组、访问控制等。用户可以通过配置相应的安全策略保证容器实例免受恶意访问和攻击。

- 数据持久化存储：TKE 支持与云硬盘服务集成，为容器实例提供持久化、高性能的数据存储服务。用户可以根据需要为容器实例添加、扩展或移除云硬盘。

在 TKE 中部署和运行应用程序可以带来更高的弹性、可扩展性和可靠性。

3.2.4 中间件层

3.2.4.1 TDMQ

TDMQ 是一种分布式消息队列服务，用于实现异步消息传递和解耦，它的特点如下。

- 高性能：TDMQ 可以支持每秒百万次级别的消息传递，并提供低延迟、高吞吐量的性能。

- 高可用性：TDMQ 提供了多可用区部署和跨地域灾备功能，确保在单个可用区或地域发生故障时，消息队列仍然可以正常工作。

- 简单易用：TDMQ 提供了一套易于使用的管理控制台和 API，支持用户快速创建和管理消息队列。

- 多协议支持：TDMQ 支持多种消息传递协议，包括 AMQP、MQTT、HTTP 等，方便用户根据不同的应用场景选择合适的协议。

- 安全防护：TDMQ 提供了多层安全防护机制，包括访问控制、数据加密、身份认证等，确保消息传递的安全性和可靠性。

3.2.4.2 CKafka

CKafka 是一款高可靠、高可扩展、高性能的分布式消息队列服务，它的特性如下。

- 高可靠性：CKafka 提供了多副本、多可用区、多数据中心部署和数据冗余功能，确保消息不会丢失和重复。

- 高可扩展性：CKafka 可以支持每秒百万次级别的消息传递，支持动态扩缩容，可满足不断增长的消息传递需求。

- 高性能：CKafka 提供了低延迟、高吞吐量的性能，可以满足高并发、高吞吐的场景需求。

- 多协议支持：CKafka 支持多种消息传递协议，包括 Kafka、RESTful API 等，方便用户根据不同的应用场景选择合适的协议。

- 安全防护：CKafka 提供了多层安全防护机制，包括访问控制、数据加密、身份认证等，确保消息传递的安全性和可靠性。

3.2.5 数据库层

云平台提供了各种数据库产品，以解决工作中提出的不同问题。可以选择多种数据库引擎，包括关系、键值、文档、内存、图形、时间序列数据库等。通过选择最适合解决特定问题（或一组问题）的数据库，可以摆脱数据库的限制，专注于构建应用程序，以满足用户的需求。在腾讯云中，可以选择的数据库类型包括关系、键值、文档、内存、图形、时间序列和分类账。使用云上数据库时，不需要担心数据库管理任务，云平台会持续监控集群，通过自愈式存储和自动扩展，使工作负载始终运行，让使用者专注于开发高价值的应用程序。

腾讯云提供了多种数据库产品，介绍如下。

- CDBMySQL：基于 MySQL 架构的云数据库，提供高可用性和自动备份功能，支持多种规格和容量的数据库实例。

- MongoDB：分布式文档数据库，可实现高可扩展性和高性能，适用于各种互联网应用场景。

- PostgreSQL：开源对象关系数据库管理系统，可实现高可扩展性和安全性，并支持各种复杂的数据类型和查询操作。

- Redis：高性能的开源内存数据库，支持多种数据结构和存储模式，并提供多种高级功能，如发布/订阅机制、Lua 脚本、数据持久化等。

- Elasticsearch：开源分布式搜索引擎，具有快速的全文搜索和数据分析能力，适用于日志分析、网站搜索等场景。

以上产品都提供了灵活的规格和容量选择，以及数据备份和恢复等多种安全可靠的保障措施，以满足不同应用场景和业务对数据库管理和运维的要求。

3.2.6 存储层

云存储是云计算的重要组成部分，用于存储工作负载使用的信息。与传统的本地存储系统相比，云存储通常更可靠、更可扩展、更安全。可以从块存储、对象存储和文件存储服务中选择适合工作负载的存储方式。

- 块存储为每个虚拟主机提供高可用的、一致的、低延迟的服务，类似于直连式存储（DAS）或存储区域网络（SAN）。代表产品如腾讯云的 CBS。

- 对象存储提供可扩展的、耐用的平台，可使数据在互联网中的任意位置被访问，用于活动存档、无服务器计算、大数据存储、备份和恢复等场景。代表产品如腾讯云的 COS。

- 文件存储提供对多个系统的共享文件的访问。代表产品如腾讯云的 CFS。CFS非常适用于大型内容存储库、开发环境、媒体存储或用户主目录等业务场景。

3.3 云上应用实战案例：某大型实时对战游戏上云设计

相信很多读者都玩过类似于《魔兽世界》《英雄联盟》《王者荣耀》这样风靡全球的实时对战游戏。作为 IT 从业者，很多人会好奇这些大型游戏都是怎么做到体验丝滑、运行稳定、版本更新及时的。要知道，这类应用往往面临着用户量大且全球分布、全球网络质量参差不齐、部署更新复杂等问题。在本章中，我们将通过对大型实时对战游戏的架构设计进行解读，来帮助读者更好地建立架构设计的系统性思维。

3.3.1 业务概述

大型游戏一般采用分区分服架构来设计。"区"指的是地理区域，比如将游戏发行区域划分为欧洲区、东南亚区等。"服"指的是游戏服务器，比如游戏一般会具有游戏大厅服务器、实时对战服务器、游戏运营服务器（积分、排行、礼品等）等。

因为游戏大厅要用于实现全球用户的统一接入、鉴权等功能，对一致性要求高，所以一般全球只部署一套。实时对战服务器则只关心登录该服务的玩家信息和对战过程中产生的实时数据，对一致性要求低，对性能要求高，所以可以分开部署在不同地区以便当地的玩家就近接入，减少网络延迟（一般会把全球用户的网络延迟控制在 70ms 左右）。

大型游戏采用分区分服架构的优点如下。

- 单元化部署降低底层性能挑战：大型游戏在线玩家数量大，对应用性能的挑战非常高，采用分区分服架构能够将玩家分布在不同地区的服务器集群上，将压力分散开，以降低对底层资源性能的挑战。

- 分区覆盖降低网络影响：全球各地的网络质量参差不齐，且跨境网络质量不稳定，网络延迟、丢包等都会让实时游戏产生比较明显的卡顿，影响游戏体验。采用分区分服架构能够通过分区服务器覆盖就近玩家，降低网络不稳定给玩家体验带来的不良影响。

- 分区分服灵活运维：当对游戏执行扩容、升级等运维操作时，如果采用全球同服架构，需要考虑对所有玩家的影响，运维变更不够灵活。若采用分区分服架构，则能够使运维操作更灵活，运维变更只影响特定区域的玩家。

3.3.2　业务架构

做业务架构，关键是得到业务流程图，业务流程图可以对业务进行直观的说明。一般来说，实时对战游戏的主要功能包括登录、实时对战、玩家运营（分数统计、游戏录屏、礼品奖励等）、版本更新等。下面我们将对比较复杂的实时对战功能进行详细介绍，以说明如何得到应用的业务流程图。

首先仔细梳理实时对战功能所涉及业务场景、业务实体，然后按照各个行为的时间先后顺序排列，大致如图 3-2 所示。

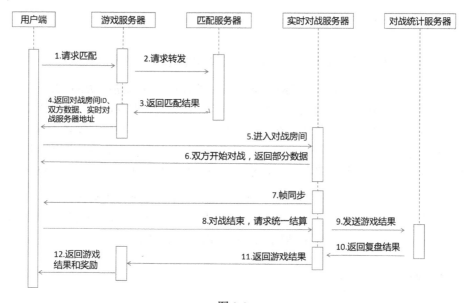

图 3-2

1. 用户端（玩家）发送实时对战请求给游戏服务器，进行请求匹配。

2. 游戏服务器收到请求后将其转发给专门用于匹配玩家的匹配服务器。

3. 匹配服务器获取匹配结果后，将结果返回游戏服务器。

4. 游戏服务器将具体的对战房间 ID、双方数据、实时对战服务器地址返回用户端。

5. 用户端获取数据后，登录实时对战服务器进入对战房间。

6. 双方开始对战，需要将游戏初始化的部分数据返回用户端。

7. 在游戏对战过程中，部分数据由用户端本地引擎统计，部分数据需要在实时对战服务器上进行统计，所以需要用户端和实时对战服务器进行数据高频交互，也就是帧同步。

8. 对战结束后，需要把同一局中缓存在不同用户端本地的数据发送到实时对战服务中，请求统一结算。

9. 结算完成后，将游戏结果发送给对战统计服务器。

10. 对战统计服务器将游戏复盘结果返回实时对战服务器。为什么返回实时对战服务器，而不是直接返回游戏服务器或用户端呢？这里需要注意，在设计应用时，为了降低复杂度，要尽量避免跨层调用，而保持单一的交互关系。

11. 实时对战服务器将游戏结果返回游戏服务器。

12. 游戏服务器将游戏结果和结果带来的奖励返回用户端。

3.3.3　功能架构

功能架构一般可以从业务功能架构和应用功能架构两个层面来描述。

业务功能架构更偏上层，它屏蔽了下层的实现细节，目的是清楚地描述应用的功能，每个功能都可以看作一个"黑盒"。在构建业务功能架构的时候，架构师只需要关注每个功能具体能实现什么，而不需要在意这个功能怎么实现，需要哪些模块、哪些数据、哪些逻辑。对于应用架构设计，尤其是大型应用架构设计，考虑太多的细节容易让人失去重点，从而无法从纷繁复杂的业务需求、业务流程中梳理出真正的业务脉络。

应用功能架构更偏实现，当确定了业务功能架构后，架构师就得开始思考一些偏底层的实现逻辑，也就是将一个个"黑盒"打开，想清楚里面应该有哪些模块、哪些数据、哪些接口，从而完整、详细、清晰地描绘出应用的所有功能。

3.3.3.1　业务功能架构

仔细分析实时对战游戏的业务流程，我们能发现该服务大致需要实现账号登录、区服管理、游戏匹配、实时对战、游戏核心逻辑实现、对战复盘等功能。有了功能模块清单，我们需要思考这些功能之间有什么样的关系，应该怎么排布。继续基于分层思想来考虑，大致可以将这些功能划分为登录层（离用户更近）、对战层（实现核心逻辑）和业务支撑层（实现其他辅助功能），这样我们就能得到业务功能架构，如图 3-3 所示。

- 登录层实现了用户端的版本校验及控制功能，还实现了用户账号管理、区服列表管理，以及一些与账号相关的充值、积分、礼品赠送功能。

- 对战层主要实现游戏的核心逻辑功能及实时对战功能。

- 业务支撑层主要实现匹配功能、战斗复盘功能、区服公共功能。

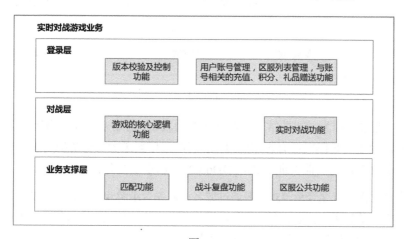

图 3-3

3.3.3.2　应用功能架构

完成了业务功能架构，我们会对应用有全貌性的了解，接下来我们应该进行更细粒度的设计，也就是应用功能架构设计。应用功能架构设计很重要的一点是要考虑安全、性能、稳定性等非业务因素，对架构图进行一次彻底的丰富和完善。应用功能架构中一般包括五层，分别是网络接入层、应用接入层、逻辑层、中间件层和数据层；通常还会包括部署层，但对于大型应用来说，部署层一般非常复杂，会单独形成一个架构（部署架构），因此这里先不做讲解。还以大型实时对战游戏为例，应用功能架构如图 3-4 所示。

下面，我们针对这个例子中的每一层进行详细介绍。

1. 网络接入层

网络接入层主要涉及访问加速、安全防护和负载均衡。

- 访问加速：为了使游戏效果达到最佳，往往会采用 CDN 实现访问加速，一方面为游戏下载包提供加速服务，另一方面为游戏的动态生成内容提供加速服务。

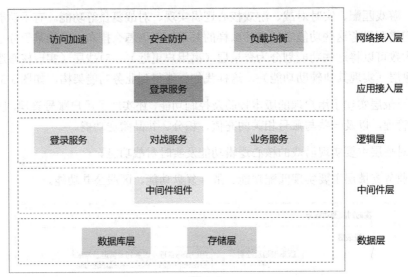

图 3-4

- 安全防护：因为游戏非常容易遭受黑客的攻击，且游戏大厅作为玩家登录入口一旦遭受攻击将影响所有玩家的接入，因此大厅登录的安全防护功能非常重要。一般会在负载均衡前端绑定 Anti-DDoS 产品用于安全防护。

- 负载均衡：玩家登录游戏一般通过域名访问先登录游戏大厅进行登录验证，由于游戏大厅承载所有玩家的登录接入，因此通常会使用负载均衡对玩家请求进行分发，负载均衡后端为实际处理请求的应用接入层业务。

2. 应用接入层

应用接入层与网络接入层最明显的一个区别就是，应用接入层可以根据应用实际的接入需求进行改动和调整，通常会做一些开发和配置工作，例如高积分的玩家登录时会被自动接入高端玩家服务器等。因为网络接入层只能靠 IP 地址、域名等信息来做访问控制，但这种涉及具体业务逻辑的接入需求只靠网络接入层很难实现，所以需要借助应用接入层的能力。

3. 逻辑层

逻辑层主要涉及游戏自身的业务逻辑，包括登录服务、对战服务、业务服务等。在玩家通过游戏大厅登录游戏后，需要进行组队、匹配、开局等业务逻辑处理，给玩家返回用于游戏对战的服务器 IP 地址，玩家访问后进行局内对战。一般玩家会通过游戏公网 IP 地址直接访问实时对战服务器。

4. 中间件层

中间件层是应用功能架构设计中起到"润滑"作用的一层。一般中间件层包含一些消息处理组件，它们的作用主要是支撑不同业务层服务的交互，在本案例中，可以使用 RabbitMQ 异步实现服务间的通信。采用 RabbitMQ 一方面能削峰填谷，另一方面能为游戏后续支撑海量用户访问提供扩展性。

5. 数据层

数据层分为数据库层和存储层。

数据库层一般采用 Redis 进行缓存、使用 MongoDB 存储游戏相关数据，最终采用云服务商提供的日志存储服务存储日志。具体而言，对于一个实时对战游戏业务，因为实时对战数据需要频繁更新，所以一般采用如 MemCache 或 Redis 这样的内存缓存对其进行存储。而像用户数据、对战结果数据、排行数据、游戏内资源数据等，因为其更新频率较低，因此一般采用 MongoDB 或 MySQL 数据库进行存储。

存储层需要考虑使用块存储、对象存储、文件存储中的哪种存储方式。因为在这个案例中主要需要存储玩家头像、游戏地图等内容，所以采用对象存储方式，同时配合网络接入层的 CDN 共同实现对游戏资源的加速访问。

3.3.4　实现架构

构建应用云上实现架构，其实就是为各个应用功能模块进行产品选型。比如，应用需要负载均衡，那是采购云服务商提供的负载均衡产品，还是自主搭建一套 Nginx 呢？这需要综合考虑应用的实际需要和成本等多方面因素。

还以实时对战游戏服务为例，大型实时对战游戏依托公有云产品来部署，整体的实现架构如图 3-5 所示。

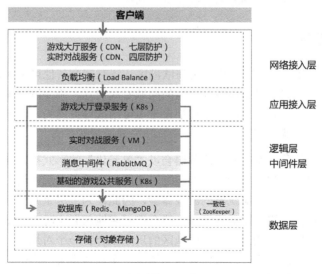

图 3-5

　　对于网络接入层，主要采用公有云上现有的网络接入及安全服务，比如由云服务商提供的 CDN、公网负载均衡产品。在该游戏中，除了要使用 CDN 加速访问，还要对不同的服务进行不同类型的安全防护，比如对游戏大厅服务使用七层防护，对实时对战服务使用四层防护。考虑到安全防护需求的不同，也可以反过来再对业务功能架构进行调整，如拆分原来的功能，或者将一些分散的功能进行合并等。这里再提醒一点，过去的安全防护一般在 CDN 服务之后才进行，而现在更加先进的做法是在 CDN 加速访问的同时完成安全防护。

　　对于游戏的逻辑层，因为核心的实时对战服务对性能要求比较高，所以可以通过云上虚拟机（VM）的形式进行集群化部署，保证参与同一局游戏的玩家可以共享虚拟机的内存，一方面可以实现灵活的扩缩容，另一方面在同一台虚拟机内交互可以为游戏的实时性提供较大的保障。不同的战局运行在不同的虚拟机中，当新一局游戏开始时才创建新的虚拟机，当游戏对战结束后，销毁相应的虚拟机，实现对资源最大程度的利用。若其中某个节点异常，也只会影响该节点上的玩家，影响范围相对可控。但是，相比于游戏大厅服务，实时对战服务对服务节点稳定性的敏感度相对较低，因为游戏大厅服务所在的服务器一旦出问题可能会影响全部玩家的登录、接入及对战。对于一些基础的游戏公共服务，因为其业务逻辑不会过于复杂，比较轻量级，所以可以采用容器化的部署方式直接在云服务商提供的 K8s 上部署，便于实现服务的弹性伸缩。

　　对于数据层，游戏业务数据会根据活跃度、访问频率等被分为热数据和冷数据，热数据一般包括对战时的实时战况信息，冷数据一般包括用户信息、用户历史战况信息等。对于访问频率高的热数据，一般会采用 Redis 进行缓存，对于访问频率低的冷数据则使用 MongoDB 或其他结构化数据库来存储。游戏日志数据则会采用云服务商提供的对象存储服务进行存储，并进行相应的日志分析和利用。

3.3.5　部署架构

　　对于游戏大厅服务器，它集中部署在欧洲区，还有三个其他可用区，以 K8s 的形式部署。不同可用区之间通过云服务商自身的同城专线交互，确保网络延迟小于 3ms。同时，由云服务商提供的公共 PaaS 组件都自带多可用区容灾能力，和游戏大厅服务器处于同一区域中，方便就近接入。

　　为了提升用户体验，实时对战服务器会以"单元化"的形式被部署在全球各地，比如亚洲、欧洲、北美洲和南美洲。因为实时对战服务主要用于玩家局内对战，实时对战服务器的网络质量会直接影响玩家的游戏体验，因此，为了尽量减少远距离跨境访问场景下公网不稳定和高网络延迟等问题，一般会选择多地部署实时对战服务器。在玩家匹配调度算法上，需要动态测速，将相同地区的玩家聚合在一个对局中，分配到就近的机房，从而减少跨区域访问实时对战服务器的情况。实际通常采用多个云服务商提供的云服务部署实时对战服务器，通过专线连接多家云服务商。基于以上考虑，大型实时对战游戏的部署架构大致如图 3-6 所示。

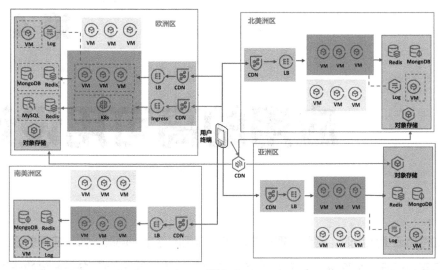

图 3-6

游戏部署在欧洲区、北美洲区、南美洲区和亚洲区。各个大区的玩家通过手机游戏客户端登录部署于欧洲区的游戏大厅（图 3-6 中 K8s 节点所在区域用于部署游戏大厅服务器及其他公共服务器）。开始对战后，会在位于各大区的服务节点中创建实时对战虚拟机（VM），在本区服务节点内完成所有游戏操作。

第 4 章
Chapter 04

应用的高可用设计

在构建云上应用时，需要从很多方面考虑应用的稳定性问题，如从应用的设计、开发、运营及运行各个阶段，包括从 IaaS、PaaS 到上层的 SaaS 各类产品的选择、组合，这些都有可能影响应用的稳定性。为了保证应用的持续稳定运行，必须采用"面向失败"的设计原则。所谓高可用，就是通过各种可靠性设计，把一个应用不能正常提供服务的概率降到最低。毫无疑问，云上应用的各类异常是不可能完全避免的，如网络延时、硬件故障、软件错误、流量突增等，因此在设计阶段，需要从应用可能出现的"失败"场景考虑，提供冗余、隔离、降级及弹性等机制，确保应用在面对不可避免的故障和意外情况时，仍能保持可用性。但需要提醒一点，**高可用≠100%无故障**，无论我们如何未雨绸缪，如何进行各种冗余设计，宕机的概率依然存在。所以我们会看到任何应用给出的服务协议等级（Service-Level Agreement，SLA），都是多个 9（如99.9999%），但从来没有人承诺100%。

4.1　高可用简介

本节将通过应用故障及其原因分析来介绍高可用的定义、实现方式及衡量指标。

4.1.1　应用故障及其原因分析

当数字化和云计算等技术得到快速发展和广泛应用时，越来越多的行业开始以更加信息化的形式为公众提供服务。这种形式已经深入我们生活的各个方面，并推动了各个行业的发展。但这种云上应用的快速发展也使我们对其的依赖程度增加，而且要面对自然灾害、电力中断、网络故障等不可控因素导致的系统容灾场景。随着云上应用逐步向规模化和复杂化的趋势发展，长期运行中的人为疏漏、代码中的 bug、物理服务器宕机、网络中断等问题会对应用产生巨大的影响。尤其当一个业务请求需要通过多个分布式服务相互协作来完成时，其中的误差会不断累积、叠加，导致最终结果不稳定。

近年来全球发生了很多重大系统事故，其中不乏亚马逊、特斯拉、Meta 等行业巨头，具体如表 4-1 所示。

表 4-1

机构名称	发生时间	持续时长	影响范围	原因
谷歌	2022 年 8 月	约 1 小时	核心业务搜索引擎、Gmail 等中断	数据中心爆炸事故
亚马逊	2021 年 12 月	约 3 小时	全球亚马逊云计算服务	数据中心及网络连接问题
特斯拉	2021 年 11 月	约 5 小时	特斯拉 App 全球范围服务中断	配置错误导致网络流量过载
字节跳动	2021 年 11 月	约 1 小时	抖音和飞书故障	机房网络故障
Meta	2021 年 10 月	约 7 小时	Facebook、Messenger、Instagram、WhatsApp 等多个服务	配置变更故障导致运维操作失误
哔哩哔哩	2021 年 7 月	约 1 小时	哔哩哔哩视频播放、直播等多项服务	机房故障，灾备系统失效
Fastly	2021 年 6 月	约 1 小时	包括亚马逊、《纽约时报》、CNN 在内的登录网页	系统漏洞被配置更改操作触发
推特	2021 年 3 月	约 2 小时	登录失败	系统内部错误
滴滴出行	2021 年 2 月	约 1 小时	滴滴打车 App	系统内部错误
美联储	2021 年 2 月	约 4 小时	美联储大部分业务	操作失误

当今应用随着快速迭代，可能更容易产生新的缺陷，导致测试覆盖不足。由于云上应用要为大量在线用户提供支持，而用户的输入或其他操作可能不符合预期，所以会引发各类故障。故障的诱因主要分为内部和外部两种，内部诱因如下。

- 代码问题：由于代码质量问题、逻辑错误、漏洞等原因导致应用出现异常或崩溃。例如，开发人员没有正确处理异常或错误数据，导致应用出现异常或崩溃。

- 配置问题：由于配置错误、配置不当等原因导致应用出现故障。例如，数据库配置不当、系统参数设置不正确等，导致应用出现性能瓶颈、数据丢失等问题。

- 性能问题：应用持续不断地运行，如果在某些资源释放步骤上处理不当，则也可能会导致资源逐渐耗尽，在达到某个临界点时可能引发故障。并且，大量异常的并发请求可能会使应用响应变慢甚至崩溃，而突然的高流量也可能使服务中断。例如，由于非正常负载过高、内存不足等，导致应用运行缓慢或崩溃。

外部诱因如下。

- 网络抖动：一方面，由于网络问题、运营商故障等原因导致应用出现连接异常或数据传输不稳定的问题。例如，网络连接不稳定、网络带宽不足等。尤其在跨运营商的环境中，由于不同运营商的技术能力千差万别，因此会经常出现某运营商故障导致网络抖动的情况。另一方面，网络光纤、硬件设备、路由设置等可能导致网络断开、数据丢失和拥堵，进而使依赖网络的应用出现异常。当网络抖动发生时，应用的性能和可用性可能会受到影响，导致出现故障或停机等。

- 机房故障：由于机房供电异常、设备损坏等原因导致系统运行异常或中断。例如，机房供电不稳定、制冷设备损坏等，导致应用运行异常或中断。

- 服务器故障：服务器故障通常源于操作系统、硬件设备等随机失效。长时间运行的服务器可能会面临硬件和软件的退化，例如磁盘或内存损坏、内存泄漏等。这种故障会导致服务器被完全或部分挂起，甚至可能完全宕机。对于依赖特定服务器的应用，这意味着其可能会完全中断服务，从而对业务造成直接影响。

- 基础组件故障：云上应用往往会依赖大量的开源组件。这些组件虽然经过广泛测试，但仍可能存在 bug。这些 bug 可能会触发应用级的故障，导致应用行为异常或不可用。由于许多组件是应用的核心部分，所以其故障可能会对整个应用的稳定性和可用性产生重大影响。

- 第三方依赖服务故障：依赖的第三方服务如果出现故障或变更，则也可能对应用产生直接影响。因为在现代的分布式应用中，一个应用可能依赖多个服务，任何一个服务发生问题，都可能导致整体应用受到影响。

- 运维操作失误：运维人员在维护生产环境时，可能会犯一些常见的错误。如在升级应用时，可能会出现一些问题，导致应用程序无法正常启动或运行。在生产环境中，也会有运维操作失误的案例，如错误的输入命令、误删文件、误改配置文件等，导致生产环境出现问题或无法正常工作。

- 安全攻击：由于黑客攻击、病毒侵入等恶意行为导致应用崩溃、数据丢失等。

4.1.2 高可用的定义

云上应用的高可用性是衡量其在运行期间，即使面临各种未预料的事件，也能持续提供稳定服务的关键指标，它是应用上云的首要任务。然而，随着业务的扩展和应用架构的持续进化，应用的复杂性也在不断提升。在这样的情况下，应用需要面对各种预期之外的风险事件，例如各种软硬件故障、错误的系统更改、突然的流量峰值，甚至如光缆断裂或自然灾害导致的数据中心失效等。在这种环境中，如何确保云上应用的稳定性变得更加具有挑战性。

当我们提到高可用时，"可用性""可靠性""稳定性"这三个词往往会交替出现。尽管它们在日常用语中经常交替使用，但在计算和工程学领域，这三个词有着明确而独特的定义。

- **可用性**：可用性描述的是应用在预期的运行时间内实际可以正常运行和访问的时间比例。换句话说，它主要关心系统的停机时间或故障时间与总运行时间的比例。通常用以下公式表示：可用性=(总的运行时间−故障时间)/总的运行时间。假设一个在线服务每年总共有 10 小时的停机时间，那么其年可用性为：(8760 小时−10 小时)/8760 小时=99.89%。

- **可靠性**：可靠性关注应用在一个给定的时间段内不会发生故障的能力，它主要考虑故障发生的间隔时间和频率。常用的指标有平均故障间隔时间（Mean Time Between Failures，MTBF）和平均故障恢复时间（Mean Time To Recovery，MTTR）。如果一个设备每 6 个月出现一次故障，并且每次恢复都需要 1 小时，那么该设备的 MTBF 为 6 个月，MTTR 为 1 小时。

- **稳定性**：稳定性指的是应用在正常运行状态下行为的一致性和预测性。它描述了应用在面对各种内部和外部因素变化时，如何保持预期性能的能力。它不仅关注应用是否完全崩溃或不可用，还关心正常运行期间的性能波动或服务水平降低。例如，一个在线平台大部分时间都能在 2 秒内加载完成，但在高流量时段可能需要 4 秒。尽管该平台仍然可用，但这种性能的不稳定性可能会影响用户体验。

可用性、可靠性和稳定性虽然在定义上各有不同，但在本书中它们会等价交替使用。而本节所介绍的高可用性（High Availability）通常描述一个应用经过专门的设计，从而减少停工时间，保证其服务的高可用性。可用性是一个可以量化的指标，计算的公式在维基百科中是这样描述的：根据系统损害、无法使用的时间，以及由无法运作恢复到可运作状况的时间，与系统总运作时间的比较。行业内一般用多个 9 表示可用性指标，对应用的可用性程度的一般衡量标准为 3 个 9 到 5 个 9。一般应用至少要达到 4 个 9（99.99%）的可用性才能谈得上高可用。应用不可能 100%可用，因此要进行高可用相关的设计，就要尽最大可能增加应用的可用性，提高可用性指标。用一句话来表述就是：高可用就是让应用在任何情况下都尽最大可能对外提供服务。

对比外显的应用功能，应用的稳定性更类似于"水面下"的工作，因为在真正强大的系统中，需要更加强大的底层支持，而水面下的问题才是真正需要解决的问题。对于应用来说，稳定性至关重要。即使是小概率的灾难事件，如自然灾害、断电断网，仍然可能导致致命故障，影响系统的可用性。特别是在现有的应用体系下，应用的敏捷开发模式带来了高频变更和代码发布，也给应用带来了许多不确定性，增加了由变更带来故障的可能。但因为应用上云后可以采用不停机方式进行线上滚动更新、切流、测试、金丝雀发布等来处理应用缺陷和变更，所以即使某些服务存在重大缺陷和严重的资源占用问题，只要云上应用的整体架构设计合理且具有自动化的错误熔断、服务淘汰和重建机制，应用仍可表现出稳定和健壮的能力。

这样的设计思路，其实来源于人类这样的生命体本身。我们可以将会出错、会崩溃的应用服务组件类比为构成生命的细胞、遗传因子，由于热力学扰动、生物复制差错等因素的干扰，这些因素本身是不可靠的。但是生命体系统自有一套维持稳定的机制，来保障遗传迭代、生命体发育等各个过程的稳定性，比如免疫系统具有识别、杀伤并及时清除体内突变细胞的能力。同样，应用的可靠性也可以通过监控发现异常组件、杀死异常组件、拉起新组件代替异常组件的方式来维持。

同时，要实现云上应用的稳健性，必须能够实现快速的变动适应、及时的问题发现和解决，同时保障应用的一致性与信赖性。稳健性通常涵盖了应用的可用性、信赖性、可观察性、可操作性、可扩展性及可维护性等多个方面。利用云计算服务平台可以优化、构建出高度稳定的应用。例如，云计算平台可以按需分配和释放计算资源，以适应应用的实际需求，进而使应用更具扩展性，减小应用的负载压力，从而增强系统的可扩展性。此外，云计算平台能够提供冗余存储和备份功能，以防止由硬件故障或其他因素引起的应用停机或数据丢失，从而提高应用的可靠性。这种备份机制可以显著增强系统的可靠性。

4.1.3 高可用的实现方式

应用的高可用可以通过容灾、容错、灾备和双活这几种方式来实现，下面逐一进行介绍。

4.1.3.1 容灾

容灾包括数据容灾和应用容灾两方面。

- 数据容灾：指的是数据本身不丢失或少丢失。企业需要选择适合的数据备份、恢复策略，并制定灾难事件发生后的数据恢复计划，以确保在灾难事件发生后数据能够被及时备份并快速恢复。常见的数据备份方式包括全量备份、增量备份、异地备份和热备份等。

- 应用容灾：指的是应用服务本身不间断或少间断。应用可以通过应用容错、负载均衡、快速切换和恢复等技术手段，确保应用在发生灾难事件时能够继续提供服务。常见的应用容错和快速切换技术包括故障切换、冷备份、热备份和双机热备等。常见的负载均衡技术包括 DNS 负载均衡、硬件负载均衡和软件负载均衡等。

容灾是一项非常重要的工作，能够保障企业在灾难事件发生时快速恢复业务，降低业务损失。企业需要根据业务需求选择适合的容灾技术，规划好灾难恢复计划，并定期测试和演练，以确保容灾方案的有效性。

4.1.3.2　容错

容错性（Fault Tolerance）是在分布式环境中应对应用故障的一种策略。它依赖精心设计和实施的机制，让应用在发生故障时能自动识别、排除或修复错误，确保应用的持续正常运行，或至少最小化对用户的负面影响，这样就可以提升应用的稳健性和持续性。以下是一些常用的容错性实现机制。

- 资源冗余：冗余是容错性的核心思想之一。这意味着系统有额外的备份组件或服务，以防主要组件或服务出现故障。

- 故障隔离：当应用中的一部分出现故障时，该部分可以被隔离，避免故障扩散到整个系统。集群化是一种典型的故障隔离方式，通过复制数据或部署服务到多个节点的方式，确保即使某部分出现故障，仍可从其他地方访问数据或服务。

考虑一个在线购物网站的数据库系统，为了提高容错性，该系统可以采取以下策略。

- 数据库进行资源冗余的**主-从复制**：主数据库负责写操作，多个从数据库负责读操作。如果主数据库出现故障，则其中一个从数据库可被提升为新的主数据库，继续处理写操作。

- 服务侧采用故障隔离的措施：通过负载均衡器将读请求分散到多个从数据库，确保读负载均匀并避免单点故障，并且使用定期的心跳检测来检查数据库服务器的健康状况。如果检测到从数据库出现问题，则负载均衡器可以自动将流量重新路由到健康的数据库。

这样，即使某个数据库服务器出现故障，该应用仍可以继续为用户提供服务，用户可能都不会察觉到后端的任何问题。

4.1.3.3　灾备

灾备是指在灾难发生后，通过备份和恢复数据等手段，使应用在较短时间内恢复正常运行的技术。读到这里，读者可能会觉得容灾和灾备是一回事，但其实不是，容灾保障的是即使发生灾难，系统也能持续稳定运行；而灾备保障的是应用在灾难造成宕机或者数据丢失等故障后，能够恢复运行，尤其是数据不出错或者尽量少出错。一般而言，灾备的恢复时间较长，需要手动切换负载均衡或 IP 地址等操作才能完成。灾备主要包括冷备份和热备份两种方式。

- 冷备份：指在备份时不影响系统正常运行，通常是定期将数据备份到外部介质上。当灾难发生时，需要将备份数据恢复到原始系统，这个过程需要较长时间。冷备份的优点是备份成本较低，缺点是灾难恢复时间较长。

● 热备份：指在备份时，备份数据与实时数据同步，备份服务器时刻保持与主服务
器的同步，以确保在主服务器出现故障时备份服务器能够立即接管服务。当灾难
发生时，可以立即切换到备份服务器，从而实现快速恢复。热备份的优点是备份
恢复时间短，缺点是备份成本较高。

应用需要根据业务需求选择适合的备份方案，并定期测试和演练，以确保在灾难事
件发生时能够快速恢复业务。

4.1.3.4　双活

双活（Active-Active）是指应用在两个数据中心之间实现业务的双向复制，确保业
务完全不间断，自动实现切换，对业务无感知。它是在灾备的基础上，为了保障业务的
连续性而采用的一种高可用性架构。为了做到这一点，通常需要双份资源。对于一个双
活设计，有以下两个重点。

● 数据双活：在双活架构中，需要确保两个数据中心之间的数据实时同步，以保障
业务的连续性。通常采用数据库的双向同步和数据分片技术，将数据分散存储在
不同的节点上，实现数据的实时同步和读写分离，确保数据的高可用性和可扩展
性。

● 应用双活：在双活架构中，需要确保两个数据中心的应用实例同时对外提供服务，
以保障业务的连续性。通常采用负载均衡、多节点集群和实时同步等技术，实现
应用服务的高可用性和可扩展性。对于不同的业务应用，需要采用不同的技术方
案。

4.1.4　高可用的衡量指标

高可用性是应用设计中的关键考虑因素，因为它关乎应用能否在面对故障时持续为
用户提供服务。从应用的初始设计阶段开始，就需要设定清晰的高可用性目标，确保架
构师、开发者、测试人员和 SRE 运维团队都对这些目标有深入的理解并达成共识。这不
仅有助于整个团队协同工作，还确保了在遭遇意外情况时，应用能够恢复并为用户提供
不间断的服务，从而建立和维护用户对应用的信任。简而言之，高可用性不仅是技术标
准，更是对应用质量和用户体验的承诺。应用的高可用程度可以通过两方面来衡量，一
方面是应用本身的服务健康度，另一方面是应用的容灾恢复能力。

4.1.4.1　服务健康度

服务健康度可以用以下指标来衡量，包括平均无故障时间、平均故障间隔时间、平
均故障恢复时间及可用性服务等级协议。下面分别介绍这几个指标。

1. 平均无故障时间

平均无故障时间（Mean Time To Failure，MTTF）是指应用在正常工作期间的平均无故障时间。它表示应用在连续运行的过程中，平均多久会发生一次故障。MTTF 是一个重要的可靠性指标，用于评估应用在正常运行条件下的可靠性和稳定性。较高的 MTTF 值表示设备在正常工作期间的故障率较低，具有较高的可靠性。

我们举例来说明这个指标的含义。假设有一个批次的电子设备，通过测试和历史数据，我们知道这批设备的平均无故障时间为 5000 小时。这意味着，在正常使用条件下，这批设备的平均寿命为 5000 小时。然而，这并不意味着每个设备都会在 5000 小时后失效，而是说，整个设备群的平均无故障时间为 5000 小时。有些设备可能在 2000 小时后失效，而另一些设备可能在 8000 小时后失效。MTTF 只是一个统计指标，用于描述整体设备群的可靠性水平。

2. 平均故障间隔时间

平均故障间隔时间（Mean Time Between Failures，MTBF）通常用于描述可修复的应用或设备，表示两次连续故障之间的平均时间。在计算 MTBF 时，通常会考虑应用或设备的维修时间。对于不可修复的应用设备，MTTF 和 MTBF 的概念是相同的。

对于云上应用，因为是可修复的，所以应该用 MTBF 来衡量其稳定运行情况，但业界往往用 MTTF 来代替。本书用 MTTF 来表示应用稳定运行的平均时长。

3. 平均故障恢复时间

平均故障恢复时间（Mean Time To Recovery，MTTR）就是从出现故障到修复的这段时间，MTTR 越短，表示易恢复性越好，体现的是故障恢复能力，但一个故障恢复快的应用也架不住经常出故障。一般来说，故障恢复包括故障发现、故障确认、故障修复及测试验证等环节，所以 MTTR 具体可被拆解为以下指标。

- 平均故障发现时间（Mean Time To Identify，MTTI）：这个指标用于衡量应用监控告警能力的完备性。

- 平均故障确认时间（Mean Time To Acknowledge，MTTA）：这个指标用于衡量应用团队的响应（OnCall）机制执行能力以及制度与技术的配套程度。

- 平均故障定位时间（Mean Time To Location，MTTL）：这个指标衡量的是应用团队对故障的分析与问题解决经验的积累程度，以及平台工具的配套程度。MTTL 可以通过强化应用的可观测性，包括强化分布式服务的日志、链路、指标的关联，从而实现极大程度的缩短。可观测性则是下一代应用质量监控的代表性设计。

- 平均故障解决时间（Mean Time To Troubleshooting，MTTT）：这个指标用于衡量应用服务高可用架构的设计、容错、扩展等方面的能力。

- 平均故障验证时间（Mean Time To Verify，MTTV）：指的是在故障修复后进行验证所需的时间，这个指标其实衡量的是以服务体验为核心的监测体系的建设情况。应用通过建立与业务、用户间高效的反馈机制，来减少验证所需的时间。

4. 可用性服务等级协议

可用性服务等级协议（后面简称可用性 SLA）是指应用服务提供商与受服务用户之间就应用的可用性达成的具体服务协议等级，是用于衡量应用服务稳定性的综合指标。这个指标通常用 MTTF/(MTTF+MTTR)×100%来计算。例如，如果一个应用的 MTTF 为 1000h，MTTR 为 10h，则该应用的可用性 SLA 为 99%。

通常，可用性 SLA 被称作"几个 9"，例如"4 个 9"表示可用性达到 99.99%，也就是一年中最长停机时间控制在 53min 以内。在企业和用户之间，可用性 SLA 被视为质量、可用性和责任的具体承诺和指标。因此，应用服务提供商需要通过提高应用的稳定性、完善的故障自动恢复能力、备份方案和灾备方案等方式来满足用户对高可用性的要求，并保证可用性 SLA 达成。

- 3 个 9，即 99.9%，全年可停服务时间：365×24×60×(1%-99.9%)=525.6min
- 4 个 9，即 99.99%，全年可停服务时间：365×24×60×(1%-99.99%)=52.56min
- 5 个 9，即 99.999%，全年可停服务时间：365×24×60×(1%-99.999%)=5.256min

严苛的可用性 SLA，其实需要一系列规范进行保障。

4.1.4.2　容灾恢复能力

容灾恢复能力主要指应用出现故障后的恢复能力，主要有数据恢复点目标（Recovery Point Objective，RPO）和数据恢复时间目标（Recovery Time Objective，RTO）两个评价指标。

- RPO：指应用出现故障时能忍受数据丢失的最大程度。应用越重要，要求 RPO 越小。如果做数据备份，则 RPO 越小意味着数据的备份频率越高，比如一般的应用可能一天备份一次，非常重要的应用可能一小时备份一次。如果做数据同步，则 RPO 越小意味着要求数据同步链路的可靠性越高或延迟越低，对整个生产环境和网络的压力越大，需要的成本也越高。
- RTO：指应用从出现故障到恢复故障能接受的最长时间。同理，应用越重要，要求 RTO 越小。

依据国家信息化专家咨询委员会、SHARE78 国际标准等对容灾等级的讨论，我们给出了建议的灾难恢复能力等级要求，容灾等级可以分为 4 个等级。其中 6 级为要求最严格的等级，RTO 要求低于 2min，RPO 要求为 0，意味着系统数据不允许丢失，系统基本保持无间断运行。具体要求如表 4-2 所示。

表 4-2

容灾等级	RTO	RPO	可用性
3 级	≤24h	≤24h	每年非计划服务中断时间不超过 4 天，系统可用性至少达到 99%
4 级	≤4h	≤1h	每年非计划服务中断时间不超过 10 小时，系统可用性至少达到 99.9%
5 级	≤30min	≈0	每年非计划服务中断时间不超过 1 小时，系统可用性至少达到 99.99%
6 级	≤2min	0	每年非计划服务中断时间不超过 5 分钟，系统可用性至少达到 99.999%

一般来说，电商的核心业务如交易系统，要求的容灾等级是 6 级；而电商的非核心业务如物流管理系统，要求的容灾等级就可以定为 4 级。

下面结合丰富的实战案例，具体介绍如何在应用设计、开发、运维等多个层面避免错误、控制影响并实现快速恢复，以实现良好的高可用设计。

4.2 避免错误

不同于传统应用，云上应用必须在网络不稳定、经常发生数据丢失或延迟的情况下保持可靠运行。所以云上应用的各个服务必须以不会对其他服务产生负面影响的方式运行。而本节主要从应用开发、部署、运行的角度探讨如何提升应用的高可用性，其本质是提升应用的平均无故障时间（MTTF）。

4.2.1 代码

在应用代码开发过程中出现的问题范围非常广，可能涉及很多不同的方面，如代码质量问题、逻辑错误、代码漏洞等，但是这些问题已经有一套成体系的研发规范来描述和解决了。具体来说，这些规范可能包括代码编写规范、代码审查流程、自动化测试、安全开发标准等，旨在提高代码质量、降低风险、提高开发效率。而具体涉及应用代码开发的各种研发规范，不在本书的讨论范围内。本书重点讨论的是在代码层面如何进行失败处理、如何进行异常处理，以及如何进行并发冲突处理等经常导致系统故障的代码问题。

4.2.1.1 失败处理

在应用代码开发过程中进行失败处理是至关重要的。失败是不可避免的，但通过采用适当的策略，可以确保在失败发生时，应用能够以预期的方式运行。典型的失败处理机制包括失败转移（Failover）、失败回溯（Failback）、快速失败（Failfast）和失败安全（Failsafe）。

1. 失败转移

失败转移是一种通过备份机制来处理失败的策略，即当某个服务出现故障时，系统会自动切换到备用服务，并将备用服务切换为主服务，以确保应用的正常运行。失败转移机制的主要目标是提高系统的可用性和容错能力。

在实现失败转移机制时，通常需要设置主备架构。主要组件负责处理正常的业务请求，而备用组件在主要组件出现故障时接管工作。这种切换过程可以是自动或手动进行的，取决于应用的设计和需求。

例如，在分布式数据库中可以部署多个数据库节点，当主节点出现故障时，数据库会自动将请求切换到备用节点。这样，即使主节点出现故障，用户也不会察觉到任何中断，数据库仍然能够正常运行。

2. 失败回溯

失败回溯也是一种利用备份机制来处理失败的策略，当某个操作或任务失败时，系统首先会记录失败的信息并切换到备用服务，然后在适当的时候对失败进行处理。失败回溯机制的主要目标是确保应用能够在失败发生时继续运行，并在稍后修复失败。

在实现失败回溯机制时，通常需要首先记录失败的详细信息，如失败的原因、时间、相关数据等。这些信息可被存储在日志文件、数据库或其他存储系统中。然后系统管理员或开发人员可以在适当的时候分析这些信息，找出失败的原因，并采取相应的措施来修复问题。

例如，在电子商务系统中，当订单处理失败时，系统首先需要将失败的订单记录在数据库中，并继续处理其他订单。稍后，系统管理员可以检查失败的订单，找出问题所在，并采取相应的措施来解决问题，如重新处理订单或者通知客户。

3. 快速失败

快速失败是另一种失败处理策略，当系统检测到潜在的问题或异常时，应立即终止操作并返回错误信息。快速失败机制的主要目标是尽早发现问题，防止问题被传播和扩散。

在实现快速失败机制时，通常需要在关键操作和检查点设置异常检测和处理机制。一旦发现问题，系统就会立即停止当前操作，并返回错误信息。这样，开发人员可以尽早发现问题，并采取相应的措施来解决问题。

通常这种处理方式适用于非幂等性操作，以 Java 的快速失败为例，当多个线程对同一个集合的内容进行操作时，就可能会产生 Failfast 事件。例如，当某一个线程 A 通过 iterator 去遍历某集合的过程时，若该集合的内容被其他线程改变了，那么当线程 A 访问集合时，就会抛出 ConcurrentModificationException 异常（发现错误，执行设定好的错误处理流程），产生 Failfast 事件。再如，在华为的 OceanStor 存储系统中，系统会对 I/O 操作进行平均延时检测。一旦发现 I/O 延时超过预设阈值，系统就会立即启动"换路重试"机制，终止当前操作，并尝试使用其他路径进行 I/O。这样，系统可以在问题发生时立即采取措施，避免问题被传播和扩散。

4. 失败安全

失败安全也是一种失败处理策略，它是指当某个非关键操作或任务失败时，系统会忽略失败，并继续执行后续操作。失败安全机制的主要目标是确保系统在失败发生时仍能继续运行，尽可能减少对用户的影响。

在实现失败安全机制时，通常需要对关键操作和非关键操作进行区分。对于非关键操作，可以在操作失败时选择忽略错误，而不是立即终止整个流程。这样，即使某些操作失败，系统也可以继续运行，为用户提供服务。

例如，一个网络爬虫应用可能需要从多个网站抓取数据，如果在某个网站的数据抓取过程中发生了错误，则可以选择忽略这个错误，并继续抓取其他网站的数据。这样，即使对某个网站的数据抓取失败，该应用仍然可以继续运行，以抓取其他网站的数据。

选择合适的失败处理策略，可以提高应用的可用性、容错能力和稳定性，从而为用户提供更好的服务。在开发和设计应用时，需要根据实际需求和场景权衡各种因素，选择合适的策略进行失败处理。

4.2.1.2 异常处理

与之前提及的失败不同，异常是一种例外情况，只是因为在正常的业务逻辑中没有考虑这种场景，才会发生，但它并不是错误或者故障。但是异常往往也会引发大规模的应用不可用状态，所以在应用开发中异常处理是至关重要的，它可以确保应用在出现例外情况时能够正常运行。

1. 防止错误请求

防止错误请求是异常处理的一部分，主要目的是避免用户错误地输入数据或执行操作。每当开发或维护一个应用时，我们都必须考虑可能从各种不同的来源接收的各种形式的输入。这些输入可能是有意的恶意攻击，也可能是无意的用户错误。不论出于哪种原因，错误的输入都有可能对应用造成不可预测的后果。不信任任何上游的输入和调用是防止错误请求的核心思想。这意味着，无论输入来源如何，我们都不应默认它们是安全的。这可以帮助我们抵御多种攻击，如 SQL 注入、跨站脚本攻击（XSS）和许多其他形式的恶意行为。通过采用输入限制、输入验证和反馈机制等方法，可以提高应用的健壮性和用户体验。以下是对这些方法的详细描述。

- 输入限制：输入限制是一种防止错误请求的方法，通过限制输入的长度和大小，可以避免用户输入过长或过大的数据。这样可以减少不必要的网络负载和资源消耗。例如，对于文本输入框，可以设置最大字符长度；对于文件上传，可以限制文件的大小和类型。这样，可以确保用户输入的数据在可接受的范围内，从而减少出错的可能性。

- 输入验证（前端验证）：前端验证是在客户端（如浏览器）对用户的输入进行验

证的过程。与后端验证相比，前端验证可以减少网络负载，减小后端压力。通过使用现有的前端验证库（如 VeeValidate 和 Formik 等），我们可以轻松地为表单和输入字段添加验证规则。前端验证可以帮助用户在提交数据之前发现和纠正错误，提高用户体验。

- 输入验证（后端验证）：后端验证是在服务器端对所有输入数据进行验证的过程，以此来防止用户错误输入的数据被程序使用或记录。例如，我们可以验证用户输入的日期是否符合特定的格式，或者检查电子邮件地址是否有效。输入验证可以通过编写自定义验证函数或使用现有的验证库来实现。

- 反馈机制：反馈机制向用户提供有关应用行为和预期的信息，以便他们更好地理解和使用应用。例如，在用户提交表单后，应用可以显示确认消息，让用户知道他们的数据已被处理。同样，如果用户输入错误的数据，应用就应该向用户显示相应的错误消息，以便他们更好地理解错误并进行纠正。

通过实现这些方法，我们可以防止错误的请求，提高应用的健壮性和用户体验。在开发过程中，开发人员需要权衡各种因素，如性能、安全性和易用性，选择合适的方法来处理异常和错误。同时，开发人员还应该关注用户反馈和应用日志，以便不断优化异常处理策略，提高应用的质量和稳定性。

2. 防止重复请求

如何防止重复请求是在开发过程中需要关注的一个重要问题，因为重复请求可能导致数据不一致、应用资源浪费和性能下降等。为了防止重复请求，我们可以采取以下三种措施：前端防止重复提交、后端重复请求检测处理和数据库唯一索引。

- 前端防止重复提交：前端防止重复提交主要通过前端脚本实现，它可以有效地防止用户在短时间内重复点击按钮或提交表单。以下是一些常用的前端防止重复提交的方法。

  ○ 禁用提交按钮：在用户提交表单后，立即禁用提交按钮，直到后端返回响应。这样，用户在等待响应期间无法再次点击提交按钮，从而避免了重复提交的问题。

  ○ 使用唯一识别符：为每个请求都生成一个唯一识别符，并将其保存在会话中或添加到请求头中。在前端脚本发送请求前检查会话或请求头中的唯一识别符，以确保每次发送的请求都是唯一的。

- 后端重复请求检测处理：后端重复请求检测处理可以在服务器端拦截和处理重复请求。以下是一些常用的后端重复请求检测处理的方法。

  ○ 记录用户访问同一接口的次数：通过记录用户访问同一接口的次数，可以在用户重复提交请求时拦截并返回错误信息。这种方法通常需要在服务器端维护一个计数器，并在每次请求到达时更新计数器。

○ 缓存请求结果：如果用户多次请求相同的数据，则可以将结果缓存到服务器端内存或磁盘中，并在后续请求中返回缓存的结果。这样可以减少服务器端的计算负担，提高系统性能。

● 数据库唯一索引：数据库唯一索引是一种处理重复数据的方法，通过在数据库表中设置唯一索引，可以确保某一列或多列的值是唯一的。以下是使用数据库唯一索引的一些应用场景。

○ 用户注册：在用户注册时，通常需要确保用户名和电子邮件地址是唯一的。通过为用户名和电子邮件地址列设置唯一索引，可以防止重复的用户注册。

○ 订单处理：在处理订单时，可以为订单编号列设置唯一索引，以确保每个订单都具有唯一的编号。这样，在处理重复请求时，数据库会自动拒绝具有相同订单编号的请求。

通过采用前端防止重复提交、后端重复请求检测处理和数据库唯一索引等方法，我们可以有效地防止重复请求，提高系统的健壮性和性能。在实际开发过程中，我们需要根据具体的业务需求和场景，选择合适的方法来处理重复请求。

3. 幂等处理重复请求

对于诸如在线交易系统，如电子商务、金融服务等，幂等性是至关重要的。幂等性指的是无论一个操作被执行多少次，结果都是相同的。只有数据发生改变才需要做幂等处理，有些接口是天然保证幂等性的。比如查询接口，有些对数据的修改是一个常量，并且无其他记录和操作，也可以说是具有幂等性的。在其他情况下，对所有涉及数据修改、状态变更的操作都有必要防止重复发生。实现接口的幂等性可防止重复操作带来的影响。

重复操作很容易发生，比如用户误触、超时重试等。举一个最简单的例子，如支付，用户购买商品后进行支付，支付扣款成功，但是向用户返回结果时网络异常，导致结果返回失败，此时钱已经扣了，但用户可能因为没有收到支付结果而再次点击支付按钮，此时会进行第二次扣款，返回结果成功，用户查询余额发现扣了两次钱，流水记录也变成了两条，这其实就是由于没有保证接口的幂等性而造成的问题。因此，需要应用在提交支付请求时进行幂等处理。

在应用开发中，实现接口的幂等性可以防止由于重复操作所带来的影响。对于实现接口的幂等性，通常有以下几种常见的方法。

● 在服务器端实现幂等性：一种简单的方法是在服务器端存储每一个请求的唯一标识（如订单号），并记录它的处理结果。当收到重复的请求时，可以直接返回先前记录的处理结果，而不是重新执行操作。这样，即使客户端发送了重复的请求，也不会影响数据的一致性。

● 使用锁或者数据库事务：对于并发处理，可以使用锁或者数据库事务来确保操作的原子性。例如，可以在处理请求之前获取锁，在完成处理后释放锁。这样，即使有多个并发请求，也只有一个请求能够获得锁并执行操作。

- 使用乐观锁：乐观锁是一种并发控制方法。在读取数据时，并不实际对数据加锁，只是记录数据的版本。在提交修改时，要检查数据的版本是否与最初读取时的版本一致。如果一致，则说明在这段时间内，没有其他用户修改过数据，就可以提交修改。否则，说明在这段时间内，有其他用户修改了数据，就不能提交修改，需要重新读取数据再进行修改。

- 引入分布式锁：在分布式环境中，普通的锁无法满足需求，因此需要引入分布式锁。在执行需要幂等处理的请求前尝试获取分布式锁，成功则执行，执行完后释放分布式锁。

4. 异常中断处理

在应用开发过程中，对于异常中断的处理是十分关键的，因为任何未被处理的异常都可能导致应用崩溃或数据丢失。异常中断的主要故障类型如下。

- 服务器/虚拟机实例故障：指云服务商的服务器或虚拟机实例出现硬件故障或其他问题。处理技术包括自动容错、实例自动恢复、多可用区域部署。

- 网络故障：指由于网络延迟、中断或拥堵等原因导致无法访问云端服务。处理技术包括冗余网络连接、多可用区域部署、DNS 路由等。

- 数据库故障：指数据库实例出现故障，如性能问题、磁盘空间不足等。处理技术包括定期备份、自动扩容、读写分离、负载均衡等。

- 应用程序故障：指应用程序出现错误或崩溃。处理技术包括采用监控系统、进行日志记录和分析、自动重启、容器编排等。

对异常中断的处理通常分为两个阶段：异常检测和异常恢复。

- 异常检测：这是第一步，也是防止异常中断对系统产生严重影响的关键。通过各种监控和日志记录工具，可以实时收集和分析应用的运行情况，以便及时发现异常并进行处理。例如，可以使用应用性能监控（APM）工具来监控应用的响应时间、错误率等指标；使用日志记录和分析工具，如 ELK（Elasticsearch、Logstash、Kibana）来收集和分析应用的运行日志，以发现潜在的错误和问题。

- 异常恢复：当发现异常时，需要尽快进行处理，恢复应用的正常运行。具体的处理方式会根据异常的类型和严重程度来选择。例如，对于应用崩溃这类严重的异常，可能需要重启操作；对于某些可恢复的错误，如数据库连接失败，可能只需要重试连接操作；对于硬件故障或网络故障，可能需要启动备用系统，或者将流量切换到其他可用的服务器或网络。

在异常恢复阶段，通常会涉及以下几种主要的技术和策略。

- 故障隔离：通过软件或硬件手段，将出现故障的部分隔离，防止故障进一步扩散，进而影响系统的其他部分。

- 冗余和备份：备份关键数据和服务，以便在主系统出现故障时，可以迅速切换到备用系统，恢复服务。

- 自动化恢复：通过自动化的手段，如自动重启、自动切换等，来加速恢复过程，减少故障对系统的影响。

- 故障预防：通过定期的系统检查和维护，以及持续的性能优化，来预防潜在的故障。

除了以上异常处理技术和策略，还需要有一套完善的故障处理和总结流程，以便在出现故障时，可以迅速通知相关人员，进行有效的故障处理和后续的问题追踪。

4.2.1.3 并发冲突处理

分布式应用由于其独特性，尤其是数据在多个节点上的复制和异步通信方式，使得并发冲突问题变得尤其复杂。以下是分布式应用中常见的并发冲突问题。

- 数据竞态条件：这是一个典型的并发冲突问题，当两个或更多进程同时访问和修改共享数据时，最后的结果取决于进程运行的精确时序，这就是所谓的竞态条件。在分布式系统中，由于网络延迟和时钟偏移等因素，竞态条件问题可能会更加复杂。例如，在同时读写全局变量（用户 ID），并且基于该用户 ID 递增生成新用户 ID 时，需要考虑并发的安全性。通常直接通过查询数据库获取当前最大的用户 ID，转成 int 后加一作为新用户的唯一 ID。但如果同时有两个线程在执行该逻辑，则很可能会出现重复 ID，影响后续的操作逻辑。

- 死锁：在分布式系统中，进程间的相互依赖可能导致死锁。例如，进程 A 等待由进程 B 持有的资源，同时进程 B 又在等待由进程 A 持有的资源，这就形成了死锁。在分布式环境中，由于进程之间的依赖关系可能跨越多个节点，所以死锁检测和恢复会更加困难。

- 不一致的视图：在分布式系统中，每个节点都可能有自己的数据副本。当数据被修改时，需要保证所有的副本都被同时更新，以保持一致性。然而，由于网络延迟和失败等问题，可能导致不同节点上的数据副本出现不一致的情况。

- 分布式事务的复杂性：在单机环境中，事务可以通过原子性、一致性、隔离性和持久性（Atomicity, Consistency, Isolation, Durability，ACID）这四个属性来保证并发控制和错误恢复。然而，在分布式环境中，由于事务可能涉及多个节点，所以实现分布式事务的 ACID 属性就变得更加复杂。

为了解决以上问题，我们需要使用一些并发控制的策略和技术，如锁、乐观并发控制（Optimistic Concurrency Control，OCC）、两阶段提交（Two-phase Commit，2PC）等。此外，为了解决数据一致性问题，我们还需要采用一些一致性协议和算法，如 Paxos、Raft 等。

4.2.1.4 案例：某内容创作视频网站 LB 代码错误

下面通过一个实际案例来说明没有对代码做好异常处理会造成多么严重的后果。我们会详细解析这个故障的定位处理及最终溯源过程，读者会发现，通常导致这类错误发生的诱因非常细微、难以发现，且定位困难，但造成的后果极其严重。

2021 年某日晚 22:52，某日活超过 5000 万的内容创作视频网站的运维管理平台收到大量网站服务和域名的接入层不可用的报警，网站的客服开始收到大量用户反馈网站无法使用的投诉，同时该公司内部员工也反馈网站无法打开，甚至 App 首页也无法打开。该网站的功能架构大致如图 4-1 所示。

图 4-1

网站业务主要部署于业务主机房，部分核心业务也部署于业务多活机房，基于报警内容均位于接入层，运维团队第一时间怀疑机房、网络、四层 LB、七层 SLB 等基础设施出现问题。

1. 尝试恢复业务止损

- **23:20**：七层 SLB 运维团队通过分析发现在出现故障时流量有突发现象，怀疑可能是 LB 因流量过载导致不可用。因主机房 LB 承载全部在线业务，有了这个初步的疑似原因定位后，运维团队选择最快速、最有可能恢复业务的方案，即先重新加载 LB。但重新加载 LB 并未恢复业务，然后运维团队尝试拒绝用户流量并冷重启 LB。冷重启后，LB 的 CPU 占用率依然处于 100%，主机房业务仍未恢复。

- **23:22**：从用户反馈来看，多活机房服务也不可用。LB 运维团队分析发现，多活机房 LB 请求大量超时，但 CPU 未过载，于是尝试重启多活机房 LB 进行止损。

- **23:23**：多活机房的 LB 重启后，公司内部群里反馈主站服务已恢复，观察多活机房 LB 监控，请求超时数量大大减少，业务成功率恢复到 50% 以上。此时做了多活的业务核心功能基本恢复正常，如 App 推荐、App 播放、评论及弹幕拉取、动态、追番、影视等，但非多活服务暂未恢复。

- **23:25—23:55**：未恢复的业务（主要部署于主机房）暂无其他及时、有效的止损预案，此时运维团队尝试恢复主机房的 LB。LB 运维团队通过 Perf 工具发现 LB 的 CPU 热点集中在 Lua 函数上，便逐一排查近期对 LB 功能进行的与 Lua 函数相关的更新操作，尝试回滚更新版本，来解决可能存在的问题。排查过程如下。

  ○ 近期 LB 运维团队配合安全团队上线了自研 Lua 版本的 WAF，怀疑 CPU 热点与此有关，尝试去掉 WAF 后重启 LB，LB 仍未恢复。

  ○ LB 在两周前优化了 Nginx 在 balance by lua 阶段的重试逻辑，避免重试请求时请求到上一次的不可用节点。此处有一个最多 10 次的循环逻辑，怀疑此处有性能热点，尝试回滚后重启 LB，仍未恢复。

  ○ LB 于一周前上线灰度发布，对 HTTP2 进行支持，尝试去掉 HTTP2 相关的配置并重启 SLB，仍未恢复。

截至目前，距离故障发生已超半小时，但业务只恢复了 50%，通过重启来解决问题的策略已经不能满足当前故障处理的需求，运维团队开始进行下一阶段更大幅度的操作尝试，因为大幅度的操作总是费时的，所以如果能通过重启这种简单操作先恢复业务止损，总是合算的。

2. 新建主机房 LB

- **00:00**：LB 运维团队尝试回滚相关配置依旧无法恢复 LB 后，决定重建一组全新的 LB 集群，通过 CDN 把故障业务公网流量调度过来，通过流量隔离观察业务能否恢复。

- **00:20**：LB 新集群初始化完成，开始配置四层 LB 和公网 IP 地址。

- **01:00**：LB 新集群初始化和测试全部完成，CDN 开始切流量。此时，开始分工合作，由 LB 运维团队继续排查 LB 的 CPU 占用率 100% 的问题（过程详见第 3 步），流量切换工作由业务运维团队协助。

- **01:18**：将直播业务流量切换到 LB 新集群，直播业务恢复正常。

- **01:40**：将主站、电商、漫画、支付等核心业务陆续切换到 LB 新集群，业务恢复。

- **01:50**：此时在线业务基本全部恢复。

截至目前，时间已经过去近两小时，虽然造成问题的根本原因仍未定位，但通过抛弃故障的主机房 LB 集群、重建新 LB 集群并将业务流量切换至新集群的方式，大部分业务得以恢复。但重建新集群仍是一个临时的解决方案，后续仍需定位原因，并做好彻底的解决方案及未来优化完善方案。

3. 深入分析原因并恢复主机房 LB

- **01:00**：在 LB 新集群搭建完成后流量切换止损的同时，LB 运维团队继续分析

CPU 占用率 100%的原因。

- **01:10—01:27**：使用 Lua 程序分析工具得到一份详细的火焰图数据并加以分析，发现 CPU 热点明显集中在对 lua-resty-balancer 模块的调用中，从 LB 流量入口的代码逻辑一直分析到底层模块调用逻辑，发现该模块内有多个函数可能存在热点。

- **01:28—01:38**：选择一个 LB 节点，在可能存在热点的函数内添加 debug 日志，并重启以观察这些热点函数的执行结果。

- **01:39—01:58**：在分析 debug 日志后，发现 lua-resty-balancer 模块中的_gcd 函数在某次执行后返回了一个预期外的值 nan，同时发现了触发诱因的条件是某个容器 IP 地址的 `weight=0`。

- **01:59—02:06**：因暂时不清楚根本原因，但发现的这个预期外的 nan 使 LB 运维团队合理怀疑是该_gcd 函数预期外的返回值触发了 JIT 编译器的某个 bug，运行出错且陷入死循环，才导致 LB 的 CPU 占用率 100%，所以运维团队决定采用临时解决方案，全局关闭 JIT 编译。

- **02:07**：SLB 运维团队修改 LB 集群的配置，关闭 JIT 编译并分批重启进程，LB 的 CPU 状态全部恢复正常，可正常处理请求。同时保留了一份异常现场的进程 core 文件，留作后续分析使用。

- **02:31—03:50**：LB 运维修改其他 LB 集群的配置，临时关闭 JIT 编译，规避风险。

截至目前，已经过去近 4 小时，真正出问题的故障节点已经找到，SRE 运维团队也给出了能够最大程度上规避风险再次发生的解决方案：临时关闭 JIT 编译。但这仍是临时的解决方案，只是为了防范故障再次发生，长期关闭 JIT 编译肯定是不行的，所以仍需深入定位根本原因。

4. 定位根本原因

- **11:40**：因为已经知道故障的诱因及具体发生的节点，所以 LB 运维团队在线下环境中成功复现该 bug，同时发现 LB 即使关闭了 JIT 编译（即临时解决方案也不能规避风险）仍然存在该问题。此时进一步定位到此问题发生的诱因是在服务的某种特殊发布模式中，会出现容器实例权重为 0 的情况。

- **12:30**：经过内部讨论，认为该问题并未彻底解决，LB 仍然存在极大风险，为了避免问题的再次产生，最终决定在生产环境的发布平台上禁止此发布模式，LB 先忽略注册中心返回的权重，强制指定权重。

- **13:24**：发布平台禁止此发布模式。

- **14:06**：LB 运维团队修改 Lua 代码以忽略注册中心返回的权重。

- **14:30**：LB 运维团队在准生产环境（即 UAT 环境）中发版升级，并多次验证到节点权重符合预期，此问题不再发生。

- **15:00—20:00**：生产环境中的所有 LB 集群逐渐进行灰度发布并全量升级完成。

截至目前，距离故障发生时间已经过去 20 多个小时，问题也算是得到了彻底解决，给出的解决方案也能保障当前业务应用的稳定运行。下面一起来看一下导致发生故障的根本原因。

5. 分析根本原因

要追究导致这个故障发生的根本原因，还要考虑该内容创作视频网站在 2019 年 9 月从 Tengine 迁移到了 OpenResty，基于其丰富的 Lua 能力开发了一个服务发现模块，包括自研的注册中心同步服务注册信息及 Nginx 共享内存。LB 在转发请求时，通过 Lua 从共享内存中选择节点处理请求，用到了 OpenResty 的 lua-resty-balancer 模块，也就是导致故障发生的那段 Lua 代码。

到发生故障时，这个机制已稳定运行了快两年。在故障发生的前两个月，有业务人员提出想通过服务在注册中心的权重变更来实现 LB 的动态调权，从而实现更精细的灰度能力。LB 团队在评估此需求后，认为可以支持，开发完成后灰度上线。

在新功能的某种发布模式中，应用的实例权重会短暂地调整为 0，此时注册中心返回 LB 的权重是字符串类型的"0"。此发布模式只有生产环境中会用到，同时使用的频率极低，在 LB 前期灰度发布过程中未触发此问题。LB 在 balance by lua 阶段，会将服务的 IP 地址、Port、Weight 作为参数传给 lua-resty-balancer 模块，用于选择 upstream server，在节点 weight="0"时，LB 模块中的 _gcd 函数收到的入参 b 可能为"0"，具体代码如下。

```
local _gcd
_gcd = function (a, b)
  if b == 0 then
    return a
  end

  return _gcb(b, a % b)
end
```

因为 Lua 是动态类型语言，所以在日常使用习惯中，对变量不需要定义类型，只需为变量赋值即可。它在对一个数字字符串进行算术操作时，会尝试将这个数字字符串转换成一个数字。大家可以看到，根据以上 Lua 代码执行数学运算 n%0，如果传入的是 `int0`，则会触发 `[ifb==0]` 分支逻辑判断，不会陷入死循环。但因为 _gcd 函数**对入参没有做类型校验**，允许参数 b 传入字符串类型"0"；同时因为"0"!=0，所以此函数第一次执行后返回的是 _gcd("0",nan)。_gcd("0",nan)函数再次执行时的返回值是 _gcd(nan,nan)，之后 Nginx 就会陷入死循环，导致进程 CPU 占用率 100%。

经过上述五步，我们对案例进行简单总结。

以上是一个典型的因在代码中没有重视"异常处理"，没有进行"错误请求"验证从而触发故障的案例。大家也可以看出，这个简单的没有处理异常入参的代码问题，导致了多么严重的生产事故，而排查起来也非常困难，即使有专业的运维团队支持，故障也经过近 1 天才得以真正定位和解决。

其实针对这种代码层面的问题，并不太容易解决。因为一个应用的开发人员、运维人员非常多，每个人都有可能在自己负责的功能模块内犯这种错误，所以需要提高每位开发人员的代码素养，并且不断加强代码检查和高可用设计。

- 加强代码检查：提交到生产环境中的代码，应该至少经过一次严格的检查，由经验更加丰富的研发人员对要提交到生产环境中的代码进行走查，往往这类经验丰富的研发人员对代码，尤其是对异常处理的逻辑有着超乎寻常的敏感度，能够发现很多新手程序员所不能发现的问题。这也是谷歌公司的推荐做法。

- 加强高可用设计：应用的故障总是难以避免的，所以加强高可用设计就显得尤为重要。通过这个案例，我们也能发现，做了多活（即高可用的一种架构设计方案）的业务很快就恢复了，但是没有做多活的业务，却只能等新 SLB 集群建好后才恢复，也是因为幸运，才没有在问题彻底定位前再次遇到特殊发布模式下 IPweight=0 的情况。当然这件事给该公司带来的影响也是深远的，该公司后续又经历了一系列应用可用性方面的架构调整和优化。

4.2.2　配置

配置管理是避免错误的一个重要环节，其主要目的是确保在不同的环境中应用能够正常运行。配置管理可以帮助我们更好地管理和跟踪应用的各种设置，以便于找出问题并提供解决方案。理想的配置管理应该将配置与代码完全分离，同时需要考虑配置的三个阶段，分别是标准化、多环境差异和自动化。

4.2.2.1　标准化

标准化是配置管理的第一步，主要包括以下内容。

- 资产数据管理：资产数据信息包括服务器信息、系统配置信息、网络信息及相关的业务运行配置信息。这些数据信息不仅对于日常的运维工作有用，也可以作为后期配置自动化管理系统的输入信息，帮助进行服务部署和管理。

- 基线管理：基线管理的目的是解决碎片化的部署问题。通过构建一个统一的服务运行基线管理系统，可以大幅度降低线上运行的风险。在服务上线中及日常运行过程中，系统会实时监测服务运行基线管理系统，任何偏离基线的配置都会被上报告警系统，并记录下来，以便进行风险分析和管理。

- 流程管理：对于不同的应用配置，自动化配置管理系统需要执行不同的管理、发布、部署流程。应用的部署不一致，会影响后期的服务管理流程。因此，对于发布流程的管理，也是标准化的一个重要环节。

4.2.2.2　多环境差异

在一个完整的应用开发生命周期中，应用会经历多个环境，比如开发环境、测试环境、预生产环境及生产环境，每个环境可能都有其特定的配置要求。

- 开发环境可能需要调试信息、较低的安全级别和易于修改的数据库设置等。
- 测试环境可能需要更严格的安全级别，同时需要更完整、接近生产环境的数据集进行测试。
- 预生产环境是在模拟真实用户流量和行为的情况下进行最后阶段的性能调优和测试的环境，配置通常与生产环境非常相似。
- 生产环境则需要最高级别的安全控制、性能优化配置和稳定的数据存储等。

对于每个环境的所有配置信息都需要管理和追踪，以便能够正确地部署和维护系统。在管理这些配置差异时，一种常见的方法是使用环境变量或者特定环境的配置文件，其中存储了针对该环境的特定设置。

4.2.2.3　自动化

自动化是实现高效、可靠和一致性配置管理的关键。一方面，自动化可以消除人工操作中可能出现的错误；另一方面，自动化可以大大提高工作效率。

- 部署和配置：可以利用配置管理工具（如 Ansible、Puppet、Chef 等）自动进行部署和配置。这些工具可以按照预先设定的规则和模板，自动化地部署和更新配置，从而保证配置的一致性和准确性。
- 环境构建：使用容器化（如 Docker）和基础设施即代码工具（如 Terraform）可以自动化地构建和管理不同环境。这样不仅可以提高环境构建和部署的速度，还可以保证环境的一致性。
- 持续集成/持续部署（CI/CD）：这是自动化的一个重要应用，通过自动执行构建、测试、部署等任务，既可以确保代码的质量，也可以更快地将新功能和修复推送到生产环境中。

把所有的日常操作流程都整合到一个集中的配置自动化管理平台中，可以覆盖所有范围，无论是单一服务的重启流程，还是涉及整个机房的部署流程。通过使用"任务编排和流程执行模块"，可以自动化执行那些可自动化的流程，大大减少了因人为操作引入的变更风险。同时，这种自动化执行也可以与我们在标准化阶段构建的基线管理系统进行协同，从而实现对变更的异常检查和报告。此外，我们的自动化框架还提供了任务审批和日志审计功能，这不仅增强了任务流程管理的安全性，也保证了任务流程的可控性。

在自动化过程中，一个需要注意的关键点是要确保所有的过程和结果都能被追踪和审计。这样在出现问题时，可以快速定位发生问题的原因，并采取修复措施。

4.2.2.4　案例：某公有云国际站官网的故障

2023 年 7 月，某线上服务公司官网遭遇了一次重大的线上故障，导致官网无法正常访问，许多用户无法浏览和购买商品。下面来看一下出现故障的整个过程。

1. 故障背景

某线上服务公司官网研发团队一直为其官网维护两个运行环境：测试环境与生产环境。为保证代码更新的顺畅与稳定，其研发团队采用了 CI/CD 的方式构建了一条流程化的发布流水线。在这条流水线中，当代码需要进行发布时，研发人员必须通过"发布环境"这个参数注明是将代码发布到测试环境中还是生产环境中。但若此时研发人员未对"发布环境"进行配置，则系统的默认设置是将代码直接发布到生产环境中。

2. 故障原因

在某个业务高峰期，为确保生产环境中的业务稳定性，公司决定对生产环境进行全网封禁，禁止任何形式的代码更新。然而，由于进行某次操作时研发人员忘记填写"发布环境"这一关键参数，导致该研发人员本想在测试环境中进行的某段调试代码因默认发布设置被直接发布到了生产环境中。结果导致整个生产环境中的官网瞬间瘫痪。故障发生后，大量用户无法访问网站。

3. 故障解决

尽管该运维团队反应迅速，在故障发生 1 分钟后就意识到了问题，在 3 分钟内成功定位到具体原因，在 5 分钟内完成了代码回滚操作，但这仍然给公司带来了相当大的影响，特别是在如此关键的业务高峰期。

发生这次故障之后，公司对现有流水线的配置进行了一系列修正和完善。

首先，将"发布环境"的默认设置从生产环境改为测试环境。这种方式可以确保在研发人员未做明确选择时，代码只会被推送到业务安全的测试环境中。

其次，对所有可能涉及的配置进行了全面审查，确保其默认值的设置都是合理且安全的。

最后，公司明确要求**对于生产环境中的任何代码发布，都必须进行双重确认**。这意味着，即便流水线显示代码可以发布，也需要得到相关负责人的人工确认。这种双重检查机制旨在确保不会再次因为简单的配置疏忽而导致如此严重的生产环境故障。

4. 故障分析

发生这次故障的根本原因是配置管理问题。在测试环境中，错误的配置被应用于生产环境，导致网站无法正常运行。这个错误揭示了在关键系统和基础设施中进行配置更改时的风险，并强调了配置管理流程的重要性。此次事故也提醒了所有研发人员，在多环境中对配置的操作要格外小心，特别是与生产环境相关的操作。配置的每一个细节都可能影响成千上万的用户，因此必须始终保持警惕，确保每一次操作都是安全且合理的。

4.3　控制影响

即使我们做了那么多努力去避免故障，但终究无法穷举系统实际运行过程中所有可能会发生的场景，所以故障有时是无法避免的，这时我们更需要的是控制故障的影响范围。而云平台给控制影响带来的最大便利是可以快速地申请分布在全球各地的资源，为故障节点提供备份或者其他所需的支撑，从而减小影响的范围。但由于应用通常由多个服务组成，某一个服务的崩溃可能会导致所有用到这个服务的其他服务都无法正常工作，并且一个故障经过层层传递，会波及调用链上与此有关的所有服务，造成雪崩效应。所以云上应用的服务化程度越高，整个应用越不稳定，所以在做影响控制相关设计时，更需要考虑云上应用本身的特性。

控制影响的另一种说法就是确定爆炸半径。打个比方，所有的大型船只都有水密隔舱设计，它属于船舱的安全结构设计，即将船体内部空间分成若干密闭的舱室，在某一船舱少部分破损进水时，其余的水密隔舱仍可以为整体船只提供浮力，不会因为一个单点的故障扩散到全网。因此，确定的爆炸半径就相当于一个水密隔舱，用于将每次故障的影响都限定在最小范围内，让整个事件的影响处于可控状态。

控制影响具体可以从以下三方面来实现。

- 前置措施：可以考虑在前端进行更多的处理，而不是将业务逻辑全部推到后端进行。例如，在前端可以进行数据校验，过滤无效或错误的请求，减小后端的压力，这也能避免一些可能引发错误的请求被发送到后端处理。

- 资源冗余：在资源冗余方面，可以通过将业务逻辑分配给多个后端服务器来处理，即使其中一台服务器出现故障，其他服务器还可以继续处理请求，保证业务的连续性。这样就能在一定程度上降低单点故障的风险，增强了应用的可用性和健壮性。

- 资源隔离：资源隔离主要是对后端服务进行隔离，即使出现问题，也能将影响限制在一个较小的范围内。例如，通过使用容器化和微服务架构，每个服务都运行在独立的环境中，即使其中一个服务出错，也不会影响其他服务。同时，也可以通过限流、降级等手段，控制单个服务出错时的影响范围，防止故障级联和雪崩效应。

4.3.1　前置措施

前置措施是一个主动的防护手段，指在问题发生之前就已经进行必要的准备和处理。

前置措施的目的是减少对后端的依赖。在进行高可用设计时，应当尽可能减少不同服务、组件之间的依赖关系，彼此独立，能不依赖的尽可能不依赖。否则，一个服务、组件挂掉，整个应用就可能宕机。

在应用开发和维护过程中，可以从以下几方面考虑前置措施。

- 处理前置：处理前置意味着尽可能将复杂的计算和逻辑处理转移到前端。这样可以减轻后端服务器的负担，也能提高整体响应速度，因为减少了网络传输的时间和资源。

- 缓存前置：对于一些常用的数据和配置信息，可以在客户端进行缓存。即使在网络中断或者服务器出现问题的情况下，客户端依然可以从缓存中读取数据，保证基本的功能运行。例如，有些 App 可以将配置信息缓存在客户端，并在断网时使用。

- 限流前置：在可能出现高并发访问的情况下，可以在客户端进行限流，防止因大量请求同时发送到服务器而导致服务器崩溃。例如，可以设置每秒发送请求的最大数量，超过该数量的请求将被暂时阻止。

- 降级前置：在一些非关键功能出现问题时，可以考虑进行降级处理，即暂时关闭或简化这些功能，以保证整体系统的稳定运行。降级策略应尽可能在客户端实现，以减少对后端的依赖。并且应该有多层降级机制，当问题严重到一定程度时，可以逐级降级。

- 错误处理前置：在设计程序时，应优先处理可能出现错误的情况。这包括但不限于对输入的校验、对异常的捕获和处理等。在可能出现错误的地方，应尽可能提前检查并处理错误，以防止错误的扩散和级联。

通过上述前置措施，可以有效地减小后端的压力，提高应用的可用性和稳定性。同时，前置措施也有助于提高用户体验，因为减少了网络传输和服务器处理的时间。

下面通过实际案例看看一个月活数亿的移动 IM 应用是如何做好用户认证登录功能的前置处理的。因为登录认证是后续所有业务的基础，所以对于该 IM 应用来说，用户能够登录认证成功是关键。因此为了保障海量用户的稳定登录，会将部分登录认证的逻辑在用户客户端进行前置处理。

1. PC 版的前置登录处理

该应用在传统的 PC 端进行用户登录时，需要在多个接入区域（Region）选择一个接入服务器，这样做的目的是让用户能够就近接入，以便获得更短的响应时间和更快的后续服务，毕竟 IM 应用重在"即时"，同时这种方式可以更好地管理和切分海量用户。该 IM 应用在全国范围内有华北、华东、华南三个不同的接入区域。

前置登录认证过程包括以下几个步骤。

（1）优先方案：首先，应用会尝试使用最近一次成功登录的接入服务器的 IP 地址进行登录。这基于一个假设，即用户的网络环境和位置不会频繁改变，因此最近一次成功登录的接入服务器很可能仍然是最佳的接入点。

（2）次选方案：同时向所有完整"地域+运营商"的域名发送 Ping 请求以寻找最佳的登录 IP 地址。如果上述方法登录失败，则应用会先同时向所有"地域+运营商"相关的域名发送 Ping 请求，然后选择响应时间最短的地域运营商提供的登录服务 IP 地址来进行登录操作。这是一个有效的方法，因为 Ping 响应时间一般可以反映网络延迟，网络延迟较低的服务器通常会提供更好的服务。

（3）兜底方案：使用硬编码的 IP 地址。如果以上两种方法都无法成功，则应用将使用硬编码的 IP 地址作为最后的备选方案。虽然这可能不是最佳选择，但至少可以确保用户能够接入服务。

2. 移动版的前置登录处理

手机 IM 应用由于其移动性，需要考虑用户可能在不同的网络环境中进行登录，因此对整个登录机制进行了优化，使其能够更好地适应各种网络环境。

首先，客户端会使用预先下载的登录服务器 IP 地址列表（该列表会根据用户的信息、IP 地址、所在的运营商、上一次登录成功的 IP 地址等综合生成），按列表顺序尝试进行登录。这样做的好处是，即使在没有 DNS 解析的情况下，也能保证用户尝试连接到可用的服务器。同时，这种方法减少了对 DNS 服务器可靠性的依赖，提高了登录过程的稳定性。

客户端在成功登录后，会将所使用的本地登录 IP 地址发送给中央调度器。中央调度器根据这些信息，可以全局优化登录服务器的选择，先对客户端使用的 IP 地址列表进行更新，再将更新后的列表发送给对应的客户端 App。这种方法可以确保用户总是使用最优的登录服务器，从而提高服务的性能和用户体验。

该模式实现了"处理前置"的原则，即通过前置处理，尽可能早地解决问题，避免将问题延迟到后期处理，减少了对 DNS 的依赖，简化了登录流程，加快了登录速度。实际上，可以认为这是一种对域名解析的前置实现。

4.3.2　资源冗余

一个节点的单点故障会通过级联的方式影响整个应用，如果无法避免这个问题，就无法构建复杂的应用架构。冗余是解决这个问题的一种思路，它是通过故障域（即一类故障可能发生的一个区域）之间绝不共享（Shared-nothing）来实现的，也就是说我们需要为同一节点构建两个或者多个绝不共享的域，当其中某一个域发生故障时，还有其他域能提供相同的服务。这些域的资源在没有故障发生时，都是冗余的。

但这个原则在应用的某些单点上实现起来可能非常困难，比如边界网关的路由器。但追求不共享是进行故障隔离设计的出发点，应用这个原则越彻底，结果会越好。冗余的目的是减少单点，例如对于飞机而言，其冗余性体现在机组，包括机长副机长、引擎至少双发、操作系统至少两套等。如果某些单点是无可避免的，则应最大限度地减少到达单点部件的流量。

在一个冗余架构的应用中，往往会有多个服务能够处理、响应用户请求，比如要获取静态图片资源，浏览器缓存、内容分发网络、反向代理、Web 服务器、文件服务器、数据库都可能提供这张图片。引导请求分流至最合适的服务中，避免绝大多数流量汇集到单点服务（如数据库），同时依然能够在绝大多数时候保证处理结果的准确性，使单点应用在出现故障时自动而迅速地实施补救措施，这便是应用架构中冗余的意义。

为了梳理应用的冗余性需求，要从请求发起的客户端侧到服务处理返回的调用全链路的各个环节上都避免存在单点，做到每个环节都使用相互独立的多套资源进行分布式处理。要针对不同的稳定性要求级别和成本能力做到对不同资源规模的分布式处理，这样就避免因单个资源挂掉引发单点故障进而导致应用整体宕机的风险。可能涉及的环节有动态获取资源服务（HTML、JavaScript、小程序包等）、域名解析、多运营商多区域多 IP 地址入口、静态资源服务、应用接入路由层、逻辑层服务、依赖的第三方服务、中间件层的消息队列、数据库层等。

根据应用架构的分层设计，冗余性通常体现在以下方面。

- 网络接入层：网络、存储或其他基础设施冗余，在出现意外如断电、光纤断裂时，均有备用的资源以实现切换、快速恢复。

- 应用接入层：在服务逻辑层采用多运营商多 IP 地址入口、跨地或同地多机房部署、同机房多机器部署、分布式任务调度等策略。

- 业务逻辑层：服务器的计算能力始终保持一定的冗余性，在一组服务器出现问题时，其他服务器可以接替提供服务，抑或在业务量波动时承受冲击。当发生故障时，可以自动转移切换到其他服务器，从而保证应用整体的高可用性。有了分布式处理能力后，还需要考虑单个服务器发生故障后自动探活摘除、服务节点的变动能在不停服的情况下自动同步给服务依赖方等问题，这里就需引入一些分布式中枢控制系统，如服务注册发现系统、配置变更系统等，例如 ZooKeeper 就是一个经典的应用于该场景中的分布式组件。

- 数据库层及存储层：数据有多个副本，一主多备，在出现问题时可以快速切换。同时在数据库层采用分库分表、数据库主备集群、键值存储、消息中间件等分布式系统或集群多副本等策略。

4.3.2.1　网络接入层

对于网络接入层的资源冗余，我们可以从以下三方面来实现。

- DNS（域名系统）：DNS 是互联网上转换域名和 IP 地址的重要系统。为了提高其可用性和可靠性，可以使用多个 DNS 服务提供商进行冗余配置。这样，在一个 DNS 服务提供商发生故障或者被攻击时，其他 DNS 服务提供商可以继续提供服务，保证用户的正常访问。同时，客户端对 DNS 的配置也采用冗余设计。通常，客户端首先利用 HTTPDNS 策略来获取最佳的接入点 IP 地址。若 HTTPDNS 服务遭遇问题，客户端就可以切换至传统的 DNS 方法以解析相应的 IP 地址。而在传统 DNS 也发生问题的情况下，客户端可以利用预设的固定 IP 地址进行直接连接，以确保服务的持续可用性。

- CDN（内容分发网络）：CDN 能够使用户就近获取所需的内容，提高服务的响应速度和可用性。为了提高其冗余性，可以同时使用两家或者多家 CDN 服务商，相互备份。当其中一家 CDN 服务商出现问题时，可以快速切换到另一家 CDN 服务商，保证服务的连续性。

- EIP/BGP（弹性公网 IP/边界网关协议）：通过使用多个 IP 地址和覆盖多个运营商，可以提高服务的可用性和容灾能力。多个 IP 地址可以提供多条访问路径，即使一条路径出现问题，也可以通过其他路径进行访问。同时，多个运营商的覆盖也可以避免单一运营商网络问题导致的服务中断。通过 BGP，还可以实现用户就近接入，进一步提升服务的响应速度和用户体验。

4.3.2.2　应用接入层

应用接入层服务自身的高可用性冗余策略包括但不限于以下几种。

- 负载均衡器（LB）冗余：负载均衡器可以通过双活（Active/Active）或者主备（Active/Standby）模式实现冗余。在双活模式下，两个负载均衡器同时工作，彼此之间同步状态，若有一个发生故障，另一个就可以立即接管服务，实现无缝切换。在主备模式下，主负载均衡器运行，备用负载均衡器在主负载均衡器发生故障时立即接管服务。

- API 网关冗余：API 网关可被部署在多个服务器或者集群上，通过构建一个高可用集群来实现冗余。在一个高可用集群中，如果一个节点发生故障，其他节点将会自动接管服务，对外部是无感知的。另外，这种设计还能够有效地处理高并发请求，提升服务的可用性。

- Nginx 集群冗余：Nginx 服务器可被配置为集群模式，每个集群都包含多个 Nginx 节点，从而实现冗余。每个 Nginx 节点都能处理客户端的请求。当某个节点发生故障时，其他节点会自动接管服务，对客户端是无感知的。在负载较大时，可以通过增加 Nginx 节点来分担压力，提升服务的可用性。

4.3.2.3　业务逻辑层

逻辑层的冗余设计并非是新的概念，其历史可以追溯到单机及数据中心（IDC）的基础设施冗余实践。在单机级别，我们已经有磁盘、电源和网卡的冗余措施，如 RAID 架构和双电源系统。而在数据中心层面，电力、网络、机柜和配套设备的冗余设计确保了稳定的服务运行。这些历史实践为逻辑层提供了宝贵的经验，证明冗余设计对于保障高可用性和避免单点故障至关重要。而针对云上应用，其冗余设计旨在保证应用的连续性，即使在面临单点故障时。冗余保护能确保当某个节点发生故障时，该节点上的应用服务可以迅速被调度到其他健康的节点上，从而保证服务不中断。

在逻辑层的资源冗余中，虚拟机（VM）和虚拟机放置组（Placement Group）的使用是关键。通过有效使用这两种技术，可以在应用的逻辑层实现强大的容错能力和可扩展性。以下是如何在逻辑层实现资源冗余的详细描述。

- 使用虚拟机：虚拟机是一种资源隔离技术，可以使一个物理服务器被分割成多个独立的运行环境，每个环境都可以运行独立的操作系统和应用程序。这样的设计使得可以在一个物理服务器上部署多个虚拟机，每个虚拟机都可以运行相同的应用，从而实现资源冗余。如果某个虚拟机发生故障，其他运行相同应用的虚拟机仍然可以提供服务，从而保证了应用的可用性。同时，虚拟机可以快速地进行扩容和缩容，以应对业务负载的变化。

- 使用虚拟机放置组（Placement Group）：虚拟机放置组是一种高级资源管理策略，用于控制一组虚拟机在底层的物理资源上如何分布。通过合理地设计和应用放置组策略，可以进一步提高应用的可用性和性能。例如，可以通过打散放置组（Spread Placement Group）策略，确保每个虚拟机都被部署在不同的物理服务器上，这样即使某个物理服务器发生故障，也不会影响所有虚拟机。反之，如果想要提高应用的性能，则可以使用聚集放置组（Cluster Placement Group）策略，将一组虚拟机部署在同一物理服务器或者相近的物理服务器上，这样可以减少网络延迟，提高数据传输的速度。

- 此外，云上应用可以自己实现节点的冗余，对故障节点进行快速响应和调度。应用通过名字服务定期收集每个业务服务实例的心跳信息来检测节点状态。如果某个节点超时未响应，则它将被视为故障并被从名字服务列表中移除。此策略的挑战在于确保所有调用方都及时更新其缓存的服务列表，避免继续向失败的节点发送请求。

4.3.2.4　数据库层

数据库的资源冗余主要依赖数据的复制和备份。根据使用的数据库类型（如关系数据库、NoSQL 数据库等）和具体的业务需求，冗余设计方案可能会有所不同，但主要策略通常包括以下几点。

1. 主从复制

主从复制是数据库的一种常见冗余模式。在这种模式中，有一个主数据库服务器负责处理所有的数据更新操作（即写操作），而另外一个或其他多个从数据库服务器复制主数据库服务器上的数据，通常这些从数据库服务器处理所有的数据查询操作（即读操作），这样可以在一定程度上分担主数据库服务器的负载。当主数据库服务器更新数据时，它会将这些更改记录在二进制日志（Binary Log）中。从数据库服务器定期检查这个日志，并将任何新的更改应用到自己的数据副本上，以保持数据的同步。如果主数据库服务器出现故障，则可以快速地将一个从数据库服务器提升为新的主数据库服务器，以维持服务的连续性。

2. 多活（主-主）复制

多活（主-主）复制是一种每个节点都可以进行读、写操作的模式，所有节点都可以接收和处理写请求，并将这些更改复制到其他节点。这种模式的优点是可以提高系统的负载能力和冗余性，任一节点出现故障，其他节点可以立即接管，保持业务的正常运行。但是，多活复制也带来了数据一致性的问题。例如，当两个节点同时对同一条数据进行修改时，可能会产生冲突。解决这种冲突需要使用额外的策略，例如使用向量时钟等算法来跟踪每个更改的来源，并确定应该如何解决冲突。

3. 分片

分片（Sharding）是将数据库数据划分到多个物理节点的过程，每个节点都只存储数据的一部分。这可以显著提高大规模数据的处理能力，因为数据查询可以在多个节点上并行执行，所以大大提高了查询速度。分片可以是水平的，也可以是垂直的。水平分片是指按照行来划分数据，比如根据用户 ID 将数据分布到不同的数据库服务器上。垂直分片是指按照列来划分数据，比如将一个表的部分列存储在一个数据库服务器上，其余列存储在另一个数据库服务器上。不过，分片也带来了一些挑战，例如复杂的 SQL 查询（如跨分片的 JOIN 操作）可能会变得很复杂，且性能下降。同时，如果某一分片的数据量过大或访问频率过高，则可能会成为瓶颈。因此，在实施分片策略时，需要根据业务来仔细规划数据的分布，以保持各个分片的性能。

4.3.2.5　存储层

1. 块存储的三副本资源冗余

块存储的三副本资源冗余是一种典型的存储层冗余策略，用于提高数据的可靠性和可用性。这种策略是将每一个数据块都存储三个副本，将每个副本都存储在不同的物理设备上，这样即使有一台或者两台设备出现故障，仍然可以从剩余的设备上获得数据，从而实现数据的高可用性。以下是对块存储的三副本资源冗余的详细描述。

- 副本创建：当有新的数据块需要存储时，系统会生成该数据块的三个副本。每一个副本都被存储在不同的物理设备上，通常这些设备会分布在不同的服务器、机架或者数据中心上，以尽可能地降低它们同时出现故障的可能性。

- 数据读取：当需要读取某个数据块时，系统可以从任何一个副本中获取数据。通常，系统会根据设备的负载、网络状况等因素选择一个最优副本进行读取。

- 副本故障处理：如果系统检测到某个副本出现了故障（例如设备损坏、数据丢失等），它会立即将该副本从数据路由中剔除，同时启动一个后台进程从健康的副本中复制数据，生成新的副本以替代损坏的副本。

这种三副本资源冗余的机制提供了对硬件故障的良好容忍性，即使在面临多重硬件故障的情况下，也可以保证数据的安全性和可用性。同时，因为可以从多个副本中读取数据，所以在一定程度上也提高了数据读取的性能。

2. 对象存储的资源冗余

对象存储的资源冗余通常是通过在分布式系统中复制数据来实现的。这种策略在大规模数据中心里非常常见，用于提高数据的可靠性和可用性。与块存储的三副本资源冗余这种比较简单的冗余策略相比，对象存储通常会使用更加复杂的冗余策略，例如纠删码（Erasure Coding）。

在介绍纠删码之前，我们需要简单介绍一下对象存储。在对象存储系统中，每一个数据对象（可以是一个文件、一个数据库条目，或者其他任何形式的数据）都会被复制多份，并且存储在分布式系统的不同节点上。当需要访问某个数据对象时，系统可以从任何一个副本中获取数据。如果某个节点失效，则其上的数据可以从其他节点的副本中恢复。

而纠删码是一种数据保护技术，它可以在存储空间和数据可靠性之间找到平衡。其基本的设计思想是，先将数据分割成多个片段，然后对这些片段进行编码，生成一些冗余的编码片段。这样即使原始的一些数据片段丢失，也可以通过其他数据片段和编码片段来恢复数据。例如，一个常见的纠删码策略是 10+4，这意味着数据被分割成 10 个数据片段，之后生成 4 个编码片段。即使丢失任意 4 个以内的片段（无论是数据片段还是编码片段），也能从剩余的 10 个片段中恢复所有数据。

纠删码的优点是，它提供了和副本冗余相似的数据可靠性，但是所需要的存储空间更少。纠删码的缺点是，在数据恢复的过程中需要更多的计算资源，而且读取数据时也可能需要从多个节点获取数据片段，这可能导致读取性能的下降。因此，选择是否使用纠删码，以及如何配置纠删码的参数，需要考虑存储成本、数据可靠性和读取性能等多个因素。

4.3.3　故障资源隔离

出于对成本的考虑，有时无法采用冗余方式避免单点故障，因此会采用故障资源隔离这种折中措施。故障资源隔离指当应用发生故障时将涉及故障的部分进行隔离。其目的是在应用发生故障时允许有一定的损失，但能限定传播范围和影响范围，即发生故障后不会出现滚雪球效应，从而保证只有出问题的服务不可用，其他服务还可用。其本质是通过隔离来减少资源竞争，保障服务间的互不影响和可用性。最常见的如磁盘、CPU、网络等资源都会存在竞争问题，采用如主机隔离、线程与进程隔离、集群隔离及数据隔离等方法，可以有效地孤立出问题的节点，阻止故障扩散，并减少其对整体服务的损害。故障资源隔离的这种设计思想在实际应用中的案例比比皆是，比如现代电力设施中的断路器或保险丝可以隔离电路故障，保护干线电路，避免连接部件受损。

为了做好对故障资源的隔离，在应用程序设计时，需要考虑对故障域的划分。一个应用程序通常由多个相互关联和依赖的服务组成。在处理业务请求时，一个服务调用另一个服务并挂起等待同步响应，从而创建一个串行同步链。同步链上涉及的服务越多，由某个服务故障导致整体故障的概率就越大，这被称为应用故障的乘法效应。为了降低风险，可以通过划分故障域来进一步隔离故障并限制其产生的影响。假设基于客户维度划分故障域，一个故障域内的应用服务仅为一组客户提供服务。这样，当一个故障域内的应用服务出现故障时，可以立即了解发生了什么事情，且影响仅限于该故障域内服务的客户群。故障隔离使故障事件更易于检测、确认和解决，既可以防止事件在应用中传播，也可以使故障解决过程更加聚焦，从而从整体上减少服务恢复时间。

但从应用的不同层面考虑时，相同的架构设计也会有不同的故障域划分。例如，考虑两个服务使用了同一个共享存储场景。从逻辑层的角度来看，这两个服务本身形成了两个较小的故障隔离区，每个服务都有独立的服务器资源，并且两个隔离区相互隔离、互不影响。当某个服务的服务器出现失败时，这样的隔离会起作用，只有该服务器涉及的服务会受影响。但从存储层的角度来看，这两个服务其实是在一个隔离区中。当存储服务器出现故障时，两个服务会同时不可用。

实际上，在实现资源隔离的过程中，对于异常节点的发现也是很重要的，因此故障资源隔离的完整实现步骤应该如下。

1. 探活：也就是探测资源的活性，这个步骤一般在网络接入层和应用接入层完成。

2. 隔离：在发现问题后，能够将问题节点迅速与其他正常节点隔离开。

4.3.3.1　网络接入层

在网络接入层实现资源隔离是比较简单的，通过网络设备的策略配置即可，如交换机策略、路由策略等。这就是一条脚本或配置文件，各网络工程师对此应该都很熟悉，这里不再过多介绍。而对于故障资源隔离，如何发现故障节点反而更加关键。只有及时发现故障节点，才能调整网络策略。在网络接入层，常见的是 DNS 探活机制。

DNS 探活（DNS Health Check）是故障资源隔离的一种具体措施。它通过检测服务的可用性，并在 DNS 解析时智能地选择健康的服务实例，从而实现故障资源隔离。以下是关于 DNS 探活机制及其如何实现故障隔离的详细描述。

- DNS 探活机制：DNS 探活通过定期向服务实例发送探测请求，来检查服务实例的状态。这些探测请求可以是 HTTP 请求、TCP 连接尝试或其他预定义的健康检查方法。根据服务实例对探测请求的响应情况（如 HTTP 响应码、TCP 连接状态等）来判断服务实例是否健康。

- 实现故障隔离：当 DNS 探活检测到某个服务实例出现故障（如无响应或响应异常）时，DNS 解析系统会自动将该故障服务实例从解析结果中移除。这意味着客户端在请求服务时，DNS 解析将不再返回故障服务实例的 IP 地址。这样，DNS 探活将故障服务实例与健康服务实例分开，从而实现故障隔离，确保客户端仅访问健康服务实例。

DNS 探活不仅可以实现资源隔离，还可以提高服务的可用性和稳定性。通过智能地选择健康服务实例，DNS 探活有助于确保客户端在请求服务时获得更可靠的服务体验。此外，DNS 探活可以辅助运维人员快速发现故障服务实例，从而及时进行故障排查和修复。总之，DNS 探活是网络接入层的一种有效的故障隔离措施，通过定期检测服务实例的健康状况，并在进行 DNS 解析时智能地选择健康服务实例，以实现故障隔离，并提高服务的可用性和稳定性。

4.3.3.2　应用接入层

与网络接入层类似，应用接入层的故障资源隔离可以通过负载均衡器健康检查（Load Balancer Health Check）来实现。它通过评估服务实例的可用性，并根据实例的健康状况智能地调整流量分配，从而实现故障资源隔离。以下是关于负载均衡器健康检查机制及如何实现故障隔离的详细说明。

- 负载均衡器健康检查机制：负载均衡器健康检查通过周期性地向服务实例发送探测请求，以评估服务实例的状态。这些探测请求可以是 HTTP 请求、TCP 连接尝试或其他预定义的健康检查方式。根据服务实例对探测请求的反应（例如

HTTP 响应码、TCP 连接状态等），负载均衡器健康检查可以判断服务实例是否正常运行。

- 实现故障隔离：当负载均衡器健康检查发现某个服务实例出现故障（例如无响应或异常响应）时，负载均衡器会自动将故障实例从健康服务实例列表中剔除，并将流量引导至其他健康服务实例。这意味着客户端在请求服务时，将不再访问故障服务实例。通过这种方式，负载均衡器健康检查可以实现故障隔离，将故障服务实例与健康服务实例区分开，确保客户端只访问健康服务实例。

负载均衡器健康检查不仅可以实现资源隔离，还可以提升服务的可用性和稳定性。负载均衡器健康检查通过智能地将流量引导至健康服务实例，来确保客户端在请求服务时获得更稳定的服务体验。此外，负载均衡器健康检查还可以协助运维人员迅速发现故障服务实例，从而及时进行故障诊断和修复。总之，负载均衡器健康检查是一种有效的故障隔离策略，通过定期评估服务实例的健康状况，并根据健康状况智能地调整流量分配，以实现故障隔离，并提高服务的可用性和稳定性。

4.3.3.3　业务逻辑层

应用的业务逻辑层实现资源隔离的方式一般依赖于底层计算平台提供的能力。单机部署的应用，实现资源隔离的方式依赖于操作系统对于进程、线程等操作的隔离。虚拟化部署的应用，依赖于虚拟机提供的资源隔离能力。容器化部署的应用，则依赖于容器自身的隔离能力。下面从操作系统、虚拟化（VM 热迁移）及容器（K8s 独立集群）三方面来讲各自的资源隔离能力。

4.3.3.4　操作系统

操作系统的进程和线程都是操作系统的基本执行实体，用于管理和调度系统资源。它们都是资源隔离机制，但具体的隔离程度和资源共享情况有所不同。

1. 进程

进程是操作系统分配资源的基本单位，包括内存、文件描述符、信号处理等，它拥有一套完整的独立运行环境。每个进程都有自己独立的地址空间，各进程间的地址空间是隔离的，因此一个进程无法访问另一个进程的内存。进程间的通信需要使用进程间的通信（IPC）机制，如管道、信号、消息队列、共享内存等。

这种资源隔离机制提供了较高的安全性和稳定性。一方面进程实现了操作系统级别资源的共享。同时，通过进程来实现物理隔离，使一个进程出现问题时不会因为类似 OOM 等 bug 影响其他进程。然而，创建新的进程成本相对较高，需要复制父进程的地址空间，并且进程间的通信开销相对较大。

2. 线程

线程也是类似的，它是操作系统调度执行的最小单位。在一个进程内可以包含多个线程，这些线程共享进程的地址空间和资源（如文件描述符等），但每个线程都有自己的运行栈和独立的运行状态。因为线程间共享资源，所以线程间通信比进程间通信要简单和高效。

然而，这种共享的资源隔离机制也带来了一些挑战，主要是并发控制问题。比如多个线程同时访问和修改同一份数据时，可能会导致数据的不一致。因此，需要使用锁、条件变量、信号量等同步机制来控制线程间的执行顺序和资源访问。

线程隔离是指线程池隔离，在实际使用过程中会把请求分类，交给不同的线程池处理。当一种业务的请求处理发生问题时，不会将故障扩散到其他线程池，从而保证其他服务可用。

总的来说，进程和线程都是实现资源隔离的机制，进程提供了更强的隔离性和安全性，适合需要并行和独立运行的任务；线程则提供了更轻量级的隔离性和高效的资源共享，适合需要密切协作和高效通信的任务。

4.3.3.5   VM 热迁移

热迁移是虚拟化技术的一项重要功能，允许在出现硬件故障的时候，不中断服务地将运行中的虚拟机从一个物理主机迁移到另一个物理主机，从而实现故障隔离、转移。热迁移的过程可以分为以下步骤。

（1）初始复制阶段：虚拟机的内存页被复制到目标主机，但是源主机上的虚拟机仍在运行。

（2）迭代复制阶段：源主机上被修改的内存页被再次复制到目标主机，每个迭代复制阶段的数据量都会减少，因为只复制被修改的内存页。

（3）最后一次复制阶段：当剩余要复制的内存页数量足够少，可以在很短的时间内完成复制时，源主机上的虚拟机会被暂停，剩余的内存页被复制到目标主机，然后在目标主机上恢复虚拟机的运行。

通过这种方式，热迁移可以在虚拟机故障资源隔离过程中最小化服务中断时间，提高服务的可用性。同时，它也能使云服务商在物理主机出现故障时，快速隔离、迁移，不影响用户的业务运行。

4.3.3.6   K8s 独立集群

在使用 K8s 时，我们可以采用独立的集群来实现资源隔离，也就是每个应用或者服务都部署在单独的集群中，避免互相干扰。以下是具体的隔离方式。

- 物理隔离：每个集群都在独立的物理或虚拟机上运行，这样可以防止硬件或应用级别的故障影响其他集群。

- 网络隔离：每个集群都有自己的网络环境，包括网络命名空间、网络策略和负载均衡器，这样可以确保每个集群的网络流量不会互相干扰。

- 存储隔离：每个集群都可以拥有独立的存储，包括持久卷（PV）、持久卷声明（PVC）和存储类（Storage Class），这样可以防止一个集群的存储使用影响其他集群。

- 资源限制和配额：在 K8s 中，我们还可以通过 ResourceQuota 和 LimitRange 来限制每个集群的资源使用。ResourceQuota 可以限制集群内的总资源使用，如 CPU、内存、存储和对象数量。LimitRange 可以限制每个容器或 Pod 的资源使用，确保任何一个 Pod 都没有使用过多的资源。

使用独立的 K8s 集群进行资源隔离是业界的一种最佳实践，每个集群都可以独立扩展和升级，不影响其他集群，但是需要考虑集群的管理和运维成本。

4.3.3.7　云上单元化

应用的单元化是指进行多机房部署，每个机房都有自己完整的应用套件，本机房的组件应该只调用本机房组件，不进行跨机房调用。如果一个机房服务发生故障，则只会影响本机房的"单元"，并且可以通过 DNS/负载均衡将请求切换到另一个机房。

应用实现云上单元化后，分别被部署在不同的可用区（Availability Zone，AZ），每个 AZ 都负责本区域内客户的闭环业务，即业务全部本地闭环，很好地保障了用户的使用体验。如果产生问题，则可以通过管控台把业务流量在短时间内切换到另外一个单元，实现业务高可用。在这个过程中，不同单元间的数据通过云平台数据服务进行双向数据同步，来保障数据的一致性。

应用的云上单元化改造并不涉及对业务逻辑的改动，而是在不改动原有逻辑的前提下进行的。"单元化"的核心理念是将数据的分片操作从后端处理转移到接入层的请求分片。换句话说，它视每个 AZ 都为一个庞大的有状态的数据库分片，接入层根据某个维度（如用户 ID）对用户请求进行分区路由。举例来说，当一个以 007 为尾号的 UserID 发起服务请求时，接入层就能识别出该请求应该被路由至华东 AZ 还是华南 AZ。当请求被转发至某一 AZ 时，该请求的完整处理都能在该 AZ 内部完成。然而，在某些情况下，可能会出现需要跨 AZ 服务调用的业务，例如注册在 AZ1 上的用户（也就是用户数据被存储在 AZ1 上）向注册在 AZ2 的用户转账，这就需要各 AZ 之间进行有状态设计。对于需要全局一致性的业务，通过单元化进行分解可能会比较困难，一般来说需要通过业务逻辑改造来实现分布式事务。

在云上环境中，"单元化"架构更便于实现。可以在多个 AZ 上快速对业务处理能力进行逻辑上的单元划分，使业务流量按照一定规则分配到各个云上单元，同时尽量确保用户流量始终收敛在一个单元内。在云单元架构下，每个单元的流量都会按照特定的规则分配到不同的应用组件中，同时通过分库分表规则路由到不同的数据库分库。因此，云上单元化后，应用实现了以整套应用套件为单位的资源隔离。

4.3.4　数据库层

分布式数据库系统通常会采用读写分离的机制来保障其高可用性。读写分离即将数据的读操作和写操作分布在不同的数据库节点上，通常在主节点上执行写操作，并在一个或多个从节点上执行读操作。这样既能够提高数据库的处理能力，又能够通过复制提供数据的冗余备份，增强数据的可用性和容错性。

当分布式数据库中的某个实例（节点）出现故障时，可以通过以下方式快速实现对故障实例的摘除并拉起新实例。

- 故障检测：分布式数据库系统通常设有心跳机制或者其他故障检测手段来监控各个数据库节点的运行状态。如果某个节点在规定的时间内无法响应心跳，或者返回了异常的状态信息，那么系统会将该节点判定为故障节点。

- 故障摘除：当系统检测到某个节点发生故障后，会立即将该节点从服务列表中移除，以防止新的请求被路由到这个已经出现故障的节点。这一过程通常由负载均衡器或者服务发现组件来完成。

- 启动新实例：系统会启动一个新的数据库实例来替代发生故障的节点。这可能涉及在备用硬件上启动新的数据库实例，或者在同一硬件上重启数据库服务。这一过程可能会由自动化运维工具或者云服务商的自动恢复机制来完成。

- 数据同步：新启动的实例需要从其他正常运行的节点（例如主节点或其他从节点）同步数据，以保证新实例上的数据是最新的和完整的。这一过程可能涉及复制操作，例如主从复制或者多主复制等。

- 角色切换：如果发生故障的是主节点，那么系统需要选举一个新的主节点。这个新的主节点既可能是刚刚启动的新实例，也可能是其他从节点。角色切换后，系统会自动更新所有节点的路由信息，以确保新的写请求能够被正确路由到新的主节点上。

通过以上步骤，分布式数据库能够在出现故障时，快速地实现故障实例的摘除并拉起新实例，保证了系统的高可用性。而整个动态替换，可以被看作在数据库层面实现的"故障资源隔离"，它以数据库实例为单位进行隔离，在出现故障时也以实例为单位进行快速恢复。

4.3.5　存储层

4.3.5.1　云硬盘隔离及热迁移

在云上，云硬盘是一个重要的资源，承载着大量的数据。因此，当云硬盘出现故障时，及时的故障隔离和热迁移就显得尤为重要。

- 故障隔离：云硬盘的故障隔离主要指在检测到硬盘故障后，立即将其与系统其他部分隔离，以防止故障扩散。云服务商通常会实现一套硬盘健康检查机制，通过定期或者实时的状态监控来发现硬盘的故障。一旦检测到硬盘故障，云服务系统就会马上停止对该硬盘的读、写操作，防止数据丢失或者被破坏。同时，故障的硬盘信息会被记录到系统日志中，用于后续的故障分析和恢复。

- 热迁移：热迁移指在系统运行过程中，将数据从出现故障的硬盘迁移到另一个健康的硬盘上，而不需要停机或者重启。热迁移的前提是云硬盘的数据已经被正确地备份或者镜像。在云服务系统中，通常会使用一种叫作"快照"的技术来备份云硬盘的数据。快照是硬盘数据在某个时间点的完整副本，可以用于数据的恢复和迁移。当硬盘出现故障后，系统会先创建一个新的硬盘实例，然后从快照中恢复数据到新的硬盘上。这个过程是在线的，也就是说，在数据恢复的过程中，用户的应用程序还可以继续运行，不会感到任何中断。在数据恢复完成后，系统会自动将新的硬盘挂载到原来的虚拟机上，替换出现故障的硬盘。这个过程也是在线的，不需要停机或者重启。

通过故障隔离和热迁移，云服务可以在硬盘出现故障时，最大程度地保障用户数据的安全和应用的高可用性，因此也可以被看作"资源隔离"技术在云硬盘上的应用。

4.3.5.2　换路重试机制

对于存储设备，换路重试机制是另一种资源隔离技术。它是针对 I/O 操作超时或出现错误的情况进行的一种自我修复。具体来说，这种机制主要包括对读 I/O 的其他副本进行读取或降级读（流控），以及对写 I/O 在其他盘上重新分配空间存放数据。

- 对于读 I/O：当一个读 I/O 请求尝试从一个硬盘读取数据时，如果遇到超时或者其他错误，会启动换路重试机制。这个机制的基本思路是，尝试从该数据的其他副本（如果有的话）读取数据。如果所有的副本都无法读取，则设备会启动降级读的操作，即通过一种更低效率的方式来读取数据，通常会涉及更多的磁盘操作和更长的等待时间。降级读的一个典型例子是校验和恢复，即通过读取其他副本的部分数据及它们的校验码，计算出无法直接读取的数据。这个过程通常会涉及更多的磁盘操作和更长的等待时间，但是它可以保证在部分副本丢失的情况下，仍然能够恢复原始数据。

- 对于写 I/O：当一个写 I/O 请求尝试向一个硬盘写入数据时，如果遇到超时或者其他错误，会启动换路重试机制。这个机制的基本思路是，首先在其他硬盘上分配足够的空间，然后将数据写入新的空间。这两个步骤都是在 I/O 操作的过程中完成的，不需要应用进行任何干预。一旦数据被成功写入新的空间，原来的写 I/O 请求就被认为成功完成。通过这种换路重试机制，存储系统可以在硬盘出现故障的情况下快速隔离，仍然保证 I/O 操作的完成，从而提高存储系统的高可用能力。

4.4　快速恢复（应用容灾）

即使采用了众多技术措施来预防故障的发生、提升应用的冗余度、保证业务的高可用性，应用生产环境中故障的发生仍然是难以完全避免的。因此，必须建立一个高效的故障恢复机制，以确保能实时发现故障风险，使应急团队有效协作，记录处理过程，快速控制故障扩散并使其恢复正常，以及进行后续的故障复盘分析。这样做的目的是提升故障应对效率，减少故障对业务的影响，避免类似故障的再次发生，从而提升应用的总体可用性。

当在生产环境中发生故障时，需要能够快速定位故障，因为时间和业务压力都不允许长时间进行故障定位。更重要的是，需要尽快恢复业务，让业务运行起来，如图 4-2 所示，系统恢复时间并不等于业务恢复时间。

图 4-2

- 快速定位故障：即缩短 MTTL，不出故障的服务几乎是不存在的，所以出了故障能够快速发现和定位问题，在外部用户感知发现前，通过告警机制准确定位故障，帮助工程师尽快处理问题，防止进一步影响业务。具体而言，需要配置监控告警，可以考虑分层监控，比如服务器监控、网络层监控、应用监控、数据监控等。

- 快速恢复业务：即缩短 MTTT，当应用出现故障导致业务不可用时，核心是先保证业务的可用性再彻底解决应用故障。所以当出现故障时，首先要做的是恢复业务，不论是什么原因引起的，都可以先搁置在一边，先让业务跑起来，再考虑排查故障原因。很多技术人员在处理生产故障的时候，惯性思维是先找到故障原因，再提出解决方案，最后把问题解决掉，但整个流程下来，时间成本是很高的，业务不可用造成的损失有时候是巨大的。比如某台服务器服务响应速度很慢，导致请求超时，这可能是网络带宽、机械磁盘、CPU 或内存、应用程序有死循环等问题。要想在短短几分钟内排查出问题是很难的，最简单的方法是让机器下线，把流量分配到其他机器上。对于具体的细节，读者也可以参考"避免错误"这一节的案例处理逻辑，其实就是先恢复业务，再深究原因。

我们在谈应用的快速恢复时，要意识到它是一个系统问题，不仅涉及 IT 硬件基础设施，也涉及应用自身。基于以上两点，就很容易对高可用性的具体工作进行分解，既包括组件也包括应用，要想做好快速恢复，这两部分内容必不可少。

而要做到应用的快速恢复，实际要做好的是应用容灾设计。

在云计算环境中，对基础设施采取不信任态度是对其潜在风险的现实认识。尽管现代技术日益先进，但数据中心和云服务的复杂性仍带来不可预测的故障。历史上，硬件和软件的故障不时发生，教导我们不能全然依赖任何单一组件的完美性能。因此，风险管理变得尤为关键，让开发者和运维团队在设计阶段就考虑冗余、备份和故障恢复，以应对潜在的故障。这不仅确保了业务的连续性，而且减少了业务长时间中断带来的经济损失。不信任基础设施并不是对云服务商的质疑，而是为确保服务的稳定性和持续性所采取的前瞻性策略。

下面介绍云上应用容灾需要考虑的基本要素，以及冷备、热备、异地、同城等多种容灾策略。当然，这些要素和策略也可以在非云上应用的架构设计中参考，但云化资源模式其实给应用容灾带来了众多优势，尤其是资源供给、部署及配套的完整技术栈，而非云化资源模式在容灾方面要补充完成的工作实际上是非常多的。

4.4.1　应用容灾的设计思路

在具体考虑一个应用的容灾设计方案时，我们要从应用自身容灾设计、运维及投入产出比两方面来考虑。

4.4.1.1　应用自身容灾设计

通过上面的各种介绍，我们可以熟练地将应用划分为逻辑层、数据层和接入层。对于应用自身容灾设计，也应该从这三个层面来考虑。具体包括的三要素是服务可用性（逻辑层）、数据可靠性（数据层）及连接可控性（应用接入层）。这三要素是应用容灾的核心要素，需要综合考虑和处理，才能构建出稳定、可靠的应用容灾系统，如图 4-3 所示。后续关于容灾方案的设计也将围绕这三要素展开。

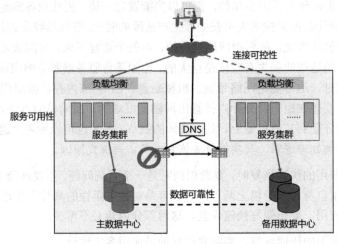

图 4-3

1. 逻辑层：服务可用性

服务可用性指应用在遇到异常情况（如硬件故障、软件故障、网络故障等）时，仍然能够保持正常的服务能力。为了提高服务的可用性，可以采取多种技术手段，如备份和切换、负载均衡、集群部署等。一般有以下三种备份策略可以选择。

- 在同一数据中心内重建服务：未事先部署备用服务，在事故发生之后从头开始部署一套新的。但数据会被定期同步到异地灾备中心。

- 异地数据中心新建服务：与上述的区别在于新建的应用在异地。

- 异地数据中心已建服务：事先已经在异地数据中心部署好一套服务，视主备和双活而定是否正式启用该服务。其实就是在异地建立一个与生产系统完全相同的备用服务，它们之间采用同步方式进行数据复制。当生产应用发生灾难时，备用服务接替其工作。在发生灾难时，这种方式的容灾策略可以基本保证数据零丢失和业务的连续性。

2. 数据层：数据可靠性

数据可靠性指在遇到异常情况时（如硬件故障、人为错误、自然灾害等）数据不会发生丢失或损坏。为了提高数据的可靠性，需要采取多种技术手段，如数据备份、数据冗余、数据同步等。数据库同步通常是通过数据复制来实现的，这可以确保一份数据在多个数据库实例中保持一致。在进行数据复制时，通常需要从同步模式和同步频率两个维度分别考虑。同步模式分为以下几种同步方式。

- 强同步（Strong/Synchronous Replication）：在强同步方式下，当一个写操作（例

如 INSERT、UPDATE 或 DELETE）被提交到主数据库时，该操作不会立即被确认完成，而是等待该操作的数据被复制到所有的副本节点并确认写入成功，才会确认完成。因此，强同步可以确保在主数据库发生故障时，所有的副本节点都有最新的数据，从而保证了数据的一致性。但是，这种方式的缺点是会增加写操作的延迟，因为需要等待所有的副本节点都确认写入成功。

- 弱同步（Weak/Asynchronous Replication）：在弱同步方式下，当一个写操作被提交到主数据库时，该操作会立即被确认完成，然后在后台异步地将该操作的数据复制到副本节点。因此，弱同步可以提供较低的写操作延迟，但是在主数据库发生故障时，可能会有一部分最近的写操作没有被复制到副本节点，从而导致数据不一致。

- 半同步（Semi-synchronous Replication）：半同步是强同步和弱同步之间的一种折中方案。在半同步方式下，当一个写操作被提交到主数据库时，该操作会立即被确认完成，然后在后台将该操作的数据复制到副本节点，但是主数据库会等待至少一个副本节点确认写入成功。因此，半同步可以在一定程度上保证数据的一致性，同时可以提供较低的写操作延迟。

而同步频率主要包括定期同步和实时同步两种。

- 定期同步：定期同步是指按照一定的时间间隔，将主数据中心的数据复制到备用数据中心。这个时间间隔可以是分钟、小时或天，根据业务需求和数据量来定。这种方式的优点是可以降低网络和存储设备的负载，尤其适用于数据变化不太频繁或数据量较大的情况。然而，由于备用数据中心的数据并非实时更新，所以一旦主数据中心发生故障，就可能会丢失上次同步以后的数据。

- 实时同步：实时同步是指在数据发生变化时，立即将变化的数据复制到备用数据中心。这种方式的优点是可以最大程度地保证数据的完整性和一致性，尤其适用于数据变化非常频繁或数据丢失成本非常高的情况。然而，实时同步需要较高的网络带宽和存储性能，且可能会增加主数据中心的负载。

在选择定期同步还是实时同步时，需要考虑数据的变化频率、数据量、网络带宽、存储性能和数据丢失成本等因素。一般来说，如果数据变化非常频繁或数据丢失成本非常高，则可以选择实时同步；如果数据变化不太频繁或数据量较大，则可以选择定期同步。然而，在实际应用中可能需要结合两种方式，根据不同的业务需求和资源情况，选择最适合的同步策略。

两者综合考虑，在大部分场景下有以下几种选择。

- 定期弱同步：定期弱同步是一种较为基础的数据同步方式，适用于数据实时性要求不高、允许有一定延时且业务能够容忍一定数据丢失的场景。例如，对于一些报表系统、数据仓库和离线分析系统等，因为这些系统对数据的时效性和一致性要求相对较低，可以接受数据在一段时间后才被同步到备用数据库。在定期弱同步中，主数据库和备用数据库之间的数据并非实时同步，而是按照设定的时间间隔进行同步。例如，可以设置每隔几分钟或者几小时同步一次数据。这种方式的优点是对系统的性能影响较小，缺点是在主数据库出现问题时，可能会有一部分数据没有来得及同步到备用数据库，从而造成数据丢失。

- 实时弱同步：实时弱同步是一种更为进阶的数据同步方式，适用于需要实时处理的业务、但可以容忍短暂的数据不一致性的场景。例如，电子商务网站、社交媒体网站等对数据的实时性要求较高，但是可以接受短暂的数据不一致。在实时弱同步中，主数据库的变更会被即时发送到备用数据库进行同步，但是主数据库在发送数据后不会等待备用数据库的确认，就立即返回给用户。这种方式的优点是可以实现数据的实时同步，同时能保持高效的业务处理速度。缺点是在网络或备用数据库出现问题时，可能会导致数据同步失败，从而造成数据不一致。

- 实时强同步：实时强同步是一种较为高级的数据同步方式，适用于对数据一致性要求极高、不能容忍任何数据丢失的场景。例如，金融交易系统、银行账户系统等对数据的一致性和完整性要求极高，不能接受任何数据的丢失。在实时强同步中，主数据库在收到用户的数据变更请求后，会同时将数据发送到备用数据库进行同步，并且会等待备用数据库的确认后才返回用户。这种方式的优点是可以实现高度的数据一致性，防止任何数据丢失。其缺点是可能会增加用户的响应时间，同时对网络质量和备用数据库的性能要求较高。如果网络或备用数据库出现问题，则可能会导致业务处理延时甚至失败。

以上就是数据库同步时常见的几种数据同步方式。在实际应用中会根据系统的需求和环境选择最合适的数据同步方式。

3. 应用接入层：连接可控性

应用接入层的连接可控性指通过 DNS 或负载均衡实现容灾流量的切换及回滚。通过切换及回滚，我们有能力在主服务出现问题的情况下，自动将流量引导到备用服务，保证业务的顺畅运行、稳定性及数据的可靠性。业界的最佳实践首要的是迅速将面向用户的业务流量转移到其他服务，从而最大限度地减少用户感知的服务中断，再处理有状态的服务流量。这种做法既最小化了对最终用户的影响，也减小了切换操作的成本。在切换过程中，还需要利用健康监测系统来反馈信息，以便安全地调节流量转移的速度。流量转移的速度取决于步长（每次迁移的流量比例）和每一步之间的等待时间。在进行流量转移时，需要根据各种健康指标来调整相关参数，以调整流量切换速度。流量转移应分步进行，逐步增加流量的转移比例，使应用有足够的时间来适应负载的平稳增长，而不会出现过载的情况。我们关注一些关键指标以判断服务的健康状况，并通过切换测试来试验不同的切换速度。根据从切换速度对健康状况影响的经验，我们会在不损害服务健康和安全的前提下，把默认值设定为最高速度。在成功切换到新的环境后，我们还需确保网络策略和防火墙策略的有效性。

流量的切换与回滚是确保应用在故障发生过程中持续可用的重要措施，业界具体通过 DNS、网关及配置中心来实现。

- DNS：DNS 是一个将域名转换为 IP 地址的分布式系统，它可以根据配置的策略来选择返回客户端的 IP 地址。当我们需要进行流量切换时，可以修改 DNS 的配置，将域名解析到新的 IP 地址上，这样客户端的请求就会被转发到新的服务器上。如果发生故障或者需要进行回滚，则可以将 DNS 的配置修改回原来的状态，将流量切换回原来的服务器。

- 网关：在许多复杂的应用中，网关是处理所有进入应用的请求的第一站。因此，通过在网关层面进行流量切换和回滚可以有效地控制应用的行为。例如，可以配置网关将特定的请求路由到不同的服务实例上，或者在某个服务实例出现问题时，将流量切换到其他健康服务实例上。此外，网关也可以实现更复杂的流量控制策略，如按比例切换流量、灰度发布等。

- 配置中心：配置中心是用来集中管理应用配置的服务，它可以实时推送配置更新到应用中的各个组件。当我们需要进行流量切换时，可以修改配置中心的配置，例如更改服务实例的权重，或者更改服务路由的规则等，这样就可以将流量导向新的服务实例。如果需要回滚，则只需将配置更改回原来的状态即可。

通过上述方法，我们可以灵活地控制应用的流量，从而实现各种情况下的流量切换与回滚。

4.4.1.2　运维

我们往往以为一旦应用经过充分的容灾设计并开发落地，就大功告成了。但实际上，频繁发生的生产事故告诉我们，对于整套应用容灾系统的运维，资源管理、监控告警、平台切换及演练复盘都是不可忽略的重要部分。

- 资源管理：对于应用来说，需要提前进行详细的资源需求预测，以及灾难恢复场景下所需的最小资源保障。这包括计算资源（CPU、内存）、存储资源（硬盘、数据库）、网络资源（带宽、IP 地址）等。这些资源需求应该充分考虑应用在各种负载情况下的表现，以及备份和恢复操作的需求。在实际的运维过程中，资源配置应尽可能灵活和动态。应根据应用的实际运行情况，动态地增加或减少资源，以在满足业务需求的同时保证资源的高效利用。在运维过程中，需要不断优化资源的使用。这包括对现有资源的重新配置、对资源使用的调优，以提高系统的性能和稳定性。

- 监控告警：对应用的运行状态、资源的使用情况都需要实时监控，以便在出现问题时能够及时发现并解决。这包括对系统性能的监控，如 CPU 占用率、内存使用率、磁盘 I/O 等，也包括对业务性能的监控，如请求响应时间、错误率等。

- 平台切换：在灾难恢复切换的过程中，会涉及各种任务的协同，如调整不同应用服务之间的流量比例、更改路由规则、启动和停止某些应用服务及更改配置数据等，这需要构建一个容灾恢复切换平台以统一协调这些工作。同时，在进行灾难恢复切换时，还需要考虑以下几点。

  ○ 任务之间的依赖关系：需要清晰地理解任务之间的依赖关系，并使用如有向无环图（DAG）等方式进行管理。

  ○ 任务执行条件：明确任务执行的前置条件和后置条件。通常，前置条件用于检查服务的健康状态，后置条件用于判断流量调度的进度。

  ○ 健康指标：需要有能够反映任务执行状态的健康指标。

- 演练复盘：在每一次完成流量切换和回滚后（包括演练之后），需要对关键路径进行分析，以识别灾难恢复切换依赖关系图中的瓶颈，从而优化恢复时间。需要审查那些耗时且重负荷的任务依赖，并尝试将这些依赖从关键路径中移除。如果某个依赖项增加了关键路径的长度，那么就需要评估该依赖项是否为业务上的关键服务，并同时考虑其恢复成本。对于那些不影响应用正确性的弱依赖项，可以通过降级来加快恢复速度，并通过分析关键路径上的依赖来筛选这些弱依赖项。通过容灾演练，还可以有意识地、受控地破坏弱依赖关系，以评估其对服务级别的影响。

应用容灾设计是一个旨在保障业务连续性和数据完整性的重要过程，但这并不意味着需要无视成本进行过度设计。实际上，理性的容灾设计应考虑投入产出比，结合业务的恢复时间目标（RTO）和恢复点目标（RPO），以最优的性价比提供解决方案。

- 恢复时间目标（RTO）：指从应用停止服务到恢复正常运行所需的时间。这个指标直接影响了应用停机的时长。如果某个应用对业务的影响非常大，那么我们通常希望它的 RTO 尽可能小，这也就意味着可能需要更高的投入。

- 恢复点目标（RPO）：指在应用出现故障后，可以接受的数据丢失程度，或者说最后一次备份与故障发生时的数据差异。RPO 对数据的备份策略有直接影响，备份越频繁，数据丢失的可能性就越小，但同时备份操作本身也会带来额外的成本。

在设计应用容灾策略时，需要结合 RTO 和 RPO 来权衡投入与产出。举例来说，如果一个应用的 RTO 和 RPO 要求都非常高，那么可能需要投入更多的资源进行频繁的备份和快速的恢复，这就需要更大的投入。反之，如果一个应用对于 RTO 和 RPO 的要求相对较低，那么可以接受较少的投入，进行适当的备份和恢复操作。

在理解了 RTO 和 RPO 的需求后，可以针对具体的业务需求，分析和比较不同的容灾策略和技术，包括但不限于热备、冷备、异地备份、负载均衡等，选择最适合的，以提供性价比最优的容灾解决方案。同时，要定期进行容灾演练，以确保在实际发生灾难时，能够根据预设的方案进行快速恢复，减少业务损失。

4.4.2　同城冷备

同城冷备的架构是指在相同或接近的地区内（建议数据中心间的距离在 10~50km）实施的基于两个数据中心的业务连续性设计方案。一个是生产数据中心，负责日常的业务应用运行；另一个是灾备数据中心，负责在灾难事件发生后接管业务应用运行。由于生产数据中心与灾备数据中心之间的距离较短，通信线路的质量较高，因此能比较轻松地实现数据的"强同步"，从而确保数据的完整性和无丢失。

如图 4-4 所示，同城冷备是指在同一城市至少设立两个数据中心，其中备用数据中心平常并不提供服务，只作为主数据中心的备份，主备数据中心之间的数据采用单向"强同步"的方式。其优点在于部署简单，只需将同样的架构完全复制到另一个数据中心，并进行单向的数据同步，对业务的改动极少。然而，其劣势在于备用数据中心可能会造成资源浪费，关键时刻会出现切换无效的情况，也可能会出现版本、参数、操作系统等不一致的问题。它的 RTO 往往需要达到十分钟级别。在进行同城灾备架构的灾备切换时，首先要进行数据库的主备切换。如果是冷备状态，则还需要启动应用服务，最上层的 DNS 也需要进行解析切换，整个过程可能需要十几分钟。

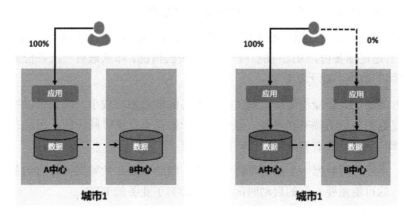

图 4-4

从应用容灾设计三要素的角度来看，在同城冷备方案设计中，基本选择如下。

1. 服务可用性

服务可用性是重要指标。在同一数据中心和不同数据中心重建服务的机制分别如下。

- 服务在同一数据中心重建：在此方案中，只有一套主应用服务在正常运行。当主应用服务出现故障时，会在原位置再创建一套备用应用服务。然而，这个方案并不理想，因为在正常情况下，备用集群并未被建立，所以其代码、配置、数据可能未经过充分验证。在真正需要应对问题的紧急情况下，临时建立的备用集群在大多数情况下可能无法正常工作。

- 服务在不同的数据中心新建：这种方案有一套主应用服务和一套备用应用服务，在正常情况下都已经建立，但只有主应用服务在工作。当主应用服务出现故障时，备用应用服务会被启动。这种方案同样存在问题，因为在正常情况下，备用应用服务并未启用，因此，其代码、配置、数据可能未经充分验证。在真正需要应对问题的紧急情况下，紧急启动的备用应用服务在大多数情况下可能无法正常工作。

2. 数据可靠性

数据可靠性是至关重要的一部分，在同城冷备方案中，为了兼顾较低的成本，往往使用定期弱同步策略的步骤和机制。

- 数据备份设定：根据业务对数据实时性和完整性的需求，制定适当的数据备份设定。这些设定包括数据备份的频率（例如每小时、每天或每周备份一次），以及备份的内容（例如全备份或者增量备份）。

- 定期备份：在设定的时间点，系统会自动将主数据中心的数据备份到备用数据中心。数据备份可以通过数据库的备份工具，或者使用专门的数据复制工具进行。

- 数据验证：在备份完成后，系统会进行数据验证，检查备用数据中心的数据与主数据中心的数据是否一致，以保证数据的完整性。

- 故障切换：在主数据中心出现故障时，可以根据备用数据中心的数据恢复业务。由于是定期备份，因此可能存在数据丢失的情况，即从最后一次备份到故障发生之间的数据可能无法恢复。

这种方式的优点是操作简单，对主数据中心的性能影响较小，而且可以根据业务需求灵活设定数据备份的频率和内容。但是，由于数据不是实时同步的，因此在主数据中心出现故障时，可能会丢失最后一段时间的数据。

此外，由于备用数据中心通常不提供服务，因此需要在故障切换时启动备用数据中心的服务，这可能需要一定的启动时间，从而影响了业务的 RTO。

3. 连接可控性

在同城冷备的容灾方案中，连接可控性对于确保业务的正常运行具有关键性的影响，主要通过 DNS 和全局负载均衡两种技术实现流量切换和回切。

- DNS：在容灾场景中，它能够协助实现流量切换和回切。对于同一 IDC 新建的服务，由于服务仍在原地，所以流量将通过原有线路传输，这意味着不需要流量切换。然而，对于异地 IDC 新建的服务，流量将需要从主数据中心切换到备用数据中心，这可以通过改变 DNS 记录实现。在主数据中心恢复正常后，可以再次修改 DNS 记录，将流量从备用数据中心切回主数据中心。但需要注意的是，由于 DNS 的缓存机制，DNS 记录的更新可能需要一段时间才能在全网生效，这可能会导致切换或回切延时。

- 全局负载均衡（GSLB）：GSLB 是一种高级的负载均衡技术，它基于 DNS，可以实时监控各数据中心的负载和健康状况，动态地改变 DNS 记录，以实现智能的流量分配和切换。对于在同一 IDC 重建的服务，由于服务还在原地，因此不需要切换流量。但对于在异地 IDC 新建的服务，当主集群发生故障时，GSLB 可以自动将流量从主数据中心切换到备用数据中心。而在主数据中心恢复正常后，GSLB 可以自动将流量从备用数据中心切回主数据中心。虽然 GSLB 的设备和技术支持成本相对较高，但其自动化的故障切换和回切能力，大大减少了人工操作的可能错误和延时。

选择使用 DNS 还是 GSLB，需要结合业务需求、成本、技术能力等因素进行综合考量。一般而言，对于需求相对简单的业务，可以选择使用 DNS；对于需要实现自动故障切换和回切的复杂业务，GSLB 可能是更好的选择。在实践中，也可能需要结合使用这两种技术，选择最适合的连接控制策略，以满足不同的业务需求和资源状况。

4.4.3 同城热备

同城热备方案的架构设计如图 4-5 所示。

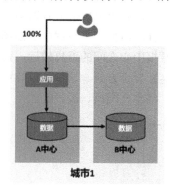
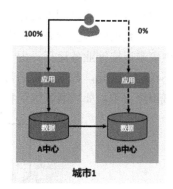

图 4-5

从应用容灾设计三要素的角度来看，在同城热备方案设计中，基本选择如下。

1. 服务可用性

在同城热备方案中需要考虑两种情况。第一种情况是，在同城的另一个 IDC 中只用来进行数据的同步，应用服务并没有预先创建。当主数据中心的应用出现故障时，需要从备用数据中心回传所有数据，在主 IDC 新建应用服务以恢复业务。在这种情况下，故障恢复的时间可能会较长。第二种情况是，在同城的另一个 IDC 已经预先创建了应用服务，但在正常运行时并未承接实际流量。只在主数据中心出现故障时才启动服务并接手业务。在这种情况下，故障恢复时间会大大缩短，因为备用服务已经创建并待命，可以快速承接业务流量。

2. 数据可靠性

在同城热备方案中，由于网络延迟较小，通常会采用实时强同步的方式对数据进行备份。这种方式不但能够保证实时的数据一致性，而且由于同城数据中心之间的网络通信相对稳定，因此在大多数情况下，实时同步的方式可以确保数据的可靠性，保证备用数据中心在需要恢复业务时拥有最新的数据。

3. 连接可控性

在同城热备容灾方案中，我们可以利用 DNS 或 GSLB 来控制业务流量的切换和回切。当主数据中心出现故障需要将业务流量切换到备用数据中心时，可以通过调整 DNS 解析或 GSLB 实时切换来实现。当主数据中心恢复正常，需要将业务流量切回时，也可以采用同样的方式。这种方式的优点是可以快速进行流量切换，并且操作相对简单，大大提高了故障恢复的效率。

4.4.4 异地冷备

异地容灾是另一种容灾架构设计，如图 4-6 所示。其基础是在两个相隔较远的城市或地区（通常建议数据中心之间的距离≥100km）设立两个数据中心以确保业务的连续性。其中，主生产数据中心负责处理日常业务运行，而另一个数据中心则作为灾备数据中心，在发生灾难后接管业务运行。由于两个数据中心之间的距离较远，使得通信线路的质量相对不稳定，因此，数据备份通常采用定期异步方式。这种异地容灾架构能够应对大范围的城市级灾难，如地震、大面积停电、洪水、飓风、战争等。

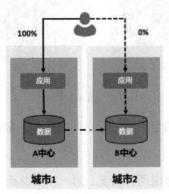

图 4-6

从应用容灾设计三要素的角度来看，在异地冷备方案设计中，基本选择如下。

1. 服务可用性

在异地冷备方案中，备用服务在另一个数据中心已经创建并配置好，可正常运行，但备用服务并不处理实际的业务流量，只在主服务发生故障时才会启动并接手业务。因为备用服务已经部署并准备好，所以在主服务发生故障时可以快速接管，大大减少了故障恢复的时间。

2. 数据可靠性

由于异地数据中心间的网络延迟相对较大，因此可以采用定期的弱同步方式对数据进行备份。虽然这种方式在数据一致性上稍有牺牲，但是可以降低应用复杂性和成本。在主数据中心发生故障时，备用数据中心的数据虽然可能稍微滞后，但基本能够保证业务的正常运行。

3. 连接可控性

在异地冷备方案中，可以通过 DNS 来实现业务流量的切换和回切。当主数据中心发生故障，需要将业务流量切换至备用数据中心时，可以通过更改 DNS 解析的 IP 地址来实现。在主数据中心故障恢复后，可以通过同样的方式将业务流量切回。这种方式既可以保证服务的连续性，又可以在一定程度上降低故障恢复的复杂性。

4.4.5 两地三中心

在一些极端情况下，比如城市级断电或网络故障，我们可能会面临整个 IDC 全面崩溃的情况，而不仅仅是单一设备的问题。这就需要有一个灾难恢复机制，能够确保所有的服务都能迅速地切换到新的 IDC，使业务系统的恢复时间变得可控。因此，对于核心应用来说，建立同城/异地的灾备能力至关重要。为了提升业务的风险承受能力，我们在进行机房选址时，通常会选取一个距离较远（超过 1000km）的地点作为备用灾备机房。一旦城市级故障发生，应用就需要具备随时切换至第二城市机房的能力。

两地三中心的架构模式如图 4-7 所示，是业界广为接受的方式，其实质是同城双活与异地冷备相结合。在同一城市的两个数据中心通常会选择实时强同步的数据同步方式。这样的架构既能应对单一城市中心的灾难，也能应对城市级的灾难。基于同城双活的基础，我们会增设一个异地灾备机房，用于数据和应用的备份。根据网络的延时和带宽情况，可以选择定期弱同步的数据同步方案。在异地有延时且业务可接受的情况下，通常会选择定期同步。在正常情况下，我们访问同城双活侧；在容灾期间则切换至异地灾备机房，提供业务访问。

此外，同城双机房也可以采用"一写多读"模式，应用直接访问主数据库进行数据写入。同城双机房之间会采用单向同步复制，以保证两个机房间的数据实时一致。异地机房则会用定期弱同步方式进行数据同步，备份节点数据非强一致，对数据实时性要求不高的可以进行读访问。同城主备数据库之间进行故障检测，出现异常时进行主备切换。

应用端可以通过使备用数据库只读，减小主数据库的压力。该模式的优势如下。

- 成本较低：异地灾备需要进行业务的全量异地备份，在主业务中心正常时，灾备中心并不提供服务，所以成本较低。

- 可扩展性强：异地多活其实是多个数据中心分摊业务流量，从而有效缓解单一地区的业务压力。

- 业务流量随时切换：异地多活的同城主备数据中心都支撑业务流量，因此当任意一个业务中心出现故障时，可以直接将流量切换到其他数据中心。相比之下，由于异地灾备并不承担流量，所以一旦业务中心出现问题，与异地冷备一样，可能会出现灾备机房服务无法正常运行的问题。

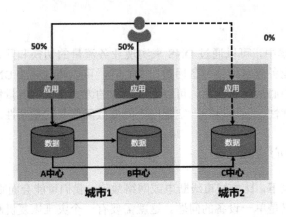

图 4-7

4.4.6　同城双活/多活

双活/多活架构是一种更高级的容灾方式，它在同一城市的数据中心建立一套或几套与本地数据中心相同或部分相同的应用，所有数据中心同时对外提供服务。当灾难发生时，多活架构的管理系统可以在几分钟内完成业务切换，用户可能感受不到灾难的发生和切换过程。基于多活架构，我们可以在很大程度上提升业务连续性指标和用户体验，保护业务免受更大的损失。在同城双活架构中，每个数据中心的数据库都包含了全套的数据，并且都可以进行读写操作。如图 4-8 所示，这两个数据中心的运作模式基本一致，都以平等的状态为用户提供服务。这是一种常见的主备容灾模式，通常的操作方式是在备用数据中心建立一套与主数据中心相仿的软硬件环境。在遇到灾害情况时，可以在约定的时间内（RTO）恢复应用的运行，尽可能降低由于灾害导致的损失。虽然这种主备容灾模式具有适应性广等优点，但在实际应用中，也会出现如备用数据中心资源利用率低等问题。

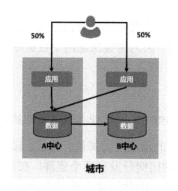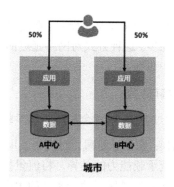

图 4-8

在同城双活的配置中，两个位于同一城市的数据中心会同时处理业务流量。如果其中一个数据中心出现故障，则可以便捷地将任务切换到另一个数据中心。由于这两个数据中心都位于同一城市，所以其距离可以被有效控制。这意味着网络延迟和业务受影响的程度都可控。为了确保数据一致性，在备用数据中心执行的数据修改操作，都将会实时同步到主数据中心。因此，这两个数据中心的距离要求必须小于 50km，而往返时间（RT）需要小于 2ms。如果用户的请求落在备用数据中心，那么可能涉及跨数据中心的操作。如果跨数据中心的往返时间非常长，那么数据请求在主备数据中心之间的性能差异可能会非常大，因此无法提供良好的用户体验。

- RTO 可以达到分钟级，甚至在某些场景下可以实现秒级切换。

- 资源利用率高：通过对多数据中心和多资源的充分利用，不存在资源闲置的问题。

- 切换成功率高：所有数据中心都处于"热"状态，通过调整流量比例来实现切换。

- 精确控制流量：依赖于精确的流量引导，可以将特定的流量引入特定的数据中心，从而进一步孵化出应用多数据中心的灰度发布、关键流量保障等功能。

从应用容灾设计三要素的角度来看，在同城双活容灾设计方案中，基本选择如下。

1. 服务可用性

在双活设计中，两个应用服务集群同时处于活跃状态并共同承接业务流量。在正常情况下，根据预定的流量划分规则，流量将被分配到不同的集群。当一个集群出现问题时，可以将流量快速切换到另一个集群以继续提供服务。值得注意的是，对双活应用的要求越高，对资源的投入也会相应越大。

2. 数据可靠性

双活设计可以通过以下两种方式实现数据可靠性。

- 一写多读：在这种模式下，存在多个数据库，但其活跃程度不同。主数据库用于支撑所有的读写操作，而备用数据库只用于支撑读操作。在应用层面，只读操作会被分派到备用数据库执行，以降低主数据库的负载。

- 多写多读（双向同步）：在这种模式下，两个数据库都存储全量数据，并进行双向同步。这种方式对网络延迟的要求较高，因为需要保证两个数据库之间的数据同步速度。

3. 连接可控性

可以通过 DNS 或者全局服务器负载均衡（GSLB）实现业务流量的切换和回切。

- 切换：在设计阶段，对两个应用集群系统的承载能力需进行评估。接入层会根据系统承载能力的差异，将流量按照不同的比例分发到两个集群。在通常情况下，设计会尽量保证两个系统的承载能力相等，因此流量会被平均分配到两个集群。当某个集群出现故障时，接入层会将全部流量切换到另一个集群，以确保集群故障不影响用户体验。这种方法强调了流量接入层的重要性，而该层的组件通常都非常成熟，发生故障的概率较低。

- 回切：当发生故障的集群恢复正常后，应用会根据设定的策略进行流量回切。在某些情况下，为避免频繁切换带来的风险和损耗，可能会在一段时间内保持当前的流量分配状态，只有当故障集群长时间稳定运行后，才进行流量的回切。

4.4.6.1　云上同城双活

将应用部署在云上后，可以较为方便地实现同城双活。如图 4-9 所示，当用户访问特定域名时，请求首先会被路由到公有云的负载均衡器上。公有云的负载均衡器拥有在两个可用区（AZ）之间进行主备切换的容灾能力，因此能将请求引导至某一可用区。在这个可用区内，负载均衡器进一步将请求转发至特定的业务服务器上。

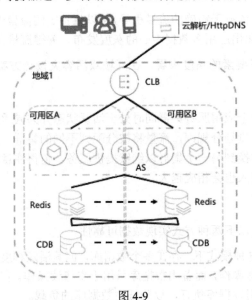

图 4-9

业务服务器负责处理所有的数据操作，本示例中采用了"一写多读"的模式，会将所有写操作都转发至主数据中心的数据库中。在主数据中心和备用数据中心之间，数据会进行实时单向同步，使备用数据中心的数据与主数据中心保持一致。

这样的架构使得应用具备跨可用区的容灾能力，RPO 小于 100ms，RTO 小于 10min。为了提高应用的性能，在设计中尽量避免了跨机房的远程过程调用（RPC）。然而，这样的架构也有局限性。它无法提供跨地域的容灾能力，也就是说，如果某一地域发生大规模的故障或灾难，则可能会影响整个应用的高可用性。

4.4.6.2　异地双活

异地双活顾名思义就是在不同地理位置对外提供应用服务，且这些应用服务都对外界提供服务。如果某个服务出现故障，或者需要进行业务流量的调整，则其他应用服务可以随时接管并继续对外提供服务。然而，由于网络延迟的问题，这种模式的实际应用并不广泛。异地双活与同城双活的架构有许多共通之处，主要差别在于数据中心的地理位置。如图 4-10 所示，在异地双活的架构中，数据中心从原本的同一地区移动到不同地区，这种改变使它能够抵抗地域级别的故障。然而，物理距离的增加也会带来网络延迟的增加。对于一些延时敏感的应用，可能需要谨慎考虑这种增加的延时。

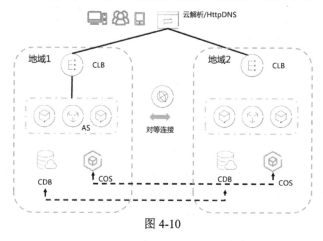

图 4-10

为了克服网络延时的问题，在异地双活的模式中往往采用读写分离的方式。备用数据中心的读写操作进行了分离：读操作直接在备用数据中心进行，而写操作为了保证数据一致性，需要在主数据中心进行。这种模式要求两个数据中心的距离应小于 100km，往返时间（RT）应小于 7ms。如果两个数据中心距离过远，则请求在两个数据中心之间的性能表现可能会出现较大的差异。因此，这种架构更适合读操作需求较大、写操作需求较小的应用。

异地双活的优点在于，它具备了一定程度的地域级别的容灾能力。虽然架构要求数据中心的距离小于 100km，但对于大多数城市而言，100km 的距离已经能够覆盖两个地级城市。另外，这种模式的 RTO 只需要几分钟。然而，异地双活也有其局限性。首先，应用需要能够接受一定程度的跨机房网络延迟。其次，业务可能需要进行一定的调整，主要在读、写分离操作方面。最后，由于容灾距离受到非常大的限制，因此在实际的生产环境中很少使用这种模式。

异地双活还有一种特殊情况，即第二个数据中心为线下的私有云，如图 4-11 所示，这时的"异地双活"方案等价于混合云，而很多用户采用混合云架构的目的也是实现线上、线下容灾。

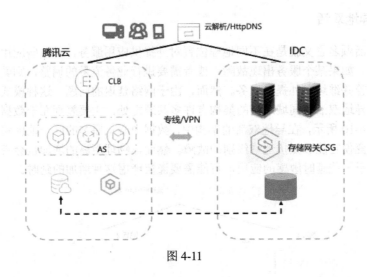

图 4-11

4.4.6.3　云上两地三中心

通过云上资源，应用可以快速地实现两地三中心容灾方案。如图 4-12 所示，应用在同 Region 不同 AZ 实现同城双活，所有操作在其特定的 Region1 内部署，Region1 内的服务不会涉及 Region2 的资源操作。在 Region1 内部，双 AZ 机制提供了容灾能力。这种架构与初始版本的唯一区别是，该架构在操作云产品时，仅对本 Region 的云产品进行操作。一旦出现故障，其影响范围就是可控的，仅会影响本区域，而不会对其他区域产生影响，从而减小了故障影响范围。

这种云上两地三中心仍然具有跨可用区级别的容灾能力，RPO 小于 100ms，RTO 小于 10min。然而，其不足：首先，从容灾角度来看，它仍然没有实现地域级别的容灾能力；其次，用户体验非常不佳，例如，在系统中操作云产品资源时，如果涉及地域切换，则需要重新加载整个页面；此外，跨地域访问速度慢的问题仍然存在。在容灾设计过程中，以往的做法是每个 AZ 都单独对外提供服务名，但也可以将所有域名统一成一个对外提供服务的域名，由顶层的 DNS 进行智能解析。

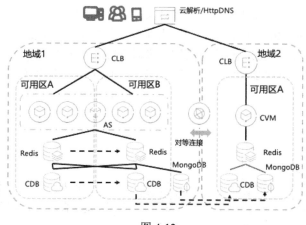

图 4-12

4.4.6.4　三地五中心

三地五中心模式是对两地三中心模式的扩展，它具备五个备份副本，允许有两个节点发生异常。即使任何一个城市的机房遭遇城市级故障，数据库仍可保持正常运行。在执行数据写入和实时同步时，需要有三个节点完成写入操作。由于单一城市的节点数最大为两个，所以这意味着实时同步必然会跨城市进行，从而增加了同步时间。具体来说，同步时间的增加与城市间的距离有关，例如，从杭州到上海，同步时间需增加 6~8ms。第三个城市只有一个节点，无法满足城市内的灾难恢复需求，因此一旦出现故障，应用就需跨城市访问数据库。在部署时，第三个城市不部署应用。由于不需要提供数据服务，因此第三个城市可以进一步降低成本。第五个机房作为日志副本，没有全量数据，但参与一致性协议投票选举主节点。

从两地三中心升级到三地五中心是对基础设施的一次重要升级，而不仅仅是简单地增加数据副本。这种升级带来的架构改善包括以下几点。

- 数据库具备了城市级灾难恢复能力。
- 应用也具备了城市级灾难恢复能力，应用的部署能在城市 1 和城市 2 之间实现双中心的模式，提高了应用的灾难恢复能力。
- 数据库的容量增加，只读副本数量也增加，服务能力得到提升。

然而，这种升级也为原有的数据中心架构带来了新的挑战，具体如下。

- 跨城市的同步会增加耗时，可能影响业务的批处理、链路总耗时及热点行等方面。
- 数据同步副本的增加，需要扩展原有的机房网络。
- 数据同步副本的增加，也需要扩容原有租户的硬件资源。

在架构升级的过程中，必须始终确保灾难恢复能力不会下降：任何一个单独的机房出现故障后，集群仍然可以正常运行，并且除了主数据库所在的城市 1，任何其他城市的机房出现故障，集群仍然可以正常运行，且能够继续提供服务。接下来的过程如图 4-13 所示，机房 2 是业务主机房，机房 1 是同城多活机房，机房 3、4、5 均是备用节点。流量通常按路径 1 进入机房 2，机房 2 通过路径 2、3 向其他机房同步数据。当故障出现（或有其他需求）时，可以将流量通过路径 4 快速切向机房 1。

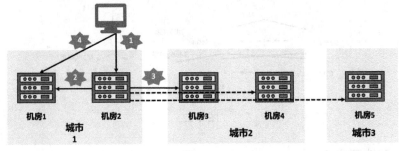

图 4-13

4.4.7　异地多活（单元化）

如图 4-14 所示，异地多活的应用容灾设计是同城双活的一种拓展，它涉及在同城或异地数据中心创建与原始生产环境完全匹配的多个应用服务，所有这些应用服务都同时对外部提供服务。在灾难情况下，多活管理系统可以在几分钟内实现业务流量的切换，用户可能根本无法感知灾难发生和灾难恢复切换的过程。

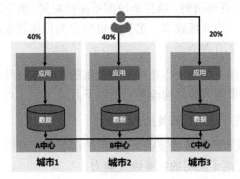

图 4-14

4.4.7.1　单元化

为了弥补异地数据中心距离超过 1000km、往返时间超过 10ms 的性能问题，可以采取单元化的容灾设计方案。单元化即将应用的功能细分为众多垂直的、小的业务单元，每个单元的功能完全相同且在应用层面是完全平等的。接收的业务流量会根据特定规则分配到各个单元，最大可能地使同一用户的流量始终在一个单元内处理。每个单元只处理部分数据，所有单元的数据合并起来才构成完整的数据。每个单元的应用只能访问本单元的数据，不能跨单元访问其他单元的数据。单元化架构的一个主要目标是确保在距离超过 1000km 的多个城市的单元都具备处理全部业务的能力。这样可以充分利用各个城市的存储和计算资源，并且当城市级故障发生时，某个单元的用户可以由其他城市的IDC 接管，继续为用户提供服务。

如图 4-15 所示，在一个交易请求进入后，首先需要确定哪个单元会处理。比如，图中划分为 1、2、3、4 四个单元，如果第一个客户的请求会被送到单元 2，则在这个单元中找不到该用户的信息，那么执行过程会出错。因此，在应用接入层需要有一个全局路由器，该全局路由器提供单元寻址功能。单元寻址可以是一个简单的算法，也可以是一个复杂的算法，它知道每个客户的相关信息存储在哪个单元。基于这个信息，可以实现单元寻址，找到对应的单元后再执行。

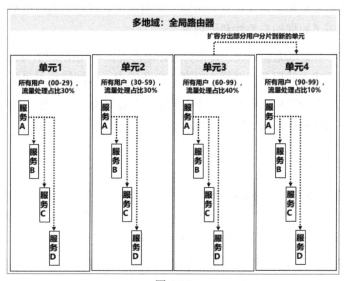

图 4-15

在一般支付平台收发红包的例子中，当用户发送红包时，平台红包系统会生成一个唯一的 ID 来标识这个红包。这个红包的所有行为，包括发送、抢夺、打开、查询详细信息等，都与此 ID 有关。红包系统会根据这个红包的 ID，采用某种策略（如基于 ID 尾数进行取模等）进行垂直切分。在切分后，一个垂直链条的调用链（如图中的服务 A、B、C、D）被统称为一个单元，各个单元之间是独立且解耦的。此外，所有与同一红包ID 相关的请求都在同一个单元中处理，形成了高度的内聚。这样，应用可以将红包请求的巨大流量峰值分解为多个较小的流量，实现分而治之。

在实现了单元化弹性部署的基础上，不同单元之间可以根据其资源负载情况灵活调整对应的流量分区。通过流量调度，将不同用户的请求分发到不同的单元中处理，使所有单元同时承载业务流量，实现多地多活模式。这种模式可以确保任何一个机房级别的故障都不会影响整体的服务提供。对于扩容，可以在每个单元内都进行，提高其处理能力。然而，当单元内的服务不断扩容后，可能会导致数据库达到连接数上限，此时无法再对该单元进行扩容。但是，可以通过增加新的单元来保证应用的处理能力无限扩展。

单元化的优点是提供了极强的容灾能力，几乎无限制，RTO 在分钟级别。缺点是部署复杂，因为涉及数据的双向同步，包括数据库、Redis 缓存、MQ、有状态的中间件等。业务改造成本也非常高，涉及单元化和应用接入层等方面。但单元化实际上是伪多活，数据层进行分片，不同的可用区可以被划分为不同的逻辑单元，处理不同的数据片段。

这种架构可以实现任何数量的地域"多活"，它避免跨可用区的访问延迟，不仅消除了传统两地三中心架构中的单独备用中心，而且提升了灾备的高可用能力，在成本、可扩展性、高可用性方面都带来了巨大的优势。具体说来，这种架构的优势如下。

- 保证数据安全和业务连续性：消除了在启动灾备时可能造成的数据损坏或丢失，从而保证了数据的完整性和一致性。

- 多机房、多地域无损容灾：真正实现异地部署的单元化架构，提供更稳定、更高效、更低成本的服务，并极大提高了灾备能力，达到异地无损容灾级别。

- 提升机房资源利用率：消除了传统两地三中心架构中的问题，如存在的不提供服务的备用中心等，大大降低了运行成本。

4.4.7.2　云上单元化

单元架构的关键在于通过单元化部署，使整个应用具有异地多数据中心并行运算的能力，在城市级故障的情况下实现无损切换。然而，应用服务的自动部署、跨数据中心的数据同步及全局路由会增加实现单元化的复杂性。

不过，依托云平台的多种功能，应用可以在不同地区的数据中心快速且自动化地部署。在日常操作中，它承载线上实际的业务流量，以确保其稳定性和业务正确性。基于云端的分布式数据库，可以自动实现单元数据的划分和数据路由。当发生故障时，可以利用云平台本身的全局路由进行快速切换，让另一个单元接手业务。为确保异地可以承载业务流量，还可以利用云平台提供的跨机房的服务注册与发现功能，提供跨机房的服务调用路由逻辑。这样，从入口流量到分布式服务、中间件和底层数据库，全链路消除了单点故障，使整体服务具备了跨机房、跨地区的扩展能力。

通常来说，云上的一个单元就是一个能满足特定区域所有业务需求的自包含集合。这个集合可以根据用户、地理位置、业务类型等不同维度进行单元化的数据切分和独立部署。基于这种单元化的部署能力，可以灵活地进行多地、多数据中心的建设。通过云上单元的弹性扩展能力，不同的云上单元可以根据其资源负载情况灵活调整对应的流量分区。通过流量调度，将不同用户的请求分发到不同的云上单元进行处理。所有数据中心同时承载业务流量，实现全业务的多地多活模式。

从应用容灾设计三要素的角度来看，云上单元化的特性如下。

1. 服务可用性

借助云端的弹性伸缩特性，我们能实现对单元的迅速部署（一键式单元构建能力）和扩展。在未来面对大规模需求时，我们可以在云计算平台上迅速进行资源调度，扩大现有单元或创建新的单元来部署应用和数据库，然后将流量引导至新的单元，迅速提高应用处理能力。当流量消退后，再将流量"弹性"地缩容，释放云平台的资源。当单个数据中心的容量不足时，可以通过在异地数据中心增加新的单元来提升总体容量。云上单元化让应用的总体容量不受地理位置、物理资源等因素的限制，真正实现了弹性和单元化的部署能力。

2. 数据可靠性

在单元化过程中，数据的划分是一个重要且复杂的问题。我们需要将数据分割成四个子库，每个单元只访问其自身的子库。使用云端的分布式数据库后，我们无须使用一个单独的 MySQL 集群来存储数据。分布式数据库可以为每个单元单独创建一个 MySQL 集群，每个单元只访问其自身的数据集群。分布式数据库虽然只是增加了一层"外壳"，本质上仍然是四个独立的 MySQL 集群，但在管理控制层面上，分布式数据库实现了统一管理。像分库、分表这样的处理对于应用来说是不可见的，由分布式数据库自动完成。

3. 连接可控性

在单元化架构中，应用接入层会设置一个网关级的入口，它会根据请求定位到相应的单元，并将请求自动路由到对应的单元。这样只增加了一次网络开销，就可以避免在底层进行多次 SQL 访问。云上单元化可以通过云端应用接入层的全局路由在入口处进行业务维度的拆分和路由，而在非云环境中则需要应用自身来处理。

4.4.7.3　案例：Moba 类游戏（端游、手游）云上单元化

知名游戏公司发行的 Moba 类游戏风靡全球，后续又发行了手机版。因为这款游戏的全球用户量已超过 1.5 亿，考虑到分布广泛的庞大玩家群，为了保障游戏稳定地运行，给每一位玩家流畅的游戏体验，这款游戏采用了分区分服且单元化的云上部署架构。

这款游戏的部署架构如图 4-16 所示。整体分为欧洲、美洲、亚洲 3 大服务区，在每个服务区都设置一个游戏大厅。相信很多玩家看到这里，也会联想到许多游戏在登录界面会让玩家选择要登录哪个区服。同时，考虑到即使在同一个大洲，不同国家间网络的不稳定性，为了确保同一大洲不同国家的玩家有更好的体验，不会因为网络延时造成卡顿，并且不会因为某地域的网络抖动造成玩家无法参与游戏，因此其战斗服务器采用了同一大区不同国家分别部署一套战斗服务器的单元化部署架构。所以，只有登录到同一

区服的玩家，才能进行对战。

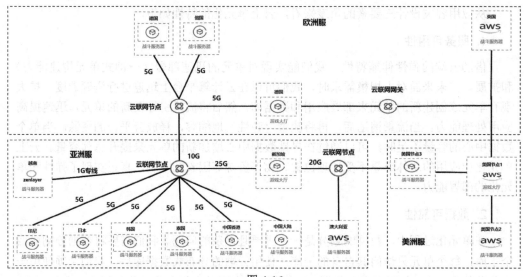

图 4-16

各个大区的服务通过公有云的云联网节点进行联通，根据不同国家、地区的用户数量，分配合适带宽进行联网，充分利用公有云平台的内部组网能力，将网络抖动和延时降到最低。同时通过云联网节点或专线，与其他云服务商供应的云服务进行联通。

具体而言，除了在每个大洲都部署一个游戏大厅，在游戏玩家聚集的各个国家都会部署完整的战斗服务器单元。本地玩家可以登录当地的战斗服务器进行对战。当本地的战斗服务器不可用时，也可以快速登录邻国的战斗服务器，从而确保正常游戏。

4.4.8　发展阶段

在应用的生命周期中，容灾体系的构建是一个随着业务需求逐渐增强的演进过程。一般可以将这个过程划分为初创期、成长期和稳定期三个阶段。以下是这些阶段的详细步骤和特点。

1. 初创期

在这个阶段，业务刚刚启动，规模相对较小。主要考虑的是确保数据和服务的基本备份。主要包括以下几方面。

- 数据冷备：这一步是为了确保关键数据的安全，即将关键数据进行备份，并将备用数据存放在独立的存储设备中，以防万一需要使用。

- 服务冷备：这一步是为了确保服务能够在主应用出现故障时迅速恢复，具体是将业务应用进行备份，并将备份的服务文件存储在独立的存储设备中。

- 安全保障：这一步是为了确保备用数据和服务的安全，防止因安全问题造成数据丢失或服务中断，具体可能包括数据加密、安全审计等方面的工作。

2. 成长期

随着业务的不断发展，业务规模逐步扩大，此时对业务的可用性和容错性需求也开始增加。因此，在成长期，需要采取更为完善的容灾方案，以满足更高级别的容灾需求。主要包括以下几方面。

- 数据热备：在主数据库出现故障时，能够快速切换到备用数据库，确保业务的连续运行。

- 服务热备：类似地，当主应用服务出现故障时，能够迅速切换到备用应用服务，确保业务的连续性。

- 安全保障：安全防护会相应地加强，以保护数据和系统的安全。

- 集群隔离：在同一数据中心部署多个集群，进一步提升应用的可用性和容错能力。

3. 成熟期

当业务发展成熟，规模发展到一定程度时，对容灾体系的需求也进一步提升。此时的容灾方案需要更加精细和全面，以满足更高层次的容灾需求。主要包括以下几方面。

- 数据双活：通过在主数据库和备用数据库之间进行实时数据同步，确保数据的实时性和一致性。

- 服务双活：通过在主应用和备用应用之间进行数据同步，确保业务的实时性和一致性。

- 安全保障：安全防护进一步加强，全方位保障数据和系统的安全性。

- 集群隔离：在不同的数据中心部署多个集群，进一步提升应用的可用性。同时，在同一个地域的多个可用区或多个地域部署应用，以进一步提升应用的可用性和容错能力。

4.4.9 案例：即时通信 App 的容灾设计

2013 年 7 月某天，一款全民通用的即时通信 App 出现大范围系统性故障，多地用户反映无法正常发送和接收消息，同时其另一核心功能"好友动态"也无法正常刷新。最终查明，故障是因市政道路施工导致通信光缆被挖断，被挖断的光缆系某基础电信运营商所建，光缆被挖断导致该企业在上海的某机房受到影响，服务中断出现故障。

- 早 7 点 30 分左右，部分用户出现无法连接状况，如消息发送/接收失败、接收图片无法打开、好友动态无法刷新等，同时其他一些功能也无法正常使用，出现503 报错，无法进行更新、推送。

- 上午 11 时，App 官方最新回应是"今天早上机房两路光缆出现硬件故障，导致部分用户无法正常登录和收发消息。维护工程师正在全力抢修。"

- 午时后，App 团队跟进表态称网络故障已经定位，"因市政道路施工导致通信光缆被挖断，影响了 App 服务器的正常连接。我们正和相关部门一起全力抢修，更换光缆，并通过技术手段逐步恢复用户使用，请大家耐心等待。"

- 事故一直持续至下午 2 时许，App 开发团队才在公共平台宣布该 App 可以再次使用，但有部分用户仍然留言，称进入 App 后，部分功能未恢复，或者根本不能连线。

通过案例介绍，读者们不难看出这次事故极其偶然，但造成的后果却异常严重，尤其是对于一款业务处于高速发展时期的 App，这种大范围、系统性的故障是绝对应该避免的，所以对于应用的容灾设计就显得特别关键。这次事故之后，该 App 也通过不断进行架构升级来提升应用的容灾设计水平。

下面通过该 App 的功能架构及部署架构方面的演变来看如何提升应用的容灾能力。

4.4.9.1　应用功能架构

首先我们来看这个即时通信 App 的应用功能架构，如图 4-17 所示，它可以分为接入层、逻辑层和存储层。接入层为一个前置的 L7 API 网关，根据用户的请求类型，也就是这款即时通信 App 的不同子功能，如发送消息、群聊、好友动态等，将请求路由到逻辑层的不同服务上。逻辑层为每个子功能都提供一个单独的应用服务。同时，应用服务在处理请求时，会读取、聚合、更新存储层分布在不同存储实例中的数据，包括消息推送、联系人、个性化设置及账号等。最终，逻辑层将数据聚合，通过接入层返回给用户。

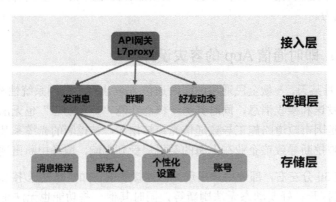

图 4-17

4.4.9.2 部署架构

1. 早期

上述事故发生时，该即时通信 App 的部署架构比较简单，因为当时用户量不大，业务也不多，所以投入比较有限。相关接入层、逻辑层和存储层的服务器如图 4-18 所示，分布在两个园区中。园区 1 部署了整个接入层及部分逻辑层服务器，园区 2 部署了剩下的逻辑层及全部存储层服务器，两个园区之间通过运营商专线进行联通。

虽然部分"从接入层到逻辑层"及"从逻辑层到存储层"的调用在各个园区内完成，但也存在不少跨园区的调用。当园区间的光纤被挖断后，直接造成应用的接入层不能访问部分逻辑层，以及部分逻辑层不能访问存储层。

2. 优化后

（1）同城三活

针对早期部署架构，其容灾设计最终采用了"多活-单元化"架构。如图 4-19 所示，在同城不同的 3 个园区分别部署一个完整的应用单元，3 个单元之间互为主备，即使其中一个单元因为诸如"通信中断""机房断电"等问题造成整体性故障，剩余的两个单元也能支撑起全量用户。

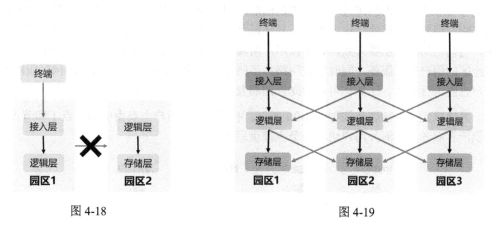

图 4-18　　　　　　　　　　　　　　　　图 4-19

但该方案只是在资源层面实现了 3 个单元互备，每个单元（包括接入层、逻辑层、存储层）都提供能够支撑 50%全量用户的资源，这样 3 个单元总体提供能够支撑 150%用户的资源。即使其中一个单元发生故障不可用，另两个单元也能支撑全量用户。各方案能力和成本计算表如表 4-3 所示。

表 4-3

站点配置	服务器	数据服务器	成本
单一园区	100%	100%	100%

续表

站点配置	服务器	数据服务器	成本
主备园区	200%	200%	200%
三园区	150%	150%	150%

但该方案不算真正意义上的"单元化"，从图 4-19 可以看出，不同单元的组件之间存在跨单元调用，如单元 1 的接入层可以调用单元 2 的逻辑层，单元 2 的逻辑层可以调用单元 1 或单元 3 的存储层。而这么做的原因如下。

- 逻辑层所用应用服务实现无状态，其调用通过统一的 RPC 框架在框架层面实现"调用保护"（后续会详细介绍），从而确保在出现故障时能重新路由、限流及熔断。

- 存储层的 KV 数据库基于 Paxos 协议实现三园区实时同步，Paxos 协议能保证在多数存活的情况下 RTO 为 0。

- 存储层用于通信的消息队列也实现了基于 Paxos 协议实现三园区实时同步，Paxos 协议保证在多数存活的情况下 RTO 为 0。

（2）异地单元化

以上同城三活方案针对一定地理覆盖范围内（一般是同一地区或者同一国家）的用户运行得非常好，但当超过一定物理范围后，因为网络延时的原因，用户体验会受到很大影响。因此，后续的优化方案是在异地以"单元化"的模式部署多套"同城三活"方案，它们之间没有主备关系，只是按用户所属地域切分，通过位于不同地区的服务来为该地区的用户提供服务，同时通过网络将不同地区的服务进行联通，保证不同区服内的用户也能进行交互。比如你可以给海外的朋友发送消息、浏览他的好友动态等。

异地单元化的部署架构如图 4-20 所示。中国地区的用户主要由中国节点 1 和节点 2 提供所有服务，而海外用户由海外节点提供服务。

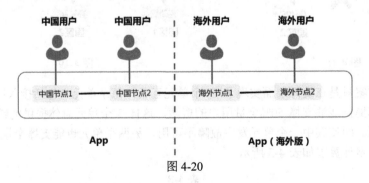

图 4-20

其实现方式具体如下。

- 当用户首次登录时按照账号归属地登录，如果发现与实际所在地不符，可以通过

"重定向"转移到最近的"单元"。如图 4-21 所示，用户账号注册时显示的归属地为 A 地，则初次登录时尝试通过 A 地节点登录，但登录时发现用户实际物理位置已经转移到 B 地，则将登录请求重定向至 B 地，最终通过 B 地节点进行登录。

- 涉及存储层跨地域的数据同步，采用了逻辑层的"同步调用"和存储层的"异步复制"来共同实现。如图 4-22 所示，对于更新频率不是很高的数据，逻辑层更新数据时会同步调用多地的存储层，确保数据同步更新。对于更新频率较高的数据，则依托存储层的异步复制机制实现。

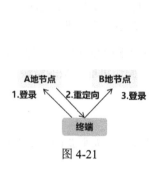

图 4-21

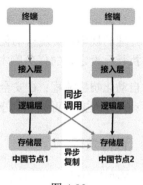

图 4-22

4.5　标准流程及演练

伴随着业务的持续扩张，应用架构包括其软硬件基础设备在内也在不断演进和改变。在这种连续演进的环境中，很可能带来大量的改变及隐藏的风险。由于大规模的分布式应用存在着极大的复杂性（因为涉及的节点太多），任何未妥善处理的异常状况都可能引发重大的业务或性能问题。因此，需要早期发现并加固应用中的弱点以预防潜在风险。采用标准化的操作流程和常规演练可以检测应用是否依然稳定，并能避免由于业务和应用的进展导致的稳定性下降。这种做法有助于降低隐含的风险，保障应用的稳定性和性能。

4.5.1　应急处理和响应流程

为了将安全事件对云上应用运行的潜在影响降至最低，我们应构建一个全面的应急处理和响应流程。云上应用可以参考并借用业界已有的标准和优秀实践，如 NISTSP800-61 等，并结合相关的云服务进行流程规划和验证。

面对突发情况，一个标准化的操作流程和行动策略显得尤为关键。业界优秀实践包括"1-5-10"紧急响应模式。该模式要求在故障发生后，应在 1 分钟内发现故障，在 5 分钟内组织相关人员进行初步诊断，在 10 分钟内开始故障恢复和处理任务。在设计自身的应急响应流程时，我们可以参考这个优秀实践，明确每个阶段需要执行的标准操作和流程。这样，在事件发生时，所有相关人员都可以清晰地知道自己的职责和需要执行的步骤。

- 数据备份策略：详细整理相关数据，根据其重要性进行分级，并针对响应级别设计备份策略。

- 设定响应时间目标：根据不同的安全等级设定合适的响应时间目标，并明确标准操作。

- 充分利用云上产品：考虑使用云上产品提供的强大辅助支撑能力来设定故障应急处理的规则、实现自动化修复。例如，当异常事件被触发时，云上应用可以自动执行已设定好的任务脚本，迅速解决某些易于处理的故障问题。

- 自动化响应流程：在安全事件发生后，应尽量多地采用自动化响应流程，因为自动化处理方式可以提高事件响应速度，减少人工操作可能带来的错误。

4.5.1.1　故障发现

在处理故障的过程中，能够及时识别故障并做出反应是至关重要的。以下是一些能够帮助技术人员快速识别故障的方式。

- 风险预警：风险预警是在故障发生之前，利用数据分析和机器学习等技术预测应用可能面临的风险，以便提前采取预防和处理措施。在应急响应过程中，风险预警系统可以作为重要的参考，帮助快速确定问题的根源，提高故障处理的效率和准确性。

- 统一告警：在检测到故障时，要能够及时将相关信息通知到相应的人员，包括管理员和维护团队。可以通过电子邮件、手机消息或专业的通信软件等方式发送警告，确保所有相关人员都能够在第一时间收到故障消息，并迅速组织应急响应。

- 实时监控看板：实时监控看板是将应用的运行状态以图形的方式显示在屏幕上，让人们能够对应用的健康状况进行实时监控。在故障发生时，实时监控看板能够迅速显示故障的情况，并提供相关数据，作为故障诊断和处理的依据。

4.5.1.2　故障响应

在故障被检测到后，快速定位问题是必不可少的，过程如下。

- 组织协调：一旦发生故障，应迅速调动相关人员进行紧急应对。组织协调包括建立指挥中心、明确紧急响应流程、分配任务等。这些措施的目的是提升应急响应的效率和精确性，确保每个成员都清楚自己的角色和责任，防止混乱和误操作。

- 警报关联分析：在故障发生的过程中，应用会自动生成警告信息。为了更好地找出问题的源头，需要对各种警报信息进行关联分析。这有助于迅速确定故障的覆盖范围和影响，也能帮助追踪故障的根本原因。警报关联分析可以使用各种工具和算法，如事件关联分析、机器学习等。

- 问题知识库：问题知识库指通过连接和组织各种数据和知识，创建一个知识库，以便在发生故障时能快速找到并解决问题。在应急响应过程中，问题知识库可以指导故障诊断和处理工作，提升效率和准确性。构建问题知识库可以采用各种工具和技术，如自然语言处理、图形数据库等。

4.5.1.3 故障恢复

在确定故障的起因后，应依据应急处理计划迅速恢复业务，并在事情结束后进行深入的反思与复盘。

- 应急流程执行：在应对故障的过程中，需要按照预先设定的应急响应流程行动。这样的计划详述了应急应对流程、各个角色的职责、处理步骤等。执行这样的计划能确保故障恢复和处理的有序性和一致性。

- 故障修复：故障修复是指应用检测到问题并采取恢复行动。故障修复技术可以使故障恢复和处理更加快速和精确。例如，通过使用自动化修复脚本，应用能快捷迁移或解决故障。

- 事后复盘：事后复盘是指对发生的故障进行详尽的分析和总结，以更有效地预防类似的故障再次发生。在复盘的过程中，需要详细记录和分析故障的起因、影响、处理步骤等，并制定相应的改善措施。事后复盘也是一个学习和优化流程的机会，能持续优化应用和提高团队的应急响应技巧。

4.5.2 容灾演练

4.5.2.1 概述

应用容灾设计在实施后仍可能面临诸如网络波动、服务器超负荷、服务减缓等风险。尤其在分布式应用规模不断扩大和技术不断发展的背景下，应用可能会面临多种问题，如分布式系统越来越庞大导致单点故障对整个应用的影响难以预测，应用服务之间的依赖关系错综复杂导致可能存在许多不合理的配置，请求路径较长容易导致监控告警和日志记录的遗漏，业务和技术迭代速度快可能引入许多不确定性和风险，以及随着基础设施的老化，潜在问题和隐患可能逐渐增多。为了避免这些问题引发应用的全面崩溃，需制定有针对性的演练方案，从而在突发状况下能够及时、有效地解决这些问题。同时，为了保证应急处理和响应流程的相关参与者都能了解最新的响应流程和各自的角色，定期进行容灾演练是必要的。演练结束后，还需对演练流程进行分析，并进行系统性的持续改进。

容灾演练通过模拟实例、数据中心或地域级的故障，并进行故障后的响应及恢复，来评估应用的高可用能力，检验应用在灾难情境下的抵抗能力。通过实施容灾演练，可以揭示由人为因素引起的潜在弱点。这不仅是对应用容灾性的应用测试，还是对人员在紧急情况下的合作和反应的真实考验。为了确保操作的准确性，需要确立明确的操作准则，并强调每个人都应具备细致严格的操作态度。容灾演练主要是为了评估应对策略的健全性、团队的熟练度、反应的迅速性、自动化处理能力及应急响应的能力。该演练的核心目的是在实际应用出现故障时，可以根据预先设定的方案进行响应。这也是验证各种应对预案，如监测预警、流量控制、故障切换、备份策略、故障处理流程和团队协作效果的关键。为了更有效地进行模拟，需要预先设计方案、制定操作指南，并确保每位操作员都学习和参与模拟操作，避免因不熟悉程序而进行误操作，导致错误的放大和更长的故障恢复时间。容灾演练有助于更精确地验证 RPO 和 RTO 指标，及时发现并解决潜在问题，从而增加应用的高可用性。

因此，我们需要通过有计划的容灾演练不断验证容灾架构的合理性，发现容灾架构的问题，不断提升容灾设计的水平。容灾演练能通过有组织的测试，模拟数据中心的用户面和内部服务流量在出现故障时的恢复流程。内部服务不仅包括业务应用的内部交互，还涉及异步作业、离线数据处理通道及许多其他关键基础设施组件。我们需要定期进行容灾演练，模拟各种灾难场景。同时，测试应安排在一天内的不同时段进行，以涵盖各种流量状况（例如高峰时段和非高峰时段）。此外，还应计划每次演练的持续时间，以确保在灾难发生时整个基础设施中的其他服务组件是否按预期工作。

一般容灾演练需要关注这几方面：应用梳理、演练目的、演练类型、演练原则及演练过程中的隐患。下面展开介绍。

1. 应用梳理

在容灾演练前，最重要的准备就是梳理清楚应用的架构，以便确定故障可能存在的位置，针对不同的故障位置开展不同的演练（具体故障类型见下文）。一般通过应用功能架构来进行梳理。应用功能架构中最重要的是以下四个层次。

- 逻辑层-核心业务：这是业务开发人员最熟悉且经常涉及的应用核心业务逻辑，例如编写代码。
- 逻辑层-依赖服务：这包括公司内部或同一部门开发的二方依赖服务。
- 中间件-数据层：应用开发过程中涉及的基础组件，一般开发人员不再关注这一层。
- 基础设施层：应用所依赖的基础设施，一般运维人员对这一层比较熟悉，而开发人员很少参与这一层的运维工作。

在这些技术分层中，可能会面临不同的问题。

- 逻辑层-核心业务最常见的问题包括代码错误、突发流量及发布过程中的问题。

- 逻辑层-依赖服务的问题主要表现在其稳定性，例如依赖服务宕机时可能导致依赖服务报错或响应时间突然增加；若依赖服务中出现代码错误，则通常表现为逻辑错误。

- 中间件-数据层的问题主要为中间件不可用，如 SQL 慢查询、数据库故障或消息延迟等。

- 基础设施层的问题主要为系统性的宕机或网络问题，如网络不通、网络丢包、延迟增加甚至整个机房不可用等。

为了解决不同技术层遇到的未知问题，容灾演练应从以下几方面进行验证。

- 容量：明确应用容量，以了解应用能承受多少用户或调用。

- 应用复杂度：随着应用的持续演进，应用可能包含越来越多的隐患。业务和技术的更新迭代也可能导致技术债务增加、链路变长、排查手段不足等问题。

- 可用性：没有 100%可用的应用，任何应用都可能出错。

- 人与流程及人员协作效率问题：这是应用故障处理中最不稳定的因素。

当业务模块过于复杂时，会导致模块之间的依赖关系难以预测和梳理，因此只能通过模拟各种故障来进行验证。所以，首先在验证环境中进行试验。随后成熟的案例可以转移到线上环境进行演练。演练完成后，进行复盘，总结需要解决的问题，即从演练中发现可优化的点并进行优化。最后将所有稳定的案例汇集起来，总结成自动化案例集。这个案例集将稳定运行在线上系统，对线上系统的性能和复杂度进行回归，防止某些改动对应用稳定性或可用性造成影响。

2. 演练目的

容灾演练是一种提高应用稳定性的有效方法，尽管我们已经设计了一个完美的方案，但如果没有实际操作经验，它可能无法发挥预期的作用。要了解容灾方案的真实效果，必须将其付诸实践。容灾演练是一个模拟实际故障的过程，通过这个过程，团队可以验证并改进容灾计划。对于云上应用，容灾演练尤为重要，因为它不仅能确保业务的连续性，还可以带来许多其他收益，比如发现许多之前没有意识到的潜在风险。为确保容灾方案长期有效，故障容灾演练要有目的地进行，主要目的如下。

（1）验证基础设施的容错能力

这包括通过模拟上层资源负载来检查调度系统的有效性；在模拟分布式存储不可用时，测试存储系统的容错能力；在模拟调度节点不可用时，检查调度任务是否自动迁移到可用节点；在模拟主备节点故障时，检查主备切换是否正常进行。

（2）验证应用的容错能力

- 随着云上应用变得日益复杂，对其架构的完整性和健壮性进行验证变得至关重要。容灾演练为应用提供了一个实际的测试环境，可以在其中验证应用是否具备了某些组件出现故障时继续稳定运行的能力。这种测试不仅可以确保数据的一致性和完整性，还可以检查应用对外部服务或资源的依赖关系。当某一部分或服务不可用时，验证这些依赖关系以确保应用的其他部分仍能正常工作。

- 通过模拟诸如调用延迟、服务不可用、机器资源满载等情况，观察故障节点或实例能否自动隔离、下线，流量调度是否正确，预案是否有效，同时观察应用整体的 QPS 或 RT 是否受影响。在此基础上，可以逐步扩大故障节点范围，验证上游服务的限流降级、熔断等功能是否有效。通过增加故障节点以致请求服务超时，评估应用容错的红线，衡量应用的容错能力。同时，可以验证应用在遇到变更后的响应能力。例如，检查 K8s 容器编排配置是否合理，通过模拟删除服务 Pod、删除节点、增加 Pod 资源负载等，观察应用服务的可用性，验证副本配置、资源限制配置及部署在 Pod 下的容器是否合理。

- 容灾演练不仅测试应用的恢复能力，同时为团队提供了一个宝贵的机会来评估应用的容量和性能瓶颈。在恢复过程中，可以全面了解应用在高负载或突发流量下的性能表现，同时识别和优化资源使用，更合理地配置和分配资源。此外，通过演练，团队还可以深入了解流量的管理，通过负载均衡、流量整形或 CDN 等方式更好地处理用户流量。

（3）验证容灾流程及机制

一个稳固的容灾计划不仅要确保正确的恢复流程，还要确保流程可以在实际的紧急情况下得到执行。通过容灾演练，团队可以检验自动化的故障恢复流程能否顺畅运行，如自动扩展和切换等。更重要的是，演练也可以帮助团队识别何时和如何进行手动介入，从而保证在实际故障时，能够在设定的 RPO 和 RTO 内恢复应用。但同样重要的是，容灾演练为团队提供了一个实际环境，以提高他们的技能和熟练度。这种实际训练加强了团队成员之间的协作，使他们更加熟悉故障排查和应急响应流程。经过多次容灾演练，团队将在真实的紧急情况下表现得更加冷静和有序，从而更快速地定位和解决问题。通过故障突击，随机向系统注入故障，可以验证相关流程，评估相关人员的应急能力，以及问题上报和处理流程是否合理，从而在实战中培养和锻炼人员定位和解决问题的能力，还可以验证监控告警的时效性。通过向系统注入故障，检查监控指标是否准确，监控维度是否完善，告警阈值是否合理，告警是否及时，告警接收人是否正确，通知渠道是否可用等，从而提高监控告警的准确性和时效性。

（4）探索不同类型的故障

故障可以大致分为已知、半已知和未知三方面。

- 针对已知故障类型，按照应急预案逐步操作，从生疏到熟练，从 20min 缩短到 5min，让所有人都能掌握操作方法。

- 在已知故障类型的演练中，可能会遇到未知因素。例如，在主数据库集群出现故障时，切换到备用数据库集群，却发现备用数据库集群中的数据有问题，需要重新同步复制。

- 对于未知故障类型，可以临时安排人员分散排查，根据现象定位根因，尝试使用回滚版本或重启等方法解决问题，或在定位问题后，采取有损方法进行临时解决。

总之，容灾演练不仅可以保障云上应用的高可用性，还可以带来长期的战略价值，确保业务连续性，并提高团队的熟练度和响应速度。通过这种方式，故障容灾演练可以帮助我们更好地了解和应对各种故障情况，从而提高应用的稳定性。容灾演练是一种持续演进的过程，它构建了一个闭环，包括以下几个阶段：稳定状态、假设（存在潜在问题）、执行（具有破坏性的）实验、验证（实验结果）、分析与改进，最后进入新的稳定状态。其核心并非对应用进行破坏，而是通过缩小"爆炸半径"，对应用的安全性进行评估，以确定漏洞是否需要修复。这一过程的最终目标是修复生产环境中的漏洞、缺陷和问题，从而确保应用的高可用性。

3. 演练类型

应用容灾演练的不同类型可以从范围和仿真度两方面进行详细描述。

（1）范围

- 模块演练：模块演练针对特定的应用组件或模块进行，目的是验证这些组件或模块在故障情况下的恢复能力。这种类型的演练规模相对较小，范围有限，主要关注特定功能或服务的容灾能力。

- 机房演练：机房演练涉及整个数据中心或机房的容灾能力。这种类型的演练范围广泛，涉及多个业务系统和基础设施。机房演练面临的风险如下。

  - 涉及业务广：由于涉及多个业务应用服务，机房演练需要考虑各服务之间的依赖关系和相互影响。

  - 失败影响大：由于涉及整个机房，一旦演练失败，可能导致整个机房的业务受影响，进而影响客户体验。

  - 故障方式多：机房演练需要应对各种不同类型的故障，如硬件故障、网络故障、软件故障等，增加了演练的复杂性。

（2）仿真度

- 线下：线下容灾演练通常在与实际生产环境不同的环境中进行，如服务器、网络和数据量等。由于仿真度较低，线下演练通常只适用于组件级别的测试，其结果仅供参考。例如，使用 JMeter 或 Apacheab 等工具对应用的某个接口或组件进行压力测试，然后进行优化（如 JVM 参数调整、代码优化），以实现单个接口或组件的性能最优。

- 线上：线上容灾演练有多种方法，可以按读写操作、数据仿真和是否为用户提供服务等方面进行分类。为了确保演练的真实性，应进行全链路压测，以发现潜在问题。线上压测可以分为读压测、写压测和混合压测（根据读写操作），仿真压测和引流压测（根据数据仿真），离线压测和在线压测（根据是否对用户提供服务）。

总之，容灾演练可以从范围和仿真度两方面进行分类。模块演练和机房演练分别关注特定组件和整个机房的容灾能力，而线下和线上演练则根据测试环境和实际生产环境的相似程度进行区分。在实际操作中，应根据具体需求和场景选择合适的容灾演练类型。

4. 演练原则

容灾演练应遵循以下几大原则。

（1）真实且多样的事件

基于各种真实世界事件进行验证，将所有可能破坏稳定状态的事件都视为混沌实验的潜在事件。根据潜在影响或预估频率来确定事件优先级，从而具备处理各种故障的能力。

（2）应用要求"3+1"

在进行应用容灾演练时，需要确保应用满足一定的要求，以便在故障发生时能够迅速恢复服务并减小对用户的影响。以下是应用容灾演练时的系统要求，包括可监控性、可灰度能力、可回滚能力，同时要考虑整体的易操作性。

- 可监控性：应用的各个层面都需要可监控。
  - 系统性能监控：实时监控系统的关键性能指标（如 CPU 占用率、内存使用率、磁盘 I/O、网络 I/O 等），以便在故障发生时迅速发现性能异常并及时进行调优。
  - 业务指标监控：实时监控与业务相关的指标（如请求响应时间、错误率、吞吐量等），以便在故障发生时迅速定位问题并采取相应措施。
  - 日志监控：收集和分析应用程序、操作系统和硬件设备的日志信息，以便在故障发生时迅速发现异常并进行问题排查。
  - 报警机制：设置合理的报警阈值和报警策略，确保在故障发生时能够及时通知相关人员进行处理。
- 可灰度能力：可以对应用的流量实施不同维度的灰度切换。
  - 灰度发布：在部署新版本应用程序时，先将其部署到一部分用户或一部分服务器上，以便在真实环境中测试新版本的性能和稳定性。如果发现问题，可以及时回滚到旧版本，从而减小故障对用户的影响。

○ 流量切换：在灰度发布过程中，可以根据需要灵活地将流量切换到新版本或旧版本，以便在故障发生时迅速恢复服务。

○ 灰度策略：根据业务需求和风险评估，制定合理的灰度策略，包括灰度范围、灰度时间和灰度验证等。

● 可回滚能力：在演练失败时可以及时回滚。

○ 版本管理：使用版本控制系统（如 Git）对应用程序的源代码进行管理，确保可以随时回滚到任意历史版本。

○ 数据库备份：定期备份数据库数据，以便在故障发生时迅速恢复数据。

○ 部署策略：采用滚动部署、蓝绿部署或金丝雀部署等策略，确保在新版本出现问题时可以快速回滚到旧版本。

○ 回滚流程：制定详细的回滚流程和操作指南，确保在故障发生时相关人员可以快速、准确地执行回滚操作。

● 易操作性：在进行容灾演练时，易操作性是一个重要的考虑因素。易操作性意味着在演练过程中，相关人员能够快速、准确地执行操作，提高演练效果和应对故障的能力。

○ 明确的操作指南和文档，需要为演练过程中的各个操作步骤都提供详细、清晰的文档和指南，确保相关人员能够准确地理解和执行操作。文档应包括操作步骤、注意事项、常见问题及故障排查方法等内容，以便在遇到问题时能够迅速找到解决方案。

○ 自动化和工具支持，尽量使用自动化工具和脚本来执行容灾演练中的操作，以提高操作效率和准确性。选择易用、功能强大的监控、部署和管理工具，以便在演练过程中能够方便地执行操作和监控系统状态。

（3）在生产环境中进行演练

为确保应用行为的真实性及与当前部署应用的关联性，建议在可控风险的条件下进行生产环境演练，因为应用行为可能会随环境和流量模式而改变。

（4）最小化"爆炸半径"

由于在生产环境中进行演练可能会引发实际故障，因此在执行演练时，需要确保影响范围最小化且可控。这要求具备筛选演练流量的能力，仅选取满足演练需求的最小流量，严格控制"爆炸"的影响范围。

（5）实现演练全流程自动化

依赖手动运行演练是不可持续的，因此需要实现演练的自动化并持续执行。通过工程化手段将演练目标过滤、演练流量筛选、执行演练、检测稳定状态、生成演练报告、收集演练结果反馈等流程自动化串联，减少对人力的依赖。通过常态化运行演练，持续确保服务的高可用性和弹性机制符合预期。

5. 演练隐患

在进行容灾演练时，可能会遇到一些隐患，这些隐患会影响演练的效果和对真实环境的模拟程度。以下是容灾演练中的几个主要隐患。

- 应用部署能否完全模拟真实环境？在容灾演练中，使用的应用部署可能与实际生产环境存在差异。例如，服务器类型、应用实例数和网络实际拓扑等可能无法与生产环境保持一致。这可能导致演练过程中无法完全模拟生产环境中的表现，从而影响演练结果的准确性和可靠性。
- 数据量能否模拟实际场景？在容灾演练中，使用的数据量可能无法达到实际生产环境的规模。生产环境中的数据量可能非常庞大，而在演练过程中，由于资源限制或其他原因，可能无法使用与实际生产环境相同的数据量。这可能导致无法全面评估容灾方案在处理大规模数据时的性能和稳定性。
- 并发能否模拟真实场景？在容灾演练中，可能难以完全模拟实际生产环境中的并发情况。生产环境中的用户请求和应用负载可能远高于演练环境。在演练过程中，可能无法模拟大量用户同时访问应用的情况，从而无法准确评估容灾方案在高并发场景下的表现。

为了尽可能克服这些隐患，可以采取以下措施。

- 在应用部署方面，尽量使用与生产环境相似的配置，或者在虚拟化环境中模拟生产环境的应用性能。
- 在数据量方面，可以使用数据生成工具或从生产环境中导入部分数据，以尽量模拟实际场景中的数据规模。
- 在并发方面，可以使用压力测试工具或自定义脚本来模拟大量用户同时访问应用的情况，以便更好地评估容灾方案在高并发场景下的性能。

4.5.2.2　故障模型

在容灾演练中，涉及的故障类型可以分为以下几类。

1. 基础设施层故障

- 物理机、虚拟机、容器故障：这类故障包括物理服务器、虚拟机或容器出现问题，如硬件故障（包括 CPU、内存、硬盘等故障）、虚拟机宕机（包括虚拟机意外重启、虚拟化软件故障等）、容器崩溃（包括容器管理平台故障、容器资源耗尽等），可能导致部署在其上的应用无法正常运行。

- 网络通信故障：这类故障涉及网络不通（如路由器故障、交换机故障、防火墙设置错误等）、丢包（如网络设备过载、物理链路故障等）、延迟增加（如网络拥塞、设备性能下降等），可能影响应用服务间通信的稳定性和效率。

- 运维系统故障：这类故障包括运维系统的问题，如监控告警失效（包括监控系统故障、告警规则设置错误等）、自动化部署失败（包括部署脚本错误、部署环境不一致等），可能对系统的运维管理和故障处理能力产生负面影响。

2. 中间件及基础组件层故障

- 消息队列类：这类故障涉及消息队列的问题，如消息延迟（包括消息队列过载、网络延迟等）、丢失（包括消息队列崩溃、消息处理失败等），可能对应用服务间通信和数据传递产生影响。

- 配置中心类：这类故障包括配置中心出现问题，如配置获取失败（包括配置中心故障、网络问题等）、配置不一致（包括配置更新延迟、配置同步失败等），可能导致应用运行异常。

- RPC 框架类：这类故障涉及远程过程调用框架的问题，如调用失败（包括服务端故障、网络问题等）、超时（包括服务端处理延迟、网络延迟等），可能影响应用服务间通信和服务调用。

3. 依赖服务层类

- 依赖服务不可用类：这类故障包括依赖的二方服务出现问题，如服务不可用（包括服务端故障、网络故障等）、数据不一致（包括数据同步失败、数据损坏等），可能影响主应用的正常运行。

- 依赖服务响应慢：这类故障涉及依赖服务响应速度变慢，可能由服务端处理瓶颈（如 CPU、内存等资源不足）、网络延迟等原因导致，可能导致应用性能下降和用户体验受损。

4. 业务层故障

- 业务自身逻辑类故障：这类故障通常源于业务逻辑错误（如算法错误、条件判断错误等）、数据异常（如数据格式错误、数据范围错误等），可能导致应用功能异常或服务质量下降。

- 业务组件协同、并发类故障：这类故障涉及业务服务之间的协同和并发问题，如死锁（包括多个组件相互等待对方释放资源）、竞争条件（包括多个组件同时访问共享资源，导致数据不一致或操作失败等），可能导致应用性能下降和功能异常。

5. 变更类故障

- 基础设施变更故障：这类故障涉及流量调度变更（如负载均衡策略变更、流量分配调整等）和数据存储变更（如数据库切换、存储引擎更替等），可能导致应用性能波动或数据不一致等问题。

- 业务变更故障：这类故障包括代码变更（如新功能上线可能引入 bug、修复 bug 可能导致新问题等）、配置变更（如修改系统参数可能导致性能波动、调整资源限制可能影响应用稳定性等），以及开关预案变更（如启用/禁用某项功能可能影响应用行为、切换备用应用可能导致数据不一致等）。这些变更可能导致应用功能异常、性能波动或稳定性下降等问题。

4.5.2.3　演练设计

一般故障演练分为准备、实施、总结三个阶段。

1. 准备阶段

（1）资源准备

在进行应用容灾演练前，需要进行一系列资源准备工作，以确保演练环境与实际生产环境尽可能接近。以下是应用在资源准备阶段所需考虑的几方面。

- 网络拓扑的设置。
  - 分析生产环境中的网络拓扑结构，包括子网、路由器、交换机、防火墙等网络设备的配置和连接关系。
  - 在演练环境中复制生产环境的网络拓扑结构，确保网络设备的配置和连接关系与生产环境保持一致。
  - 考虑在演练环境中设置专用的网络隔离区域，以防止演练过程中的操作影响生产环境。
- 云上资源的供给。
  - 根据生产环境中的资源需求，为演练环境分配相应的云上资源，如计算实例、存储服务、数据库服务等。
  - 在分配云上资源时，尽量选择与生产环境相似的配置，以便在演练过程中更好地模拟实际场景。
  - 考虑使用云服务商的资源预留或按需购买功能，以确保在演练过程中有足够的资源供应。
- 应用的部署及配置。
  - 在演练环境中部署应用程序，确保应用程序的版本与生产环境保持一致。
  - 配置应用程序的运行环境，如操作系统、运行时库、中间件等，确保与生产环境相同或相似。
  - 对应用程序进行必要的配置，如修改数据库链接地址、更改日志输出路径等，以适应演练环境。

  ❍ 考虑使用自动化部署工具（如 Ansible、Jenkins 等）和容器技术（如 Docker、
   K8s 等），以提高部署效率和一致性。

  通过以上资源准备工作，可以为应用容灾演练提供一个与实际生产环境相似的环境，
从而更好地评估容灾方案的有效性和稳定性。在演练过程中，应关注各项资源的使用情
况，如网络流量、计算资源、存储空间等，以便及时调整资源配置，保证演练的顺利进
行。

  （2）监控系统准备

  在演练过程中，随着业务复杂性的增加和对高可用性的日益迫切的需求，监控系统
的上线成为关键环节。此系统的核心目的是实时跟踪演练过程中的各方面，确保一切顺
利运行，并在第一时间发现并处理潜在的问题。

  首先，需要明确与业务运营紧密相关的关键指标。这些关键指标，如应用吞吐量（表
示应用在特定时间段内处理的事务数）和响应时间（即应用响应用户请求的时间），确
保了业务的顺利和高效运行。

  其次，对整体应用的持续巡检，在切换及回切过程中，需要持续巡检应用的各项配
置和指标。

- 网络策略：在切换机制中，需要确保网络策略的正确配置，以便在切换过程中保
  持网络连通性。这包括子网、路由器、交换机等网络设备的配置，以及负载均衡
  器、DNS 解析等网络服务的设置。

- 防火墙策略：在切换过程中，需要确保防火墙策略正确配置，以允许必要的通信
  流量通过。这包括端口开放、IP 白名单、访问控制列表等防火墙规则的设置。

- 资源可用性：在切换过程中，需要确保目标资源具有足够的可用性，以承载切换
  过来的流量。这包括计算资源、存储资源、数据库资源等的可用性检查。可以通
  过定期巡检和监控来确保资源可用性。

  （3）悬挂维护公告

  在开始容灾演练之前，考虑到可能的服务中断或不稳定，为了对用户负责并确保用
户的利益，需要悬挂维护公告通知用户。这样可以避免用户的混淆和焦虑。如果服务突
然中断而没有任何通知，用户可能会感到困惑或焦虑，猜测问题的原因。明确的维护公
告可以预防这种情况，同时可以规避风险。在一些关键业务场景中，如金融、医疗或关
键基础设施，服务中断可能带来重大风险。提前通知可以允许用户和相关方做出预先的
安排或调整。具体步骤如下。

- 内容准备：确定公告的主要内容，包括演练的日期和时间、预计的服务中断时间、
  受影响的服务和功能，以及建议的备用方案或解决方法。

- 多渠道发布：通过网站悬挂、应用内消息、邮件、短信等多种方式通知用户，确保大多数用户都能看到。

- 提前通知：根据服务的重要性和用户的需求，提前数小时或数天发布通知。例如，对于一个重要的金融服务，可能需要提前一周通知用户；而对于一个不太关键的服务，提前数小时可能就足够。

- 设置紧急联系方式：在公告中提供一个紧急联系方式（如热线电话或专用邮箱），以便用户在维护期间遇到问题时可以寻求帮助。

- 持续更新：如果维护进度有变化，或预计的恢复时间有所调整，应立即更新维护公告。

- 结束通知：容灾演练结束后，及时通知用户服务已恢复正常，并对他们的耐心和理解表示感谢。

2. 实施阶段

（1）故障注入

容灾演练中的故障注入是一种策略，通过模拟真实的故障场景来验证系统的恢复能力和韧性。这个过程确保了在实际的灾难或失败发生时，应用可以迅速、有效地恢复服务。有多种工具可以帮助团队注入故障，如 ChaosMonkey、Gremlin 等。这些工具可以在生产或仿真环境中引入各种故障，如服务中断、网络延迟、资源瓶颈等。

在成熟的体系中，故障注入会由混沌平台自动实现，关于这方面内容后续将详细介绍。

（2）业务不可用验证

在完成故障注入后，需要验证业务是否不可用。我们需要清晰地定义"业务可用"的标准，例如某些核心功能的正常运行，或者应用响应时间在可接受的范围内。一旦这些标准确定，就可以采用多种方法进行验证。

我们通常会使用自动化监控工具检测注入的故障是否生效，包括但不限于应用的响应时间、服务器状态、数据库连接等关键指标。如果这些自动化监控工具显示应用运行不正常，那么初步判断业务应该是不可用的。

（3）故障可恢复场景

当容灾演练中业务不可用时，首要任务是迅速启动容灾恢复流程。这一流程可以是自动触发的，例如先进的监控系统持续追踪业务状态，一旦侦测到异常，系统会自动产生警报并通过容灾自动化工具开始恢复流程，这可能涉及流量的转移、服务的重启或动态扩容。但在某些复杂的情境下，也可能需要手动触发恢复。在这种情况下，SRE 团队会进行初步的问题评估，确定其影响范围和可能原因，然后手动执行必要的恢复步骤，如修改配置或数据迁移。

一旦恢复流程启动，紧接着就是对业务进行全面验证，确保其已回归正常状态。这包括使用自动化工具进行健康检查，对核心业务流程和功能进行验证；执行基准或压力测试以确保系统能承载正常的用户负载；同时，还要进行数据一致性和完整性检查，确保数据的安全和完整。除了内部的检测手段，团队还应与客户支持部门合作，关注用户反馈，以获得实时的业务恢复状态，同时持续监控系统，确保业务在接下来的时间里稳定运行。完成所有这些步骤后，团队可以开始事后分析，了解导致业务中断的原因，并制定策略预防未来再次出现同样的问题。

（4）故障不可恢复场景

在面对容灾恢复流程无法正常工作的情况下，企业需要紧急采取回滚措施，以保障业务的持续可用性。回滚指的是将应用迅速恢复到一个先前已知的稳定状态，通常涉及版本退回、配置恢复或数据的还原。当决定执行回滚时，首要任务是利用预先设定的策略，如回到之前的版本或恢复原始的应用配置。对于任何涉及数据的修改，确保数据的完整性和一致性是关键，这可能需要依赖备份或日志恢复技术。

完成应用状态的恢复后，紧接着要进行全面的业务验证，确保所有核心功能、应用性能和数据完整性均恢复正常。同时，持续的应用监控也是必要的，以便及时发现并处理任何潜在的异常。事故结束后，团队应进行详细的复盘分析，探究此次容灾失败及回滚的根本原因，并据此优化相关流程和策略，为未来的类似挑战做好准备。

3. 总结阶段

（1）撤销维护公告

当容灾演练完毕并确认业务已完全恢复时，撤销维护公告的步骤应被精细地执行。负责公告发布的团队或者个体应及时制定一份正式的通知，明确指出维护或者演练活动已经结束，且所有的服务均已恢复正常。在撤销公告时，应确保所有可能受影响的平台、网站或应用都已移除或更新了相关的维护信息。例如官方网站的首页、移动应用的启动页面或其他关键页面，都应当及时移除先前的通知。此外，如果公司有邮件列表、社交媒体账号或其他通信渠道，也应该通过这些途径向用户发送更新，告知他们业务已恢复，并对此次维护或中断表示歉意。在公告中，最好能简要说明此次维护或演练的目的，以及由此带来的潜在好处，如系统的稳定性、安全性或性能的提升。

（2）总结与复盘

整个团队应聚在一起进行演练总结与复盘。在这一过程中，团队将深入探讨应用在演练中的响应情况、明确识别的问题与瓶颈，并针对发现的问题提出具体的改进策略和措施。通过这样的复盘分析，团队不仅能够收获对容灾流程的宝贵反馈，更能确保在未来真实故障发生时，系统能够稳健应对，而团队也能够迅速、准确地采取应对措施。

4.5.2.4　演练计划

演练计划要标准化、场景化、自动化和常态化。

1. 标准化

在制定容灾演练计划时，确保演练有效性的关键是遵循标准化原则。标准化可以帮助确保演练过程的一致性和可控性，降低操作失误的风险。以下是容灾演练计划标准化包括的内容。

- 故障源：对可能导致应用故障的各种原因进行分类和归纳，如硬件故障、软件故障、网络故障、人为操作失误等。同时，针对不同类型的故障源，制定相应的应对策略和预案，以便在演练过程中快速响应和处理。

- 切换参数：确定切换过程中涉及的关键参数，如切换阈值、切换速度、切换目标资源等。并且对这些参数进行统一规范和管理，确保在演练过程中能够按照预定的参数进行切换。

- 生效范围：确定演练计划的生效范围，包括涉及的应用组件、业务模块、资源和服务等。在演练过程中，确保生效范围内的所有元素都得到充分测试和验证，以评估容灾方案的有效性和稳定性。

- 灰度规则：需要制定灰度发布和切换的规则，包括灰度范围、灰度时间、灰度验证等。灰度规则应根据业务需求和风险评估进行调整，以确保在演练过程中能够平稳、安全地进行切换和回切。

通过遵循以上标准化原则，可以确保容灾演练计划的有效性，提高演练过程的可控性和准确性。在实际操作中，应根据具体需求和场景调整和优化标准化内容，以实现更高效、更安全的容灾演练。

2. 场景化

容灾演练计划中的场景化指根据不同的灾难场景制定相应的应对和恢复策略。由于不同类型的灾难事件会带来不同的影响和挑战，因此具体的容灾措施和策略需要针对性地进行设计和部署。以下是对场景化的详细描述。

- 定义可能的灾难场景：需要列举可能面临的各种灾难事件，如火灾、洪水、地震、网络攻击、硬件故障、软件故障、数据中心断电、人为操作失误等。

- 评估每个场景的影响：对于每个灾难场景，评估它可能对业务连续性和数据完整性的影响。这包括影响的范围、持续时间、损失的程度等。基于这些评估，确定每个场景的优先级。

- 制定具体的恢复策略，具体如下。

  ○ 硬件故障：预备备用硬件，或与硬件供应商签订快速更换协议。

    ❍ 软件故障：维护软件版本库，并定期备份，确保可以迅速回滚到稳定版本。

    ❍ 数据中心断电：部署不间断电源（UPS）和发电机，并定期测试。

    ❍ 网络攻击：部署防火墙、入侵检测系统，并定期进行安全审计和渗透测试。

    ❍ 自然灾害：选择地理上分散的数据中心，并确保它们之间的数据同步。

    ❍ 人为操作失误：提供培训，实施权限控制，并进行操作审计。

3. 自动化

在标准化的基础上，演练计划需要逐步自动化，以提高演练效率和准确性，最终实现一键切换。自动化涉及以下几方面。

- 演练自动化执行：我们需要使用自动化工具和脚本来执行容灾演练中的操作，如启动和停止服务、切换流量、回滚版本等。因为自动化执行可以减少人为操作失误，提高演练过程的效率和准确性。同时，还可以使用现有的自动化工具（如 Ansible、Jenkins 等）或自定义脚本来实现演练自动化执行。

- 全链路监控：在演练过程中，实时监控整个应用的链路状态和性能，包括各组件、服务、网络设备等。全链路监控可以帮助及时发现演练过程中的问题，提高演练结果的可靠性。可以使用现有的监控工具（如 Prometheus、Zabbix 等）或自定义监控方案来实现全链路监控。

- 异常自动回切：在演练过程中，当监控到异常情况时，可以自动触发回切操作，将流量切换回稳定的服务或资源。同时，通过告警机制通知相关人员进行人工干预，以便对异常情况进行分析和处理。异常自动回切和告警人工干预相结合，可以确保演练过程中的问题得到及时处理，降低故障影响。

- 多场景编排：为了使整套演练计划的应用场景更为广泛，需要根据不同的业务需求和风险评估，设计和编排多种容灾演练场景，以全面测试容灾方案的有效性和稳定性。多场景编排包括不同类型的故障源、不同级别的故障、不同范围的切换等，以模拟实际生产环境中可能遇到的各种情况。落地时，可以使用现有的编排工具（如 K8s、Terraform 等）或自定义脚本来实现多场景编排。

通过以上自动化方案，可以在标准化的基础上实现容灾演练的高效、准确和可控，最终达到一键切换的目标。在实际操作中，应根据具体需求和场景选择合适的自动化工具和方案，以实现最佳的容灾演练效果。

4. 常态化

容灾演练计划的常态化重点在于定期和持续地进行模拟演练，不仅确保组织拥有一套完备的应急恢复策略，而且确保这些策略在实际需要时可以被有效执行。以下是对容灾演练计划的常态化的详细描述。

- 定期安排演练时间：为了确保团队随时准备好应对各种可能的灾难场景，应该在年度或季度计划中预留时间进行容灾演练。时间的选择可以基于业务的低峰时段，以减少对业务的影响。

- 选择演练场景：不是每次演练都需要模拟所有可能的灾难场景。根据最近的风险评估、业务变化和技术更新，选择最有可能或最有风险的几个场景进行模拟。

- 实际模拟：模拟演练不应仅仅是纸上谈兵。应当尽量接近实际操作，例如真正地断开网络连接或关闭某个服务器，看团队如何反应，是否能按照预定策略快速恢复。

- 记录和分析：每次演练都应该有详细的记录，包括演练的时间、过程、出现的问题、解决方法等。演练结束后，团队应进行反思，分析哪些地方做得好，哪些地方还需要改进。

- 更新恢复策略：基于演练的反馈，及时更新和优化应急恢复策略。如果发现某些策略在实际操作中难以执行或效果不佳，应及时调整。

- 培训和教育：定期的模拟演练也是培训团队新成员的好机会。让他们了解应用的应急恢复策略，培养他们的应对能力，确保他们能在真实的灾难发生时迅速做出反应。

4.5.2.5　容灾/混沌平台

1. 混沌工程

为了应对应用遇到的各种故障及问题，混沌工程作为一种实践性学科，通过在分布式应用上进行实验来验证应用的稳定性和韧性，从而提高应用的可靠性和抵御故障的能力，间接地提升应用的平均无故障时间（MTBF）。混沌工程为我们提供了一套全面的测试理论和工具框架，其核心思想是通过主动注入故障来全面验证软件质量的健壮性。这种方法可以进行有预期、有计划的故障模拟，验证业务服务的韧性，提前发现潜在风险和薄弱环节，并进行修复，以避免实际故障发生时的混乱局面。特别是在复杂的分布式系统中，我们应在故障触发之前尽可能多地识别风险，然后有针对性地进行加固和防范，以减轻故障发生时的严重影响。

混沌工程因 Netflix 在 2010 年开发的混沌实验工具 ChaosMonkey 而闻名，这种混沌工程对于提高复杂分布式系统的稳定性和可靠性起到了关键作用。简化版的混沌演练主要模拟诸如数据中心断电、网络中断、服务故障等场景，然后观察整个应用是否能正常运行。为了更好地应用混沌工程，我们需要进行详细的规划和设计。虽然这是一个相对较大的项目，需要投入大量人力进行基础设施建设，但其带来的效果是显著的。

通过混沌工程，工程师可以主动发现并解决潜在问题，而不是被动地等待问题出现。混沌工程可以检查整个工程流程的健壮性。比如通过它，我们可以验证日志和监控的实际效果，并优化我们对突发事件的响应，从而不再担心设备故障或网络波动，更不会简单地因网络问题而推卸责任。此外，这种工程实践还能揭示设计时未考虑到的潜在脆弱性问题和场景，使我们能够更具针对性地进行优化，对真实环境中可能出现的问题有更深入的了解。脆弱性具体如下。

- 基础设施脆弱性：一方面，多层次的网络结构，包括骨干网、城域网和接入网，经常遭遇物理中断、路由问题和第三方干扰等风险。此外，还可能因为光缆损坏和其他原因导致中断频繁发生。另一方面，服务器的硬件部件，如主板、CPU 和磁盘，也可能遭遇故障，尤其在数据中心的环境中，电力、制冷和交换机问题可能导致设备停机或损坏。

- 基础组件脆弱性：软件基础组件也是云上应用的重要组成部分。这包括为应用提供支持的通用技术和服务，如 CDN、Web 服务器和分布式存储等。同时，大多数云上应用还会依赖第三方服务，如支付服务、物流服务等。任何这些基础组件的脆弱性都可能影响应用的稳定性和性能。

- 运行环境脆弱性：这不仅包括常用的编程框架和运行时环境，还包括各公司自研的微服务框架。框架自身的可靠性，以及它们在应对高负载或异常请求时的表现，都可能影响应用稳定性。

- 业务逻辑脆弱性：应用的业务代码是其核心部分，但也可能包含各种脆弱性。代码中的错误，如死循环、内存越界等，以及依赖服务的失败，都可能导致应用故障。为了确保代码质量，单元测试和 QA 测试都是必不可少的。

- 服务间交互脆弱性：服务之间的复杂调用和故障传播可能使问题的定位变得困难，一个服务的问题可能导致整个应用出现故障。

- 变更操作脆弱性：变更操作是应用稳定性的另一个考验。无论是软件包更新、配置调整还是网络变更，任何这些变更都可能导致应用出现预期之外的问题。事实上，许多故障都与变更操作有关。

- 人为操作脆弱性：人为因素也是一个不可忽视的风险。无论是云上应用的用户还是维护人员，他们的操作都可能导致应用故障。误删数据库、不按设计者的预期操作应用或大量用户的集体行为都可能引发问题。

而整个混沌工程，就是通过对以上各种脆弱性的挑战挖掘应用潜在的风险。

2. 混沌平台

在混沌工程中，混沌平台是一个至关重要的依托平台，它需要具备多个功能，以实现对应用的容错能力和稳定性的测试。

（1）可观测性

混沌平台需要具备可观测性，以便在实验过程中实时监控应用状态。可观测性可以通过集成监控系统、日志分析工具和分布式追踪系统等，帮助用户发现问题并及时采取措施。只有在可观测性建设较为完善的情况下，才能将故障演练注入线上应用，并有效地控制应用的爆炸面。如前所述，可观测性分为四个层次：业务层、依赖业务层、中间件和基础软件层，以及基础设施层。

- 业务层的可观测性包括结果 Mock、JVMOOM、业务逻辑异常，以及应用内 CPU 占满等方面。针对这一层，故障演练需要拉齐所有业务领域人员。在监控业务层的同时，还需关注虚拟机的内部情况。

- 依赖业务层的可观测性主要针对依赖业务，包括专门的业务接口监控，以及对自身和内部依赖服务的 SLA 监控。在这一层，故障演练更注重响应时间（RT）升高、结果模拟（Mock）或结果报错等方面。

- 中间件和基础软件层的可观测性涉及针对中间件业务的监控，例如缓存命中率、慢 SQL 监控或网络状态监控。针对这一层的故障演练，可能面临的问题包括缓存变慢、击穿、慢 MySQL、无法连接等。

- 基础设施层的可观测性主要包括资源监控及网络状态监控。应用在不同地域上线时，监控系统需要对多可用区资源等进行较为详细的监控。

（2）故障注入

故障注入是混沌平台的核心功能。故障注入指向应用注入各种预定义的故障，例如网络延迟、资源耗尽、服务不可用等。故障注入过程可以分为三个环节：故障生成、状态监控和应用回滚。在故障生成环节，混沌平台会根据用户选择的故障类型和目标应用，实施故障注入。在状态监控环节，混沌平台会实时监控注入故障后的应用状态，包括性能指标、应用可用性等，以便用户了解实验效果。在应用回滚环节，当实验结束或发现问题时，混沌平台会撤销注入的故障，使应用恢复正常运行。此外，混沌平台应提供丰富的故障库和案例集，覆盖各种可能的故障类型及场景，以便用户根据实际需求进行故障注入。

（3）切换机制

在容灾演练过程中，当需要触发切换机制时，通常涉及以下几个步骤。

- 评估/决策规则：根据应用的实际需求和风险评估，制定合理的评估和决策规则。这些规则可以包括故障检测条件、故障级别、触发切换的阈值等。同时需要灵活的规则设置，因为灵活的规则设置可以帮助应用在不同情况下做出正确的切换决策。

- 切换/回切策略：在切换或回切过程中，可以采用逐步放量的策略，即逐渐将流量切换到新的应用服务上。这样可以降低切换过程中的风险，避免因切换导致的服务中断或性能下降。逐步放量策略可以根据实际需求进行调整，如切换的速度、切换的目标资源等。

通过以上步骤，可以在需要触发切换机制时，确保平台能够根据事先配置的评估和决策规则进行正确的切换，采用逐步放量策略降低切换风险，并确保网络策略、防火墙策略和资源可用性，从而实现平稳、安全的切换过程。

（4）场景编排

容灾混沌平台的场景编排功能是其核心功能之一。这一功能为用户提供了一个高度自定义的环境，使他们能够根据实际业务和技术需求，组合和定制各种故障注入与监控策略，从而创建出特定于自身情境的实验场景。这样，用户在进行容灾和混沌实验时，能够更精确地模拟可能遭遇的问题，并针对这些问题进行应对。为了提高用户的使用体验和效率，场景编排既可以通过直观的可视化界面进行，方便非技术人员的操作；也支持脚本语言编写，确保了实验的灵活性和高效性，满足了不同用户的多样化需求。

（5）多环境保障

容灾混沌平台的多环境试验保障功能是为了确保在各个应用生命周期阶段都能进行精确和安全的故障模拟。在开发测试环境中，混沌实验可以助力开发人员及早发现和纠正潜伏的问题，进而提高软件的质量和健壮性。当进入预发布阶段时，故障注入的实验则是为了检验应用在一个与生产环境接近的环境中的稳定性和容错性，从而确保应用顺利上线。而在生产环境，通过故障模拟可以测试和提高应用在真实运行中的高可用性和弹性。但值得注意的是，为了确保各个环境中的混沌实验不会对业务造成不良影响，平台必须提供一套完善的实验保障机制，包括但不限于环境的隔离策略、实验中的流量控制，以及实验的及时终止和回滚功能，以确保实验的安全性和可控性。

（6）自动化实验

容灾混沌平台的自动化实验功能是为了提高实验的效率、准确性，并减少可能的人为错误。首先，平台可以自动为用户构建实验环境，这涉及配置故障注入、监控，以及如何在异常发生时迅速回滚到安全状态的策略。其次，当实验启动时，平台将自动执行预定义的测试流程，包括快速发现潜在问题、精确定位故障源、快速实施故障切换和恢复策略，以确保系统的连续性和稳定性。在整个实验过程中，平台会实时收集和分析数据。最后，一旦实验完成，平台会自动生成一份详细的实验报告，包含实验中收集的关键数据、所发现的问题，以及对系统优化和完善的建议。这样，用户可以依据报告对系统进行进一步的分析和优化，确保系统的韧性和可靠性。

4.6　案例：日交易超 10 亿元的支付平台容灾方案

中国已成为全球移动支付第一大市场，在移动支付用户规模、交易规模和渗透率等方面大幅领先。在线购物已成常态，特别是在 2020 年后，受新冠疫情的影响，线上经济更是发挥了重要作用，外卖叫餐、寻医问药、网购商品等都属于线上经济的范畴，在线支付是线上经济不可缺少的组成部分。

移动支付如同人们生活中的水和电一样，某支付平台作为国民级支付工具，其技术团队对系统架构不断升级演进，总结了一套保障系统高可用的容灾方案，以解决不同阶段系统面临的可用性问题。

4.6.1　业务架构

支付系统涉及三个重要的角色：用户、商户系统和支付平台。以在线购物为例，基本流程如图 4-23 所示。

1. 用户在商户系统填写订单信息。

2. 用户在商户系统执行下单操作。

3. 下单之后，商户系统会拉起支付平台服务，形成订单数据和客户签名。

4. 支付平台向用户展示支付信息并要求支付授权（如输入支付密码），用户输入密码后完成支付。

5. 支付平台会给用户发通知，用户收到信息后可以进行支付查询。

6. 支付平台还有向商户系统进行异步通知的能力。

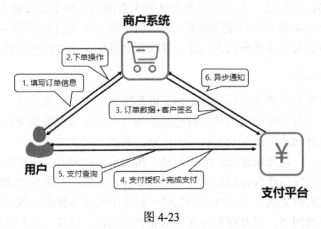

图 4-23

4.6.2　业务功能架构

该支付平台应用功能架构如下所示，最上面是两个重要的支付入口：A 支付和 B 钱包两大品牌，底层大概分为如图 4-24 所示的几大系统。

● 上层是接入网关，负责所有业务的接入，同时会做路由的分发、过载保护机制等。

● 下面两层是订单和清算体系。

● 底层是分布式的账户系统和银行接入系统。

● 旁边是贯穿整个交易流程的风控和反洗钱系统，为全过程提供安全保障。

图 4-24

4.6.3　容灾方案演进

就像之前提到的，容灾方案不是一蹴而就的，而是随着业务的发展逐步演进的。

4.6.3.1　单体应用功能架构

该支付平台成立于 2010 年，在发展初始的 5 年间，平台业务主要处于 PC 时代，业务量不是非常大，采用单体架构即可撑起整个应用。同时，在该架构下并不存储任何容灾手段。

初代架构是一个非常基础的架构，是一个集中式系统，应用功能架构如图 4-25 所示。在这个体系下，基本上由单台服务器来提供全套支付服务。各服务是无状态的，所有的状态都存储在数据库里，没有很强的容灾诉求。因为当时业务较为简单，并且网络性能和稳定性都有待提升，因此各服务之间如果是跨主机的穿插和调用，再加上网络的开销，会带来很大的稳定性问题。单体架构就相当于在最前面有个路由总线，进总线之后，路由到哪个机器，哪个机器就完成支付的关键能力。如此支付，尽可能减少了依赖，去除了网状调用，极大地削减了网络的流量。另外，服务的配比可以做到最优，每个单机都很好评估、调整。更重要的是有了对容量评估的基准，之后在扩容时，直接用当前单机数乘一个系数即可，大大简化了流程。

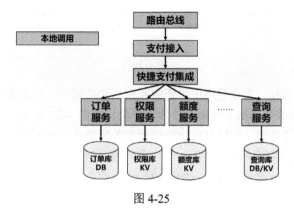

图 4-25

从容灾的角度看，该架构采用了"资源隔离"的机制，如果哪台机器出现了故障，可直接摘除。而对于底层数据库，则进行了数据库的冷备，确保数据不丢失。

4.6.3.2 同城多活应用功能架构

移动支付始于 2011 年，以央行发布第一批支付牌照为起点，该支付平台是第一批获得支付牌照的。2014 年该支付平台发布了第一个版本，从此拉开了该支付平台在移动支付上的建设之路。实际上移动支付跟 PC 确实有很大的区别，碰到节日或者抢购的活动，流量峰值会突然迅速到来。为了应对这种突发的流量峰值，该支付平台服务整体从高并发的角度对微服务进行了优化，采用了包括缓存和同步改异步等机制，大大提升了应用的性能。在 2015—2016 年，线下支付的场景逐步丰富，人们慢慢进入了无现金的生活阶段，用户对可用的要求变得非常高，因此应用采用了同城一写多读的容灾方案。

从功能架构的角度出发，将集中式的应用拆成了几大服务，进行了垂直纬度的拆分。基于垂直拆分的功能架构，应用又在部署架构上做了优化，相同的无状态应用服务在同城多个数据中心部署。如图 4-26 所示，接入网关层就同步部署了 4 套，订单系统也同步部署了 4 套，用户资料类缓存部署了 2 套，使用同一套用户资料类缓存服务的订单服务互为主备，账户系统、银行接入系统也各自部署了 2 套。

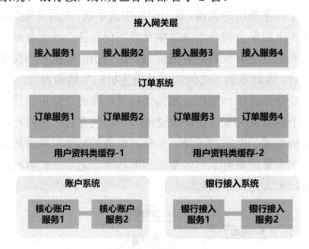

图 4-26

从容灾的角度出发，主要采用了"资源冗余"和数据"一写多读"两个措施。针对图 4-26 中不同层的服务都做了冗余，整体部署架构如图 4-27 所示。对于网关和订单服务层，因为都是无状态的，所以可以快速切换到备用服务。对于银行接入层服务，做了多专线冗余，进行健康度检测：如果 A 专线有问题，则转走 B 专线；如果接入专线有故障，则可以在专线这一层进行屏蔽；如果银行流水服务有故障，则可以直接切换到冗余的服务上。

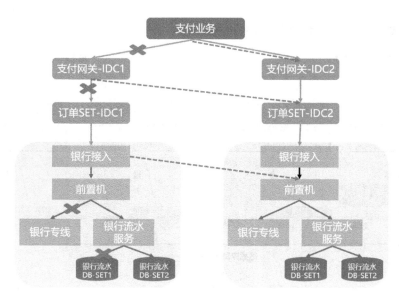

图 4-27

而针对各层服务的数据库实现"一写多读"的设计方式已在"应用容灾"一节做了详细描述,这里不再赘述。

4.6.3.3　单元化

2017—2019 年,该支付平台的业务发展量级已经非常大了,应用需要在安全、容灾上做更长远的考虑,需要实现异地多活,因此进行了单元化改造,从而确保应用的部署就像集装箱单元一样,能在需要的可用区域里快速进行部署。

因为支付业务的不断发展,需要确保在多地可以同时提供该业务(异地多活),但之前的同城多活方案在各 IDC 间有大量的流量穿插,考虑到跨地域延时及网络的不稳定性,同城多活方案无法推广到异地,因此采用了单元化方案。单元化方案的一个关键点在于用户路由要根据用户账户来对齐,就是把这些用户路由到不同城市的时候,应该尽量做到按用户账户的归属地做接入。举个例子,深圳的用户应该从深圳接入进来,通过路由总线,在深圳的订单服务和深圳的账户体系完成整个交互。要进行这一层的梳理,做好账户体系和订单这一层的规划,通过最外层路由把用户路由到正确的位置。

同时,在数据容灾方面,为了提升性能,基于之前的"一写多读"机制又额外添加了缓存机制。其主数据库建在其中一个城市的某个单元中,只能在这里更新,通过用户的缓存(Cache)完成数据的建立,通过消息总线把所有可能变更的数据往其他中心的缓存里做快速准实时的数据同步。同时通过数据库的异步复制链路,保障其他中心数据库数据一致,最终通过对账体系保障各缓存数据一致。通过这样的方式,即使在跨城的体系下都能访问本地资源,以提升性能。

这时系统的整体部署架构如图 4-28 所示。

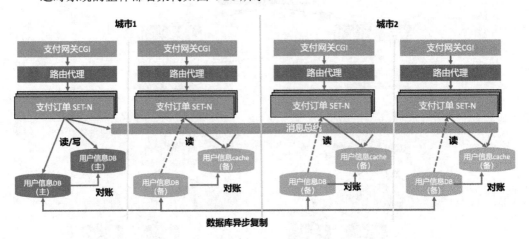

图 4-28

第 5 章

应用的高并发设计

对于应用而言，性能至关重要。如果应用的性能无法满足用户期望，则可能会导致用户流失，从而影响业务发展。因此，在设计应用架构时，应避免潜在的性能问题。具体而言，需要明确性能目标，并遵循高效性能设计的原则，然后通过压力测试验证设计目标，实施有效的监控并持续优化，最终实现预定的性能目标。

高并发主要解决的问题是在短时间内处理大量请求所带来的压力。例如，在线直播服务，可能有数百万人甚至上千万人同时观看同一场直播；秒杀活动，可能有大量用户同时涌入。高并发是从业务的角度来描述应用的处理能力的。实现高并发的方法有分布式、缓存等技术，还有多线程和协程等，但这些仅是其中的一部分。高并发的基本表现为，在单位时间内应用能够同时处理的请求量。高并发的核心在于对资源的有效利用，用有限的资源应对大量请求。高可扩展性是实现高性能的必要条件，但并非充分条件。一个业务应用的高性能不仅仅依赖扩展能力，还需要从软件架构设计和代码编写等方面满足高性能设计要求。

5.1　高并发设计概述

本节首先介绍在互联网应用中高并发带来的问题，然后介绍高并发问题产生的原因、高并发系统性能的衡量指标以及高并发系统的设计原则，最后会对比高并发与高可用，让读者能够更清楚地了解两者之间的关系。

5.1.1　高并发带来的问题

在高并发环境下，应用可能会面临性能下降、服务不可用、产生新错误等多种问题。

1. 性能下降

在高并发场景下，大量请求涌入，可能会导致应用的性能下降，其具体表现如下所述。

- 服务能力下降：随着请求量的增加，应用所能承受的负载逐渐接近极限，导致其处理速度变慢，服务能力下降。

- 访问延迟增加：由于应用的服务能力下降，用户发起的请求可能需要等待更长的时间才能得到响应，导致访问延迟增加。

- 用户体验差：随着访问延迟的增加，用户在使用应用的过程中可能会感受到卡顿、加载缓慢等，导致用户体验变差。

2. 服务不可用

在高并发环境下，应用可能会出现服务不可用的情况，其主要表现如下所述。

- 服务宕机：在极端情况下，大量请求可能会导致系统资源耗尽，例如内存不足、CPU 占用过高等，最终导致服务宕机。

- 应用雪崩：服务宕机可能会引发连锁反应，导致依赖该服务的其他服务也出现问题，从而引发整个应用的雪崩效应。

3. 产生新错误

在高并发环境下，应用可能会暴露出一些平时未曾发现的问题，其具体表现如下所述。

- 触发潜在的 bug：系统可能会遇到一些平时未曾遇到的异常情况，这些情况可能会触发一些潜在的 bug，导致系统出现错误。

- 产生竞争条件：多个请求可能会同时访问共享资源，导致竞争条件的产生，从而引发数据不一致、死锁等问题。

为了解决高并发带来的问题，通常需要对应用进行优化，可以采用负载均衡、缓存、限流、降级等策略。同时，通过持续进行性能监控和故障排查，可以更好地适应高并发场景。

5.1.2 高并发问题产生的原因

高并发问题的产生，通常是由于应用在短时间内接收到大量的请求。追根溯源，以下情况都会导致处理与请求无法匹配，从而产生高并发问题。

1. 处理能力不足

当应用的处理能力无法满足请求量的增长需求时，就容易出现高并发问题。处理能力不足的原因可能有如下几个。

- 系统资源有限：例如，服务器的 CPU、内存和磁盘等资源有限，当请求量增加时，这些资源可能会被迅速耗尽，导致应用无法承受更多的请求。
- 单点问题：应用中某个关键组件可能会存在单点问题，当该组件的处理能力达到上限时，整个应用的处理能力也会受到限制。

2. 处理速度慢

应用处理速度慢会导致请求在应用内积压，进而引发高并发问题。处理速度慢的原因可能有如下几个。

- 业务处理逻辑效率低：应用中所采用的业务处理逻辑可能效率较低，导致应用处理速度慢，需要优化算法以提高效率。
- 外部依赖的响应速度慢：应用可能会依赖外部服务或资源，当这些外部依赖的响应速度较慢时，就会导致应用整体处理速度的降低。

3. 处理速度不一致

应用中各个组件的处理速度不一致，也可能会导致高并发问题。处理速度不一致的原因可能有如下几个。

- 组件之间的处理速度不匹配：例如，前端组件产生请求的速度远大于后端组件处理请求的速度，导致请求在应用内积压。
- 负载分布不均衡：应用中的负载分布可能会不均衡，导致部分组件承受过大的压力，而其他组件资源闲置。

为了解决高并发问题，通常需要对应用进行优化，包括提高系统处理能力、优化处理速度、调整处理速度等。同时，采用负载均衡、缓存、限流、降级等策略，有助于提高在高并发场景下应用的稳定性和性能。

5.1.3　高并发系统性能的衡量指标

我们可以把用于衡量高并发系统性能的重要指标分为三类：并发性、响应时间和系统性能指标。

5.1.3.1　并发性

应用的并发性指标主要包括以下几个。

- QPS（Queries Per Second，每秒查询率）：QPS 是衡量应用在规定时间内处理流量的标准，表示应用每秒能够响应的查询次数。QPS 漏斗型预估是指根据请求在应用中经过的各个层级和模块，预估每个层级的 QPS 量级。自上而下，各个层级的请求量逐渐减少，因为在每个层级都可能有部分请求被过滤掉。QPS 漏斗型预估需要构建预估漏斗模型，然后预估各个层级的 QPS 量级，包括但不限于服务、接口、分布式缓存等层面，最后形成完整的 QPS 漏斗模型。

- TPS（Transactions Per Second，每秒事务数）：TPS 是衡量应用处理能力的关键指标，表示应用每秒能够处理的交易或事务的数量。事务可以是一个接口、多个接口或一个业务流程等。在 Web 性能测试中，一个事务包括向服务器发送请求、服务器内部处理（包括应用服务器、数据库服务器等）和服务器返回结果给客户端的全过程。例如，如果应用每秒能够完成 100 次这个过程，那么 TPS 就是 100。

- 并发量：并发量是指应用能够同时处理的请求量，反映了应用的负载能力。并发（Concurrent）是指在同一时间段内，有多个事件发生，它们争夺同一资源。例如，在进行多线程操作时，如果系统只有一个 CPU，那么实际上是无法真正同时运行多个线程的。系统会将 CPU 运行时间划分为若干时间片，将其分配给各个线程。在一个时间片内，当某个线程运行时，其他线程处于挂起状态。这种方式被称为"并发"。

5.1.3.2　响应时间

响应时间（Response Time，RT）是指执行一个请求从开始到收到响应所需的总时间，即从客户端发起请求到接收到服务器响应结果的时间。暂不考虑传输时间，响应时间是处理时间和等待时间之和。处理时间是完成请求所需的时间，而等待时间是请求在处理之前在队列中等待的时间。响应时间是衡量应用性能的关键指标之一，它直接反映了应用的处理速度。在响应中，连接会因为高并发而发生阻塞，阻塞通常意味着应用处理达到极限。由于 CPU 资源有限，虽然已经建立了许多连接，但是部分请求仍然无法得到及时处理，导致请求处理出现问题（如无响应、发生 502 错误），或者处理时间过长（如发生异常耗时）。如果应用代码未经优化，则可以对其进行性能分析并优化。例如，减少单个请求的 CPU 消耗，降低请求处理过程的耗时，对 I/O 处理进行优化（比如尽量减少 I/O、合并 I/O、将同步方式改为异步方式、使用高效的 API 等），对 CPU 消耗较大的操作进行优化（比如序列化操作、加密操作等，需要适当避免这样的操作，或者选择 CPU 开销较小的方式进行操作）。如果应用已经被优化到极致，则可以认为服务器的处理能力达到了极限，解决方法只能是扩容。

应用的响应时间指标如下。

- P99/P95/P90：P99、P95 和 P90 是用于衡量接口响应时间分布情况的统计指标。它们分别表示在对此接口的所有请求中，99%、95%和90%的请求的响应时间小于或等于对应的数值，而剩余的 1%、5%和10%的请求的响应时间大于这些数值。例如 P99，表示将响应时间从小到大排序后，排名在 99%的接口响应时间。这意味着99%的接口请求的响应时间小于或等于 P99 的时间，而 1%的接口请求的响应时间大于 P99 的时间。P99 可以帮助我们了解在大多数情况下系统性能的表现，同时能反映出在一些极端情况下存在的性能问题。这些指标有助于我们更真实地了解接口响应时间的分布情况，从而有针对性地进行性能优化和故障排查。

- 耗时毛刺：产生耗时毛刺，通常是由于在某个时间段内请求处理受到阻塞（包括连接处理阻塞和连接内处理逻辑阻塞）。而这种情况很可能是由于 CPU 资源不足引起的。

- 排队时间：排队时间是指在请求处理过程中，请求在被实际处理之前所需等待的时间。在高并发场景下，由于应用的处理能力有限，大量请求可能需要在队列中等待一段时间才能得到处理。排队时间与处理时间之和为响应时间，而响应时间是用于衡量应用性能的关键指标。排队时间长可能会让用户感受到应用响应缓慢，使用户体验变差。为了减少排队时间，提高应用性能，改善用户体验，可以采取的策略是，优化应用的处理能力，提高请求处理速度；使用负载均衡技术分散应用负载；使用缓存技术减少处理时间；在突发流量时采用限流和降级策略。

5.1.3.3　系统性能指标

在高并发系统性能的衡量指标中，系统性能指标是非常关键的部分，因为它们会直接影响到在高并发场景下应用的稳定性、响应速度和用户体验。系统性能指标主要包括 CPU 使用率、内存使用率、磁盘 I/O 使用率和网络 I/O 使用率。以下是对这些指标的详细描述。

- CPU 使用率：CPU 是计算机的核心处理单元，负责执行程序的指令。在高并发场景下，CPU 使用率是一个重要的性能指标。当 CPU 使用率过高时，系统的响应可能会变得缓慢甚至无响应。为了确保在高并发环境下应用的稳定性，需要密切关注 CPU 使用率，优化代码以减少不必要的计算，合理分配 CPU 资源，并在必要时进行扩容。

- 内存使用率：内存是计算机的临时存储空间，用于存放正在运行的程序和数据。在高并发场景下，内存使用率是关键的性能指标。当内存不足时，系统可能会出现性能下降、错误增加或崩溃等问题。为了避免这些问题，需要监控内存使用情况，优化内存分配策略，排查和修复内存泄漏问题，并在必要时进行扩容。

- 磁盘 I/O 使用率：磁盘 I/O 是指计算机与磁盘之间的数据传输。在高并发场景下，磁盘 I/O 的性能对于数据存储和检索至关重要。高磁盘 I/O 使用率可能会导致数据读/写速度变慢，从而影响整个系统的性能。为了提高磁盘 I/O 的性能，可以优化数据存储结构、使用高性能磁盘、合理分配磁盘资源以及采用缓存策略等。

- 网络 I/O 使用率：网络 I/O 是指计算机与外部网络之间的数据传输。在高并发场景下，网络 I/O 的性能对于数据通信和服务响应速度非常重要。高网络 I/O 使用率可能会导致数据传输速度变慢，从而影响整个系统的性能。为了提高网络 I/O 的性能，可以优化网络架构、使用高带宽网络设备、合理分配网络资源以及采用负载均衡技术等。

例如，在应用运行过程中，有时会遇到 CPU 毛刺的问题。CPU 毛刺是指 CPU 使用率瞬间飙升，可能会导致响应时间异常、任务堆积和缓存更新延迟等问题，影响应用的可用性。这种情况可能是由定时任务、计算密集型操作、服务器问题和工具问题等引起的。为了确保在高并发环境下应用的稳定性和可用性，需要在评估应用容量时充分考虑各种因素，优化代码和系统设置。其中包括关注定时任务对 CPU 的消耗、限制高消耗操作权限（例如 Java 的垃圾回收和 Redis 的高消耗操作）、警惕服务器性能衰退，以及关注工具对 CPU 使用率的影响。通过采取这些措施，可以有效降低 CPU 使用率飙升的风险，提高在高并发场景下应用的稳定性，提升用户体验。

总之，在衡量应用的高并发指标时，关注这些系统性能指标有助于及时发现和解决潜在的性能瓶颈问题，从而提高在高并发环境下应用的稳定性和性能。

5.1.4　高并发系统的设计原则

高并发系统的设计原则主要包括提高吞吐量、缩短响应时间和过载保护。

5.1.4.1　提高吞吐量

1. 容量评估和性能压测

在设计应用时，需要充分考虑应用架构、模块划分、技术方案选择以及应用所能承受的 QPS。应用的容量对于并发性至关重要。因此，需要对应用的容量进行评估和规划，确保应用具有足够的容量和冗余度以支持业务的并发处理。容量规划不仅要考虑自然增长因素（如用户使用量和资源用量成正比增长），还要考虑非自然增长因素（如新功能发布、商业推广及其他商业因素）。例如，当线上应用支持 10 万 QPS 时，需要考虑 100 万

QPS 的架构优化；当线上应用支持 100 万 QPS 时，需要思考千万级别的架构优化和改进。只有提前预估线上应用的最大 QPS，才能有明确的规划和方案。

　　容量规划是指在进行应用设计时，初步规划应用所能承载的请求量级，例如十万、百万级别的请求量或更大。不同的量级对应的应用架构设计差异较大，特别是在千万、亿级别的量级时。需要注意的是，不必一开始就设计出远超实际业务流量的应用，而是要根据实际业务情况进行设计。此外，容量规划还涉及对系统上下游模块、依赖存储和第三方服务所需资源的评估。在容量规划阶段，主要依赖个人和团队的经验，例如，了解日志性能、Redis 性能、RPC 接口性能和服务化框架性能等，然后根据各组件的性能综合评估应用的整体性能。容量评估需要考虑业务请求量的平均值和高峰值。在评估时，应从整体的角度考虑全局量级，然后细化到每个子业务模块的量级。

（1）考虑因素

在进行应用容量规划时，需要从依赖关系、性能指标和优先级等方面进行综合考虑。

- 依赖关系：一个应用服务通常需要依赖多个基础设施和相关服务，因此，对部署位置的选择受到相关依赖服务的可用性的影响。例如，服务 A 依赖存储服务 B，要求服务 B 的网络延迟必须在 30ms 以内。这就对服务 A 和服务 B 的部署位置提出了要求。此外，服务依赖通常是嵌套的，例如，服务 B 可能依赖底层的分布式存储系统 C 和查询处理系统 D。在这种情况下，需要综合考虑服务 B、分布式存储系统 C 和查询处理系统 D 的部署位置。有时，不同的服务可能依赖同一个服务，但服务的目标和要求可能会不同。

- 性能指标：性能指标是依赖关系中的黏合剂。例如，服务 A 需要多少计算资源才能满足 N 个用户需求？需要服务 B 每秒提供多少 Mb 的数据才能满足 N 个服务 A 的用户请求？通过性能指标，可以将一种或多种高阶资源类型转换为低阶资源类型，并通过对整条依赖链的梳理来制订需求优化计划。性能指标通常需要通过负载测试和资源用量监控获得。

- 优先级：在某些情况下，服务资源可能不足，此时需要考虑可以牺牲哪些资源请求。例如，服务 A 的重要程度可能比服务 B 高，或者对某个功能 X 的上线需求没有对服务 B 的需求大（这意味着必须确保服务 B 有足够的容量）。规划过程应使相应的计划更加透明、开放和一致，同时让服务相关人员能够对资源使用限制和规划了解得更清楚。

（2）评估步骤

在进行应用容量评估时，可以遵循以下几个步骤。

　　① 评估总访问量：需要结合运营估值和经验估值来评估应用上线后的总访问量。运营估值是业务运营人员根据市场调查、竞品分析和用户需求等因素进行预测的，而经验估值是依据现有的经验和方法论，对不同类型的产品（如视频聊天、社交产品、微博

系统等）进行预估的。对于新应用，需要根据产品运营人员对业务的运营预估进行评估；对于老应用，可以根据历史数据进行经验评估。

② 评估平均访问量 QPS：需要将评估出的总访问量除以一天的有效访问时间（通常以白天的访问时间为准，如 40000s），计算出平均每秒请求量（QPS）。

③ 评估高峰访问量 QPS：根据业务曲线图，预测高峰访问量 QPS。在通常情况下，高峰访问量 QPS 是平均访问量 QPS 的 3~4 倍。

④ 拆解应用模块：为了预测应用能够达到的最大 QPS，需要分析一个请求调用涉及多少次写日志、多少次读/写底层资源、多少次 RPC 调用等，然后取其中的最低值作为应用的最大 QPS。这一步需要根据已知的经验数据（如日志、RPC、Redis 和 MySQL 的 QPS）进行分析。

⑤ 压力测试（压测）：通过压力测试验证评估结果与实际应用的差距。如果压测数据小于评估数据，则说明应用设计合理。压力测试可以使用专业的工具，如 JMeter、LoadRunner 等，模拟大量用户并发访问应用。

⑥ 单机极限 QPS：在压力测试过程中，逐步增加并发访问量，找到单机在性能不再提升、响应时间增加或错误率上升等情况下的 QPS，即为单机极限 QPS。同时，观察应用的各个性能指标（如响应时间、错误率等）随着并发访问量变化的情况，当某个指标出现明显恶化时，说明已达到性能拐点，此时的 QPS 可被作为单机极限 QPS 的参考。

通过以上步骤，可以更准确地评估和规划应用的容量，从而确保在高并发场景下应用具有良好的稳定性和性能。

（3）性能压测

在完成容量评估和容量规划后，还需要进行性能压测，最好是全链路压测。性能压测是评估应用并发能力的重要手段，通过收集压测数据来评估应用容量，进而决定是否进行扩缩容。全链路压测有助于发现应用的瓶颈和缺陷，进而对应用进行调优以提高其健壮性和处理能力，最后根据压测报告分析结果来优化应用。例如，设计一个能够承受千万级别请求量的应用，需要通过经验判断并进行性能压测以获得准确的结论。此外，通过压力测试还能验证后面将会介绍的用于支撑高并发的措施是否有效，如弹性扩缩容、服务限流、服务降级等。

性能压测关注的指标有很多，但主要关注两个指标，即 QPS 和响应时间，以确保压测结果符合预期。压测步骤是先针对各个模块进行单独的压力测试，然后在条件允许的情况下进行全链路压测。压测方案需要涵盖压测接口、并发量、压测策略（如突发流量、逐步加压、增加并发量）、压测指标（如机器负载、QPS/TPS、请求响应时间、请求成功率）以及相关参数（如 JVM 参数、压缩参数）等内容。

2. 弹性伸缩

当单台服务器的性能优化达到瓶颈，无法应对业务增长时，通常会考虑增加服务器并构建集群。在有多台服务器的情况下，需要确定使用哪台服务器来处理新的请求——最好是使用当前较空闲的服务器。这种对请求任务的处理分配问题被称为"负载均衡"。负载均衡策略可以分为以下三类。

- DNS 负载均衡：通过 DNS 解析实现地理级别的负载均衡。其成本低且分配简单，可以实现就近访问以提高访问速度。但是，DNS 缓存时间较长，更新不及时，且无法根据后端服务器的状态调整分配策略。此外，其控制权在各域名商手中。

- 硬件负载均衡：通过硬件设备实现负载均衡，类似于路由器的路由功能。其功能和性能都很强大，可以承受百万级别的并发量，稳定且具备安全防护能力。但其同样无法根据后端服务器的状态来调整分配策略，且价格较高。

- 软件负载均衡：通过软件逻辑实现负载均衡，如 Nginx。其灵活且成本低，但性能一般，功能也不如硬件负载均衡强大。

通常，DNS 负载均衡策略用于实现地理级别的负载均衡；硬件负载均衡策略用于实现集群级别的负载均衡；软件负载均衡策略用于实现机器级别的负载均衡。因此，在部署时可以按照这三层进行：第一层通过 DNS 负载均衡策略将请求分发到不同地区的机房（如北京、上海、深圳）；第二层通过硬件负载均衡策略将请求分发到当地的一个集群；第三层通过软件负载均衡策略将请求分发到具体的某台服务器进行业务响应。而云上一般会采用软件方式来实现其负载均衡功能。

3. 同步改异步

除了可以弹性扩展资源，还可以通过将同步方式改为异步方式来降低主链路的处理耗时，提高应用的可用性和效率。传统应用组件之间或应用之间采用同步调用方式，耦合较紧密，当消费者遇到问题（如升级停服、宕机、不可用等）时会影响生产者的业务。在突发海量消息的压力下，消费者无法实时高效地处理消息，容易产生雪崩效应。例如，在餐厅点餐时，如果采用同步调用方式，那么顾客需要反复询问餐是否已经准备好，效率较低。而如果采用异步调用方式，那么顾客就可以在被叫到时再去取餐，其间可以继续做其他事情。异步处理的优势如下。

- 系统解耦：通过使用消息队列，将同步流程转换为异步流程，消息生产者和消息消费者只需与消息队列交互，实现异步处理并隔离双方。异步处理允许消息生产者在消息队列未满时继续提供服务，消息消费者则可以根据自身的处理能力消费消息。解耦意味着当消息消费者异常时不会影响消息生产者，消息生产者仍可对外提供服务，消息消费者在恢复后可继续消费消息队列中的数据。

- 流量削峰（缓冲）：通过消息队列进行排队和限流，使处理速度平滑，避免瞬间压力过大而导致应用崩溃。这样可以防止因事务处理性能不足而导致请求堆积和拥塞，实现缓冲效果。使用消息队列后，可以实现流量削峰，即使在高并发或流量突发的情况下，只要消息生产者能将消息写入队列，消息就不会丢失。后续处理逻辑可以逐步消费这些突发流量数据，避免整个应用被压垮。

下面是异步处理的两个后续发展阶段。

（1）事件驱动

事件驱动架构（Event-Driven Architecture，EDA）是异步处理的进一步发展，它通过事件记录已发生的事情或状态变化。事件是不可变的（无法更改或删除），并按照创建顺序排列。相关方可以通过订阅已发布的事件来获取有关状态变化的通知，并根据所选的业务逻辑进行相应的操作。EDA 是一种实现了松耦合的架构方式，服务之间通过异步事件通信进行交互。EDA 彻底解耦了事件的生产者和消费者，使得生产者无须关心事件是如何被消费的，消费者无须关心事件的生产方式。这种松耦合架构为应用架构提供了更高的敏捷性、灵活性和并发性。

EDA 的另一个优点是提高了应用的可扩展性。事件生产者在等待事件被消费时不会被阻塞，可以采用 Pub/Sub 方式让多个消费者并行处理事件。然而，EDA 仍然会面临许多挑战。分布式松耦合架构大大增加了应用基础设施的复杂性，但基于云的部署和云服务（如消息队列、函数计算服务等）可以进一步提高架构的稳定性、性能和成本效益。与传统的同步处理方式相比，异步处理需要解决事件排序、幂等性、回调和异常处理等问题，整体设计难度较大。

但在大多数情况下，由于缺乏分布式事务支持，维护数据的一致性具有挑战性。开发者可能需要在可用性和一致性之间进行权衡，例如，通过事件溯源实现最终一致性。此外，互操作性也是一个挑战，因为事件无处不在，不同的生产者对事件的描述可能不同。开发者希望能够以一致的方式构建事件驱动的应用，而无论事件来源如何。Kubernetes（简称 K8s）是典型的 EDA，确保了其高并发的能力和可扩展性。

（2）声明式

声明式是 EDA 的进一步发展。例如，在 Kubernetes 中可以直接创建 Pod 来运行应用，但这种应用容易受到软件缺陷、意外操作或硬件故障等因素的影响，可能会导致容器异常或系统崩溃。而编排系统能够在服务出现问题或运行状态不正确时自动将其调整为正确状态，这种思想源于工业控制系统中的控制回路。将这种思想应用于容器编排，Kubernetes 为资源添加了期望状态和实际状态两个属性。用户通过描述资源的期望状态，Kubernetes 中相应的控制器将驱动资源的实际状态逐渐靠近期望状态，从而实现目标。这种交互风格就是 Kubernetes 的声明式 API。

所有可能发生状态变化的资源对象都将由相应的控制器进行跟踪。同时，在 Kubernetes 中还设计了统一的控制器管理框架来维护这些控制器的正常运行，并通过统一的指标监视器为控制器提供跟踪资源的度量数据。Kubernetes 通过控制器模式实现应用的韧性和弹性能力，主要基于部署控制器、副本集控制器和自动扩缩控制器。

5.1.4.2　缩短响应时间

1. 前置处理

在高并发应用设计中，缩短响应时间是提高应用并发处理能力的关键。前置处理是一种常见的优化方法，即在请求处理的早期阶段完成一些关键操作，从而减少后续处理过程的耗时。前置处理的目标是尽早处理请求，避免不必要的延迟，提高系统的整体性能。以下是前置处理的一些具体实现方法。

- 参数校验：在请求进入核心业务逻辑之前，先对请求参数进行校验。这样可以在早期阶段发现无效或错误的请求，避免对后续处理过程造成不必要的影响和资源浪费。

- 请求过滤：在请求进入核心业务逻辑之前，通过过滤器或拦截器对请求进行预处理，如身份认证、权限检查、限流等。这样可以在早期阶段拦截非法或恶意的请求，保护应用资源并提高系统的性能。

- 负载均衡：通过负载均衡技术在多台服务器之间分配请求，可以确保每台服务器的负载均衡，从而提高系统的整体响应速度。负载均衡直接在客户端实现，而不需要通过网络传递到后端的负载均衡器来实现。

通过前置处理策略，我们可以在请求处理的早期阶段优化应用的性能，从而提高应用的并发处理能力，这对于高并发场景下的应用设计至关重要。

2. 缓存

缓存的引入旨在实现两个核心目的。首先，使用缓存可以节省 CPU 的计算时间。将计算结果存储在内存中，当再次需要该数据时，不再进行计算，而是直接从缓存中读取，这既降低了访问延迟，又避免了重复进行烦琐的逻辑计算。例如，经过多个数据库表连接和计算得到的数据可以被直接缓存起来，以避免再次查询数据库。其工作机制是先从缓存中读取数据，如果缓存中没有此数据，则再从设备上读取实际数据并同步到缓存。数据访问通常具有局部性特点，遵循"二八定律"：80% 的数据访问集中在 20% 的数据上。这部分数据被称为"热点数据"。由于不同存储层面的访问速度不同，如内存的访问速度快于磁盘，磁盘的访问速度快于远程存储，因此可以考虑通过缓存机制来利用这种特性。例如，基于内存的存储系统（如 Redis）的访问速度快于基于磁盘的存储系统（如 MySQL）。在必要的情况下，可以使用多级缓存。例如，一级缓存使用本地缓存，二级缓存使用基于内存的存储系统（如 Redis、Memcache 等）。缓存中的数据实际上是原始数据的副本，缓存的核心思想是用空间换取时间，主要解决高并发读的问题，提高系统的性能。

其次，使用缓存可以将数据存放在离用户更近的位置，减少网络延迟和对中心磁盘的 I/O 操作，提高数据访问速度。通常将需要经常访问的数据提前存储在缓存中，当请求到来时，首先检查缓存中是否存在所需数据，如果存在，则直接返回缓存中的数据，从而减少查询后端存储所需的时间。如图 5-1 所示，可以在应用的各个环节增加缓存。例如，在 Web 应用中，当收到查询请求时，首先检查请求的数据是否在缓存中。如果在，则直接返回此数据，无须查询数据库。如果请求的数据不在缓存中，则查询数据库，并将此数据存储到缓存中。同时，需要确保缓存中数据的新鲜性。当数据发生变化（如修改或删除）时，需要同步更新缓存中的数据，以防止用户获取到过期数据。缓存可以被应用在多个层面，如数据库层、业务层、前端层。因此，引入高性能的缓存系统是必要的，尤其是在处理大量的并发读时。以大型直播活动为例，为了满足数以千万计的用户的并发访问需求，系统需要通过 CDN 技术并利用缓存来高效分发和存储如图片、列表、弹幕、赛事动态等大量数据。

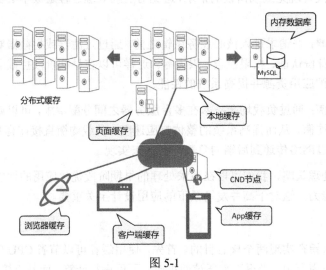

图 5-1

下面介绍缓存的分类和使用场景。

（1）缓存分类

使用多种类型的缓存（如客户端缓存、Memcache、Redis 等）可以加快处理过程并减少对服务器或后端数据层存储的访问。有效利用缓存，当服务器响应缓慢时，还可以避免陷入用户不断尝试刷新和重试导致的恶性循环。我们可以使用客户端的浏览器和移动应用进行缓存。接入层的 CDN 将静态数据缓存到距离用户最近的网络节点，从而减少应用服务器的流量。应用服务器可以针对访问量较大的数据进行本地缓存，而在应用服务器与数据库之间可以通过 Redis 进行缓存。当请求到达服务器时，如果本地缓存命中，则直接返回相应的数据；否则，从下一级缓存或核心存储中查询数据并更新本地缓存。

- 客户端缓存：这是一种在客户端（如浏览器、移动应用）存储数据副本的技术，用于降低网络延迟，减轻服务器的负担并提升用户体验。客户端缓存包括浏览器缓存、应用缓存、Service Worker 缓存和 DNS 缓存。浏览器缓存通过 HTTP 头部字段来缓存网页资源，应用缓存则将常用的数据和配置信息存储在本地。虽然客户端缓存能够带来诸多好处，但需要注意设置合理的缓存策略和过期时间，以确保数据的新鲜性和一致性。

- CDN：CDN 可以被视为一种缓存技术，它将静态数据缓存到分布式的 CDN 节点，以减轻源站的访问压力。用户可以选择访问距离最近的 CDN 节点的数据。

- 进程级缓存：将数据直接存储在进程地址空间内，这可能是数据访问速度最快且使用最简单的缓存方式。其主要缺点是受限于进程地址空间的大小，可缓存的数据量有限，进程重启后缓存的数据会丢失。这种缓存方式通常被应用在数据量较小的场景中。

- 缓存数据库：将热点数据存储在缓存数据库中，可以减轻源数据库的访问压力。此外，缓存数据库通常采用计算速度更快的内存方式存储。例如，传统的 Web 应用将数据存储在 MySQL 数据库中，Web 服务器从 MySQL 数据库中读取并处理数据，然后在浏览器中显示数据。但是随着数据量的增加和访问的集中，MySQL 数据库的负担加重，响应变慢，导致整个系统的响应延迟增加。因此，可以将部分热数据提前存储到缓存数据库中。缓存数据可以集中在一台机器上，这样缓存容量就主要受限于机器内存大小，进程重启后数据不会丢失。常用的集中式缓存中间件有单机版 Redis、Memcache 等。缓存数据也可以分布在多台机器上，通常需要采用特定的算法（如哈希算法）进行数据分片，将大量的缓存数据均匀地分布在每个机器节点上。常用的分片组件有 Memcache（客户端分片）、Codis（代理分片）和 Redis Cluster（集群分片）。

（2）缓存使用场景

缓存是一种用空间换取时间的技术，旨在提高应用的性能。使用缓存的目的是提高性价比，而不是盲目地追求性能的提升。因此，需要根据具体的场景来判断是否适合使用缓存。

适合使用缓存的场景如下。

- 数据更新频率低：对于那些生成后基本不会发生变化的数据，如服务列表、静态文件等，使用缓存可以提高访问速度，减少对后端服务器的请求次数。

- 读取密集型数据：某些场景中存在大量的热点数据，如社交网络、新闻网站和电商平台的首页。这些数据被频繁地访问，使用缓存可以减轻服务器的压力，提高响应速度。

- 数据计算成本高：对于那些计算成本高的数据，如排行榜、推荐列表等，可以定期进行计算并将结果缓存起来，以降低实时计算的代价。

不适合使用缓存的场景如下。

- 写多读少，数据更新频繁：在这种情况下，缓存的数据很快就会过期，频繁更新缓存将导致性能的下降。例如，在实时聊天、在线投票等场景中，数据变化频繁，使用缓存反而可能会带来负面效果。

- 对数据的一致性要求严格：在某些场景中，数据的一致性比性能更重要。例如金融、交易等领域，实时获取准确的数据比提高数据访问速度更为关键。在这种情况下，使用缓存可能会导致数据不一致，因此不适合使用缓存。

- 数据量过大：当需要缓存的数据量过大时，可能会导致缓存系统的内存不足，从而影响缓存的效果。在这种情况下，可以考虑使用分布式缓存或者对数据进行优化，以适应缓存的需求。

总之，在适合的场景中使用缓存可以提高性能，降低服务器的压力；而在不适合的场景中使用缓存，反而可能会导致性能的下降和数据不一致等问题。

3. 合并优化

在高并发应用设计中，缩短响应时间是提高应用并发处理能力的关键。合并请求是一种优化策略，可以减少网络开销，降低服务器负载并提高系统性能。以下是合并请求优化策略的一些具体实现方法。

- 批量处理：对于需要处理大量相似请求的场景，可以将这些请求合并为一个批量请求。这样可以减少网络传输次数，降低服务器负载并提高处理效率。例如，在数据库操作中，可以将多个插入、更新或删除操作合并为一个批量操作，从而减少对数据库的访问次数。再如，在获取数据时，如果仅提供了 `getData(intid)` 接口，那么当需要一次性获取 20 个数据时，要循环调用此接口 20 次。这不仅会导致使用方性能的下降，还无端增加了服务器的压力。在这种情况下，提供一个批量拉取的接口 `getDataBatch(List<Integer>idList)` 是必要的。

- 数据合并：在客户端与服务器之间传输数据时，可以将多个数据项合并为一个数据包。这样可以减少网络传输次数，降低网络延迟并提高传输效率。例如，在 Web 应用中，可以将多个 JavaScript 文件、CSS 文件或图片文件合并为一个文件，从而减少 HTTP 请求次数。

- 请求合并：在分布式系统中，可以将多个服务间的请求合并为一个请求。例如，在微服务架构中，可以使用 API 网关或服务网格等技术将来自客户端的多个请求合并为一个请求，然后将该请求发送到后端服务进行处理。针对合并优化的接口，还需要注意接口的吞吐能力，避免接口长时间进行请求处理。当合并后的请求过大时，接口可能需要很长时间才能处理完请求，而这可能会导致超时。解决方法是限制合并量。在设置了此限制后，需要确保使用方了解此限制，尽量避免误用。

- 请求长连接：在客户端与服务器之间建立持久连接时，可以使用长连接技术连续发送多个请求，而无须等待每个请求的响应。这样可以减少网络延迟，提高请求处理效率。例如，在 HTTP/1.1 中，可以使用 Keepalive 机制实现请求流水线；在 HTTP/2 中，可以使用多路复用技术实现请求的合并。

通过合并请求优化策略，可以减少请求次数，降低网络延迟并提高处理效率，从而提高应用的并发处理能力。这对于高并发场景下的应用设计至关重要。

5.1.4.3　过载保护

在高并发应用设计中，过载保护是提高应用并发处理能力的一种有效方法。通过过载保护，可以防止应用过载，确保关键服务的正常运行。限流、降级和熔断是限制流量所采取的三种常见措施。

- 限流：限流是一种控制请求速度的方法，可以防止应用过载。通过限制在每个时间段内请求的数量，可以确保应用在可承受的负载范围内运行。常见的限流算法包括固定窗口、滑动窗口、令牌桶和漏桶等。限流可以被应用于单个用户、API 或整个应用。在限流中，有两个重要的概念需要了解。

  - 阈值：在单位时间内所允许的请求量。例如，将 QPS 限制为 500，表示在 1s 内应用最多可接收 500 个请求。通过设置合适的阈值，可以控制应用的负载，避免因请求过多而导致应用崩溃或性能下降。

  - 拒绝策略：用于处理超过阈值的请求。常见的拒绝策略包括直接拒绝、排队等待等。其中，直接拒绝策略会立即拒绝超过阈值的请求，排队等待策略则会将请求放入队列中，按照一定的规则对其进行处理。选择合适的拒绝策略可以平衡应用的稳定性和用户体验。当应用达到限流阈值时，可以采取拒绝服务、延迟处理或返回默认值等策略。

- 降级：当应用出现异常或压力过大时，通过降低服务质量来确保核心功能的可用性。我们可以根据业务场景来定制降级策略，例如关闭部分非核心功能、返回缓存中的数据、返回默认值或提供简化版本的服务等。降级可以在服务器端或客户端实现，旨在确保关键服务在高并发场景下正常运行。

- 熔断：熔断是一种自动保护系统的机制，当应用出现异常或压力过大时，熔断器会自动中断服务调用，防止故障扩散。熔断器有三种状态，即关闭、打开和半开。在关闭状态下，请求正常通过；在打开状态下，请求被拒绝；在半开状态下，部分请求被允许通过，以检测应用是否恢复正常。熔断机制可以帮助应用在有故障发生时快速响应，避免出现雪崩效应。

通过采取限流、降级和熔断等措施，可以确保在高并发场景下应用保持稳定性和可用性，防止应用过载和故障扩散。这对于高并发应用设计至关重要。

5.1.5 高并发与高可用

高并发与高可用是在应用架构中经常被提及的两个概念，它们在某些场景下可能相互影响，但其核心目的和实现方法是不同的。在讨论这两个概念时，了解它们的差异和如何分开设计它们非常重要。

- 高并发：高并发是指应用在短时间内能够处理大量的请求或任务。当应用的并发用户数或请求数超过其设计的限制时，可能会遇到性能瓶颈，如数据库锁、网络延迟、CPU 或内存过载等。为了实现高并发，通常需要对应用进行优化和扩展，这可能涉及负载均衡、数据库分片、缓存策略、代码优化等。

- 高可用：高可用是指应用在遇到部分故障时仍能保持工作状态，并在可接受的时间内自我恢复。例如，应用可能会面临硬件故障、软件错误、网络问题等，高可用设计的目标是确保这些问题不会导致整个应用的服务不可用。实现高可用可能会涉及冗余设计、故障切换策略、分布式架构、备份和恢复策略等。

随着应用的并发量的增加，可能会出现一系列与高可用相关的挑战，例如应用的性能下滑或应用完全失效，导致不能及时响应用户的请求。这可能表现为响应延迟、在单位时间内处理的请求量减少了、处理同样数量的并发请求所需的资源增多了，或者当并发量超过某一阈值时，应用的性能急剧下滑，甚至可能导致整个应用崩溃。尽管从外部来看这些问题似乎与高可用有关，但其核心原因是应用没有足够的容量来应对高并发的挑战。尽管高并发可能会导致应用不可用（例如，当请求量超过应用的处理能力时），但高并发与高可用这两个概念的设计策略和目标是截然不同的。例如，对于一个能够处理高并发请求的应用，当发生单点故障时，它可能会完全停机。相反，一个高可用的应用可能会在某些故障下仍然保持工作状态，但是如果没有进行高并发设计，那么它可能无法处理大量的请求。

有时业界也会提到可靠性，其定义是在规定的条件下和规定的时间内，应用能够完成规定的功能的能力。它既考虑了高可用，又考虑了高并发。

在本章后续内容中，我们将通过丰富的实战案例来介绍具体如何提高应用的吞吐量、缩短应用的响应时间、对应用进行过载保护，实现良好的高并发设计。

5.2 提高吞吐量

提高吞吐量是提高应用并发处理能力的一条重要途径。换句话说，应用吞吐量的提高意味着应用同时处理更多请求的能力提升了。在充分评估应用的容量、考虑弹性伸缩和同步改异步的前提下，我们可以从客户端、网络接入层、应用接入层、逻辑层、数据库层和存储层入手进行相应的介绍。

5.2.1　客户端

下面从客户端的前置处理、缓存和调用合并这几个方面来介绍如何提高应用的吞吐量。

5.2.1.1　前置处理

为了提高应用的吞吐量，可以采用前置处理的方式，将一部分处理任务从服务器端转移到客户端，从而减轻服务器的压力，提高整体性能。这种方法通常适用于一些密集型计算或数据处理任务，可以在不影响用户体验的前提下，将任务分摊到客户端执行。

假设有一个图像处理应用，允许用户上传图像并进行裁剪、缩放、旋转等操作，然后将处理后的图像存储到服务器。在这种场景下，我们可以采用前置处理的方式，让客户端（如浏览器或移动应用）完成图像处理任务。具体步骤如下。

① 用户选择图像并上传。

② 客户端接收到图像后，利用图像处理库（如 JavaScript 的 Canvas API 或移动端的图像处理库）进行裁剪、缩放、旋转等操作。

③ 客户端将处理后的图像转换为二进制数据（如 Base64 编码）。

④ 客户端将处理后的图像数据发送到服务器进行存储。

通过这种方式，服务器不再需要处理图像操作任务。同时，因为客户端的图像处理速度较快，通常不会对用户体验造成太大的影响。需要注意的是，采用前置处理的方式，要确保客户端具备足够的计算能力和资源，避免处理任务过多而影响客户端的性能。

除了上面提到的图像处理应用，还有如下一些场景可以采用前置处理的方式。

- 数据校验：在提交表单或发送请求之前，在客户端进行数据校验，如检查输入是否符合要求、格式是否正确等。这样可以减少服务器收到无效请求的次数，提高服务器处理有效请求的效率。

- 数据压缩：对于需要传输大量数据的应用，可以在客户端对数据进行压缩，然后将压缩后的数据发送到服务器，服务器只需要对压缩数据进行解压缩、处理和存储。这样可以降低网络传输的负担，提高传输速度。

- 分批处理：对于需要处理大量数据的场景，可以在客户端对数据进行分批处理，然后逐一发送到服务器。这样可以避免服务器一次性处理大量数据，减轻了服务器的负担。

- 搜索建议：在搜索应用中，可以在客户端实现搜索建议功能。当用户输入关键词时，客户端可以根据已缓存的数据生成搜索建议，而无须向服务器请求。这样可以减轻服务器的压力，提高响应速度。

通过实施这些前置处理策略，可以在不影响用户体验的前提下，充分利用客户端的计算能力，减轻服务器的压力，从而提高整个应用的吞吐量。同时，还需要根据具体的业务场景和客户端性能，灵活调整前置处理策略，以实现最佳效果。

5.2.1.2　缓存

客户端缓存不仅可以减轻服务器的压力，还可以减少带宽资源消耗。比如网页类应用，可以通过浏览器缓存的方式提高吞吐量，而移动应用可以通过手机客户端进行缓存。

1. 浏览器

在浏览器端缓存数据或资源，可以减少对服务器的请求次数，降低服务器的压力，提高整体性能。

假设有一个新闻网站，用户可以浏览各类新闻。在这种场景下，我们可以在浏览器端采用缓存策略，对一些不经常变动的数据和资源进行缓存。具体的实现方法如下。

- 静态资源缓存：对于静态资源（如图片、CSS、JavaScript 文件等），可以利用浏览器的缓存机制进行缓存。设置合适的 Cache-Control、Expires 等 HTTP 头部信息，告诉浏览器在一定的时间内无须重新请求这些资源。这样可以减少网络资源消耗，加快页面的加载速度。

- 数据缓存：对于一些不经常变动的数据（如新闻类别、热门新闻等），可以将这些数据存储在浏览器的本地缓存中（如使用 Local Storage、IndexedDB 等技术）。当用户再次访问这些数据时，可以优先从本地缓存中获取数据，而无须向服务器发起请求。这样可以减少对服务器的请求次数，提高服务器的吞吐量。

- 页面缓存：对于一些用户经常访问的页面（如首页、个人中心等），可以采用 Service Worker 技术进行页面缓存。当用户离线或网络不佳时，仍然可以访问这些已缓存的页面。这样既可以提高用户体验，又可以减轻服务器的压力。

- 请求结果缓存：对于一些重复的 API 请求，可以在浏览器端缓存请求结果。当用户再次发起相同的请求时，可以直接从缓存中获取结果，而无须向服务器发起请求。这样可以减轻服务器的负担，提高应用的吞吐量。

通过采用这些浏览器端缓存策略，可以在不影响用户体验的前提下，减轻服务器的压力，从而提高整个应用的吞吐量。同时，需要根据具体的业务场景和数据更新频率，灵活调整缓存策略，以实现最佳效果。

2. 手机客户端

在手机客户端缓存数据或资源，可以减少对服务器的请求次数，降低服务器的压力，提高整体性能。

假设有一个电商 App，用户可以浏览和购买各类商品。在这种场景下，我们可以在手机客户端采用缓存策略，对一些不经常变动的数据和资源进行缓存。具体的实现方法如下。

- 静态资源缓存：对于静态资源（如图片、CSS、本地 JavaScript 文件等），可以将这些资源打包到 App 中，或者在首次加载时缓存到本地。这样可以减少网络资源消耗，加快页面的加载速度。

- 数据缓存：对于一些不经常变动的数据（如商品类别、热门商品等），可以将这些数据存储在手机客户端的本地缓存中（如使用 SQLite 数据库、SharedPreferences 等技术）。当用户再次访问这些数据时，可以优先从本地缓存中获取数据，而无须向服务器发起请求。这样可以减少对服务器的请求次数，提高服务器的吞吐量。

- 请求结果缓存：对于一些重复的 API 请求，可以在手机客户端缓存请求结果。当用户再次发起相同的请求时，可以直接从缓存中获取结果，而无须向服务器发起请求。这样可以减轻服务器的负担，提高应用的吞吐量。

- 分页加载和预加载：对于需要加载大量数据的列表页面（如商品列表、评论列表等），可以采用分页加载和预加载的策略。分页加载可以避免一次性加载过多的数据，减轻服务器的压力；预加载可以提前加载下一页数据，提高用户体验。

- 离线模式：对于一些用户可能会在离线状态下使用的功能（如阅读文章、查看已购商品等），可以在手机客户端实现离线模式，将数据缓存到本地。这样既可以提高用户体验，又可以减轻服务器的压力。

通过采用这些手机客户端缓存策略，可以在不影响用户体验的前提下，减轻服务器的压力，从而提高整个应用的吞吐量。

5.2.1.3 调用合并

调用合并是指将多个相似或相关的请求合并为一个请求，然后发送给服务器。这样可以减少网络资源消耗，降低服务器的压力，提高整体性能。

假设有一个社交网络应用，用户可以查看好友的动态和评论。在这种场景下，我们可以在客户端采用调用合并策略，将多个 API 请求合并为一个请求。具体的实现方法如下。

- 批量请求：对于一些可以同时获取的数据（如获取好友动态列表、评论列表等），可以将获取请求合并为一个批量请求，然后发送给服务器。服务器可以一次性处理这些请求，并将结果一起返回给客户端。这样可以减少网络资源消耗，降低服务器的压力。

- 请求去重：对于多个相同的请求（如多次请求同一用户的信息），可以在客户端对请求进行去重，只发送一个请求给服务器。这样可以避免服务器重复处理相同的请求，提高服务器的吞吐量。

- 请求节流：对于频繁发生的请求（如实时搜索、自动保存等），可以在客户端进行请求节流——设置一个时间间隔，在这个时间间隔内只发送一次请求，从而减少对服务器的请求次数。

- 请求延迟：对于一些对实时性要求不高的请求（如数据统计、日志上报等），可以在客户端对请求进行延迟处理——在一定的时间内将多个请求进行合并，然后发送给服务器。这样可以减少对服务器的请求次数，提高服务器的吞吐量。

例如，某视频 App 在进行服务器端优化时，通过梳理发现，从 App 启动到用户首页加载完成一共调用了 20 多个后端接口，耗时最多的 3 个接口分别是首页推荐接口、用户的个性化接口和分区接口。这 3 个接口的 TP 90 都在 200ms 以上，其中首页推荐接口的 TP 90 在 500ms 以上。为了缩短 App 的启动时间，具体采取了以下改进措施。

- 缓存：对首页推荐接口中的大量热门信息实现两级缓存，其中一级缓存包含 Top1000 的热门信息，二级缓存包含近 7 天的热门信息。如果缓存中没有相关信息，则回源至后台 MySQL 数据库。

- 优化协议（数据压缩）：主要是将 HTTP 替换成 RPC 协议。一般 HTTP 的 feed 接口返回的数据量在 200KB 左右，切换至 RPC 协议后，数据量可被压缩至 150KB 左右。这样可以减少客户端数据序列化及传输的压力，提高 5%左右的性能。

- 优化接口（拆分）：使用日志工具分析接口的调用链路，可以发现存在大量无效的调用。其主要原因是存在很多"大而全"的接口，一次返回太多冗余信息，没有进行优化。我们可以对这些大接口进行拆分，针对起播时的推荐场景定制"小而美"的依赖接口，避免造成数据冗余。

通过采用这些客户端的调用优化、合并策略，可以在不影响用户体验的前提下，减轻服务器的压力，从而提高整个应用的响应效率。

5.2.2　网络接入层

在网络接入层，通常可以通过使用 CDN 对内容进行缓存来提高应用的吞吐量。

使用 CDN 将应用的内容分发到全球各地的边缘服务器上，用户就可以就近（即从距离他们最近的服务器上）获取数据。这样既可以提高应用的吞吐量，又可以减少响应时间，提升用户体验。使用 CDN 将页面、图片等推送到距离用户最近的 CDN 节点上，让用户能够就近找到自己想要的数据。但是越靠近骨干网，成本越高，可以使用靠近用户的 CDN 加速连接，服务于本地用户。我们可以通过建立多级 CDN，最终回源到源站的方式来阶梯性降低成本。

假设有一个全球性的视频分享网站，用户可以观看和上传视频。在这种场景下，我们可以使用 CDN 来提高应用的吞吐量和缩短响应时间。具体的实现方法如下。

- 将视频文件和其他静态资源（如图片、CSS、JavaScript 文件等）存储在 CDN 节点上。当用户请求这些资源时，CDN 会自动将请求路由到距离用户最近的边缘服务器，从而减少传输延迟，提高响应速度。

- 对于动态内容（如用户个人信息、评论等），可以使用 CDN 的动态内容加速功能。CDN 会根据用户的地理位置，智能选择最佳的网络路径，以确保在最短的时间内将数据从源服务器传输给用户。

- 使用 CDN 的负载均衡功能，根据服务器的实时负载情况，自动将用户请求分发到不同的服务器。这样可以避免单台服务器过载，提高整个应用的吞吐量。

- 利用 CDN 的缓存策略，对一些不经常变动的数据进行边缘缓存。这样可以减少对源服务器的请求次数，降低源服务器的压力，提高应用的吞吐量。

通过使用 CDN，可以在全球范围内提高应用的吞吐量和缩短响应时间，从而提供更好的用户体验。同时，使用 CDN 还可以帮助应用抵抗 DDoS 攻击，提高应用的安全性等。注意，在使用 CDN 时，需要根据具体的业务场景和流量分布，选择合适的 CDN 服务商和配置。

5.2.3　应用接入层

在应用接入层，可以通过设置请求队列、负载均衡以及动静分离等来提高应用的吞吐量。

5.2.3.1　请求队列

请求队列是一种缓冲机制，用于存储待处理的请求。通过请求队列，可以实现流量控制、请求隔离和请求分级，从而确保在高并发环境下应用仍能保持稳定运行。

- 流量控制：请求队列可以限制应用能够同时处理的请求量，防止服务器过载。当请求到达应用时，首先将请求放入请求队列中，然后按照先进先出（FIFO）的原则对其进行处理。如果队列已满，则可以选择拒绝新的请求或使其排队等待。通过设置队列的大小，可以有效控制应用的流量，确保服务器不会因为请求过多而崩溃。

- 请求隔离：请求队列可以实现请求隔离，将不同类型的请求分配到不同的队列中。例如，可以将读请求和写请求分配到不同的队列中，以保证读请求不会因为写请求阻塞而受到影响。

- 请求分级：请求队列可以实现请求分级，根据请求的优先级将其分配到不同的队列中。高优先级的请求可以被优先处理，从而提高关键任务的响应速度。例如，可以将对实时性要求高的请求（如搜索、推荐等）和对实时性要求低的请求（如日志记录、数据统计等）分配到不同的队列中，以保证高优先级的请求的处理速度。

在实际应用中，需要根据具体的业务场景和性能要求，灵活调整请求队列的设置，以实现最佳效果。同时，还需要定期监控队列的状态，以确保应用稳定运行。

5.2.3.2　负载均衡

负载均衡是一种技术手段，用于在多台服务器之间分配请求和实现服务路由，以确保每台服务器都承受相近的负载，避免单台服务器过载，提高整个应用的性能和稳定性。负载均衡具有以下功能。

- 服务路由：负载均衡器可以根据请求的内容或属性将其路由到特定的服务器。例如，可以根据请求的 URL、HTTP 方法或客户端 IP 地址等信息进行路由。通过服务路由，可以实现请求隔离、优先级调度等功能，进一步提高应用的性能。

- 分配请求：负载均衡器可以根据预先设定的策略将请求分配到不同的服务器。常见的分配策略有轮询（Round Robin）、加权轮询（Weighted Round Robin）、最小连接数（Least Connection）等。通过合理地分配请求，可以避免单台服务器承受过多的负载，从而提高应用的吞吐量。

- 探活和健康检查：负载均衡器可以定期对后端服务器进行健康检查，以确保服务器正常运行。探活可以通过与业务请求无关的 Ping 操作或模拟请求来实现。此外，节点可以主动提供如访问统计、连接质量、响应时间，以及与软件相关的连接数、线程和 CPU 使用情况等信息，用于评估其健康状态并上报。当某台服务器出现故障或性能下降时，负载均衡器可以自动将请求分配到其他正常的服务器，从而保证应用的可用性。

- 动态扩展：负载均衡器可以根据实际的负载情况动态调整后端服务器的数量。当负载增加时，可以自动增加服务器的数量以提高吞吐量；当负载减少时，可以自动减少服务器的数量以节约资源。

在实际应用中，需要根据具体的业务场景和性能要求，选择合适的负载均衡策略和设备。同时，还需要定期监控负载均衡器和后端服务器的状态，以确保应用稳定运行。

5.2.3.3　动静分离

动静分离是指将动态内容（如数据库查询、用户交互等）和静态内容（如图片、CSS、JavaScript 文件等）分开处理与存储，以实现对不同类型内容的优化管理。如图 5-2 所示，动态应用组的应用服务器负责对动态内容进行处理，它们通常会访问分布式缓存和数据库服务器；静态应用组的静态页面服务器负责对静态应用进行管理；资源文件组的文件服务器负责对应用所需的文件如图片、文档、压缩包等内容进行管理。

由于静态内容通常具有较高的可缓存性和可复用性，而动态内容需要实时生成和更新，因此可以采用动静分离的方式将这两种内容分开处理，从而充分利用它们各自的特点。具体的实现方法如下。

- 静态资源托管：将静态资源（如图片、CSS、JavaScript 文件等）托管在专门的静态资源服务器或 CDN 上。这样可以减轻应用服务器的负担，提高静态资源的访问速度，同时可以充分利用 CDN 的缓存和分发能力。

- 动态内容处理：动态内容（如数据库查询、用户交互等）仍然由应用服务器进行处理——应用服务器可以根据实际需求对其进行优化，如增加缓存、优化数据库查询等，以提高动态内容的处理速度。

- 反向代理：在应用接入层设置反向代理服务器，如 Nginx、Apache 等。反向代理服务器可以根据请求的 URL 或其他属性，将请求分发到静态页面服务器或应用服务器。这样可以实现动静分离，提高应用的吞吐量。

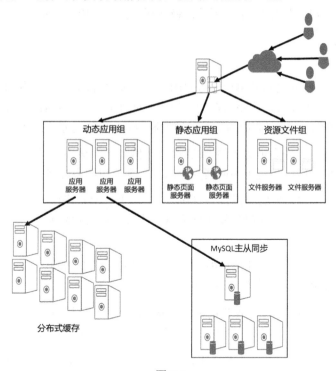

图 5-2

通过采用动静分离的方式，可以在不影响用户体验的前提下，有效地提高应用的吞吐量。同时，需要根据具体的业务场景和性能要求，灵活调整动静分离的策略和配置，以实现最佳效果。

5.2.4 逻辑层

在逻辑层，可以通过扩容、系统优化、同步改异步等方式提高应用的吞吐量。

5.2.4.1　扩容

随着业务的发展，应用所承受的负载会逐渐增加。因此，需要采取相应的措施来应对这些业务负载。扩容设计是应对突发流量的有效方法之一，也是确保应用高并发性能的关键手段。通过扩容设计动态地增加资源，在云计算环境中尤为便利。通常，扩容方案分为垂直扩容（升级到更高性能的硬件）、水平扩容（将负载分散到多个低成本、低配置的设备上）和业务扩容（按照应用的功能启用更多的服务器）。垂直扩容主要是通过增强应用服务器的配置来提高单机处理性能。水平扩容主要是构建可自动弹性伸缩的集群，例如高峰时段的固定扩缩容和应对突发流量的临时扩缩容，并通过自动化的流量监控来判断服务器的负载情况，通过自动化的任务调度来解决突发流量对服务器的影响问题。业务扩容则需要根据各个业务模块的实时负载情况来进行。垂直扩容通常较为简单，但成本较高且扩展空间有限。因此，最终还是需要采用水平扩容及最为复杂的业务扩容来满足业务需求。

1. 垂直扩容

垂直扩容是一种通过提升单台服务器的硬件性能来提高应用吞吐量的方法，在云上实现尤为方便。它主要针对应用所在的虚拟机的处理能力、内存容量、磁盘存储和网络带宽等方面进行升级，以提高应用的处理速度和容量。以下是垂直扩容的一些具体措施。

- 升级处理器：提升虚拟机的 CPU 性能，例如增加核心数量等。这样可以让虚拟机在单位时间内处理更多的请求，从而提高应用的吞吐量。

- 扩展内存容量：扩展虚拟机的内存容量，以便存储更多的运行时数据。这样可以减少应用在处理请求时频繁访问磁盘的次数，降低 I/O 延迟，提高应用的响应速度。

- 扩展云盘存储：扩展虚拟机的云盘存储，如增加云盘容量等。这样可以提高数据的读/写速度，降低存储延迟，提高应用的吞吐量。

- 提高网络带宽：提高虚拟机的网络带宽，以便在高流量情况下其仍能保持稳定的数据传输速度。这样可以减少网络延迟，提高应用的响应速度。

通过垂直扩容，可以在一定程度上提高应用的吞吐量。然而，垂直扩容的空间是有限的，随着虚拟机性能的提升，成本也会逐步增加。此外，单台虚拟机的性能提升也会遇到瓶颈，因此在应对大规模的业务增长时，可能还需要考虑其他扩展策略。

2. 水平扩容

当应用需要应对大量用户的高并发访问和处理海量数据时，可以采用集群的方式整合计算资源和存储资源以提供服务。根据需要，我们可以及时调整计算资源和存储资源，以缓解高并发带来的压力。这样一来，就可以在高流量时期为用户提供稳定的服务，而在低流量时期释放不必要的资源或保持低位运行以节约成本。水平扩容主要是针对无状态的应用服务。由于服务是无状态的，因此将服务扩展到多台机器会相对容易一些。而对于有状态的服务，将其从单节点扩展到分布式多机环境则会带来较大的复杂性。因此，通常将应用设计为无状态服务，同时在单节点上运行所依赖的数据库。这样就可以根据请求量的变化随时进行扩缩容——当流量较大时，可以扩容以应对大量请求；当流量较小时，可以缩容以减少资源占用。

依靠云平台，我们可以利用云产品的自动扩展功能来实现应用集群的自动伸缩。水平扩容的主要应用场景如下。

- 非周期性业务量波动：当业务量波动无规律且难以预测时，手动调整实例可能无法及时响应，且难以确定调整的数量。此时，可以利用弹性伸缩的报警任务，由云平台根据 CPU 使用率等指标自动进行伸缩。

- 周期性业务量波动：在业务量波动有规律的情况下，每天手动调整计算资源既浪费人力又浪费时间。此时，可以利用弹性伸缩的定时任务，由云平台定时自动进行伸缩。通常需要设置两个任务，其中一个在高峰时段之前进行扩展，另一个在高峰时段结束后进行收缩。

- 无显著业务量波动：如果业务的现有计算资源突然出现故障，则可能会导致业务受影响且难以及时进行故障修复。此时，可以利用弹性伸缩的高可用性优势，开启健康检查模式。云平台会自动检查实例的健康状态，如果发现实例不健康，则会自动增加实例以替换不健康的实例，确保发生故障的计算资源能够得到及时修复。

弹性扩缩容的核心机制可以被分解为两个关键步骤：首先，系统会收集业务的各项指标，对未来一段时间内可能的容量及资源需求做出预测。然后，运维团队会根据这些预测数据，自动进行云资源的调度，实现实时的伸缩。经过反复的调试和优化，再结合多次的压力测试，我们可以找到一套满足业务需求的配置参数。

水平扩容可以通过虚拟机、容器等不同的方式来实现。

（1）虚拟机弹性伸缩

最通用的扩容模式是虚拟机的弹性伸缩。应用被以服务的方式部署，要做到弹性扩缩容，必须能够针对应用的 CPU 或 QPS 进行监控，如果其超过一定的比例，就会自动进行扩缩容。

如图 5-3 所示，为了实现应用的弹性伸缩，伸缩组的应用服务通常被设计为无状态的。这意味着可以部署多个服务实例来提高应用的并发处理能力，这些服务实例均可访问位于 SQL 集群中的数据，而实例之间的流量分配需要依靠负载均衡能力。无状态服务结合负载均衡能力，既能提高应用的并发处理能力，又能增强其可用性。如果采用微服务框架进行服务开发，那么在微服务框架中可能已经内置了服务发现和负载均衡功能。其流程包括服务注册与发现、负载均衡、健康状态检查以及自动剔除等环节。当某个服务实例出现故障时，系统会自动将其剔除；当有新的服务实例加入时，系统会自动将其纳入服务范围。如果不使用微服务框架进行开发，那么需要依赖负载均衡代理服务，如 LVS 和 Nginx，来实现负载均衡功能。

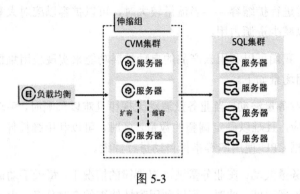

图 5-3

总之，无状态服务在水平扩容方面具有较大的优势。通过设计无状态服务并结合负载均衡能力，可以提高应用的并发处理能力和可用性，同时可以实现故障实例的自动剔除和新实例的自动添加。

（2）K8s 自动扩容

在采用云原生技术部署的业务应用中，容器服务提供了弹性伸缩功能。这适用于在线业务弹性处理、大规模计算训练、深度学习中的 GPU 训练与推理、定期周期性负载变化等场景。弹性伸缩可以分为调度层弹性伸缩和资源层弹性伸缩。调度层弹性伸缩主要负责调整负载调度的容量变化，如图 5-4 所示，即水平 Pod 自动伸缩器（HPA）可以实现对单资源的负载能力调整，如将容器从 CPU 2 核、内存 4GB 升级为 CPU 4 核、内存 8GB。资源层弹性伸缩主要负责当集群容量规划无法满足调度容量需求时，动态添加计算资源来扩展调度容量。这两种弹性伸缩能力和组件可以单独使用，也可以联合使用，它们之间通过调度层的容量状态进行协调和解耦。

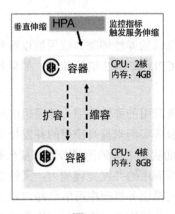

图 5-4

在云原生时代，大部分系统开始采用容器化 K8s 部署。基于这种情况，弹性扩缩容变得非常容易，只需配置好 K8s 的弹性条件，就能根据 CPU 使用率自动实现。容器+K8s 已成为云原生架构不可变基础设施的事实标准，不仅为运维、应用的发布与部署带来方便性和灵活性，还能对应用隐藏分布式架构的复杂性，让分布式架构的风格更具普适性。通过容器、编排系统和服务网格等技术，软件与硬件之间的界限逐渐模糊，在基础设施层面帮助微服务隐藏复杂性，解决原本只能通过编程解决的分布式问题。

云化基础设施 K8s 通过容器的隔离与封装技术来实现轻量的应用虚拟化，可以提高研发、运维和交付的效率，加快业务敏捷迭代。通过 K8s 的自动化编排能力，再结合可观测和高可用的技术，可以提高应用的可用性和容灾容错能力，提升服务的弹性和韧性。

副本集是一种更为稳定的工作负载资源，可以通过副本集控制器持续跟踪资源，自动创建新的 Pod 来替代异常的 Pod，确保集群中 Pod 副本的数量始终保持在期望状态。在控制器模型下，可以通过 Deployment 来创建副本集，再由副本集创建 Pod。在更新 Deployment 信息后，部署控制器会跟踪新的期望状态，自动创建新的副本集，并逐渐缩减旧的副本集的副本数量，直至升级完成后彻底删除旧的副本集。当面临流量压力时，可以手动或通过命令修改 Deployment 中的副本数量，促使 K8s 部署更多的 Pod 副本以应对压力。然而，这种扩容方式需要人工参与和判断需要扩容的副本数量，不容易做到精确与及时。为此，可以利用 K8s 的资源和自动伸缩控制器，根据度量指标（如处理器、内存使用率、用户自定义的度量值等）设置 Deployment 的期望状态，当度量指标变化时实现自动扩缩容。

3. 业务扩容：微服务+DDD 拆分

为了提高应用的吞吐量，除了水平扩容，还可以采用更精细化的业务扩容。与水平扩容将整个应用部署为多份不同，业务扩容首先要对业务进行领域功能拆分，然后根据需求对某个领域功能进行扩容。这一机制具有以下特点。

- 水平扩展更加精细化：通过将应用拆分得更细，扩展单元更小，使得在业务洪峰来临时，其具备更强的灵活性和可扩展性。与紧耦合的业务架构相比，解耦后的应用架构聚合度更低，独立开发、测试、部署变得更加容易。这有助于通过优化代码结构来提高访问效率。

- 按照应用的功能来拆分：业务扩容的核心思想是将应用以功能为单位进行扩容，而不是简单地复制整个应用。这样做的好处在于，可以根据不同功能模块的需求进行灵活的扩容，从而更有效地提高应用的吞吐量。

在具体实施业务扩容时，步骤如下。

① 对业务进行领域功能拆分：首先分析业务需求，然后将应用按照功能模块进行拆分。这样可以对不同的功能模块进行独立处理，提高开发、测试和部署的效率。具体的拆分建模方式可以参考 DDD（领域驱动设计）建模。

② 评估不同功能模块的扩容需求：根据业务需求，评估各个功能模块的扩容需求，

确定哪些模块需要扩容。

③ 根据评估结果进行扩容：根据评估结果，对需要扩容的功能模块进行扩容。这样可以通过增加实例数量、提升硬件性能或优化代码结构等来实现。

④ 监控和调整：在扩容后，持续监控各个功能模块的性能，根据实际情况进行调整，确保应用的吞吐量得到有效提升。

通过业务扩容，可以实现更加精细化的水平扩展，提高应用的灵活性和可扩展性，从而有效提高应用的吞吐量。

4. 案例：对战手游的业务扩容设计

某对战手游的总下载量已超过 3.5 亿次，其财报显示，该游戏的年度全球收入高达8000 万美元。这款游戏面对大量的并发访问，在弹性扩缩容方面做得非常好，好到什么程度呢？我们来看图 5-5，下方的线条表示根据业务流量计算出的业务负载，上方的线条表示应用实时监控到的资源供给量。可以看到，资源供给量与实际需求几乎"同频共振"，仅有少量资源冗余。这在实际中是非常难得的。

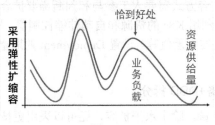

图 5-5

下面我们从这款游戏的各个层面来分析，看看它是如何做到这一点的。

（1）业务架构

首先来看这款游戏的业务架构——只有了解了业务架构，才能理解实际的部署架构，并分析它是如何做到如此精准的高并发设计的。该游戏的业务架构与之前介绍的实时对战游戏的类似，主要包括登录游戏大厅、游戏对战、游戏记录、排行统计、游戏礼包、客户端下载等，主要的并发压力来自登录和游戏对战这两个服务。

登录和开始游戏对战主要包括以下几个步骤，流程如图 5-6 所示。

① 用户登录游戏大厅。

② 用户申请对战。

③ 匹配集群根据用户登录 IP 地址选择附近的战斗服务器（简称"战斗服"）并将登录信息（包括登录 IP 地址、端口及其他加密业务信息等）返回给游戏客户端。

④ 用户根据返回的信息登录战斗服开始游戏。

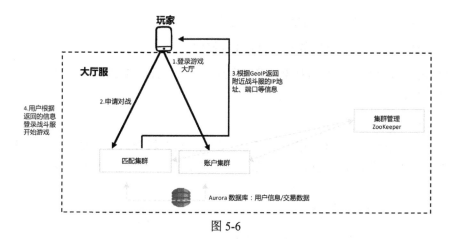

图 5-6

在对战过程中，每场对战都会被录像，而且所有录像均会被上传至服务器端。其具体流程如图 5-7 所示。该游戏的大厅服务器（简称"大厅服"）和战斗服不是来自同一个公有云服务商。

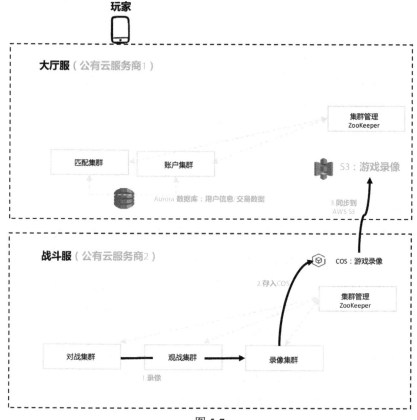

图 5-7

① 将对战录像从对战集群录入录像集群。

② 录像集群在公有云服务商 1 的对象存储中。

③ 将公有云服务商 1 的对象存储同步到公有云服务商 2 的对象存储，从而方便不同的用户进行访问。

（2）功能架构

该游戏的整体功能架构如图 5-8 所示。游戏前台逻辑分为游戏大厅和战斗服，游戏后台数据支撑管理服务，包括采集层服务、计算层服务、查询与展示层服务。

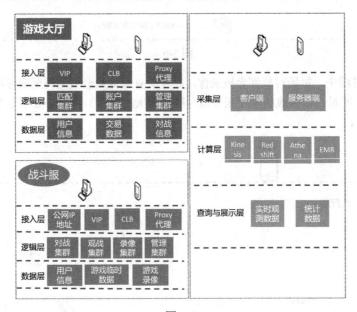

图 5-8

a. 游戏大厅

下面从接入层、逻辑层和数据层三个方面来描述游戏大厅的功能架构。

● 接入层通过以下三种技术来满足业务需求。

　○ VIP（Virtual IP）：采用公有云服务商提供的 VIP 技术，满足集群动态 IP 路由。

　○ CLB（Cloud Load Balance）：采用公有云服务商提供的云负载均衡技术，实现大量用户访问的动态负载均衡。

　○ Proxy 代理：负责路由转发。因为游戏接入业务复杂，所以选择了自建的 Proxy 代理，通过集群模式部署来实现接入层的代理路由转发。

● 逻辑层：分为匹配集群、账户集群和管理集群。

　○ 匹配集群：根据用户的申请就近选择战斗服。

○ 账户集群：管理用户的账户数据。

○ 管理集群：游戏的配置中心，主要用于管理各台游戏服务器所在的集群，负责给各台虚拟机定义不同的角色；配置各个集群节点的数量；通过 Munin 工具实现实时数据监控。

- 数据层：主要包括用户信息、交易数据和对战信息。

  ○ 用户信息：用户昵称、头像、玩家等级等信息。

  ○ 交易数据：用户在游戏中的消费交易记录。

  ○ 对战信息：主要是对战录像，通过录像进行数据分析。

b. 战斗服

下面从接入层、逻辑层和数据层三个方面来描述战斗服的功能架构。

- 接入层：要分开设计对战接入和管理及观战接入。

  ○ 对战接入：因为参与对战的玩家对游戏体验要求高，服务响应需要很强的实时性，所以在设计时要考虑就近接入和公网 IP 地址接入。

  ○ 管理及观战接入：因为管理游戏或者观战游戏不需要强实时接入，并且还有可能跨区域观战，所以采用了如下设计方案。首先，通过集群 VIP 实现战斗服务器与观战客户端、管理客户端的网络通信；其次，通过 CLB（云负载均衡器）仅将 ZooKeeper 等管理服务所在的集群暴露出去。此外，除了对战，如录像、观战的请求则通过 Proxy 代理连接到战斗服务所在的虚拟机。

- 逻辑层：分为对战集群、观战集群、录像集群和管理集群。其中，对战集群可以随着玩家数量的增加而线性增长；而观战集群、录像集群和管理集群都为中心化管理，因此在每台战斗服中只有一个观战集群、一个录像集群和一个管理集群。

  ○ 对战集群：每台战斗服有一个或多个对战集群，用于满足参与当局对战的用户在局内的各种需求。

  ○ 观战集群：每台战斗服只有一个观战集群，所有在此战斗服中发生的对战，都需要通过这个观战集群来进行观战。

  ○ 录像集群：每台战斗服只有一个录像集群，所有在此战斗服中发生的对战的录像服务，都通过这个录像集群进行录制和存储。

  ○ 管理集群：在同区服的大厅内，每台战斗服只有一个管理集群。

- 数据层：主要包括用户信息、游戏临时数据和游戏录像。

  ○ 用户信息：在战斗服中并不存储任何用户信息，每次都从大厅的数据库中拉取相应的用户信息。但是采用这种设计，如果战斗服与大厅之间的网络不稳定，则会对战斗服产生较大的影响。

○ 游戏临时数据：在对战过程中产生的数据，这些数据会被临时存储在战斗服所在的集群中。

○ 游戏录像：对每场对战都会录像，并将其存储在公有云服务商的 COS 中。

（3）数据架构

为了更好地实现弹性伸缩，尽量保持服务的无状态，在数据架构方面，主要有以下设计考虑。

● 用户数据：用户数据被存储在游戏大厅所在的服务集群中，当战斗服被拉起后，每次都单向从游戏大厅集群中拉取所需的数据。

● 游戏数据（临时）：在对战过程中产生的局内数据被临时存储在战斗服的对战集群中，游戏结果或统计数据则根据需要被转存到其他相关集群中。

● 对战录像：对战录像是在战斗服所在的录像集群中生成的，然后被存储到公有云服务商 2 的对象存储中，再被转存到公有云服务商 1 的对象存储中，最后同步到该游戏的运营平台。当然，录像转存是为了降低跨域流量的访问延迟，是业务上的特殊需求，并非常规必要设计。

（4）实现架构

基于历史原因及业务实际情况，该游戏是通过公有云服务商 1 和公有云服务商 2 提供的产品能力共同实现的。

● 公有云服务商 1 主要提供的产品能力：全球加速产品、网络负载均衡和弹性 IP 地址、云主机（弹性伸缩）、结构化数据库及对象存储。

● 公有云服务商 2 主要提供的产品能力：NAT 网关、云主机（伸缩组）、对象存储。

需要注意的是，因为大厅服只通过公有云服务商 1 来提供，所以只有公有云服务商 1 有全球加速产品和负载均衡的需求。此外，该游戏还在两个不同的云服务商提供的平台能力的基础上，选择自建的 Proxy 代理、ZooKeeper 管理集群和游戏业务集群。

（5）部署架构

现在简单介绍一下这款游戏的整体部署架构。

● 游戏大厅：全球仅在北美通过公有云服务商 1 部署一套，但全球接入对玩家的感受不会有太大的影响，通过公有云服务商 1 提供的全球加速产品即可满足这一点。单一游戏大厅能够保证玩家全球统一，但有时候需要考虑用户数据的合规要求。

● 战斗服（单元化集群）：通过两个云服务商实现在全球各大洲部署。公有云服务商 1 的部署节点主要在欧洲、北美、亚洲，公有云服务商 2 的部署节点主要在欧洲和亚洲，在同一个大洲内不同的云服务商之间可以实现互备。

上面讲了这么多，但还是没有看到那么精准的需求和供给的"同频共振"到底是如何实现的。下面重点来讲这一点。

其实原因很简单，就是这款游戏仅仅依赖云服务商提供的 IaaS 资源，在此之上自建大量 PaaS 层的能力，最终实现了跨云弹性伸缩效果。具体如下。

- 在应用改造方面：真正实现了游戏对战集群的无状态。除了在游戏对战过程中产生的临时数据，对战集群不依赖任何外部的存储或数据库，从而可以方便地进行跨云弹性扩缩容。

- 在资源评估方面：通过自建的 Munin 工具，实现了对两个平台上的运行资源、数据的细粒度监控，采用完全独立于云平台的监控方案，从而确保在多云环境下监控的中立性。此外，还通过严谨的监控和测试对云主机资源能力进行评估，建立了精确的玩家与资源对应的模型，从而能够保证根据实际业务需求"按需分配"资源。

- 在资源部署方面：采用开源的 Terraform 多云管理工具，实现了对异构的两个云平台上统一资源的供给和纳管，以及自动在不同云服务商的平台上申请、供给诸如虚拟机、网络、云盘等云上资源。

- 在业务部署方面：使用基于 Ruby 语言的 Capistrano 工具，实现了在云上虚拟机中自动部署游戏的软件包，包括读取正确的配置、自动启停应用程序、自动数据层连接等，真正将云上资源的弹性伸缩能力转化为业务的弹性伸缩能力。

- 在集群管理方面：不依赖任何云服务商提供的配置管理中心，而是自建 ZooKeeper 统一管理两个云平台上的配置信息。无论哪个云平台上虚拟机中的程序启动了，都会统一从 ZooKeeper 中拉取与应用相关的配置信息，从而确保集群管理的中立性和独立性。

通过以上各个方面的自建能力的配合，整款游戏真正做到了与业务需求"同频"扩缩容，在不浪费闲置资源的前提下动态、实时支撑高并发。

5.2.4.2　系统优化

对于系统优化，可以从操作系统内核优化和资源池化两个方面来考虑。

1. 操作系统内核优化

通过系统优化的方式，也可以有效提高应用的吞吐量。也就是说，可以针对应用所在的虚拟机内核进行优化。在默认情况下，操作系统开启的服务和内核参数，是为了适应各种应用场景，同时兼顾兼容性和通用性。然而，针对特定的业务场景，存在一定的优化空间。以下是一些建议的优化措施。

- 优化内核参数：可以针对一些内核参数进行优化，如 net.core、somaxcon、net.ipv4.tcp_syncookies 等。调整这些参数可以提高网络连接性能，降低延迟，从而提高应用的吞吐量。

- 优化执行队列：执行队列是处理器中用于存储待处理任务的数据结构。优化执行队列可以提高处理器的调度效率，从而提高应用的处理速度。它可以通过调整线程池大小、优化任务调度算法等方法来实现。

总之，在特定的业务场景下，针对虚拟机内核的优化，包括优化内核参数和优化执行队列，可以在一定程度上提高应用的处理速度和容量，从而提高应用的吞吐量。

2. 资源池化

资源池化是一种提高应用吞吐量的有效方法，其核心目标是实现资源复用，减少资源在创建和删除过程中的性能开销。通过创建各种资源池，如内存池、线程池、连接池和对象池等，可以提高对象的复用程度，降低创建和销毁资源的成本。这些资源池通过复用技术来提高性能。

例如，内存池用于管理内存资源，降低分配和回收内存的开销，提高内存使用效率；线程池负责管理线程资源，避免频繁创建和销毁线程带来的性能损耗，提高线程调度效率；连接池用于管理网络连接资源，通过复用 TCP 连接，减少创建和释放连接的时间，从而提高性能；对象池用于管理对象资源，避免频繁创建和销毁对象带来的性能损耗，提高对象使用效率。

由于对内存、线程、连接、对象等资源进行创建和销毁往往涉及许多系统调用或网络 I/O 操作，因此频繁地在请求处理过程中创建和销毁这些资源会增加处理时间。然而，通过使用资源池将这些资源保存起来，在需要时直接取出使用，可以节约时间，从而提高应用的吞吐量。

（1）线程池

线程池是一种常见的资源池化技术，可以有效提高应用的吞吐量。使用线程池的主要目的是通过减少创建和销毁线程来降低性能损耗。创建线程需要分配资源，因此会产生一定的开销。如果为每个任务都创建一个线程进行处理，则势必会影响应用的性能。使用线程池可以限制线程的创建数量，并且可以重复使用线程，从而提高应用的性能。

还可以对线程池进行分类或分组，不同的任务使用不同的线程池，可以实现任务之间的隔离，避免相互影响。线程池可以被分为核心业务线程池和非核心业务线程池。核心业务线程池中的线程一直存在，不会被回收，而非核心业务线程池可能会在线程空闲一段时间后对其进行回收，从而节约系统资源。在需要时，可以按需创建线程并将其放入线程池中。

如图 5-9 所示，线程池通常需要结合队列一起工作。使用线程池限制并发任务的数量，并设置队列的大小。当任务数量超过队列的大小时，可以采用一定的策略来拒绝处理任务，以保护应用免受大流量的影响。

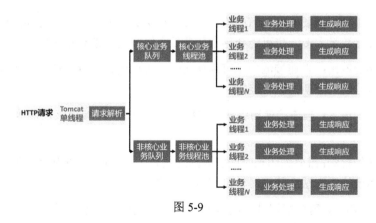

图 5-9

（2）内存池

内存池作为一种重要的资源池化技术，主要解决频繁调用系统调用进行内存的分配与回收所带来的性能影响和内存碎片问题，从而提高系统的性能和应用的吞吐量。在 C/C++中，内存操作并不直接调用系统调用，而是有一套自己的内存管理实现，如 glibc 的 ptmalloc、Google 的 tcmalloc 和 Facebook 的 jemalloc 等，这些实现在操作系统内存管理的基础上又增加了一层内存管理。

尽管标准库提供了优化的内存管理实现，但应用通常还会根据特定需求实现自己的内存池，如用于引用计数或专门用于小对象分配等。这样一来，内存管理可以分为多个层次，从而更好地满足应用的内存管理需求。

（3）连接池

连接池作为一种重要的资源池化技术，主要通过复用连接来减少创建和释放连接的开销，从而提高应用的吞吐量。常用的连接池包括数据库连接池、Redis 连接池、TCP 连接池等。

在连接数据库时，经常需要使用连接池。例如，在需要使用 MySQL 长连接的业务中，应合理配置长连接数量，尤其是在服务节点很多的情况下。因为如果连接数量过多，则会导致 MySQL 实例的内存使用量大，甚至发生内存溢出。此外，MySQL 的连接数量是刚性限制，超过阈值后，新的客户端将无法正常建立 MySQL 连接，从而影响应用的逻辑。因此，每次需要连接数据库时，都从连接池中获取已建立的连接。在使用完连接之后，需要及时释放连接，否则连接就会被占用，最终导致连接池中无连接可用。

在实现连接池时，需要考虑以下几个问题。

- 初始化：可以选择启动即初始化或惰性初始化。启动即初始化可以减少加锁操作并在需要连接时直接使用，但可能会导致服务启动缓慢或资源的浪费。惰性初始化则在真正需要时创建连接，有助于减少资源的占用，但可能会在突发任务请求时导致系统响应慢或响应失败。通常采用启动即初始化的方式。

- 连接数量：需要权衡所需的连接数量。连接数量太少，可能会导致任务处理慢；而连接数量太多，也可能会导致任务处理慢且过度消耗系统资源。
- 连接的取出：当连接池中无可用连接时，可以选择一直等待，直到有可用连接，或者分配一个新的临时连接。
- 连接的放入：当连接使用完毕且连接池未满时，将连接放入连接池中，否则关闭连接。
- 连接的检测：需要关闭长时间空闲的连接和失效的连接，并从连接池中将其移除。常用的检测方法有使用时检测和定期检测。

在实际应用中，需要根据具体的需求考虑连接池的初始化、连接数量、连接的取出、连接的放入和连接的检测等问题，以实现更高效的连接管理。

（4）对象池

对象池作为一种重要的资源池化技术，主要用于缓存对象，以避免创建大量类型相同的对象，同时限制实例的个数，以有效地降低创建和销毁对象的开销，从而提高应用的吞吐量。实际上，前面介绍的内存池、线程池和连接池等都可以被看作是对象池的具体应用。

例如，在 Redis 中，0~9999 的整数对象通过对象池进行共享。在游戏开发中，也会经常使用对象池，比如进入地图时，所出现的怪物和 NPC 并不是每次都需要重新创建，而是从对象池中取出的。

在实际应用中，可以根据具体的需求来定制和优化对象池，实现更高效的对象管理。

3. 案例：某全球电商购物平台的 RPC 池化设计

（1）原架构设计方案

某全球电商购物平台有一套自研的分布式微服务 RPC 框架，用于不同服务之间的调用治理。在之前的电商大促期间，这套框架经受住了海量业务的考验。后来，该框架上线了白名单功能，用于不同服务间调用的访问控制，其工作原理如图 5-10 所示。

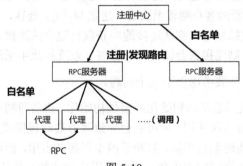

图 5-10

- 每个服务都通过 RPC 框架的代理（Agent）实现服务之间的通信和治理。

- 每个微服务的代理都有一个本地缓存，用于保存临时白名单。如果缓存失效，它会与某台 RPC 服务器连接，用于下载、更新白名单。

- 当微服务 A 需要调用微服务 B 时，针对每个请求，微服务 B 的代理都会采用本地缓存的白名单来验证微服务 A 是否在白名单中，每连接一次就要验证一次。如果是 TCP 长连接，则会在长连接建立时验证一次，之后的请求不需要再验证。

- 如果代理在更新白名单时发现某台 RPC 服务器的服务不可达，则会降级让本次请求通过，同时会创建一个异步协程（Goroutine）与其他 RPC 服务器建立连接。

（2）故障及问题分析

在上线了白名单功能之后，在新一次的电商大促中，当流量激增到亿万级规模时，整套 RPC 框架出现短暂瘫痪的状况，造成所有的线上微服务不可用。仔细研究后，发现其核心问题在于以下四点。

- 代理在连接 RPC 服务器拉取白名单时未做轮询优化：因为 RPC 服务器在发布变更时采用的是滚动发布、逐一重启，重启时原先代理的连接会漂移到未被重启的服务器上。而新的服务器上线后，除非原先代理的连接发生中断，否则不会主动与代理重新建立连接。于是造成 RPC 服务器集群的负载不均衡，最后重启的 RPC 服务器的连接数量较少，而最先重启的 RPC 服务器承担了大部分连接。当大促开闸时，流量暴增，直接将连接数量较多的那几台 RPC 服务器打爆。参考笔者之前遇到的其他故障，发现在服务恢复或流量回切这类特殊的情况下，经常会因为轮询算法的不平均而造成某些关键节点更容易被打爆。因此，轮询优化是系统支撑海量吞吐量必须要考虑的一个重要方面。

- 异步协程未采用池化：因为上线了白名单功能，所以需要经常从服务器端更新。如果代理发现某台 RPC 服务器的服务不可用，则会为每个请求都创建一个协程，用于寻找并连接新的 RCP 服务器。因此，异步协程数和接收到的请求数成正比。当流量暴增时，其所消耗的 CPU 及内存资源都将暴涨，导致代理端资源不足、不可用。在直面海量吞吐量时，为每个请求都创建一个协程，将不可避免地带来资源被打爆的结果。与之对应的最佳实践是提前建立一个协程池，请求按照 FIFO（First In First Out）的模式申请协程池资源，从而确保整体资源的可控及隔离，不会因为海量业务而侵占额外的资源。

- 未设置调用保护：因为代理端并发很多异步协程，这导致不但打爆了代理端的资源，同时还打爆了 RPC 服务器的资源。原本因为 RPC 服务器响应慢或者超时，引发了代理端大量的请求重连。因为未设置有效合理的重试机制，代理的大量请求反噬 RPC 服务器，侵占大量服务器资源，造成 RPC 服务器出现类似于 DoS 攻击的情况，彻底不可用。

- 当发生故障时监控几乎全部失效：因为监控所使用的资源未与业务资源隔离，所以代理端的所有监控都因为内存不足而不可用，RPC 服务器被打爆的节点也因为资源不够使得监控不可用。按理仍然可以通过观察未被打爆的 RPC 服务器来倒推哪些服务器节点出现了状况，但是在故障发生期间，运维工程师未按照标准排障流程来处理故障，同时进行了在线操作、监控查询，而有几个监控查询比较消耗资源，也比较慢，直接"人肉"阻塞了所有监控。

整体回顾该起故障，可以发现是由多项优化措施不到位造成的。从代理的角度来看，对 RPC 服务器的轮询应该采用资源池，确保其不会因为大量异常请求而被打爆。在直面海量吞吐量时，这些问题将会被无限放大，最终导致整个平台不可用。因此，在日常架构设计的过程中，遇到相似的情况，需要提前优化，避免发生类似的问题。

5.2.4.3　同步改异步

同步改异步是指通过将原本同步的操作转换为异步操作，从而允许多个任务并发执行，提高应用的吞吐量。为了实现高并发，需要在架构层面对应用进行分层和分模块设计，并在各个模块之间进行同步改异步处理和解耦处理，以免相互影响。异步解耦通常采用消息队列（如 Kafka），它还具有削峰作用，可以进一步提高应用的并发性。通过这种方式，应用可以在发起请求后立即继续执行其他任务，而不必等待被调用方返回结果，当被调用方完成任务后，会通过回调函数或其他机制通知调用方。这种机制可以有效地提高应用的吞吐量，实现应用的高并发和高性能。

1. 代码异步调用

在处理某些请求时，应用可以在当前进程/线程（处理请求响应）之外的进程/线程（异步进程/线程）中处理相应的任务。如果异步进程/线程处理的任务的数据量非常大，那么可以引入类似于消息队列的机制进行进一步优化。具体的做法是让当前进程/线程不断地向消息队列中放入数据，然后额外启动一批处理进程/线程，循环批量地从队列中"消费"消息，从而进行批处理，进一步提高了性能。

在处理业务请求时，多进程和多线程各有优缺点。多进程整体稳定性比较好，但是系统资源消耗大，进程间通信不方便；而多线程刚好相反，线程间共享数据便利，系统资源消耗小，但是需要注意线程间对共享数据的访问，保证数据安全。我们的应用处理的请求任务主要是 I/O 密集型任务，CPU 资源消耗小，大部分执行时间都花在了 I/O 操作上，比如网络、磁盘等 I/O 操作。考虑到多线程间的切换和调度开销小，共享数据方便，所以在选择多进程和多线程时，往往使用多进程划分应用服务，使用多线程并发处理业务请求，并且通过锁优化方案来降低锁竞争对多线程执行效率的影响。

在代码层面实现异步调用，通常可以使用多线程和回调函数等方法。具体介绍如下。

- 多线程：多线程是一种常见的异步调用方法，通过在不同的线程中执行任务，可以实现任务的并发执行。在调用方发起请求时，可以创建一个新的线程来处理被调用方的任务，从而使调用方可以立即继续执行其他任务。这种方式可以提高应用的吞吐量，因为多个任务是并发执行的。

- 回调函数：回调函数是一种异步调用方法，它通过将任务的处理函数作为参数传递给被调用方来实现异步。被调用方在完成任务后，会执行回调函数，并将结果作为参数传递给回调函数。这种方式可以提高应用的吞吐量，因为调用方在发起请求后可以立即继续执行其他任务，而不必等待被调用方返回结果。

通过在代码层面实现异步调用，可以有效地提高应用的吞吐量。这些异步调用方法允许多个任务并发执行，从而提高了资源利用率。在实际应用中，可以根据具体的需求选择合适的异步调用方法。

2. 异步调用案例：Nginx 异步处理设计

Nginx 是一款面向性能设计的 HTTP 服务器，能够反向代理 HTTP、HTTPS 等协议的连接，并且提供了负载均衡能力以及 HTTP 缓存。它的设计充分利用了异步处理模式，减少了上下文调度的开销，提高了服务器的并发处理能力。

如图 5-11 所示，Nginx 在处理网络请求时，主要可以分为接收网络请求和处理网络请求两个步骤。这两个步骤涉及两个关键点：连接管理功能和处理请求功能。其中，连接管理功能决定是否可以接收高并发的网络连接，请求处理功能决定是否可以及时处理和响应用户的请求。

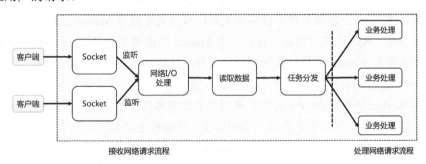

图 5-11

（1）接收网络请求

当客户端的连接到达 Nginx 时，首先需要经过网络 I/O 的处理。因此，一种合适的网络 I/O 模式对于网络后台非常重要，它决定网络后台能够管理的最大并发连接数量。常用的网络 I/O 模式都是基于事件驱动的异步模式，服务器端在接收到网络连接后，不会立即分配线程来处理连接，而是监听事件（如读、写、请求连接），并在有事件发生时分配进程或者线程进行处理。通过事件驱动方式，服务器端可以高效地监听和管理多个连接并快速处理网络请求。

如图 5-12 所示，Nginx 采用的是事件分离器（Reactor）模式。Reactor 模式是处理并发 I/O 比较常见的一种模式，其中心思想是将所有要处理的 I/O 事件注册到一个中心 I/O 多路复用器上，同时将主线程/进程阻塞在多路复用器上。一旦有 I/O 事件到来，多路复用器就将事先注册的相应 I/O 事件分发到对应的处理器中。在该模式中，Reactor 作为事件分离器，使用 I/O 多路复用模型监听和管理多个网络 I/O 的文件描述符——在收到事件后，如果是连接事件，则将请求分配给请求连接器进行新连接的处理；如果是读/写事件，则通过分发器将请求派发给请求处理器进行业务逻辑处理。

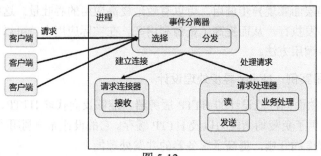

图 5-12

（2）处理网络请求

Nginx 使用了经典的 Master-Worker 模式。如图 5-13 所示，该模式适合将一个大任务拆分为多个独立的子任务，Master 进程负责接收和分配任务，Worker 进程负责处理子任务。当各个 Worker 进程处理子任务完成后，将结果返回给 Master 进程，由 Master 进行归纳和总结。Nginx 在启动后，会有一个 Master 进程和多个 Worker 进程。Master 进程主要用来管理 Worker 进程，包括接收来自外界的信号、向各 Worker 进程发送信号、监控 Worker 进程的运行状态，以及在 Worker 进程退出后（在异常情况下）会自动重新启动新的 Worker 进程。Worker 进程主要用来处理基本的网络事件，多个 Worker 进程之间是对等的，它们同等竞争来自客户端的请求，各进程之间是相互独立的。

图 5-13

Worker 进程的个数是可以设置的，一般会将其设置为与 CPU 的核数一致。原因是：为了更好地利用 CPU 多核特性，Nginx 提供了 CPU 亲和性的绑定选项，我们可以将某个进程绑定在某个核上，这样就不会因为进程切换而使得缓存失效。有更多的 Worker，只会导致进程来竞争 CPU 资源。

3. 使用消息队列通信

Master 进程和 Worker 进程之间是通过消息队列进行通信的。通过使用消息队列的方式实现异步调用，可以在应用的各个组件之间进行解耦和通信。消息队列作为一个中间件，负责存储和传递消息。它允许生产者（发送方）将消息发送到队列中，而消费者（接收方）从队列中获取并处理这些消息。通过这种方式可以提高应用的吞吐量，因为生产者和消费者之间的通信是异步的，它们可以独立地进行工作，而不需要等待对方的响应。具体介绍如下。

- 解耦：消息队列在生产者和消费者之间引入了一个缓冲层，使它们可以独立地进行工作。这样可以提高应用的可扩展性和可维护性，因为对各个组件可以独立地进行开发、部署和扩展。

- 异步通信：生产者将消息发送到队列中后，可以立即继续执行其他任务，而不需要等待消费者处理消息。同样，消费者可以在处理完一个消息后立即处理下一个消息，而不需要等待生产者发送新消息。这样可以提高应用的吞吐量，因为多个任务可以并发执行，从而提高了资源利用率。

- 削峰填谷：消息队列可以作为一个缓冲区，暂存大量的消息。当生产者生产消息的速度快于消费者处理消息的速度时，队列中的消息会积压，从而起到削峰的作用。当消费者处理消息的速度快于生产者生产消息的速度时，队列中的消息会逐渐减少，从而起到填谷的作用。这种削峰填谷的能力有助于提高应用的吞吐量，使系统在面对突发流量时仍能保持稳定运行。

- 可靠性和容错性：消息队列通常具有持久化机制和重试机制，确保消息在处理过程中不会丢失。如果消费者在处理消息时发生了故障，那么消息可以被重新放回队列中，以便由其他消费者来处理，或者在故障恢复后消费者重新处理此消息。这种可靠性和容错性有助于提高应用的吞吐量，确保系统在面对故障时仍能保持正常运行。

总之，通过使用消息队列实现异步调用，可以有效地提高应用的吞吐量。

4. 消息队列案例：某音乐 App 评论系统的高可用设计

某音乐 App 自诞生以来，已有多个版本的评论系统。该音乐 App 有着强烈的社交黏性，其评论系统作为用户社交的重要场景以及艺粉互动（明星空降）的重要场地，经常会有突发流量。在通常情况下，这种突发流量的读峰值会达到 6000QPS，写峰值会达到 1000QPS。

下面介绍该音乐 App 评论系统的架构设计。

（1）应用功能架构

该音乐 App 评论系统的应用功能架构主要包括接入层、逻辑层、支撑层和数据层，具体功能如图 5-14 所示。

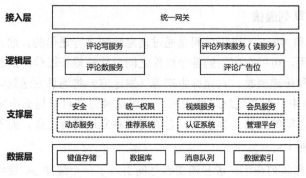

图 5-14

（2）读场景设计

针对读场景的高并发支持，如果直接读后端 MongoDB 数据库，则需要非常高的存储成本来应对读压力。因此，这里采用了缓存机制。对于高并发的热数据，采用缓存方案，但在使用缓存时要注意做好防穿透和限流，防止存储高负载雪崩。

（3）写场景设计

写评论的服务涉及比较复杂的业务判断和业务逻辑，包括评论安全检验、评论发布属地信息查询并记录、确认评论是否需要置顶、确认评论是否为乐评人所发……

由于涉及多种操作，即使部分处理失败也会造成比较严重的体验问题，因此需要保障数据处理的一致性。为了保障一致性，一种传统的方式是使用强一致性事务处理，但这会大大降低吞吐量。另一种方式是通过将同步处理（强一致性事务的逻辑）改成异步处理，保障最终一致性。如图 5-15 所示，为了有更高的吞吐量，写场景采用了最终一致性方案，即通过消息队列来实现写评论请求与评论存储的解耦，实时写服务将已完成相关查询操作的评论写入高速缓存（CKV+）和消息队列（Kafka），然后执行其他业务校验逻辑，最后异步写入数据库（MongoDB）。同时，通过重试，也可以确保最终将核心数据写入数据库（MongoDB）。

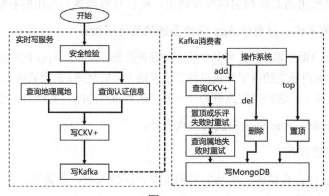

图 5-15

在应用中，业务流程往往具有调用链路长、后置依赖多等特点，而这会同时降低应用的效率和并发处理能力。为了提高应用的吞吐量，可以采用这种策略：对主业务流程采用同步调用，而对非主业务流程采用异步调用。

这种策略的原理是将主业务流程与非主业务流程分离，主业务流程仍然采用同步调用，以确保关键业务逻辑的正确性和实时性。而对于那些不需要与主业务流程同步的任务，可以将它们放入消息队列中进行异步处理，例如通过定时任务处理。这样做的好处有以下几点。

- 提高主业务流程的响应速度：将非关键依赖从主业务流程中剥离，可以减少主业务流程的执行时间，从而提高其响应速度。

- 实现非主业务流程的集中管理和批量处理：对非主业务流程的任务进行异步处理，可以实现集中管理和批量处理，提高资源利用效率。

- 适合耗时长、消耗大量资源或容易出错的任务：可以将这类任务从请求的主业务流程中剥离，异步执行，以减轻主业务流程的负担。

总之，通过对主业务流程采用同步调用，而对非主业务流程采用异步调用的方式，可以有效地提高应用的吞吐量，缩短服务的响应时间，从而提高应用的整体性能。

5. 案例：线上商城业务逻辑同步改异步设计

对于一个基于 Tomcat 的 Web 应用，会为每个请求分配一个线程进行处理，该线程负责从后端获取数据、拼装数据，然后返回给前端。在同步调用获取数据接口的情况下，整个线程一直被占用，降低了应用的吞吐量。

在这种模式下，对于线上商城业务的下单服务，当有大流量进来时，就会产生非常高的负载。如果采用同步处理，则需要大量的计算资源，代价太高。但是如果将下单流程修改为异步处理，则可以大大降低成本。在异步处理模式下，下单服务异步实现更新的流程如图 5-16 所示。

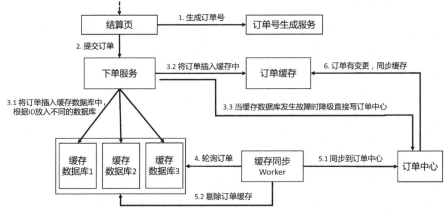

图 5-16

通过以上方式，将整个同步的业务处理流程改成异步的，大大减少了线程因为等待后端如拉取数据而造成的时间浪费，因此提高了应用整体的吞吐量。

5.2.5　数据库层

要提高数据库层的吞吐量，一般可以通过增加数据库实例配置、读/写分离、分库分表等方式来实现。

5.2.5.1　增加数据库实例配置

通过动态增加云上数据库实例的配置（垂直扩容），可以提高数据库的查询性能，从而提高数据库的 QPS。QPS 是衡量数据库处理查询请求能力的关键指标，它反映了数据库在单位时间内能够处理的查询请求量。其提高的原因如下。

- 提高 CPU 性能：增加数据库实例的 CPU 核数或提高 CPU 主频，可以提高数据库的计算能力。这样可以使数据库更快地处理查询请求，从而提高 QPS。

- 增加内存容量：增加数据库实例的内存容量，可以使数据库缓存更多的数据和索引，从而减少磁盘 I/O 操作。这有助于提高数据库的查询性能，进而提高 QPS。

- 增加存储容量和 IOPS：增加数据库实例的存储容量和 IOPS，可以提高数据库的读/写性能。这样可以使数据库在面对大量查询请求时仍能保持高性能，从而提高 QPS。

- 增加网络带宽：增加数据库实例的网络带宽，可以提高数据传输速度，从而减少网络延迟对数据库 QPS 的影响。

在实际应用中，通过垂直扩容来提高数据库的性能有一定的限制，无法一直增加数据库实例配置，因此 QPS 到一定时候会陷入瓶颈。

5.2.5.2　读/写分离

读/写分离是一种提高数据库性能的策略，其原理主要是将数据库的读操作和写操作分别分配给不同的数据库实例来处理。这种策略适用于读多写少的互联网应用场景，可以有效地提高数据库的吞吐量和响应速度。

在读/写分离的架构中，通常采用主从分离的方式，即一个主库负责处理写请求，而一个或多个从库负责处理读请求。主库将数据的变更同步到各个从库，以保证数据的一致性。当应用发起读/写请求时，根据请求类型，将写请求发送到主库，而将读请求发送到从库。我们可以根据实际的读请求量来决定从库的数量，以实现负载均衡。

读/写分离的优势在于，它充分利用了数据库的资源，将读/写压力分散到不同的数据库实例上。这样可以避免单一数据库实例出现性能瓶颈，提高数据库的并发处理能力。同时，读/写分离还可以提高应用的可扩展性，当读请求量增加时，可以通过增加从库的数量来应对更大的读压力。

1. 主从架构

主从架构主要是通过搭建数据库的主从集群来实现的，这种架构可以有效地提高数据库的性能，特别是在读多写少的应用场景中。如图 5-17 所示，主从架构包括写主库、读从库和主从库之间的数据同步。

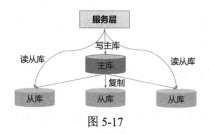

图 5-17

- 写主库：主库负责处理所有的写操作（如插入、更新、删除等），它是数据库集群中唯一具有写权限的节点。主库将数据变更操作记录在二进制日志（Binary Log）中，以便将这些变更操作同步到从库。

- 读从库：从库主要负责处理读操作（如查询等），可以有一个或多个从库。通过将读操作分散到不同的从库，可以有效地分担主库的压力，提高数据库的整体性能。在实际应用中，可以根据实际的读请求量来决定从库的数量，以实现负载均衡。

- 数据同步：主从库之间的数据同步是主从架构的关键环节。数据同步通常采用异步复制机制，即主库将二进制日志中的数据变更操作异步发送到从库。从库接收到这些变更操作后，将它们应用到本地的数据存储中，从而实现数据的一致性。异步复制机制可能会导致数据复制延迟，这意味着在某些情况下，从库中的数据可能会稍微落后于主库。因此，这种架构适用于对数据一致性要求不高的业务。

2. 实现方式

读/写分离可以通过以下三种方式来实现。

- 通过应用自身实现：在应用中，可以通过代码逻辑来区分读操作和写操作。对于写操作，将请求发送到主库；对于读操作，将请求发送到从库。这种实现方式的优点是简单、直接，不需要额外的中间件或数据库配置；缺点是需要在应用层维护数据库连接和负载均衡逻辑，而这可能会导致代码复杂度的增加。

- 通过数据库实现：有些分布式数据库本身提供了主从复制和读/写分离的功能，数据库会自动将写操作发送到主库，将读操作发送到从库。这种实现方式的优点是无须在应用层进行额外的配置和处理；缺点是可能需要对数据库进行额外的配置和管理，以确保主从同步和负载均衡。

- 通过中间件实现：通过使用数据库中间件（如 MyCat、ProxySQL 等）来实现读/写分离。中间件位于应用和数据库之间，负责拦截和分发数据库请求。中间件可以根据请求类型（读或写）将请求路由到相应的主库或从库。这种实现方式的优点是对应用透明，应用无须关心主从复制和负载均衡的逻辑。此外，中间件还可以减少应用与数据库的总连接数，从而避免因连接过多而导致数据库连接不足。缺点是需要额外维护中间件，且需要考虑查询延迟以及高可用和负载均衡等问题。

在实际应用中，可以根据具体的应用场景和需求，选择合适的读/写分离实现方式来提高数据库的性能和吞吐量。

3. 案例：某直播平台数据库一写多读设计

作为业界领先的娱乐直播平台，某直播平台每天为数以亿计的互联网用户提供优质的直播观看、互动和娱乐等服务。近年来，随着直播市场的火热，作为业内口碑和体验俱佳的直播平台，其用户量也出现井喷式增长。海量用户给该直播平台带来了稳定性技术挑战，无论是业务支撑还是架构设计，均存在一定的风险和隐患。

（1）单数据中心（应用功能架构优化前）

如图 5-18 所示为优化前的应用功能架构图。可以看出，当前设计全部在同一个数据中心，一旦该数据中心出现故障，就会导致全站瘫痪。为了给用户带来更好的可用性体验，该直播平台急需解决单数据中心的问题——将老架构从单数据中心升级到多数据中心。

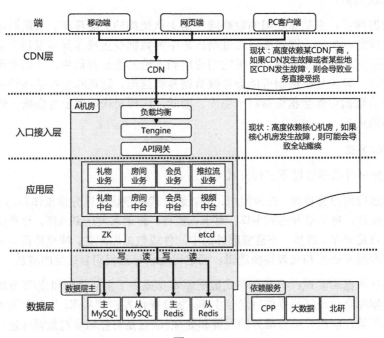

图 5-18

（2）同城多活（应用功能架构优化后）

在将单数据中心升级到双数据中心的新架构下，需要同时考虑前端网络接入、服务双中心部署，以及数据在双中心间的同步等问题。如图 5-19 所示，从优化后的架构可以看出，该直播平台通过 CDN 实现了流量在双中心的"全局"负载均衡。在应用层，包括应用服务都在双中心各自部署了一套。另外，应用所依赖的业务数据原先被存储在老数据中心（A 机房）的 ZooKeeper（简称 ZK）和 etcd 数据库中，现在通过同步机制被同步到新数据中心（B 机房）的 etcd 数据库。最终，优化后的架构可以实现按域名甚至按 URL 细粒度调度流量，在 RPC 层面也具备了自动就近调用的能力。

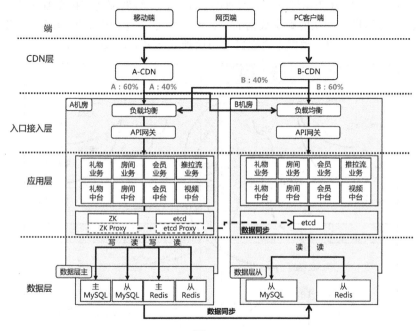

图 5-19

在整个架构中，注册中心数据同步是一个难点。该直播平台的云上应用主要采用 Java/Dubbo 和 Go 两种语言开发。使用 Java/Dubbo 开发的应用将 ZooKeeper 作为注册中心，而使用 Go 开发的应用将 etcd 作为注册中心。在单数据中心时，ZooKeeper 和 etcd 并存。当升级到双数据中心时，需要同时维护 ZooKeeper 和 etcd 两个注册中心，而且对其进行数据同步过于烦琐，也容易产生错误。同时，从技术演进的角度来看，该直播平台也希望注册中心统一由 etcd 来实现。但由于业务众多，改造和迁移的周期会很长，预计需要一两年的时间。在此过程中，规划将 ZooKeeper 中的数据同步到 etcd，采用实时同步，从而保证数据的一致性以及高可用。该直播平台主要通过以下两种设计来实现以上方案。

- 新老数据同步：统一采用 etcd 的主从架构，新数据中心的服务统一采用 Go 语言开发，直接通过 etcd-proxy 组件读/写主 etcd，而老数据中心的 Java/Dubbo 和 Go

应用依然是各自读/写本地的 ZooKeeper 和 etcd，然后通过自研的实时同步组件 zk2etcd 和 etcd2etcd 与主 etcd 同步

- etcd 一写多读：为了确保主 etcd 的高可用，使得整体业务不依赖某核心机房（一旦核心机房出现故障，就会导致整体业务不可用），该直播平台采用了"一写多读"的方式来确保 etcd 的可用性。所有对 etcd 的写操作都被更新到主 etcd，而对数据一致性要求不高的业务可就近访问同地区的备 etcd，有强一致性诉求的业务则可访问主 etcd。当主 etcd 遇到故障时，业务运维人员能够根据一致性监控等，快速将备 etcd 提升为主 etcd。如图 5-20 所示，B 云中的是主 etcd，A 云中的是备 etcd。在正常情况下，所有的 etcd-proxy 组件都会直接在 B 云中的主 etcd 上进行写操作，从而确保数据的一致性。只有当 B 云中的主 etcd 不可用时，所有 etcd-proxy 的写操作才会被自动切换到 A 云中的备 etcd 上。

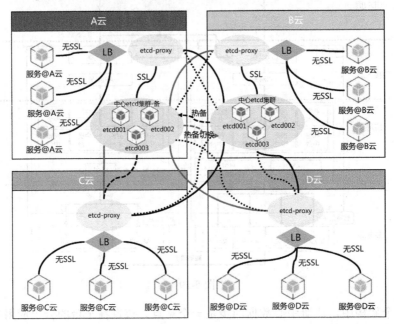

图 5-20

在图 5-20 中，在不同的云之间通过 SSL 专线（不同云之间的黑色实线———）访问，并且设计了 SSL 公网（不同云之间的黑色虚线………）访问作为冗余。

总体而言，该直播平台从单数据中心架构升级到同城多活的架构，提高了用户体验和系统的可用性。在新架构中，可以基于域名或 URL 对流量进行细粒度调度，支持在 RPC 层面自动就近调用。面对注册中心数据同步的挑战，该直播平台决定从 ZooKeeper 和 etcd 的并存转向统一使用 etcd，并通过自研的实时同步组件保证数据的一致性。为了确保主 etcd 的高可用，新架构采用了"一写多读"的策略，当主 etcd 遇到故障时，能够快速切换到备 etcd，从而保障业务的连续性和数据的一致性。

5.2.5.3　分库分表

对于大型互联网应用，单台服务器的磁盘容量通常只有 TB 级别，而应用数据量可能达到百 TB 或千 TB，远超过单机能够承受的范围。随着数据的增长，单表查询的性能也会受到影响，特别是当数据量达到千万级别时。这不仅会导致查询速度的下降，而且大型的索引也会导致性能的下降。为了解决这个问题，一种常见的策略是采用分库分表。这可以从两个维度来实现：一是时间维度，将不同时间的数据存放在不同的表中，从而控制每个表的容量；二是访问维度，例如，可以基于用户 ID 进行 Hash 分布，将不同的用户数据存储在不同的数据库端口中。这样的策略不仅能够提高数据库的读/写性能，缓解查询压力，还能够分散存储的负担。

1. 分库

分库是指将一个数据库中的数据按照某种规则分拆到多个数据库中，以缓解单服务器的压力（CPU、内存、磁盘、I/O）。分库的具体做法是根据业务的功能、模块或领域将数据分散到不同的数据库实例中进行存储。例如，一个 MySQL 数据库中的数据大致分为 A 和 B 两个领域。为了分散存储和访问的压力，我们可以创建另一个数据库，将 A 领域的数据迁移过去，而 B 领域的数据仍然在原始数据库中。这种策略不仅能够缓解数据库的压力，提高数据的抗风险能力，还能够实现数据的独立管理，确保当一个数据库遇到问题时，另一个数据库中的数据仍然安全。

然而，这种策略也存在一些挑战。例如，对于原来同一个数据库中的表能够轻松进行联合查询，但在分库后，查询将变得复杂。由于数据分散在不同的数据库中，跨数据库的事务处理和数据一致性更加难以实现。同时，随着备库数量的增加，成本会随之上升。为了应对分库后的查询问题，可能需要考虑使用如全局表、Elasticsearch 检索等技术来实现跨库查询。

2. 分表

分表是指将一个表中的数据按照某种规则分拆到多个表中，减小锁粒度以及索引树，提高数据查询效率。分表的具体做法是根据不同的维度将一个数据表拆分为多个表，以优化存储和访问。分表分为垂直分表和水平分表。垂直分表是指将表中的字段纵向分拆到不同的子表中。这种方式主要适用于将不被经常访问且占据大量空间的字段单独存储，从而加快对常用字段的查询速度。然而，这种方式可能会使得涉及多个字段的操作变得更为复杂，因为这些字段被分散在不同的表中。水平分表是指将表中的记录横向分拆到不同的子表中，每个子表都保留了所有的字段。这种方式适用于数据量大到影响性能的场景，比如当记录超过千万条时。然而，水平分表也会给某些查询操作带来挑战，比如合并查询和范围查询。

对分表后的数据如何进行路由和插入呢？通常有三种常见的策略：范围路由、Hash路由和配置路由。范围路由：根据特定的字段范围（如时间或 ID）来定位存放数据的表，这种方式方便数据扩展，但可能会存在数据不均的问题。Hash 路由：通过 Hash 计算确定数据应被插入的表，这确保了数据的均匀分布，但在未来扩展表时可能会比较麻烦。配置路由：通过单独的路由表来定义数据和表的映射关系，这种方式虽然简单且方便扩展，但多了一个查询步骤，它可能会成为性能瓶颈。

总体而言，无论是采用垂直分表还是水平分表，都可以在同一台数据库服务器中实现性能的显著提升。如果这种优化满足了业务需求，那么就没有必要进一步进行分库了，因为分库会增加系统的复杂性。但如果经过分表后，单台服务器仍无法满足性能要求，那么将业务分库可能是必要的下一步。

与读/写分离的实现方式一样，分表也可以通过应用自身的业务逻辑、数据库和第三方中间件来实现。

在处理数据库的水平扩展时，分库分表策略经常被采用，其主要目的是将数据分散在不同的数据库/表中，以提高系统的性能和吞吐量。但是这种策略也伴随着一些技术难题，尤其是数据同步、跨库表操作和数据一致性这三个核心问题。

- 数据同步：在很多场景中，数据同步至关重要。例如，在进行数据的备份与恢复时，由于数据存在于多个地方，如何确保对所有的数据都进行了同步和备份，以及在发生意外时如何能够快速恢复数据，成为一大考验。再如，随着业务的不断发展，可能需要重新进行数据分片，这时就会涉及大量的数据迁移。在此过程中，确保数据的完整性和准确性，以及保持业务的持续运行，是非常具有挑战性的。在数据同步中，具体的难点包括实时同步、确保正确的同步顺序，以及应对可能的网络瓶颈。

- 跨库表操作：当数据被分配到不同的库或表中时，跨库多表的连接（JOIN）操作会带来问题。来自 DBA 的最佳实践是尽可能不要有表的连接操作，因为连接操作往往会给后续分库分表带来问题，可能导致数据库死锁。我们可以采用多次查询的方式，在业务层进行数据的组装。其他诸如 GROUP BY、ORDER BY 等聚合查询操作，在分库分表场景中也会引发问题，最好的方式是通过业务代码来实现。

- 数据一致性：在分布式环境中，需要确保多个数据副本在经历了一系列操作后，可以达到一个统一的状态。在这方面难点有很多，例如，如何在多个库、表之间实现跨数据库的事务一致性，这通常需要复杂的分布式事务方案。另外，由于网络或其他原因，数据可能在短时间内呈现不一致状态，那么如何设计策略使其达到最终的一致状态也是一个挑战。还有，在数据更新后，如何确保读/写的一致性，尤其是在数据有多个备份或副本的情况下，对于那些基于数据库解决事务性问题的上层应用来说，会是一个较大的挑战。分库分表可能会使得执行一次事务所需的数据分布在不同的服务器上，在数据库层面无法实现事务性操作，需要更上层的业务引入分布式事务性操作，这难免会给业务带来一定的复杂性。要解决数据一致性的问题，可能需要在系统的性能或可用性上做出妥协。例如，强一致性模型可能会使系统的延迟增加,而选择最终一致性可能会在短时间内牺牲数据的准确性。或者在进行分库分表方案的设计时,从业务的角度出发,尽可能保证一个事务所操作的表在一个库中,从而实现数据库层面的事务性保证。在无法实现在同一个库、表内完成事务性操作的情况下,可以在业务层引入分布式事务组件来保证事务性,如以事务性消息、TCC 等分布式事务方式来实现数据的最终一致性。

综上所述,尽管分库分表提供了更好的系统可扩展性和性能,但它也给我们带来了一系列技术上的考验,特别是在数据同步和数据一致性上。对于这些问题,我们需要根据具体的业务和技术场景,选择最合适的方案来解决。

3. 案例:分布式数据库设计

（1）原理

分布式数据库可以被认为是分库分表机制的自动化实现,它的基本原理是允许将数据存储在多个物理位置上,而在逻辑上,这些数据可以被视为一个整体。这种设计的核心目的是确保数据的高可用性、可靠性、可扩展性和性能。

在传统的单一数据库系统中,所有的数据都被存储在一个中心位置。但是随着数据量的增长和对高可用性需求的增加,这种方法显然变得不可持续。因此,分布式数据库采用了将数据分布在多个服务器或节点上的策略（类似于分库分表）,这些服务器或节点可能分布在不同的地理位置。

为了实现数据的一致性（Consistency,C）、可用性（Availability,A）和分区容错性（Partition Tolerance,P）,分布式数据库通常将 CAP 原理作为指导原则。CAP 原理表示,任何分布式数据库系统只能在一致性、可用性和分区容错性这三个属性中选择两个,这是分布式系统设计中的基本权衡原则。

（2）架构

分布式数据库的架构旨在提供一种方式,使数据可以存储在多个物理位置上,而从逻辑上看,这些数据仍然被作为一个集合呈现。在这种架构中,数据存储不再局限于单一的中心位置,而是将数据分布在多个服务器或节点上,这些服务器或节点可能位于多个地理位置。这种架构的核心组件如下。

- 节点:系统中的数据库服务器。
- 数据分片:为了确保数据的高效分布,数据被切分成数个较小的块或"分片",将每个数据分片都分布在特定的节点或多个节点上。
- 数据复制:通常每个数据分片在多个节点上都有副本,以增强数据的可用性和恢复能力。
- 负载均衡器:一种类似于 Proxy 的机制,确保所有的查询和数据请求都被均匀地分派到所有的节点，从而最大化提高响应速度和性能。

- 元数据服务：负责跟踪系统中的数据存储位置，了解哪部分数据存在于哪个节点上。
- 事务处理器：当涉及跨多个节点的事务时，事务处理器确保所有的操作都能正确并一致地执行。

（3）实现机制

实现分布式数据库涉及许多关键的技术机制，这些机制共同工作，确保数据的一致性、可用性和性能。以下是主要的实现机制。

- 数据路由：基于应用的查询请求，分布式数据库必须快速地确定存有相关数据的节点。为此，数据路由机制被设计出来，指导路由到合适的节点。
- 数据复制：为了提高系统的整体可用性，将数据复制到多个节点上。选择复制策略，如主从复制或对等复制，可以决定如何更新和同步数据。
- 分布式事务处理：对于跨多个节点的事务，系统必须保证操作的一致性和完整性。例如，为了确保分布式事务的一致性，通常采用两阶段提交（2PC）协议。
- 数据一致性：在多个节点上维护数据的一致性是关键，通常采用的算法有 Paxos 和 Raft 等。
- 故障恢复：分布式数据库必须具备应对节点故障的策略，包括检测故障、从其他节点恢复数据，以及重新路由到健康节点。

5.2.6　存储层

在存储层，主要通过"一写多读"的方式来提高应用的吞吐量。下面通过云盘和对象存储这两种存储方式来介绍。

5.2.6.1　云盘

云盘（通常指块存储服务）是为了满足云环境中虚拟机的持久性存储需求而设计的。在"一写多读"的场景中，云盘的核心思路是：在首次写入数据后，这些数据可以被多个客户端或虚拟机并发读取。当云盘首次接收到写操作时，将数据保存到持久性存储中。一旦数据被写入，任何有权限的实体就都可以读取它，并且不会修改原始数据。通过在存储层设置适当的权限和缓存机制，可以确保数据被高效地多次读取。具体而言，当数据被写入云盘时，它经常会被缓存在存储系统的高速存储层（如 SSD）。随后的读取请求首先会检查缓存，如果数据在缓存中，则直接从缓存中读取，大大加快了读取速度。为了支持并发读取，云盘服务提供了数据锁定机制，该机制确保在写入时数据不会被其他操作更改。为了进一步提高应用的吞吐量，许多云盘解决方案都支持数据复制，其中数据的多个副本分布在多个物理位置，从而使得并发读取请求可以从最近的副本读取。

5.2.6.2　对象存储

对象存储是一种在云上使用最为广泛的数据存储解决方案，它将数据以对象的形式存储起来，并使用全局唯一标识符进行访问。它非常适合"一写多读"的场景，因为一旦对象被存储起来，它就可以被多个客户端并发读取，而不需要任何额外的协调。

当对象被首次写入对象存储时，它被存储在一个特定的位置，并为其分配了一个全局唯一标识符。客户端在读取对象时，只需要使用这个标识符。由于对象是不可变的，所以并发读取不会引起冲突或数据不一致的问题。为了支持高吞吐量的读操作，对象存储经常采用数据复制策略。在这种策略下，每个对象都有多个副本，这些副本在多个物理位置上分散存储。当客户端请求一个对象时，系统会选择最近的副本或最低负载的节点服务于请求，从而最大化读取速度。此外，许多对象存储解决方案还采用了边缘缓存或 CDN 技术，这些技术将数据缓存在更靠近用户的地方，从而进一步加快读取速度。

5.3　缩短响应时间

缩短响应时间是提高应用并发处理能力的另一条重要途径。请求响应时间短，意味着在同一时刻应用可以处理更多的请求，而不至于被一个时间长的请求所占据。我们可以从多个层面来探讨如何缩短应用的响应时间，具体包括网络接入层、应用接入层、逻辑层、数据层等。对于客户端，缩短响应时间的措施与之前所讲的提高吞吐的措施几乎相同，因此这里不再赘述。总的来说，缩短响应时间需要从应用的每个环节出发，进行细致的优化，这样才能确保系统高效、稳定地运行，并满足用户的需求。

5.3.1　网络接入层

在任何应用架构中，优化应用的响应时间都是关键任务之一，特别是在客户端与服务器之间，网络链路优化尤为重要，因为网络延迟时间通常是响应时间的主要组成部分。目前业界有两种主要的优化方法，分别是减少网络中转和减少使用公网链路。

5.3.1.1　减少网络中转

每个网络中转节点（如路由器、交换机、网关等）都会增加数据包的处理和转发延迟。因此，减少网络中转可以有效地降低这种延迟，从而加速数据的传输。例如，在某些业务场景中，如 VoIP 业务，为了解决用户访问的连通性、稳定性与速度问题，需要通过减少网络中转来缩短响应时间。在使用服务器进行中转请求时，每一次中转都会增加带宽消耗。要设法避免出现多次中转的情况，比如 VoIP 会根据现网情况实时优化路由，从而实现加速。具体的实现方式如下所述。

- 智能 DNS：使用智能 DNS 可以实现地理感知，根据用户的位置解析出最近的服务器 IP 地址。这不仅缩短了物理距离，还减少了网络中转。

- BGP 路由优化：BGP（边界网关协议）是在互联网上使用的主要路由协议。优化 BGP 路由，可以通过选择最佳路径而不是最短路径来提高数据传输速度。使用 BGP 优化工具可以自动选择最佳路径，考虑到了延迟、带宽和其他因素。

- 网络性能管理工具：使用网络性能管理工具，如 WAN 优化器等，可以动态地根据网络状况调整路由。使用这些工具可以检测并避免网络中出现瓶颈和故障点，确保数据总是沿着最佳路径传输。

- 局部路由优化：在 IDC 的局部网络中，使用 SDN（软件定义网络）可以动态地优化路由，确保数据在内部网络中沿着最佳路径传输。

优化路由是确保数据包在最短的时间内从源到目的地的关键。它考虑的不仅有物理距离，还有其他网络因素，如带宽、延迟和丢包率。通过上述方法，可以显著地减少网络中转和降低延迟，从而提高应用的响应时间。

5.3.1.2　减少使用公网链路

由于公网链路具有开放性、多样性和不确定性，因此使用它可能会出现各种不可预测的问题，如丢包、延迟波动等。而云服务商自己的内部主干网是经过优化的且高度可控，具有高性能，因此使用内部主干网会更稳定和更快速。具体的实现方式如下所述。

- 合作伙伴互联：大型云服务商通常与主要的互联网服务提供商（ISP）建立直接的网络连接（这种连接被称为"直接互联"），绕过公网，直接在两个网络之间建立连接。

- 专线连接：如图 5-21 所示，为了提供更稳定和更快速的网络体验，许多大型云服务商都为客户提供了专线连接服务，允许客户直接连接到云的主干网，绕过公网。例如，Amazon 的 Direct Connect 和腾讯云的专线连接等。

- 跨地域路由调度能力：在许多跨地域访问的场景中，用户访问网站后台需要经过一条长且复杂的公网链路，连接到后台服务的数据中心主机。此过程完全依赖网络运营商，容易出现数据丢失和延迟的问题。为了解决这个问题，可以通过跨地域调度策略，在接入点与数据中心之间建立多条回源路径。这样一来，部分网络段就可以实现定向的服务调度，比如根据用户所在地将请求路由到相应的数据中心。例如，北美用户的请求被引导至北美的数据中心，东南亚用户的请求则被引导至新加坡的数据中心。每个数据中心在处理完请求后都会将结果返回给用户，从而规避跨洋链路带来的潜在不稳定和高延迟的问题。

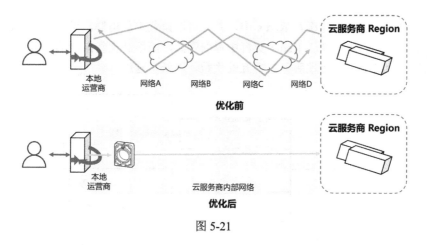

图 5-21

- Anycast 路由：Anycast 是一种网络寻址和路由方法，可以将同一个 IP 地址分配给多个在地理位置上分散的终端。当将数据发送到这个 Anycast IP 地址时，云服务商内部的路由协议会决定将数据包发送到哪一个物理节点，通常基于距离最近或网络拥堵程度最小的准则来确定。Anycast 路由器会选择最佳路径，通常选择最近的服务器。这是通过常规的路由协议如 BGP 来完成的，这些协议可以识别出哪一个节点具有最少的跳数或最低的延迟。此外，随着网络状况的变化，例如，某一节点出现故障或网络拥堵，数据包可以被自动重定向到另一个 Anycast 节点。当用户尝试连接到 Anycast IP 地址时，会将其路由到最近的节点，并且接下来直接使用云服务商的内部主干网，这大大缩短了响应时间。

总的来说，优化客户端与服务器之间的网络链路是一个涉及多方面的任务，涵盖各种技术和策略。通过减少网络中转和减少使用公网链路，可以显著缩短应用的响应时间，进而提供更好的用户体验。

5.3.2　应用接入层

在应用接入层，缩短响应时间的方式包括 Web 服务器缓存、网络协议优化等。

5.3.2.1　Web 服务器缓存

通过在 Web 服务器上采用缓存机制来缩短应用接入层的响应时间是一种高效的策略。这样的实践在面向高并发、高流量的应用中尤为常见，它可以极大地降低后端服务器的负担，同时为用户提供更短的响应时间。

以 Nginx 为例，这是一个高性能的 Web 服务器和反向代理服务器，其内置了强大的缓存机制，与 Lua 脚本配合使用，可以实现良好的 Web 服务器缓存效果。如图 5-22 所示，当用户首次请求某个资源时，Nginx 会代理该请求从后端服务器如 Tomcat 中获取资源，然后将其存储在本地缓存 Redis 中，并且可以设置主从集群。当其他用户请求相同的资源时，Nginx 会直接从 Redis 集群中提取资源，而不是重新向后端服务器请求。这种机制极大地减少了与后端服务器交互的次数，降低了延迟。

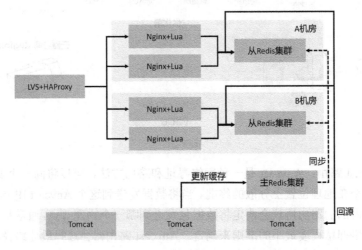

图 5-22

为了确保数据的实时性，Nginx 的缓存机制也支持设置缓存有效期。一旦某个资源的缓存过期，Nginx 就会再次请求后端服务器，即回源获取最新的资源。在设置了主从 Redis 集群的情况下，后端服务器可以直接更新主 Redis 集群。同时，Nginx 也提供了细致的缓存控制，例如，可以根据 URL、请求类型或其他头部信息来决定是否缓存某个资源。

此外，Nginx 缓存也具有高度的可配置性，允许开发者或系统管理员为不同的资源设置不同的缓存策略。例如静态资源，如图片、CSS 或 JavaScript 文件，它们通常不会发生更改，所以可以设置较长的缓存时间；而动态内容，如 API 响应或新闻文章，可能需要设置较短的缓存时间，以确保用户总是获取到最新的内容。

通过合理地配置和使用 Nginx 的缓存功能，不仅可以大大提高应用的响应速度，还可以减少后端服务器的负载，节省带宽，从而为用户提供更加流畅的体验。

5.3.2.2　网络协议优化

网络协议优化，可以考虑采用适配长/短连接、优化网络包、编码与压缩等方式。

1. 适配长/短连接

为了缩短应用的响应时间，应用接入层的连接策略选择尤为关键。连接模式包括短连接和长连接两种，它们都有独特的应用场景和优劣势。

在短连接模式中，每次数据交互结束后，连接都会被立即断开。这样的策略在某些情况下是非常有用的，例如，当应用不需要频繁地与服务器进行交互时，或者当一次数据交互是主要的用例时。短连接的一个显著优点是简单。没有持续连接，也就没有连接的管理问题，降低了系统的复杂性。然而，短连接也有其不足之处，其中最大的缺点是每次数据交互都伴随着 TCP 三次握手的开销。频繁地建立和断开连接也会引起 TCP 慢启动特性被频繁触发，这可能会对初始数据传输速度产生不利影响。

相比之下，长连接模式允许连接在数据交互完成后保持开放状态。这意味着相同的连接可以被多次数据交互所重用。长连接的显著优势是，它明显地减少了由于频繁进行三次握手而产生的网络开销。同时，由于 TCP 的特性（如流量控制和拥塞控制）得到了更好的利用，数据传输效率也得到了提高。长连接的缺点是，它需要一种细致的连接管理机制。如果没有进行恰当的管理，那么持续的连接可能会消耗大量不必要的资源，特别是在高并发场景中。

总的来说，是选择短连接还是长连接，取决于应用的特定需求和场景。对于需要频繁与服务器交互的应用，长连接通常是更优的选择，因为它能更有效地利用网络资源并减少延迟。而对于低频率的数据交互，短连接可能更为合适。

2. 优化网络包

为了缩短应用的响应时间，在应用接入层优化应用请求、响应时所发出的网络包是至关重要的。网络包的大小对传输效率和系统资源的消耗都有直接的影响。如果网络包过小，虽然每个包的传输速度会很快，但包的数量会大大增加，这会导致网络 I/O 和 CPU 的过度消耗。相反，如果网络包过大，虽然包的数量减少了，但每个包的传输时间可能会增加，进而增加了网络延迟并可能会对网络传输的稳定性造成影响。为了平衡这些因素并提高网络性能，一种有效的策略是精简网络包的内容。这可以通过减少不必要的数据字段或简化协议包头来实现。这样做不仅可以减少每次请求的数据量，从而加快数据传输速度，还可以更高效地利用带宽，进一步提高用户的访问体验。

以 HTTP/2 为例，传统的 HTTP/1.1 在处理 Web 请求时，对于每个资源（如图片、CSS、JavaScript 文件等）请求都会使用一个单独的 TCP 连接。尽管现代浏览器允许对单一主机并发多个 TCP 连接，但是当一个页面含有大量资源时，这种方式仍然会导致网络延迟的增加，因为要为每个资源请求进行单独的连接和断开设置。而且，HTTP/1.1 的头部信息冗长，尤其是在现代的 Web 应用中，重复的头部信息会占用大量带宽。相比之下，HTTP/2 引入了多种优化技术来减少网络延迟，其中之一就是多路复用技术。这意味着可以在一个连接上并行交换多个请求和响应，避免了多次建立和关闭连接的开销。这极大地减少了网络包的数量。此外，HTTP/2 还引入了头部压缩技术，这意味着客户端和服务器之间交换的头部信息会被压缩，大大减小了网络包的大小。这种压缩技术特别适用于 Web 应用，因为许多请求和响应都会有大量重复的头部信息。通过使用 HTTP/2，可以优化网络包的数量和大小，从而加快页面的加载速度，提升用户体验。

3. 编码与压缩

为了缩短应用的响应时间，特别是在带宽有限或网络状况不佳的情况下，应用接入层的编码与压缩成为至关重要的优化策略。编码与压缩算法的核心思想是以某种方式减少要传输的数据量，同时尽量保持数据的完整性和质量。这不仅可以大大减少对数据存储的需求，而且更重要的是，能够显著减少对网络带宽的占用。对于那些富媒体数据，如图片和视频数据，使用适当的编码与压缩算法尤为关键。

例如，对视频数据进行编码与压缩。H265 是一个较新的视频编码与压缩标准，与其前辈 H264 相比，它提供了更高的数据压缩效率。具体来说，H265 的压缩效率比 H264 的高约 30%，这意味着对于相同质量的视频，使用 H265 编码的文件的体积会比使用 H264 编码的文件小约 30%。在实际应用中，比如在视频流媒体或在线会议中，这样的优化可以极大地加速视频的加载和播放速度，提供更流畅的用户体验。

此外，对于网站的 JavaScript 文件和 CSS，也可以采用压缩技术。

4. 案例：在线游戏网络优化

对于大型的在线游戏来说，优化网络协议至关重要，因为这会直接影响玩家的体验。考虑一个虚构的例子：一个多人在线战斗竞技场游戏，称为"Battle Net Arena"。在"Battle Net Arena"游戏中，玩家在一个大型的开放世界中与其他玩家进行对战。游戏中的每个角色都有许多属性，例如玩家 ID（PLAYER_ID）、位置（X_POSITION, Y_POSITION）、健康状况（HEALTH）、魔法值（MANA）、装备（EQUIPMENT_LIST）和技能状态（SKILL_STATUS）等。每当玩家移动、攻击或执行其他动作时，这些信息都需要被同步到服务器，并且由服务器广播到其他玩家。

初步的网络协议可能是直接发送玩家的全部信息。例如，每次玩家移动时，客户端都会向服务器发送以下信息：

```
PLAYER_ID,X_POSITION,Y_POSITION,HEALTH,MANA,EQUIPMENT_LIST,SKILL_STATUS...
```

这种方法简单、直观，但是当有数千个玩家在线时，数据的传输量将会非常大（即使只有玩家的一小部分数据如位置数据发生变化）。因此，需要优化应用自身的网络协议，具体方法如下。

- 差异更新：仅发送变化的数据。例如，如果玩家只是移动了，那么只发送位置数据。

- 数据压缩：使用如 Protocol Buffers 或 FlatBuffers 这样的序列化工具，可以有效地压缩数据。

- 预测和插值：客户端可以预测其他玩家的动作，减少对实时数据的需求。例如，如果一个玩家在向北移动，那么客户端可以预测玩家将继续这个动作，直到收到新的数据。

- 区域感知：服务器只发送与玩家相对接近或与其互动的其他玩家的信息，以减少不必要的数据传输。
- 数据聚合：在一定的时间间隔内，将多个动作或更新整合到一个数据包中发送。

基于上述优化方法，当玩家移动时，客户端可能只发送以下信息：

```
PLAYER_ID,MOVE,X_POSITION,Y_POSITION
```

当玩家使用一个技能时，客户端将发送以下信息：

```
PLAYER_ID,CAST_SKILL,SKILL_ID
```

通过这些优化方法，能够大大减少网络传输的数据量，支持更多的玩家同时在线，同时降低了服务器和带宽的成本。此外，玩家体验也得到了提升，因为游戏反应更加迅速，延迟更低。

5.3.3　逻辑层

在逻辑层，缩短响应时间的方式包括业务逻辑优化、及时释放资源、业务削峰等。

5.3.3.1　业务逻辑优化

在构建和优化应用架构时，逻辑层的业务逻辑处理时间往往是响应时间的重要组成部分。通过优化应用逻辑层，可以显著缩短应用的响应时间并提升整体的并发性。业务逻辑是应用程序的核心部分，涉及数据处理、决策制定和各种任务的执行。如果对这些逻辑的处理不够高效，则可能会引起延迟，从而影响用户体验。为了优化这一层，首先，需要对业务流程进行审查，确定哪些步骤是必要的，哪些步骤可以简化或去除。其次，考虑使用更高效的算法或数据结构，以便在处理大量的数据或执行复杂的任务时获得更好的性能。简化的业务流程、高效的算法和必要的外部依赖共同作用，能够显著提高应用逻辑层的响应速度，为用户带来更流畅的体验。

1. 业务流程优化

优化应用逻辑层的业务流程是缩短应用响应时间的关键策略之一。我们可以从减少调用层级和减少跨域流量两个方面进行优化。

（1）减少调用层级

每一次调用都可能会面临增加延迟和失败的风险。在多层服务架构中，一个请求可能需要经过多个服务才能完成，每个服务调用都会增加响应时间。因此，合并或简化某些服务调用，以及减少不必要的中间层，可以有效地减少整体的响应时间。例如，一个电商应用原先需要分别调用库存服务、价格服务和商品详情服务来显示商品页面，在优化后，对这些服务的调用被合并到一个专门的商品展示服务中，从而减少了服务调用层级。

（2）减少跨域流量

跨域或跨数据中心的请求往往伴随着更高的网络延迟。因此，将相关的业务逻辑和数据部署在同一个地域或同一个数据中心，可以大幅度减少网络因素所导致的延迟。例如，在一个全球化的社交应用中，用户信息、好友列表和好友动态可能分布在不同的地域。当一个欧洲用户访问亚洲好友的主页时，如果每次都需要跨越大陆获取数据，那么响应时间将大大增加。为了解决这一问题，可以预先在欧洲地域缓存该亚洲好友的部分数据，从而避免频繁地跨域请求。

总之，通过合理地设计和优化业务流程，比如减少调用层级和减少跨域流量，可以显著缩短应用的响应时间，为用户提供更流畅的体验。

2. 数据结构优化

优化应用逻辑层的数据结构是提高应用的性能和响应速度的一种有效方法。对数据结构进行适当的优化，可以显著提高数据的存取和操作效率。选择和设计合适的数据结构，可以确保数据的高效组织、存储和检索，从而大大减少数据处理和查询的时间。

考虑常见的数据查询场景，如搜索、插入和删除等，使用适当的数据结构可以提供线性或接近常量的性能。例如，数组适用于随机访问，但在插入和删除数据时可能不够高效，特别是对于数组中间的数据。而链表在插入和删除数据时表现良好，但在随机访问数据时可能会比数组慢。因此，我们需要根据应用的具体需求，选择合适的数据结构。

举一个例子。假设我们正在开发一个在线聊天应用，其用户经常需要在消息列表中查找最新或特定的消息。如果使用简单的数组来存储每个用户的消息，那么每次有新消息到来或删除消息时，都需要重新排序或移动数组中的所有元素，而这将耗费大量的时间。相反，如果选择使用双向链表，那么插入和删除消息将变得更加高效。同时，为了加速搜索操作，可以在链表中加入哈希索引，根据消息 ID 能够快速找到对应的消息。

优化应用逻辑层的数据结构是缩短应用响应时间的关键。根据应用的具体需求，合理地选择和设计数据结构，可以实现数据的快速存储和检索，从而为用户提供更流畅的使用体验。

3. 聚合批处理

采用聚合批处理的方式来缩短应用的响应时间是一种高效的方法，我们可以从服务聚合、数据聚合和事务聚合三个维度进行考虑。

（1）服务聚合

服务聚合的核心在于将多个服务或 API 请求合并成一个更大、更有意义的操作。在通常情况下，单个业务操作可能需要调用多个微服务或 API，每次调用都会带来网络延迟、序列化、反序列化等开销。通过服务聚合，可以在一个统一的层面组合这些服务，从而减少网络调用和总体处理时间。

　　例如，考虑一个电商系统，用户在查看产品的详情时，系统可能需要分别从库存服务、评价服务、推荐服务中获取数据。在传统的调用模式中，前端或后端服务可能需要分别与这些服务进行交互，从而导致需要进行多次网络请求。但是通过服务聚合，可以创建一个专门的"产品详情聚合服务"，该服务负责与所有的相关服务交互，并返回完整的产品详情给前端。这种模式在 CQRS（命令查询职责分离）中很常见，其中读取和写入操作分别由不同的接口处理。

　　（2）数据聚合

　　数据聚合是指组合和优化数据，以减少数据存储、数据处理和数据传输的开销。在分布式系统中，同一份数据可能会被存储在多个地方或以不同的格式存在。每次查询或处理数据时，可能都会涉及从多个源收集数据，然后对其进行处理和组合。数据聚合的目标是减少这些步骤，从而提高性能。

　　以一个社交媒体应用为例。当用户查看应用主页时，可能会看到好友的最新动态、推荐的文章和即将到来的事件。在数据聚合前，应用可能需要分别从动态服务、文章服务和事件服务中检索数据。而在数据聚合后，在后端创建了一个"用户主页聚合服务"，预先组合并优化这些数据，只需进行一次请求即可获取所有所需的数据。

　　（3）事务聚合

　　事务聚合的核心在于将多个相关的事务操作集合到一个更大的事务中进行处理，从而减少在单独执行每个事务时所带来的开销和延迟。特别是在处理长事务时，事务聚合显得尤为重要。长事务通常涉及多步操作，每步操作都需要一定的时间来完成。如果将每步操作都视为独立的事务，那么在应用中会频繁地进行提交和回滚操作，这无疑增加了整体的处理时间。通过事务聚合，这些操作可以在一个统一的事务上下文中连续地执行，从而优化了响应时间。

　　值得注意的是，事务聚合并非毫无挑战性。由于涉及更多的操作和数据，事务聚合可能会增加死锁的风险。此外，长事务可能会导致资源（如数据库连接）被长时间锁定，从而影响到其他用户或操作。为了有效地应对这些挑战，事务管理系统需要能够识别和处理潜在的死锁与资源争用问题。例如，当检测到死锁时，系统可以自动回滚事务并稍后重新尝试，或者通知用户采取相应的措施。

　　考虑一个实际的例子：在供应链管理系统中，一个订单可能有多个供应商，即需要从多个供应商处采购部件。从每个供应商处的采购都可以被视为一个独立的事务，但是通过事务聚合，所有的采购可以被组合成一个单一的大型事务。这样一来，如果其中一个采购失败，那么整个订单可以被回滚，从而保证数据的一致性。但在此过程中，系统需要确保长事务不会过度占用资源或者发生死锁。

　　总的来说，事务聚合为缩短响应时间提供了一种有效的策略，但它也带来了新的挑战。适当的事务管理和监控机制对于成功实施事务聚合至关重要。

5.3.3.2　及时释放资源

在应用逻辑层，有效和及时地释放不再使用的资源是缩短响应时间的一个重要方面。如果应用长时间占用资源而不释放，如网络连接或内存资源，则不仅会消耗系统的有限资源，还可能会导致其他请求因资源不足而等待，从而增加了响应时间。

（1）网络连接

持续保持无效或空闲的连接会消耗系统资源，并可能会导致新的、有效的连接请求被拒绝。例如，如果数据库连接池中的所有连接都被长时间占用，那么新的数据库请求就必须等待，直到有连接可用。为了避免出现这种情况，可以设置连接的超时时间，确保断开长时间不活跃的连接，并允许新的请求使用。此外，使用连接池可以重复利用已建立的连接，而不是每次请求时都重新建立连接，这也有助于减少开销和提高响应速度。

（2）内存资源

如果应用使用内存而不释放，那么就会导致内存泄漏，从而消耗更多的内存资源，直至资源耗尽。例如，当应用中某个功能的数据结构持续增长而不被清除时，它可能就会占用大量的内存，导致其他部分的请求因内存不足而受到限制。使用垃圾回收和内存管理工具可以帮助识别并及时释放不再使用的内存资源。

以 Java 为例，虽然它具有自动垃圾回收功能，但是程序员仍然需要确保关闭已打开的文件、网络连接和数据库连接等资源。否则，长时间的资源占用可能会导致性能下降，甚至系统崩溃。因此，始终要确保在完成任务后及时释放所有相关资源。

总之，无论是网络连接还是内存资源，都需要确保不再需要它们时能够将其迅速且正确地释放，从而确保应用逻辑层的高效性能和响应速度。

5.3.3.3　业务削峰

当应用服务面对巨大的访问量时，如何优雅地处理，确保应用仍能快速响应是一大挑战。通过以下策略，可以在应用逻辑层实现业务的削峰。

1. 预加载

预加载机制是指将某些必要的资源提前推送至用户设备上，用户在实际使用时能够直接从本地获取资源，而无须通过网络请求。这样可以有效减少在峰值时段服务器的并发请求量和带宽消耗。

例如，一般支付平台在举办摇红包活动时，会在活动正式开始前，预先加载部分活动素材并存储在用户设备上。当活动真正开始时，由于很多资源已经被预先加载到本地，所以大大降低了服务器的负载，并为用户提供了更加流畅的体验。

2. 灰度发布

灰度发布是一种逐步推出新特性或新版本的软件发布策略。这通常涉及将新版本的软件或功能先推送给一个特定的用户群体，观察其运行情况，在确保没有重大问题后，再扩大发布范围。

静默发布是灰度发布的一种特殊形式，其中某些功能或组件在发布时没有被激活或没有公开通知给用户。实际上，这些新的功能或组件已经被部署在生产环境中，但默认是"关闭"的状态，只有满足某些条件或做出某些决策它们才会被启用。静默发布的好处在于，开发团队可以确保新的功能或组件在实际的生产环境中已经部署并准备好，当需要开启或激活时，只需改变一个配置或标志即可，无须再次部署。灰度发布和静默发布都可以大大减少在峰值时段服务器的访问压力。

例如，一个在线购物平台决定引入一种新的推荐算法，旨在为用户提供更加个性化的产品推荐。为了确保这种新算法不会对用户的体验或应用的性能产生负面影响，该平台决定先对 10%的用户进行灰度发布。这意味着只有这部分用户能够看到由新算法提供的推荐。在收到初步的正面反馈后，该平台逐渐增加用户的比例。此外，该平台还决定静默发布一个新功能：新的促销活动提示功能。虽然这个功能已经在后台部署了，但还没有被激活。在一个特定的促销活动日，开发团队简单地更改一个配置，启用了这个功能，为用户提供促销提示——无须做任何额外的代码部署，也不会导致系统中断。经过一段时间的观察，在确保没有重大问题后，再扩大到所有的用户，实现全面发布。

3. 动态调整服务质量

当应用的负载过高或带宽的使用达到峰值时，需要适时地降低服务质量，以确保大部分用户可以得到基本的服务——即使这意味着牺牲某些高级特性或高质量的体验。

例如视频流媒体服务，在高峰时段，如晚上 8 点到 10 点，可能会将默认的视频质量从高清降为标清。这样可以减少带宽的使用，并保证大部分用户仍能流畅地观看视频。

4. 从业务侧削峰填谷

通过调整业务活动的时间或规则，可以有效地避免流量高峰对系统产生集中冲击。这通常涉及对业务运营策略进行微调，以便平滑流量并确保系统可以处理预期的请求。

举一个例子：一款受欢迎的在线游戏，每天都有大量玩家在线。为了平滑服务器的负载，游戏运营团队决定在零点后进行积分和礼物的发放，而不是在晚上的高峰时段。采用这种策略基于的观察是，在夜间时段，玩家相对较少，这样可以将业务峰值错开，避免在晚上高峰时段加大服务器的压力。为了更好地支持这种策略，游戏运营团队可以利用云计算的弹性资源，在零点前对服务器进行自动扩容，确保有足够的资源来处理额外的请求。一旦这一时段过去，系统就可以根据需求自动缩减资源，从而实现成本的优化。这种策略不仅可以确保玩家获得流畅的体验，还使得整个系统的运行更加稳定和高效。

5.3.3.4　案例：业务逻辑错误而导致内存泄漏

内存泄漏是一个常见的编程问题，尤其是在那些需要开发者手动管理内存的语言中，如 C 或 C++。但是，即使在使用自动内存管理或垃圾回收的语言中，如 Java 或 Python，也可能会因为业务逻辑错误或不当的编程习惯而导致内存泄漏。以下是一个简单的例子，使用 Python 代码来展示由于业务逻辑错误而造成内存泄漏的问题。

```python
Class DataStore:
    def __init__(self):
        self._data=[]

    def add_data(self,item):
        self._data.append(item)

    def remove_data(self,item):
        # 业务逻辑错误：尝试删除不在列表中的元素
        try:
            self._data.remove(item*2)
        except ValueError:
            pass

# 模拟长时间运行的应用
store=DataStore()

while True:
    # 不断地添加数据
    store.add_data(object())

    # 试图删除数据，但因为业务逻辑错误，实际上数据没有被删除
    if len(store._data)>100:
        store.remove_data(store._data[0])
```

在上面的例子中，`DataStore` 类的 `remove_data` 方法有一个业务逻辑错误——试图删除不在列表中的元素。虽然元素不存在时，`remove` 方法会引发 `ValueError` 异常，但由于异常被捕获并被忽略，所以该错误不会对程序的运行产生直接影响。然而，随着时间的推移，`_data` 列表会不断地增长，因为在不断地添加数据，但从未删除过数据。这就导致内存资源的持续消耗，最终可能会耗尽系统资源，导致应用无法再使用。所以，一定不要忽略业务逻辑层可能会带来的性能问题。

5.3.4　调用保护

业务逻辑层对外部服务的调用确实存在很多不确定性，特别是在微服务架构或者分布式应用中。这种不确定性可能源于网络延迟、外部服务过载、软硬件故障等各种原因。如果不采取相应的措施，任由这种不确定性持续存在，那么应用的整体稳定性和响应时间都可能会受到影响。因此，在与外部服务交互时，应用应该始终遵循"不完全信任下

游服务"的原则。这意味着应用不应当完全依赖下游服务的正常运行。将对外部服务的强依赖关系转变为弱依赖关系，可以确保当这些服务出现问题或延迟时，应用的主要服务仍能继续运行，虽然功能可能会有所降级。为此，引入调用保护机制显得尤为重要，比如可以考虑引入重试（容错机制）、超时控制、熔断和降级等。这样一来，当外部服务出现故障时，应用可以绕过相关功能，提供基础功能或返回简化的响应，从而确保核心业务的连续性和用户体验的稳定性。下面我们来看各种机制的具体做法。

5.3.4.1　重试

重试机制在分布式应用中起到了关键作用，特别是在面对网络不确定性和随机性引发的错误时。在复杂的分布式环境中，一次服务调用可能会因为多种原因而失败，但并不是所有的失败都应该触发重试。首先，不是遇到所有的错误都适合进行重试。例如，如果错误是由业务逻辑产生的，那么重试可能会返回同样的错误。其次，更糟糕的是，对于因为超时或者其他问题而导致的错误，盲目地进行重试，有时候可能会加重后端服务的负担，进一步放大问题，就像雪球一样越滚越大。

所以，合理的重试策略应当具备"智能"，能够判断何时重试以及如何重试。其首要条件是，所调用的服务必须支持幂等性，这意味着无论一个操作执行多少次，它所产生的效果都是一样的，确保数据的一致性不会受到多次重试的影响。

不仅如此，过度重试可能还会给目标系统带来巨大的压力，类似于 DDoS 攻击，因为它会产生大量额外的流量。为了避免出现这种情况，需要设置合理的超时时间以及重试次数。一种有效的策略是将失败的调用记录在消息队列中，然后应用可以异步地进行重试。这种异步重试方式不会即刻增加目标服务的负担，而且还为故障恢复提供了更加弹性的解决方案。但要注意，即使是异步重试，也需要设置一个最大重试次数，以避免无限次重试。总之，设计合理的重试策略能够有效地提高系统的可靠性，同时可以避免不必要的复杂性和风险。

1. 重试链路

在分布式环境中，为了确保应用的响应速度与高可用性，重试机制需要考虑整条调用链的各个环节，包括客户端、代理（Proxy）和 Web 服务器。

（1）客户端

当客户端尝试与代理层建立连接时，应该设置明确的连接超时时间，这样可以避免因恶意请求或糟糕的网络状况而造成资源被长时间占用，确保服务器的处理能力不受影响。使用 Wireshark 等工具进行分析和系统日志记录，能够帮助监控这些连接的持续时间和频率，从而进行适时的优化。

（2）代理

代理扮演了中转的角色，它不仅要处理来自上游的客户端请求，还要监控下游 Web

服务器的健康状况。为此，代理定期进行心跳检查来评估服务器的状态是至关重要的。例如，可以设置规则：如果某个服务器地址在 10s 内失败了 2 次，那么该地址在接下来的 10s 内将被视为不可用。

（3）Web 服务器

Web 服务器有与客户端建立连接后，它会等待一段时间以接收请求。如果在这段时间内 Web 服务器没有收到任何客户端的请求，那么该连接应被视为超时。这种机制可以避免服务器资源被不活跃的连接所浪费。通过监视服务器日志和使用性能监控工具，我们可以轻松地跟踪这些超时事件，并根据需要调整设置。

2. 具体措施

在分布式架构的应用中，面对不确定性和潜在的故障，重试机制是关键。

（1）重试策略

首先需要选择合适的重试策略。例如，固定间隔重试，如每隔 5s 重试一次，这虽然实施简单，但可能不够智能；指数退避，各次尝试之间的延迟时间逐渐加倍，如 1s、2s、4s 等，以减少网络的连续冲击；随机间隔重试，可以避免多个请求几乎同时重试的"群体效应"。无论采用哪种策略，都应该设置一个最大重试次数，以避免无休止地尝试。

除了常见的固定间隔重试、指数退避和随机间隔重试，还有一种快速重试策略。在某些情况下，例如，当服务暂时不可用或响应延迟时，可能只需要几毫秒或几秒钟的时间即可自我修复。快速重试策略的主要思想是在遭遇失败后立即进行几次快速尝试，希望在短时间内就能成功，这有助于快速应对短暂的网络波动或微小的故障。但是需要注意，持续地进行快速重试可能会增加后端服务的压力。因此，快速重试策略通常会与其他重试策略如指数退避结合使用。

（2）负载均衡

在重试的过程中，负载均衡至关重要。我们不应该只是简单地持续向一个可能发生故障的服务节点发送请求，轮询法或权重法可以帮助我们将请求均匀地分配给多个服务节点。如果一个服务节点明显地比其他服务节点的性能更好，那么使用权重法就可以确保它接收更多的请求。最少连接法和响应时间法分别依赖当前的连接数量和历史响应时间，以确定下一个要接收请求的节点。

（3）托底方案

即使有了完善的重试和负载均衡策略，也可能会出现所有重试尝试都失败的情况。这时，重试的托底方案变得尤为重要。

一种方案是提供失败回退，即返回一个默认的响应或数据——可以是历史数据或静态数据。在某些场景中，即使不能获得最新数据，返回最近的历史数据也足以满足用户的需求。例如，在股票行情或天气预报的应用中，如果实时数据获取失败，则可以选择返回前一天的数据。对于一些不经常变化或对实时性要求不高的数据，可以预先存储一些静态数据作为默认响应。例如，应用的帮助文档、FAQ 或产品目录等。

另一种方案是异步处理，例如，将失败的请求放入消息队列中以待后续处理。但是当重试连续失败时，应该触发警告和通知机制，以便及时干预。此外，还可以引入断路器模式，以便在下游服务连续出现故障时"切断"请求，为发生故障的服务提供恢复的机会。

3. 代码示例

在本代码示例中，展示了如何在 Go 中使用 gRPC 进行远程调用，以及如何为该调用添加重试策略来提高其健壮性。我们来详细解析代码的结构和实现方式。

（1）原始代码

我们有一个标准的 gRPC 调用，如下所示。

① 使用 `grpc.Dial()` 与远程 gRPC 服务建立连接。

② 如果连接出错，则记录错误日志并返回。

③ 使用连接创建一个新的 Policy 客户端。

```
conn,err:=grpc.Dial(p.policyURL,grpc.WithInsecure())
if err!=nil{
    log.Error("[AuthzPolicy/repo/grpc]List:GRPCResponseerror")
    return nil,err
}
defer conn.Close()

client:=pb.NewPolicyClient(conn)
var resp*pb.ListPoliciesResponse

resp,_:=client.ListPolicies(context.TODO(),&pb.ListPoliciesRequest{})
```

④ 调用客户端的 `ListPolicies` 方法获取策略列表。

（2）优化后的代码

在优化后的版本中，为了解决网络抖动或暂时的不稳定所导致的调用失败问题，我们引入了重试机制。使用 `retry.Do()` 方法包装原始的 gRPC 调用，确保在失败时能够自动重试调用。

① 同样建立与远程 gRPC 服务的连接。

② 使用连接创建一个新的 Policy 客户端。

③ `retry.Do()` 方法内部的匿名函数被用来执行原始的 gRPC 调用，并在发生错误时返回该错误。

④ `retry.Attempts(3)` 定义了重试次数。在此例中，设置了 3 次重试。

```
conn,err:=grpc.Dial(p.policyURL,grpc.WithInsecure())
if err!=nil{
    log.Error("[AuthzPolicy/repo/grpc]List:GRPCResponseerror")
    return nil,err
}
defer conn.Close()

client:=pb.NewPolicyClient(conn)
var resp*pb.ListPoliciesResponse

err=retry.Do(
    func() error{
        var listErr error
        resp,listErr=client.ListPolicies(context.TODO(),&pb.ListPoliciesRequest{})
        if listErr!=nil{
            return listErr
        }
        return nil
    },retry.Attempts(3),
)
```

简而言之，如果 `client.ListPolicies` 方法调用失败，它会自动重试 2 次，一共有 3 次尝试。只有在 3 次尝试都失败后，才会最终报告调用失败。

这种重试策略在网络调用中十分实用，尤其是当应用依赖远程服务时。当远程服务出现问题时，不断重试会导致雪崩。应该给重试加上缓冲时间，减慢下游服务雪崩的速度。这可以确保临时的网络问题不会导致应用整体失败，从而提高了应用的健壮性和可靠性。

5.3.4.2 超时控制

为了确保外部服务调用的高效和稳定性，设置合理的超时时间至关重要。这一策略的核心思想是，避免调用在遭遇目标服务缓慢或无响应的情况下产生无止境的等待。这不仅有助于更快地释放系统资源，还可以增强用户体验，使用户不必继续等待一个可能永远都无法完成的任务。

不设置超时时间或设置了不合理的超时时间都可能会导致大量的资源被占用，从而对整个应用的健壮性产生影响。为了维护服务的稳定和高效，当一个服务在其预定的 SLA 时间内未给出响应时，调用方不仅应设置对应的超时机制，还应考虑回退策略，比如抛出错误，这样的设计旨在避免连锁式的 SLA 违规事件。

举一个实际的例子：假如一个服务调用的第三方接口的正常响应时间为 50ms，但某一天，该接口出现异常，大约 15% 的请求的响应时间超出 2s。不久后，服务的负载突然暴增至原来的 10 倍，导致响应变得异常缓慢。其关键问题是未设置超时时间，这使得服务变得脆弱。在这种同步调用方式中，一旦采用了固定大小的线程池，如最大线程数为 50，当所有线程都处于忙碌状态时，额外的请求就会被放到等待队列中。在正常情况下，每个请求的响应时间都很短，线程可以迅速地处理完请求并继续处理其他任务。但是，当大量请求的响应时间增加到 2s 时，所有的线程都会被持续占用，导致队列中堆积大量的等待请求。最终，这会显著降低服务的处理能力。为了避免出现这种情况，最佳做法是与第三方协商确定一个相对较短的超时时间，如 200ms，这样即使第三方服务出现问题，对我方服务的影响也会降到最低。

5.3.4.3　熔断和降级

熔断是一种自动化保护手段，目的是在分布式应用中保护服务不受某些子服务的负面影响。当某个特定服务的错误率超过预定的阈值时，熔断机制就会被触发。此时，系统会暂停对该服务的所有调用，这就是所谓的"跳闸"。这种设计可以确保在熔断期间，对该服务的任何进一步请求都会被立即拒绝，而不会真正触及该服务，从而为该服务提供了恢复的时间和空间。在熔断持续一段时间后，熔断器会进入所谓的半开状态，这时会允许部分请求试探性地访问有问题的服务。如果这些测试请求表明服务已经恢复正常，那么熔断器会再次"闭合"，恢复所有的服务调用。但如果服务仍然有问题，那么熔断将继续。

熔断的核心理念是阻止持续失败。换言之，当观察到连续的请求失败时，熔断器会选择"断开"与发生故障的服务的连接，并暂停对它的所有调用。这种策略假定：一旦服务发生故障，其在短时间内就很有可能无法正常运行。通过这种方式，有效地隔离了故障，防止它影响到系统的其他部分。这样不仅可以有效地节约资源，而且可以为出现问题的服务降低负载，使其有机会恢复。为了保障服务的稳健性，熔断器会周期性地检查发生故障的服务，并在其表现出潜在的恢复迹象时重新启动对它的调用。

熔断的真正价值在于它可以限制故障的传播。它可以切断与发生故障的服务的通信，以降低其负载并加速其恢复。在实际的场景中，一个服务可能依赖多个下游服务。当这些下游服务中的任何一个服务出现问题时，如超时或响应迟缓，如果不进行任何处理，那么就会导致上游的请求被阻塞。这时，熔断器能够快速做出应对：当检测到下游服务出现问题时，熔断器会进一步阻止请求，从而确保主服务至少能够维持部分功能。在实施熔断策略时，需要考虑如何判断请求失败、如何恢复熔断和如何进行告警。

除了熔断，还有一种应用处理策略是降级。

尽管熔断和降级在某些方面看起来可能相似，但实际上它们是用于解决不同问题的策略——降级是为了应对应用自身的故障，而熔断主要是为了应对外部服务的故障。

5.3.4.4　案例：某景区 App 未做调用保护导致故障

某火爆景区决定跟随时代的潮流走向数字化，推出线上购票服务，希望能够为用户带来更加方便的体验。为此，该景区花费大量的时间和精力开发了一个线上购票 App，以满足用户的需求。在该应用的发布日，用户的热情远超预期，不到 5s，数以万计的用户涌入这个购票 App 进行购票操作。然而，与预期的流畅体验不同，很多用户都遭遇了系统卡顿、无法完成支付等问题。原本预计这个应用会大获成功，现在却陷入了一片混乱。

技术团队迅速对此情况进行分析。首先，从云资源的角度，已经为应用分配了充足的计算、存储和网络资源，确保可以应对高并发情况。其次，在应用层面也进行了多次压测，确保应用可以在高并发条件下稳定运行。

但问题仍然出现了，那么真正的症结在哪里呢？

经过仔细排查，技术团队发现问题出在支付阶段。虽然这个购票 App 本身做好了应对高并发的准备，但在实现支付时，需要依赖第三方支付平台。而第三方支付平台为其提供的 API 服务接口设置了限流，目的是保护其自身系统不被过度请求。一旦这个购票 App 的请求超出第三方支付平台的限制，该平台就会开始拒绝额外的请求。

实际上，这个购票 App 上线后，其用户量远远超过设计标准，它在进行第三方支付调用时，没有设置合适的调用保护机制，如超时机制、重试或熔断策略等。因此，大量的支付请求被卡在了等待支付结果的过程中，处于 pending 状态。这造成了大量的资源被不断地消耗，系统陷入瘫痪状态，从而无法继续处理新的请求。

此事件为景区运营公司敲响了警钟——即使自身系统准备得再充分，也需要确保在与第三方服务交互时，有合适的容错和保护机制，防止外部因素导致系统崩溃。在未来的开发过程中，该景区决定引入更加严格的调用保护机制，以防止类似的事件再次发生。

5.3.5　数据层

在数据层，缩短响应时间的方式包括数据库操作优化、索引加速和缓存加速等。

5.3.5.1　数据库操作优化

数据库操作优化是缩短应用响应时间的关键措施之一。

1. 查询视图

查询视图实质上是一个基于特定 SQL 查询的虚拟表，它可以简化复杂的查询过程。例如，如果经常需要从多个表中提取信息以报告用户的购买历史记录，而其又涉及复杂的连接和筛选操作，那么就可以创建一个查询视图，每当需要这些信息时，只需简单地查询这个视图即可，而不用重写整个复杂的 SQL 查询。

2. 存储过程

使用 SQL 的存储过程是一种有效的优化策略。存储过程是一组预编译的 SQL 语句，被存储在数据库中，能够通过名称快速调用。因为它们是预编译的，所以其执行的速度通常比传统的 SQL 语句要快。举一个例子：假如在一个电商应用中，每次用户下单时都需要执行一系列的数据库操作，包括减少库存中的商品、更新用户的购买历史记录、生成一张新的发票等。这些操作可以被组合到一个存储过程中，每次下单时只需调用这个存储过程即可。

3. 批量操作

我们还可以考虑使用批量操作机制。例如，对于 Redis，可以使用它的 pipeline 功能进行批量操作，从而进一步提升性能。在 Redis 中，pipeline 允许我们在一个请求中发送多个命令，从而减少网络中的往返时间。例如，在一个社交网络应用中，当用户发布一条新动态时，可能需要在 Redis 中更新该用户的时间线、其好友的时间线以及一些统计数据。使用 pipeline，可以将这些操作一次性发送给 Redis，避免了多次单独操作所带来的延迟。

假设有一个 Redis 数据库，其中存储了每一个服务的信息（服务名、包名、版本、截图等）。现在需要根据当前部署的服务列表来查询数据库中是否有服务比当前的版本更新，如果有，则提醒其更新。以下是常见的查询代码：

```php
<?php
for(安装列表 as 包名){
    redis>get(包名)
    ...
}
```

上面这段代码在功能的实现上没有问题，问题出在响应时间上。假设该应用采用微服务架构，在生产环境中部署了 60 个不同的微服务，在运行这段代码时，每次都需要服务器和 Redis 执行 60 次网络请求操作，总耗时最少是 60 个往返时延（Round-Trip Time，RTT）。更好的方法是使用 Redis 中提供的批量获取功能 pipeline，经过一次网络 I/O 就可以获取到所有想要的数据。

4. 避免长事务

在一些业务非常复杂的后台系统中，经常需要频繁地操作数据库，而为了保证数据的一致性，在出错时能够回滚数据，通常会使用事务。在事务操作期间，如果操作持续时间过长，那么只有等事务结束之后，数据库连接才会被释放。此类长时间占用数据库连接的事务被称为"长事务"。一旦外部有大量请求并发调用此类事务，就会有大量的数据库连接被持有而没有被释放，造成连接池爆满。因此，我们需要重新扫描业务代码，排查事务中是否存在诸如第三方调用、跨库调用、异步消息队列操作等，将除数据库操作之外的其他操作移动到事务之外。另外，对于每个事务操作都要给予足够的重视，为执行复杂度和时间复杂度不确定的事务添加超时报警，及时发现引起问题的原因。

5. 分批拉取

当需要处理或传输大量的数据时，直接一次性从数据库中查询所有的数据可能会导致内存资源被耗尽或数据库压力过大，而分批拉取数据能够有效缓解此问题。例如，某电商平台中的订单表存储了上亿条订单记录，现在需要为每个订单发送一封确认邮件。直接查询所有的订单，然后一一发送邮件是不现实的，因为这可能会导致应用内存的不足，还会给数据库带来巨大的压力。这时，就可以采用分批拉取的策略，通过数据库的分页功能（如使用 SQL 中的 LIMIT 和 OFFSET）每次只查询一小部分订单。例如，可以每次只查询 1000 个订单。代码示例如下：

```
SELECT * FROM orders ORDER BY order_id LIMIT 1000 OFFSET 0;
```

接着查询下一批订单：

```
SELECT * FROM orders ORDER BY order_id LIMIT 1000 OFFSET 1000;
```

以此类推。

5.3.5.2　索引加速

在关系数据库中，为了缩短应用的响应时间和加速查询过程，索引机制扮演着非常重要的角色。索引机制与图书的目录类似：不需要逐页浏览整本书来查找所需的信息，而是可以直接参考目录并迅速跳转到相应的页面。

数据库索引的工作方式也遵循这一原则：通过使用如 B-Tree 或其变种的数据结构，数据库可以为特定的列创建一个排序的结构，从而使得在查询时系统可以直接通过索引访问相关数据，而无须扫描整个表。这不仅提高了查询速度，还优化了连接和排序操作。但在创建索引时需要选择合适的策略：首选那些经常用于 WHERE 子句和 JOIN 操作的列，并考虑使用组合索引以满足跨多个列的查询需求。

然而，值得注意的是，索引在加速读取操作时，可能会稍稍影响写入速度，因为每当表中的数据发生变化时，索引也需要更新。此外，使用覆盖索引、数据预取机制和内置缓存机制也是优化数据库读取的有效方法。

总之，通过精心设计和维护索引，可以显著提高数据库查询性能，进而优化整个应用的响应时间。

下面我们来看一个某资讯服务平台 Elasticsearch 索引加速设计的案例。

某资讯服务平台需要为公众用户提供特定信息的查询服务，日均查询量约 1000 万次。改造前，该平台直接通过关系数据库为公众用户提供查询服务，但是因为信息量大、查询量也大，导致服务响应速度非常慢，用户经常投诉平台查询慢甚至不可用（其实并不是应用本身不可用，而是因为数据库连接太多、反应时间又太长，让用户直观感受到点击了"查询"按钮，但平台没反应）。

改造后，如图 5-23 所示，平台技术人员首先对服务进行了拆分，即将业务办理及办理结果查询服务拆分为两个服务，其中业务办理服务仍然使用关系数据库，而办理结果查询服务使用 Elasticsearch 为结果数据生成索引，结果数据实时与关系数据库同步。这样的改造大幅提升了平台的稳定性和查询性能。

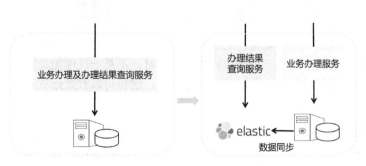

图 5-23

5.3.5.3　缓存加速

缩短应用的响应时间是提供良好用户体验的关键。随着 Web 应用的演进和数据量的持续增长，直接从传统的关系数据库中读取数据可能会导致延迟和性能下降。为了解决这一问题，各种缓存策略被设计出来并被广泛应用于现代应用中。

1. 客户端 Cookie 缓存

Cookie 是存储在用户浏览器上的小型数据片段。它们通常用于存储与特定用户或会话相关的轻量级信息，从而减少对服务器的请求次数。例如，一个在线购物网站可以使用 Cookie 来保存用户的购物车信息，避免每次用户访问时都从服务器中查询。

在网络接入层，CDN 技术起到了至关重要的作用，特别是在优化和加速对后端对象存储的数据访问方面。CDN 技术的基本原理是将内容分散到位于多个地理位置的边缘服务器上，从而使用户的请求总能被最近的一个节点响应。这种分布式策略大大减小了数据从源服务器到终端用户的传输距离，降低了延迟。当用户请求某个资源时，CDN 会判断哪个节点上的资源是最新的，并从该节点或最近的节点提取资源，从而确保了快速读/写。这种方式不仅优化了数据访问速度，还大大提高了系统的负载能力和可靠性。对于流量高峰或突发事件，CDN 能够分摊流量，避免出现单一节点瓶颈或故障，从而为用户提供持续、高效且稳定的内容访问体验。

2. 应用接入层 Web 服务器缓存

应用接入层 Web 服务器缓存是一种使用广泛的缓存策略。这种缓存策略是在应用接入层，即 Web 服务器层实现的，其主要目的是减少对应用服务器和数据库的请求（通过缓存常用的 Web 页面和资源）。例如一个 Web 服务器，如 Nginx 或 Apache，可以将其配置为缓存经常被请求的静态资源，如图片、CSS 和 JavaScript 文件等。当用户请求这些资源时，Web 服务器首先会检查其缓存，如果缓存中存在这些资源并且是最新的，那么它会直接从缓存中提取资源，而不是从应用服务器加载。

3. 逻辑层缓存

逻辑层缓存也被称为"业务缓存"。这种缓存策略主要针对只获取必要数据的请求，而不是每次请求都获取全部数据。这意味着只有当数据需要被使用时，才从源服务器拉取数据。例如，当用户浏览一个图像密集的网站时，不是一次性加载所有的图像，而是可以只加载当前可见的图像，在滚动时按需加载。这样可以有效地节省带宽和服务器资源。

4. 数据库缓存

数据库缓存位于内存中，但在应用程序之外。访问数据库缓存中的数据通常需要进行序列化和反序列化操作。其中本地缓存是在部署应用的服务器上运行的缓存服务，如 Redis。为了保持数据的一致性，可以采用主从机制，在一个主 Redis 上写入数据后，其他的从 Redis 会同步这些数据。但是当数据量过大或单台服务器无法容纳这些数据时，分布式缓存就成为理想的选择。它将数据分散存储在多台服务器上，确保系统的可扩展性和高可用性。

因此，整体来看，从客户端 Cookie 缓存、应用接入层 Web 服务器缓存、逻辑层缓存到数据库缓存，这些缓存策略共同努力，确保应用在各种环境和情况下都能够提供快速、稳定的响应。正确并智能地利用这些缓存策略，可以显著提升应用的性能和用户体验。

5.3.6　案例：K8s 中 Informer 的缩短响应时间设计

K8s 的代码实现充分考虑了其支持高并发可能会遇到的各种问题。以其内部的核心组件 Informer 为例，它是基于 client-go 工具实现的 K8s 客户端应用程序框架，用于观察 kube-apiserver 中的资源（Pod、rs、rc 等），并在发现该资源发生变化时触发相应的动作。Informer 是对 K8s 中如 Watch 一样的观察机制的可靠封装。Informer 提供了一种方法，让客户端应用程序在高并发的情况下可以高效地监控资源的变化，而无须不断地向 API Server（API 服务器）发出请求。使用 Informer 具有以下优势。

- 降低 API Server 的负载：通过在本地缓存 API Server 中的资源信息，Informer 减少了需要向 API Server 发出的请求量。这样可以防止由于 API Server 过载而影响整个集群的性能。

- 提高应用程序的性能：使用缓存的数据，客户端应用程序可以快速地访问资源信息，而无须等待 API Server 响应。这样可以提高应用程序的性能并降低延迟。

- 简化代码：Informer 提供了一种更简单、更流畅的方式来监控 K8s 中资源的变化。
  客户端应用程序可以使用现有的 Informer 库来实现相关处理逻辑，而无须编写
  复杂的代码来管理与 API Server 的连接并处理更新。

- 具有更高的可靠性：由于 Informer 在本地缓存数据，因此，即使 API Server 不可
  用或存在问题，它们也可以继续工作。这样即使底层 K8s 基础结构出现问题，
  也可以确保客户端应用程序的功能可用。

5.3.6.1 业务架构

在采用 Informer 机制编写的 Controller 代码中，主要业务逻辑如图 5-24 所示。

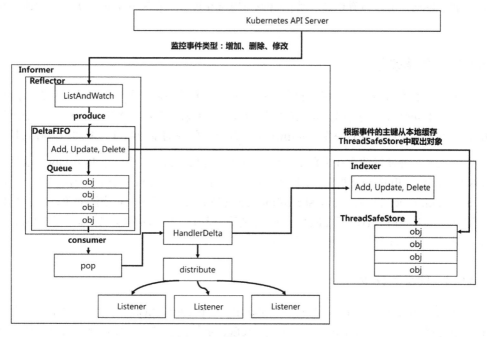

图 5-24

① Reflector 采用在 HTTP API List/Watch API Server 中指定的资源。Reflector 会先
罗列资源，然后使用 List 接口返回的 resourceVersion 来监控后续资源的变化。这种
Watch 机制类似于 Event-Driven，只有当资源发生变化时，才会触发 Watch 所对应的
资源操作。

② Reflector 将通过 List 接口得到的资源列表和后续资源变化信息放到一个 FIFO（先
进先出）队列中，从而实现同步改异步操作。该 FIFO 队列中每个元素的数据结构都为
Delta，因此该 FIFO 队列也被称为 DeltaFIFO 队列。与一般 K8s 资源的数据结构最大的
区别在于，Delta 不但包含了资源信息，还包含了 Add、Update、Delete 等对资源操作的
类型。

③ 在 HanlderDelta 循环中，Informer 从 DeltaFIFO 队列中取出 Delta 资源对象进行消费。HandlerDelta 会根据 Delta 对应的操作类型选择相应的 Listener 对其进行操作。K8s 推荐的编程范式是将收到的消息放入一个队列中，然后在一个循环中处理该队列中的消息，执行调用逻辑。之所以推荐该编程范式，是因为采用队列可以解耦消息生产者和消息消费者，避免消费者阻塞生产者。

④ Informer 同时将从 DeltaFIFO 队列中取出的 Delta 资源对象放到本地索引 Indexer 中。Indexer 提供了索引功能（这是该组件取名为 Indexer 的原因），允许基于特定条件（如标签、注释或字段选择器）快速有效地查找 Delta 资源。

⑤ Indexer 在收到资源对象后，会将其放入内部的本地缓存 ThreadSafeStore 中。ThreadSafeStore 可以被看作是一种代码级别的缓存机制，它为 Informer 实现了本地缓存功能。

5.3.6.2　网络优化

如果一个应用中有多个相互独立的业务逻辑需要监控同一种资源对象，那么用户会编写多个 Informer 来进行处理。这会导致在应用中发起多次对 API Server 同一资源的 ListAndWatch 调用，并且每个 Informer 中都有一份单独的本地缓存，增加了内存占用。

因此，一种良好的设计思路是，同一类资源的 Informer 共享一个 Reflector，这就是 K8s 中的 SharedInformer 机制。K8s 在 client-go 中基于 Informer 又做了一层封装，提供了 SharedInformer 机制。采用 SharedInformer 机制后，对于同一种资源对象，客户端只会进行一次对 API Server 的 ListAndWatch 调用，多个 Informer 也会共用同一份缓存，减少了对 API Server 的请求，提高了性能。

5.3.6.3　同步改异步

远端（kube-apiserver）和本地（DeltaFIFO、Indexer、Listener）之间数据同步逻辑的核心是通过 ListAndWatch 方法实现的。Reflector 首先通过 List 操作获取所有的资源对象数据，并保存到本地存储中，然后通过 Watch 操作监控资源的变化，触发相应的事件，比如前面示例中的 Add 事件、Update 事件和 Delete 事件。Informer 首先通过 listAPI 罗列资源，然后调用 watchAPI 监控资源的变更事件，并将结果放入一个 FIFO 队列中。Reflector 基于 client-go 实现监控（ListAndWatch）对应的资源，其中包含 ListerWatcher、store(DeltaFIFO)、lastSyncResourceVersion、resyncPeriod 等信息。

K8s 的 Informer 模块封装了 ListAndWatch API，用户只需要指定资源，编写事件处理函数 AddFunc、UpdateFunc 和 DeleteFunc 等。当资源发生变化时，会触发相应资源对象的变更事件，并将该资源对象及对其操作的类型（统称为 Delta）放入本地的 DeltaFIFO 队列中。Reflector 通过 ListAndWatch 获取到数据后传入本地的 DeltaFIFO 队列中。从 DeltaFIFO 的名字可以看出，它是一个 FIFO 队列，而 Delta 表示变化的资源对象存储，包含操作资源对象的类型和数据，Reflector 就是这个队列的生产者。

在 DeltaFIFO 队列的另一头由 HandlerDelta 从中取出事件，并调用相应的注册 handler 函数处理事件。Informer 还维护了一个只读的 MapStore 缓存，主要是为了提高查询效率，降低 API Server 的负载。HandlerDelta 是 DeltaFIFO 队列的消费者，它是一个针对不同资源对象的 handler 回调函数的路由分发器。它消费在 DeltaFIFO 队列中排队的 Delta，并通过 distribute() 函数将 Delta 分发至不同的 handler 回调函数。通过 Informer 的 AddEventHandler()，可以向 HandlerDelta 注册新的 handler 回调函数。当 HandleDeltas 处理 DeltaFIFO 中的 Delta 时，会将这些变更事件派发给注册的 Handler。

5.3.6.4　缓存加速和索引加速

Indexer 和 ThreadSafeStore 可以被理解为 etcd 数据库在 Informer 中的本地全量索引和缓存，它们是 Controller 用来存储资源对象并自带索引的本地存储，提供了数据存储和数据索引功能。如果 Controller 每次获取几个资源对象就去访问 API Server，则会给 API Server 带来较大的压力。DeltaFIFO 通过 HandlerDelta 消费的资源对象会被存储在 Indexer 和 ThreadSafeStore 中。Indexer 和 ThreadSafeStore 中的数据与 etcd 数据库中的数据保持完全一致，这样 Informer 的业务逻辑就可以很方便地从中读取相应的资源对象数据，而无须从远程的 etcd 数据库中读取，减轻了 API Server 的压力。

Indexer 和 ThreadSafeStore 除了维护一份本地内存缓存，还有一个很重要的功能，便是索引功能了。索引的目的就是快速查找，比如查找某个节点上的所有 Pod、查找某个命名空间中的所有 Pod 等。索引功能依赖 threadSafeStore 结构体中的 indexers 与 indices 属性。

K8s 以其整体的稳定性著称，在高并发场景下，它可以轻松地支撑数以千计节点上的数以万计的 Pod，而其背后，真正采用了诸如网络优化、同步改异步、缓存加速和索引加速等机制。

5.4　过载保护

应用在处理高并发情况时面临的挑战是，它不时地会遭遇流量激增，导致服务过于饱和。在此场景下，首选的策略是迅速进行扩展并确保事前已有足够的备用资源。然而，尽管已经进行了扩展，但是服务仍然可能会遇到超负荷的情况。例如，流量可能超出了存储能力的极限，或者超出了所依赖的第三方服务的容量。这类似于城市交通的拥堵，若不立即采取措施，应用可能需要很长时间才能恢复到正常运行状态。因此，此时就需要启用应急过载保护，如限流、降级和熔断。这些措施的主旨是确保即使在压力下，部分功能也仍然可用，而不是完全失效。在核心业务受到影响或出现问题时，可能需要暂时关闭某些功能，直到流量回落或问题得到解决。过载保护的根本目标是确保关键业务流程的持续运行，哪怕是在部分受限的状态下。回顾众多已知的故障，统计发现 90%的故障可以在发布初期乃至测试阶段被拦截住。

为了确保在高并发场景下应用的健壮性和稳定性，除了可以提高吞吐量和缩短响应时间，还应该对所有可能会过载的服务进行过载保护，包括限制部分进入的流量。这一策略通常也被称为"流量控制"或"限流"。其目的是，一方面保护应用自身，通过控制并发请求的数量，防止因突发流量而造成应用崩溃；另一方面维护接入用户的服务质量，确保在高峰时段，通过限制部分请求，让已经进入应用的请求能够得到快速响应。

总的来说，过载保护的目的是在保障应用稳定性的同时，确保资源的公平和高效使用。通过合理地配置限流参数，既可以应对突发的流量高峰，又可以确保关键业务的正常运作。

5.4.1　网络接入层

在网络接入层，过载保护的方式主要是基于 CDN 的限流和降级。CDN 除了可以加速网站内容的分发，还提供了复杂的流量控制机制，以确保后端系统不会因为突发流量而崩溃。

- 基于 CDN 的限流：CDN 提供了多种限流策略以防止后端服务器被过多的流量淹没。例如，可以设置每秒请求数量（QPS）的上限，超出此阈值的请求可能会被暂时放入队列中或直接被拒绝。此外，带宽的使用量也可受到控制，特别是对于大文件或视频流这样的大数据传输。更进一步，CDN 允许根据 IP 地址、地理位置或其他属性进行细粒度的流量管理，从而提供一种灵活的黑白名单机制。

- 基于 CDN 的降级：降级也是一种应对高流量或后端故障的策略。当后端服务器压力大或不稳定时，CDN 可以暂时返回静态页面，通知用户服务当前不可用或者繁忙。此外，为了提供持续的服务，CDN 还可以将用户的请求转移到备份的内容或服务器上，尽管这可能是一个简化或低质量的版本。针对不同的服务或内容，可以设置优先级，保证核心服务在流量高峰期仍然可用，而非核心服务可能会暂时受到限制或延迟。

5.4.2　应用接入层

在应用接入层，过载保护的方式比较丰富，主要通过 API 网关的控制来实现，具体包括以下几种方式。

5.4.2.1　API 网关限流

在高并发环境中，大家可能会遇到这样的情况：突然发现某个接口的请求量激增至原来的 10 倍，导致该接口变得不稳定并触发了应用的连续崩溃。就如同老式电闸中的保险丝一样，当电流过大时，为了防止设备被高电流损坏，保险丝会断开。应用接口也需要有类似的"保护机制"，以确保在意外高流量的情况下，应用不会被压垮。这可以通过 API 网关限流和熔断机制来实现。

限流就是对应用接入的请求进行管理，当请求数量超出设定的上限时，会立即拒绝多出的请求，确保应用仍能维持在可控范围内。这样能够避免应用因为无法承受的请求量而整体崩溃。最直观的限流方式是基于每秒的请求数量（QPS），当 QPS 超过既定的阈值时，就会拒绝接下来的请求。但限流并非这样简单，它有多种策略，例如，按接口、按服务或按用户进行限流。限流的核心意图是在资源受限或系统出现故障的情况下，尽可能维持对用户的服务，满足其基本需求。通常的限流策略包括限制总体的并发量（如数据库连接池、线程池）、瞬时并发量，以及基于网络连接数、流量、CPU 或内存的限流。考虑到实际的应用场景，如特定商品的限时抢购活动，过大的访问量可能会导致服务不稳定。在这种情况下，一般需要设置限流策略。一旦请求量触及阈值，后续请求就会受到限制。此时，用户可能会看到排队页面、商品缺货通知或者其他错误提示。为了实现有效的限流，有多种方法可供选择。

- 请求等待超时：可以将接收到的请求放入特定的队列中按顺序处理。如果某个请求的等待时间超过设定的时间（如 100ms），则立即拒绝该请求。或者，当队列达到容量上限时，可以清除一部分请求，确保服务不会过载。

- 服务过载的早期拒绝：依据服务的当前运行状态（如 CPU 使用率、内存使用率、处理时长等）来判断服务是否过载。一旦判断服务过载，就可以立即拒绝新的请求并返回一个特定的错误码，通知相关方服务已过载，需要进行限流。

- 控制频繁的重复请求：在指定的时间窗口内，对于同一个请求仅处理一次，从而避免同一个请求被连续多次处理。

- 丢弃过量的请求：在高流量下，可以选择丢弃部分请求，确保系统稳定运行。

5.4.2.2　API 网关熔断

熔断机制是一种保护应用免受过载影响的技术。与限流相似，熔断机制的主要目的是防止应用因为过多的请求而崩溃。不同于限流的是，熔断机制不仅仅控制请求量，还会在检测到应用不稳定或响应时间过长时主动中断部分或全部请求，以防止应用完全失效。

当 API 采用熔断机制时，它会监控各种指标，如错误率、响应时间等。一旦这些指标的值超出设定的阈值，熔断器就会被"打开"，此时应用会拒绝所有新的入口请求，只允许已经进入应用的请求被继续处理。这种状态可以保护应用免受进一步的压力，让它有机会恢复。在一定的时间后，熔断器会进入"半开"状态，允许少量的新请求进入应用。如果这些请求能够被成功处理，则会认为应用已经恢复稳定，熔断器将重新"闭合"，恢复正常的请求处理。如果失败，则熔断器会被再次"打开"，继续拒绝新请求。熔断机制的关键在于其自动恢复能力。它不仅能够在应用即将崩溃时及时中断请求，而且能够在应用稳定后逐渐恢复正常运作。这个过程通常是自动的，大大减少了维护工作量，并提高了系统的可用性和稳定性。为了实现熔断机制，通常需要以下几个步骤。

① 监控指标：实时监控系统指标，如错误率、响应时间等。

② 设置阈值：根据实际情况设置合理的阈值，以确定何时触发熔断。

③ 管理熔断状态：根据监控到的指标和阈值，系统能够自动转换状态，包括"闭合""打开""半开"状态。

④ 拦截和放行请求：当熔断器处于"打开"状态时拦截新请求，处于"半开"或"闭合"状态时逐步放行请求。

⑤ 自动恢复：系统能够在确定条件下自动恢复到正常状态。

5.4.2.3　API 限频

API 限频是一种确保服务器稳定和保护 API 资源不被滥用的策略。其核心目的是对用户、应用或 IP 地址在一定时间段内访问 API 的次数进行限制。采用这种策略，可以：

● 防止 API 被恶意攻击或被不当使用。

● 确保所有的用户或应用都能公平地使用 API。

● 保护后端服务，确保其不会因为过多的请求而过载。

● 维护服务的响应速度和质量。

例如，考虑一个天气查询 API，该 API 限制每个注册的用户每小时最多可以查询 100次。这意味着，当一个用户在一个小时内的查询次数超过 100 次时，API 将返回一条错误消息，通知用户其已超出访问限制，并拒绝其进一步的查询请求。此用户需要等到下一个小时才能再次发起查询。

相比于限流、熔断，API 限频是一种长期、主动的策略，它可以确保一个用户不会占用过多的服务器资源，从而让其他用户也能够流畅地使用该 API。

5.4.2.4　API 网关降级

在维护拥有数百万日活用户的业务时，仅依靠应用自身的弹性扩展是不够的，还需要引入降级策略。降级是一种在应用压力增加时，主动放弃某些非核心服务来确保核心服务稳定的手段。在启动降级之前，应用的各项功能会被分为核心服务与非核心服务两大类。当应用承受的压力超过其容忍极限时，非核心服务将被暂时关闭，从而释放资源供核心服务使用。

由于服务器的处理能力是有限的，当其接近性能极限时，需要对其进行降级，放弃那些超出其处理能力、不重要的请求。降级策略可以通过对服务进行分类以及分别处理来实现，这样可以有效抵御突然增加的大流量对应用造成的冲击，从而确保当一个服务发生问题时，不会影响到其他服务。此外，对于某些重要请求，可以进行优先处理，确保这些重要请求能够得到满足。

在具体实现降级时，往往需要以下几个步骤。

① 前期梳理：在降级前，需要对应用进行全面审查，确定哪些是关键服务，哪些服务是可以降级的。

② 读请求降级：对于一些读请求，可以暂时将其切换到缓存读取或暂停某些读服务。这尤其适合那些对读一致性要求较低的场景。

③ 写请求降级：当应用的压力持续增加时，可以将原本同步的写操作转变为异步操作，比如数据库的同步扣减。

整体而言，降级是通过 API 网关来实现的，它在应用接入层起到关键作用，可以帮助应用在高压下继续为用户提供关键服务。

5.4.3　逻辑层

在逻辑层，过载保护可以通过 cgroup 资源限制、服务降级等方式来实现。

5.4.3.1　cgroup 资源限制

cgroup 是 Linux 内核的一个功能，它可以限制、记录和隔离进程组所使用的物理资源，如 CPU、内存、磁盘 I/O 等。在云上资源的隔离中，cgroup 发挥着重要作用，确保资源在多个进程和应用之间得到公平、高效的分配。

cgroup 的具体功能如下。

- 资源隔离：在一个多租户或多应用的环境中，可以确保每个进程或应用都能得到其所需的资源，不会被其他贪婪的进程所影响。

- 保障系统稳定：防止单一应用或进程消耗过多的资源，从而避免整个系统不稳定或发生崩溃。

- 提高资源利用率：通过精细化管理，确保资源得到充分利用，而不是被闲置或被浪费。

具体以 CPU 和内存为例。cgroup 可以限制 CPU 时间片的使用。例如，如果为一个 cgroup 分配 50%的 CPU，那么即使该 cgroup 内的进程需要更多的 CPU 资源，它也只能使用到 50%的 CPU。cgroup 也可以为进程设置内存上限。当进程尝试使用超出这一上限的内存时，可能会受到 Linux 自带的一种内存管理机制——OOM Killer（Out Of Memory

Killer）的影响，导致进程被中止。

5.4.3.2　服务降级

服务降级是一种当系统资源不足或部分服务出现故障时，能够提供有损服务的策略。其核心理念是，为了保障核心服务和关键服务的 100%可用性，可以暂时关闭或减少一些非核心服务，如评论、推荐、批处理等。这样的操作旨在释放更多的资源供核心服务使用，或者当预知某些非核心服务可能会出现问题时，提前将其关闭，避免故障扩散。不同于 API 网关降级是针对 API 的，服务降级更多的是针对单个服务内部子模块间的优先级选择，它是在确保服务整体可用的情况下，降级某些功能。

对于云上应用，由于它们通常采用分布式架构，因此故障往往是部分性的，不会导致整个应用全面崩溃。为了防止故障传播并最大化保障用户体验，需要对应用内的各种服务按重要性进行分级。这种分级可以帮助我们明确哪些是核心服务，哪些是非核心服务，以及在核心服务中哪些环节是关键的。一旦确定了服务的级别，就可以在必要时对非核心服务或核心服务的非关键环节进行降级处理，甚至容忍它们在一定程度上可以带病运行，从而确保整个应用的稳定性和可靠性。这样一来，当用户发出请求时，虽然响应可能涉及多个服务的逻辑计算，但是可以确保最重要的服务仍然可以顺利执行。

例如，考虑一个电商平台，在日常情况下，当用户浏览商品时，页面上除了显示基本的商品信息（如名称、价格、描述等），还会显示相关商品推荐、用户评论、商品评分等。但在"双 11"这样的大型促销活动中，该电商平台可能会面临巨大的访问压力。为了应对这种压力并保障核心购物功能的稳定，平台决定在流量高峰期启动服务降级策略：暂时关闭"相关商品推荐"和"用户评论"等非核心功能。这样一来，虽然用户暂时无法看到推荐和评论，但是他们可以顺畅地浏览、搜索和购买商品，确保了核心业务的连续性。一旦流量回归正常或系统资源得到充分释放，平台再逐步恢复被降级的功能，从而为用户提供完整的服务和体验。

5.4.3.3　案例：K8s 资源隔离设计

K8s 容器编排系统可以自动部署、扩展和管理容器化应用。为了确保资源在 Pod 之间得到公平的分配，并防止某个 Pod 消耗过多的资源而导致节点不稳定，K8s 使用了 cgroup 实现资源限制。当在 K8s 中为 Pod 设置资源请求（requests）和资源限制（limits）时，可以按照如下方式操作。

1. 设置 CPU 资源

- `cpurequests`：确保 Pod 可以获得指定量的 CPU 资源。
- `cpulimits`：设置 Pod 可以使用的 CPU 的上限。

2. 设置内存资源

- `memoryrequests`：确保 Pod 可以获得指定量的内存。

- `memorylimits`：设置 Pod 可以使用的内存的上限。

当 Pod 被调度到节点上时，kubelet 会为 Pod 的每个容器创建一个 cgroup，并根据资源的请求和限制设置 cgroup 的相应参数。例如，一个 Pod 的 YAML 描述如下：

```
apiVersion:v1
kind:Pod
metadata:
    name:resource-demo
spec:
    containers:
        -name:resource-container
    image:nginx
    resources:
    requests:
    memory:"64Mi"
    cpu:"250m"
    limits:
    memory:"128Mi"
    cpu:"500m"
```

此 Pod 请求 250m 核的 CPU 和 64MiB 的内存，并限制最多可使用 500m 核的 CPU 和 128MiB 的内存。kubelet 将会基于这些设置为容器创建 cgroup，并设置相应的限制。

提示：250m 核，即 250 毫核，意味着在每 1000ms 内，可以使用 CPU 的时间为 250ms。64MiB，其中 Mi 是 2 的指数次方的一种表示方式，如 1Mi 代表 2 的 20 次方，64Mi 则代表 2 的 26 次方，64MiB 指的是 2 的 26 次方字节。

cgroup 为 Linux 系统提供了一种高效的资源管理机制，让我们可以精细地控制进程和应用如何使用物理资源。在 K8s 这样的现代容器编排系统中，cgroup 更是发挥了至关重要的作用，确保资源在多个 Pod 和容器之间得到公平、有效的分配，从而确保系统的稳定和高效运行。

5.4.4　数据库层

在数据库层，过载保护的方式包括连接池限流、慢查询限流和数据库代理等。

5.4.4.1　连接池限流

在一个高并发的应用中，数据库通常是最容易成为瓶颈的组件。其原因在于，与其他服务或缓存相比，数据库操作通常更为耗时，并且资源密集。为了确保数据库的健壮性和响应速度，采用一种有效的限流机制显得至关重要。而数据库连接池正是这种机制中的关键部分。

与数据库的每一次交互都需要建立连接。而建立和关闭数据库连接是非常耗时的操作，特别是在高并发场景下。此外，数据库只能处理有限的并发连接。当超出这个限制时，可能会导致数据库性能下降，甚至系统崩溃。为了避免出现这种情况，我们需要一种机制来管理这些连接，确保它们被有效地复用，而不是随意地创建和销毁——这就是连接池。

连接池在启动时会建立一定数量的数据库连接，并将它们保存在连接池中。当应用需要与数据库交互时，它会从连接池中请求一个已经存在的连接，而不是建立一个新的连接。在使用完毕后，这个连接会被归还到连接池中，而不是被销毁。这种预先建立和后续复用的机制大大减小了创建和销毁连接所产生的开销。

为了确保数据库不会被过多的并发连接所淹没，连接池提供了一个重要的功能：限制最大连接数。这意味着，连接池中只会存在预定义数量的连接。当这些连接都被使用时，新的请求必须等待，直到有连接被释放回连接池中。如果一个请求在规定的时间内无法获得连接，那么它可能会被拒绝。这种方式有效地避免了数据库因为超过其处理能力的请求而变得不稳定或发生崩溃。

例如，想象一个在线电商平台，在特定节日推出大型促销活动，数十万个用户在同一时间尝试访问网站并完成购买。这样突然增长的请求会给数据库带来巨大的压力。但幸运的是，该电商平台使用了数据库连接池，并且设置了最大连接数为1000。这意味着无论有多少用户尝试同时访问，都只有1000个请求能够在同一时间与数据库建立连接，而其他的请求会被放入等待队列中。如果队列中的请求在一定的时间内没有得到服务，那么它们将收到一条友好的错误消息，如"系统繁忙，请稍后再试"等。

通过这种方式，连接池有效地限制了发送到数据库的并发请求量，确保了数据库的稳定运行。尽管一些用户可能需要等待或重新尝试，但这远比系统崩溃或数据库损坏要好。

5.4.4.2　慢查询限流

慢查询是拖累数据库性能的另一大原因。为了避免这一问题，很多数据库都提供了一种称为慢查询限流的策略，用于监控和管理这些低效的查询。慢查询限流是一种数据库性能调优策略，它通过监控查询的执行时间，自动中止那些运行时间超过预定义阈值的查询。这种策略可以确保资源密集型、低效的查询不会消耗过多的数据库资源，从而维护整体的应用性能。

当一个数据库查询运行过久时，它可能会消耗大量的CPU、内存或磁盘I/O资源，从而影响其他查询的执行和数据库的整体性能。通过限制慢查询，可以确保资源得到合理的分配。同时，限制那些可能导致长时间等待的慢查询，可以提高应用的响应速度，为用户提供更好的体验。此外，某些慢查询可能是由编程错误或数据问题引起的。通过识别和中止这些查询，可以快速发现并解决这些潜在的问题。

大多数现代数据库都提供了慢查询日志功能。数据库管理员可以设定一个阈值，当查询的执行时间超过这个阈值时，该查询的详细信息就会被记录下来。同时，有些数据库还提供了更为强大的功能，允许自动中止那些运行时间超过阈值的查询。

例如，想象一个大型的电子商务平台，其中有一个报表生成工具允许管理人员查询销售数据。某一天，一个业务管理人员尝试生成一份涵盖了五年销售数据的复杂报告。这个查询非常复杂，涉及多个大型表格的连接，并且要计算大量的统计数据。当查询开始时，数据库的 CPU 使用率和 I/O 速度都急剧上升，其他用户的简单查询，如查看产品详情或订单状态等，受到影响，响应时间变得很长。幸运的是，数据库管理员已经为慢查询设定了一个 30s 的阈值。当报表查询时间超过这个阈值时，系统自动中止了它，并在慢查询日志中记录了详细信息。数据库管理员随后联系了该业务管理人员，为其提供了一种更为高效的方法来获取所需的报告，同时还针对该查询进行了优化。

慢查询限流是一种非常有效的策略，可以保护数据库资源，确保数据库的性能高效、稳定。通过识别、监控和管理慢查询，可以避免潜在的性能问题，提高用户的满意度，并确保应用持续、稳健运行。

5.4.4.3　数据库代理

随着云上应用的迅速发展，数据库的安全、稳定性和高可用性已经成为核心关注点。传统的应用直接访问数据库的模式可能会遭遇各种潜在的风险，例如，由于应用的问题导致数据库连接过多，或者某些查询造成数据库性能下降。为了解决这些问题，数据库代理技术应运而生。

数据库代理作为一个中间层存在，它位于应用服务器和数据库服务器之间。当应用需要访问数据库时，它不是直接与数据库通信，而是与数据库代理通信。这样一来，所有流向数据库的请求都会先经过数据库代理，数据库代理决定如何处理这些请求：是直接发送到数据库，还是拦截、优化或重新路由。因此，数据库代理可以为所有连接到它的应用提供统一的连接管理和监控策略。例如，它可以限制同一时间与数据库的连接数量，确保不会因为某个应用的异常而导致数据库连接饱和。同时，数据库代理可以实时监控数据库查询的响应时间，帮助运维人员及时发现并处理性能瓶颈。对于大型应用，通常读操作远多于写操作，数据库代理可以自动将读请求和写请求分开，将读请求路由到数据库的只读副本，而将写请求路由到主数据库。这样可以确保写操作不会被读操作影响，提高整体的数据库性能。同时，当主数据库出现故障时，数据库代理可以自动将请求路由到备用数据库，确保应用的高可用性。这个过程对应用是透明的，应用无须进行任何修改。此外，数据库代理还可以为数据库提供额外的安全层。例如，它可以拦截和过滤潜在的 SQL 注入攻击，确保恶意请求不会到达数据库。

例如，考虑一个大型的云上电商网站，在"双 11"等大促活动期间，用户量和数据库请求量会急剧增加。如果让所有请求都直接访问主数据库，则很可能会导致数据库过载甚至崩溃。在这种场景下，数据库代理的价值便体现出来了。首先，数据库代理可以限制同一时间到达数据库的请求数量，确保数据库不会饱和。其次，通过读/写分离策略，数据库代理可以将大部分的读请求（如查看商品详情、查询库存等）路由到数据库的只读副本，而将写请求（如下订单、支付等）路由到主数据库，确保数据库的高性能和稳定性。此外，如果主数据库出现问题，数据库代理还可以自动将请求路由到备用数据库，确保网站的正常运行。

下面介绍一个案例：某在线会议控制平台数据库过载保护设计。

会议控制平台是在线会议最为核心的业务之一。由于该在线会议控制平台要满足海量请求的高并发要求，所以其所有的数据基本都被存储在 Redis 中。在业务飞速发展的初期，由于各内部模块的边界不够清晰，大家对存储的使用处于失控状态，随着用户量的不断增长，逐步暴露出诸多有关存储和架构的问题。

Redis 存储被"滥用"，任何未经优化的原始数据都会被一股脑儿地放到后端 Redis 中，造成 Redis 变得越来越臃肿，性能逐渐达到其瓶颈。一场上万人参加的在线会议，用户参会状态、会议聊天窗口消息等热点数据频繁更新，且需要支持参会的上万个用户对这些热点数据的实时查询，而且该会议控制平台以会议 ID 为 key 来存储所有与会议相关的热点数据，所以会给 Redis 带来巨大的查询压力。例如，该会议控制平台在 2023 年某月支持了一场数万人参加的在线会议，导致在平台后台存储会议热点数据的那台 Redis 服务器的 CPU 使用率暴涨，资源消耗殆尽，已经开始影响将会议数据存储于同一台 Redis 服务器的其他会议。同时，飞速增长的业务量也对平台的容灾能力提出了更高的要求。会控业务因为发展时间长，历史包袱重，存储改造伤筋动骨，加之需要支持海外扩展，要做到平滑迁移需要考虑的细节较多。为此，该会议控制平台采用了数据库代理的模式，逐步对原先独立使用数据库的众多应用服务进行改造，通过统一的数据库代理读/写 Redis 数据库，实现了存储访问收拢。

如图 5-25 左侧部分所示，因为历史原因，该会议控制平台后台有会控基础业务、安全业务、媒体应用业务等超过 40 个应用服务会直连核心 Redis 实例，这导致存储改造难度极大。同时，由于业务使用不规范、缺乏统一管控，导致 Redis 面临诸多潜在的风险。针对此类问题，其高并发优化的首要工作就是进行存储访问收拢，统一提供数据库代理 SDK，会议控制平台后台的所有服务都通过数据库代理访问数据库。

如图 5-25 右侧部分所示，数据库访问收拢后，有多种访问控制策略。数据库代理可以规范新增流量管控、新接入的流量鉴权、数据库读/写路由（读主数据库，还是读备用数据库）、QPS 评估等，统一管控，提供更细粒度的监控和存储保护策略。它同时还整顿了存量接入，并在存量流量收拢的过程中评估其使用的合理性。

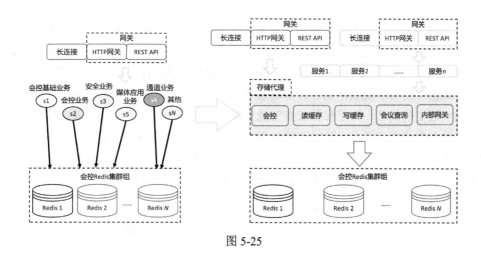

图 5-25

5.4.5　存储层

在存储层，过载保护的方式主要包括云盘限流和对象存储频率控制等。

5.4.5.1　云盘限流

云盘是一种基于云计算基础设施的存储服务。与传统的物理硬盘不同，云盘的资源是共享的，这意味着许多用户和应用可能会同时访问云盘资源，因此需要对云盘实施限流来实现资源保护。过多的并发请求可能会导致云盘 I/O、网络带宽等资源饱和，影响存储性能。在高流量下，云盘可能会面临响应缓慢甚至服务中断的风险。此外，限流可以确保所有的用户和应用都能公平地使用云盘资源，而不会因为某些高流量的应用而受到影响。

随着数据量和并发访问量的增加，如何保证云盘的高效、稳定性和持久性，成为确保基于云盘的应用高并发的一个问题。一种有效的策略是采用限流技术，对云盘实施过载保护。

云盘限流通常涉及以下几个步骤。

① 监控流量：需要实时监控云盘的流量，包括读/写速度、并发连接数等关键指标。

② 定义阈值：基于监控数据，定义合理的流量阈值，如每秒读/写次数、每秒传输的数据量等。

③ 实施限流策略：当流量接近或超过阈值时，自动触发限流策略，如拒绝新的连接请求、限制读/写速度等。

④ 动态调整：根据云盘使用情况的变化，定期评估并调整限流策略和阈值。

例如，设想一个云服务商为某游戏下载平台提供了基于 SSD 的高性能云盘。为了确保所有用户都有最佳的下载体验，云服务商决定对每块云盘都实施限流。首先，使用监控工具跟踪每块云盘的读/写速度、并发连接数和数据传输量。然后，经过分析，为每块云盘都设定了每秒 1000 次的读/写速度和每秒 100MB 的数据传输量作为阈值。当一款流行的在线游戏发布了新版本后，许多玩家都会争相下载，导致一部分云盘的流量迅速上升，达到设定的阈值。为了保护云盘资源和确保所有用户都公平地使用云盘资源，云服务商自动触发了限流策略，限制了部分高流量用户的读/写速度。同时，云服务商通过反馈为受影响的用户提供了流量信息和限流状态，使他们了解到当前的流量情况。此外，云服务商还为用户提供了优化建议，如分散下载时间、使用 CDN 等。

云盘限流是一种重要的策略，旨在保护云盘资源，确保所有的用户和应用都能得到高效、稳定的服务。通过实时监控、合理定义阈值、动态调整限流策略，可以有效地应对各种流量挑战，保障云盘长期健康、稳定地运行。

5.4.5.2　对象存储频率控制

对象存储系统提供了一种分布式、可扩展、持久且经济高效的方式来存储大量的非结构化数据，如图片、音频、视频等。但是随着数据量的急剧增长和访问请求的激增，如何确保其稳定性与响应性成为一个关键的挑战。在此背景下，为对象存储实施频率控制成为一种关键的策略。

对象存储的核心是提供稳定、可靠的数据访问。但是当某个应用或用户的访问频率过高时，可能会导致系统过载，影响其他用户的访问体验，甚至可能引发系统的不稳定。对象存储频率控制策略的功能如下。

- 保护系统资源：防止因某一客户端的高频请求而导致系统资源不足。

- 确保公平访问：所有的用户和应用都能公平地享受对象存储服务。

- 预防恶意攻击：高频请求可能是恶意攻击或误操作，频率控制可以被作为一种安全防护手段。

具体的操作步骤如下。

① 定义频率控制维度：可以从多个维度为对象存储实施频率控制。

- 单文件维度：限制对特定文件的访问速度。

- 桶维度：每个桶都有其独特的 QPS（每秒请求数量）限制。

- AppID 或用户维度：根据应用 ID 或用户身份对访问进行频率控制。

② 设定阈值：根据实际业务需求和系统性能，为不同的维度设定合理的 QPS 阈值。例如，桶的默认 QPS 可以是 1200，但针对特定需求，其可以提高至 10000。

③ 动态调整：随着业务的发展和系统的变化，可以动态调整频率控制策略和阈值。

④ 监控与报警：实时监控对象存储的访问频率，一旦接近或超出设定的阈值，系统就可以自动发送报警通知。

例如，假设一个云服务商为某社交媒体应用提供了对象存储服务，该服务允许应用创建多个桶，并且每个桶可以存储不同类型的数据。随着该社交媒体应用的用户量的增长，其用户上传了大量的图片和视频，导致该应用的桶接收到大量的并发请求，远远超出了默认的 1200QPS。为了保护系统并确保其他用户的正常访问，云服务商实施了频率控制策略。云服务商为该应用的桶提高 QPS 阈值至 10000，并监控其流量，确保在达到阈值时进行频率控制。同时，为了更好地服务于该应用，云服务商还为其提供了一个专用的管理界面，允许应用在需要时动态调整 QPS 阈值。这确保应用在高流量时期仍能保持高性能，而在低流量时期可以减少不必要的开销。此外，云服务商还为所有桶的管理人员提供了一个仪表板，显示实时的 QPS、流量和频率控制状态，帮助他们更好地管理和优化存储资源。

因此，为对象存储实施频率控制不仅可以保护系统资源，确保应用的稳定性和高性能，还可以为用户提供灵活、可定制的服务。

5.5　案例一：某休闲闯关小程序游戏的高并发设计

2022 年 9 月，一款卡通背景的闯关游戏在全网迅速刷屏。但凡一个拿着手机目不转睛的人，九成概率都在忙着通关，还有大批的人，因为不能通关而通宵达旦、夜不能寐。在短短的 7 天内，这款小游戏的 DAU 就突破了 1 亿。要知道，除《王者荣耀》《原神》等屈指可数的现象级手游之外，1 亿 DAU 是游戏行业的喜马拉雅山，可是，它却被一款看上去并不足够"精致"的小程序游戏轻松实现了。

用户涌入、数据飙升，给这款游戏原有的技术架构、运维体系以及安全防范等技术体系带来了巨大的挑战。这款游戏是由一个只有几个人的创业团队开发的，最初的技术架构仅支撑 5000QPS 并发。因此，无论是技术、人力、资源还是服务都越来越难以应对。一款小游戏能不能成功，不仅与其本身的设计有着巨大的关系，而且还与流量迅速增长之后它是否能够持续提供稳定的服务和良好的游戏体验密切相关。这款小游戏在爆火之后的几天内，其在技术架构层面面临严峻考验，这对一款用户量正在快速爬坡的小游戏来说，可以说是致命的挑战。如果不能快速解决问题，将会大幅降低玩家的游戏体验，从而会快速地被用户所抛弃。而这款游戏就是在一瞬间涌入了海量用户，速度之快、人数之多，超出了所有人的预期。

5.5.1　优化前

优化前的实现架构有些简单，如图 5-26 所示，玩家流量通过一个 CLB 进入，传输给 K8s 的几个 Pod 进行游戏逻辑处理，再将数据存储起来。其中，热数据被存储在云

Redis 中，持久化数据被存储在云 MongoDB 中。

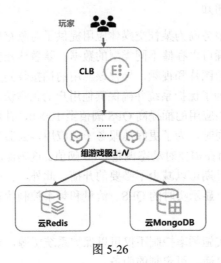

图 5-26

在发布之初，由于没有充分考虑到如此大的流量，再加上单点服务的性能瓶颈，以及未对代码进行充分优化，使得当时的系统最高只能承受 5000QPS。但实际流量增长得很快，并且持续升高，达到了性能瓶颈，游戏服务瘫痪，所有玩家无法再进行游戏。

5.5.2　优化后

在详细分析了原来的实现架构后，发现存在以下不足之处。

- 所有的组件都是单 Region、单机房部署的，缺乏高可用设计。
- 在网络接入层，缺乏加速措施，游戏在高峰期会出现卡顿现象。
- 前端的负载均衡为单点，在流量高峰期会成为高并发和高可用的卡点。同时，海量的流量会瞬间"打爆"后端服务的资源。
- 后端服务虽然为业务的高并发部署了大量冗余资源，但在高峰期还是会造成资源的不足。
- 在高并发场景中，单 Redis 和 MongoDB 数据库也会因为其容量及 I/O 速率的限制而成为瓶颈。

针对以上诸多不足，项目组决定从四个方面提升游戏的高并发能力，整体如图 5-27 所示。

- 网络接入层 CDN 加速：通过启用 CDN 进行游戏的动态资源与静态资源的分离，让玩家使用的游戏资源可以实现就近下载，减轻服务器的压力。

- 应用接入层负载均衡冗余：设计多负载均衡入口，实现入口高可用和限流，避免后端系统出现超额流量过载。

- 逻辑层弹性扩容：依靠云原生产品对原有技术架构进行升级，实现弹性扩容。通过引入 Serverless 弹性机制，实现逻辑层游戏服的自动纵向和横向扩展，实现服务解耦，增加容错和熔断机制。由于该游戏的技术团队实施了基于 CPU 指标的容器 HPA 动态扩缩容策略，在游戏日活用户持续陡增的情况下，服务指标达到了 HPA 阈值，系统在数秒内自动扩容了近万核容器资源。在此期间，无须投入人力运维 K8s 集群，也不用担心资源不足等问题，从而可以把精力全部投入游戏玩法的优化中。在随后的两周时间内，尽管玩家规模增长了几百倍，最终日活用户上亿，但是这套服务依旧保持稳定。

- 数据库层读/写分离+分库：将 MongoDB 转换为读/写分离模式，再配合代码逻辑的优化实现性能的提升。同时，引入分库实现业务分层与隔离，并且配合 Redis 缓存热数据，分担数据库的查询压力等。

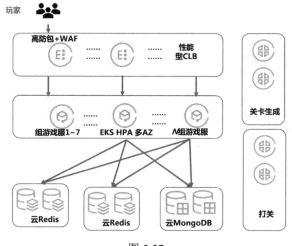

图 5-27

经过上述一系列技术升级，新架构经受住了一波又一波的流量峰值考验，甚至在高峰期 DAU 过亿后，游戏技术系统依旧表现稳定。可以说，在这么短的时间内完成能力表现如此出众的架构设计及改造，对于一款发布才几个月的小游戏来说，在国内也很难再找到这样的例子。

5.6　案例二：某即时通信 App 上云设计

某即时通信 App 在时代浪潮的驱动下，开始考虑上云问题。在这个案例中，我们将看到它是如何设计来充分解决高可用问题的，从而实现应用上云价值的最大化。

5.6.1　功能架构

该即时通信 App 是一款支撑海量用户社交沟通的 IM（即时通信）软件，它采用典型的三层应用功能架构，如图 5-28 所示。

- 接入层：具体包括接入服务和登录服务。
- 逻辑层：具体包括状态服务、消息服务和群服务（用于群消息的发送）。
- 数据层：用于存储资料数据（主要是用户资料）以及状态数据（用户每次登录的状态信息，包括登录时间、登录地点、登录 IP 地址等）。

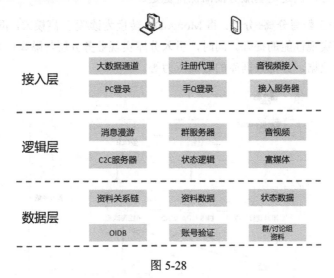

图 5-28

5.6.2　业务架构

作为一款 IM 软件，该即时通信 App 的核心业务流程分为"一对一"聊天和群聊两种模式。

5.6.2.1　"一对一"聊天

"一对一"聊天发送消息的业务流程如下：

① 客户端将消息发送到接入层的接入服务。

② 接入层的接入服务将消息发送到逻辑层的 C2C 服务。

③ 逻辑层的 C2C 服务基于对方的状态信息获取对方接入层的接入服务。

④ 逻辑层的 C2C 服务将消息发送到对方接入层的接入服务（跨 Region）。

⑤ 对方接入层的接入服务通过状态数据备实例获得对方客户端的状态信息。

⑥ 对方接入层的接入服务基于对方的客户端信息将消息发送到对方的客户端。

5.6.2.2　群聊

群聊发送消息的业务流程如下：

① 客户端将群聊消息发送到接入层的接入服务。

② 接入层的接入服务将群聊消息统一发送到中央群服务。

③ 中央群服务根据不同的 Region 将消息打包，发送到 3 个 Region 的逻辑层的群服务。

④ 每个 Region 的逻辑层的群服务都将消息发送到各自逻辑层的"一对一"聊天服务（将一条群消息扩散为 n 条"一对一"的消息）。

⑤ 各自逻辑层的"一对一"聊天服务将消息通过接入层的接入服务发送到客户端。

5.6.3　实现架构

在该即时通信 App 的功能架构中，大部分接入层和逻辑层的服务都已经完成了无状态改造，所以能够通过云上弹性伸缩应对高并发时的性能需求。考虑到高并发的场景，现在面临的主要难点是其数据层的数据读/写以及不同 Region 间的数据同步。根据数据的不同性质以及不同的更新频率，该即时通信 App 将其涉及的数据分为冷数据（资料数据）和热数据（状态数据）两类。其中冷数据的更新频率较低，而热数据会随着每次用户的登录而更新，因此更新频率较高。

5.6.3.1　资料数据

对资料数据的存储及同步是基于自研的 KV 数据库实现的。如图 5-29 所示，它采用了主备模式实现读/写分离，从而确保数据的高并发。每次更新资料数据时，都会直接写入主实例，然后由主实例同步给各个备实例。此外，在需要时可以进行主备切换，选定某个备实例代替主实例。

为了支撑海量的高并发数据更新，并且考虑到读数据的频率远远大于写数据的频率，因此通过读/写分离使大部分业务逻辑可以并行读取备实例上的资料数据。同时，为了减少跨域流量，资料数据被分布在华北、华东、华南三个 Region，每个 Region 都有多套全量的"只读"备实例，每个 Region 上线默认有 2 套实例以确保高可用，后续将根据用户量逐步增加实例数量。每个 Region 的用户都读取本 Region 的备实例，而写操作统一写入华南 Region 的主实例。

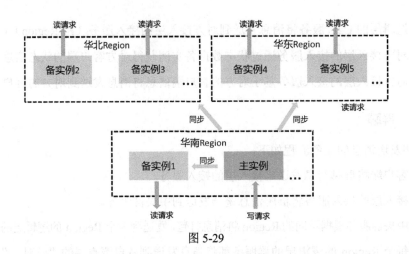

图 5-29

主备实例间的数据一致性通过读/写分离和主－备单向同步实现。所有的写操作都会落在华南 Region 的主实例上，然后由主实例同步到各个备实例，从而实现数据更新。同时，KV 数据库自带数据一致性扫描功能，定期扫描备实例，确保与主实例一致。

5.6.3.2　状态数据

状态数据主要是用户的登录相关信息，如登录 IP 地址、登录时间、登录终端等，因为其更新频率高，所以被称为"热数据"。因为无法像资料数据一样采用"一写多读"的模式，所以状态数据采用的模式是 3 个 Region 实时同步，且每个 Region 采用"一写多读"的模式，整体如图 5-30 所示。

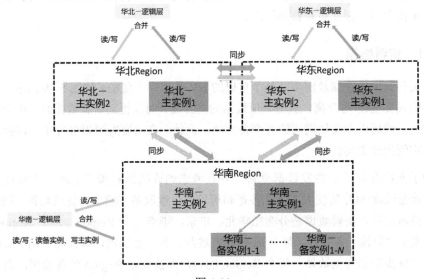

图 5-30

针对高并发，为了避免跨域流量，这里采用了 3 个 Region 实时同步，每个 Region 的用户就近更新本地数据库实例，不同 Region 间的主实例通过 TCP 长连接实现双向同步。在每个 Region 的内部，除了之前的主实例，还会根据用户量配置一定数量的"只读"备实例，实现 Region 内的读/写分离，从而支撑更高的读并发。当某一 Region 的主实例被更新后，会同时进行跨 Region 和 Region 内的数据同步。一方面，该主实例会将更新数据同步到另外 2 个 Region 的主实例；另一方面，该主实例也会单向将更新数据同步到同一个 Region 的多个备实例。

同时，为了确保状态数据的高可用，这里采用了 2 套状态数据的双轨模式。每个 Region 同时维护 2 套状态数据集群，确保数据不丢失。在逻辑层写数据时，同时写入本 Region 的 2 套主实例。而 2 套状态数据集群的数据一致性校验由逻辑层实现，当逻辑层需要读状态数据时，会同时读取 2 套数据，并且校验数据的一致性。

通过对资料数据和状态数据这两种数据的介绍，我们会发现针对大规模的海量业务，数据处理是其中的一大难点。在该即时通信 App 的开发过程中，当时还没有较为成熟的分布式数据库方案，所以数据分片、数据同步、一致性校验等都需要在业务层面来实现。当逐步采用云上 PaaS 产品时，已经有了较为成熟的分布式数据库方案，因此应用上云之后，这项工作将会大大简化，这也是应用上云的一大便利。

5.6.4　部署架构

该即时通信 App 的部署架构采用了典型的单元化模型，主要是为了支撑高可用需求，确保大部分数据流量在一个单元内完成，大大减少跨域流量。而在整体架构的演进过程中，有两种不同的 SET 模型。

最初的 SET 模型以 IDC 为单位，如图 5-31 上半部分所示，每个 IDC 都是一个 SET，每个 SET 都包含 1 套接入层、1 套逻辑层和 1 套状态数据的备实例。该模式的每个 SET 都独享整个 IDC 的 IaaS，因此导致资源颗粒度是整套 SET，从而导致 SET 模型的变更比较频繁，并且无法单独更新/扩容某个组件。

随着每个 Region 的 IDC 越来越多，每个 Region 都有多个 SET，并且每个 SET 中的资源使用都不均衡。后续 SET 模型以 Region 为单位，将整个 Region 跨多 IDC 做成一个大 SET，如图 5-31 下半部分所示。其前提是 IDC 间的网络连接够快、够稳定。同时，SET 内不同的功能通过服务化模式可以相互调用，并且通过服务间调用的优先级来规避跨 Region、跨 IDC 的流量。通过优先级路由服务调用，最优先的是同一 IDC 内的服务调用，其次是同一 Region 内的服务调用，最后才是跨 Region 的服务调用。

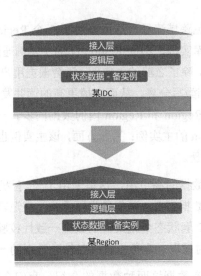

图 5-31

5.7   案例三：某支付平台百万 QPS 消费券

为了挖掘市场消费潜力并提振民众消费热情，全国各地区陆续推出消费振兴的措施。凭借安全便捷的产品特性，以及广泛的商户连接基础，某支付平台已发展成为政府补贴资金发放的重要数字化渠道和工具，并形成了一系列成熟的数字发放解决方案。

5.7.1   业务架构

消费券抢券的流程非常简单，活动开始，用户进入平台后，选择自己想要的券，点击"立即抢券"按钮，即可抢到自己喜欢的券。用户抢到券后，在 24 小时内会为用户发放到位。在这个业务场景中，遇到的最大问题就是高并发。

- 在开抢瞬间大量用户同时访问，应用并发高：消费券抢券是新冠疫情结束后武汉市政府首次提出的，在此之前并没有类似活动的历史经验可供参考，请求量级只能按照流量转化模型预估。以城市 A 为例，A 市常住人口 1800 万人，券数量为 70 万张，预估 A 市的抢券 QPS 会超过 12 万。

- 热门资源成为性能瓶颈：在高并发的情况下，热门资源（如 800 减 250 的大额代金券）容易成为性能瓶颈，影响应用的可用性。

- 业务规则复杂：抢券业务规则较为复杂，例如，单自然人只能抢一张券；只有本市常住人口且实时地理位置在本市的才能抢券。复杂的业务规则与应用的高并发、高可用之间产生冲突。

- 资金安全：消费券是政府出资的，要保证资金安全。需要按照政府的要求严格控制预算，不能超发。

这里主要面临两个问题：

- 如何设计应用以支撑此活动量级。
- 当请求量超出预估量级时，如何提供过载保护，确保抢券活动丝滑进行。

5.7.2　实现架构

5.7.2.1　原子操作及一致性

针对高并发问题，预估支持一个城市 12 万次/秒的抢券需求。基于上述控制总预算以及单自然人只能抢一张券的诉求，应用设计需要优先满足以下两个核心功能。

- 对券总数的扣减需要是原子的，以防止在高并发场景下超发。
- 券总数扣减和记录自然人领券这两个操作需要在一个事务中完成，以防止"单自然人只能抢一张券"的业务规则受到破坏。

实现券总数扣减和记录单自然人领券的事务操作，同样有多种选择，如表 5-1 所示。

表 5-1

	单机事务	分布式事务
实现方式	MySQL 多表事务	TCC（Try-Confirm-Cancel）实现流程 Try 阶段：总预算预扣和自然人限额扣减 Confirm 阶段：总预算提交 Cancel 阶段：总预算回滚
性能	400 次/秒（单记录）	依赖实现控制总预算的组件性能，以 QKV 为例，IT5，写 40 万次/秒，单 key 写 1.5 万次/秒
数据一致性	强一致性	最终一致性

在分布式事务模式下，在正常情况下数据是一致的。在抢券场景中，在保证数据最终一致的情况下，技术团队判断性能的优先级要高于数据的强一致性，即业务可以接受在系统抖动时产生的短暂不一致，由事务协调器驱动数据到最终一致。

综上所述，基于 QKV 对原子级逐级累加和限制的原生支持，以及对两阶段限额的支持，技术团队使用 QKV 限额，结合 TCC 模式设计了抢券的原型系统。

相关的处理流程如图 5-32 所示。

① 用户进入平台首页时，会读取配置文件，加载活动信息；同时读取 QKV，判断券有没有被抢完。

② 抢券开始时，用户点击"立即抢券"按钮进入抢券流程，优先判断用户的信用、常住地等信息，看其是否满足抢券条件。

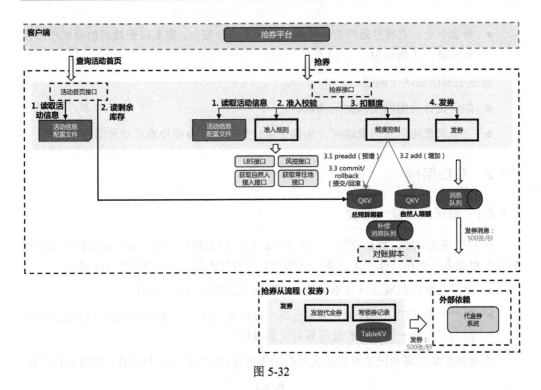

图 5-32

③ 如果满足抢券条件，则预扣券总预算，扣减自然人限额，根据扣减自然人限额的结果对预扣进行提交或回滚。提交成功后，将消息放入异步消息队列中进行发券，返回给前端抢券成功。在扣减过程中遇到任何失败，都会将消息放入补偿消息队列中尝试驱动数据达到最终一致。同时，对账脚本作为最后的兜底确保数据的最终一致。在这个过程中，补偿消息队列和对账脚本起到事务协调器的作用，驱动总预算限额和自然人限额数据达到最终一致。

在以上各种措施中，首先，采用了前置处理措施，在开始抢券之前就完成了各类校验，降低了抢券时的操作压力。其次，通过异步消息队列（同步改异步）和补偿消息队列实现了削峰填谷，提高了系统整体的吞吐量。

5.7.2.2　水平扩容

如果抢券的 QPS 只有几百、几千，那么上述方案便可以胜任。但是当系统预估 QPS为十几万甚至上百万时，显然还有很多问题需要解决。当需要系统支持更高的 QPS 时，大家首先想到的就是水平扩容。可以水平扩容的系统，通过增加机器数量便可以支持更高的量级。通过对抢券系统的所有依赖进行分析，技术团队发现，除了总预算限额的QKV，其他依赖都是可以水平扩容的。分析过程如图 5-33 所示。

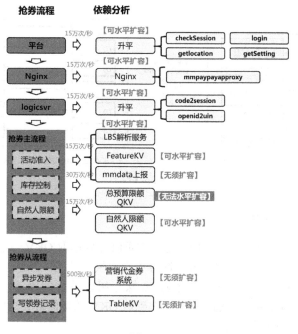

图 5-33

在传统的 KV 数据库中，可以采用分树机制来提高数据库的整体吞吐量。在这个方案中，为了解决单 key 的写并发限制问题，采用了将单个限额 key 分解为多个子 key 的方法，这些子 key 被称为"分树"。通过这种方式，每次操作都不是直接针对单 key 的，而是随机选择一个子 key（分树）进行操作，从而实现负载分散和提升整体的处理能力。

针对抢券业务，如果对某种券的限额 key 进行分树处理，且分树的数量是机器数量的整数倍，每次抢券都随机选择一棵分树进行扣减，那么可以成倍提升扣减限额的性能。如图 5-34 所示，简单地对 100 张 A 券的限额 key 进行分树处理。假设选择分成 36 棵分树，即将 100 张 A 券平均分配给 36 个子 key。每次用户尝试抢券时，系统都通过一致性 Hash 算法随机选择一个子 key 来尝试扣减。例如，假设系统中有 6 台 QKV 服务器，可以将这 36 个子 key 均匀分配，每台服务器负责 6 个子 key。这样，即使在某一时刻对某些子 key 的访问达到峰值，其他子 key（分树）和服务器也仍然可以处理更多的请求，从而在整体上实现了水平扩容。

通过上述方法，实现了将单 key 的分树均匀分布在所有 QKV 机器上。用户在抢券时，根据一致性 Hash 算法，选择某一棵分树进行抢券，当该分树被抢完时，再选择还有剩余库存的分树继续尝试。这样便可以通过增加机器数量以及成比例地增加分树数量，使得扣减总预算限额可以水平扩容。此时，就解决了 QKV 单 key 的水平扩容问题，整个系统的所有依赖均可以水平扩容，已经具备了支持在百万内任意量级抢券活动的基础。

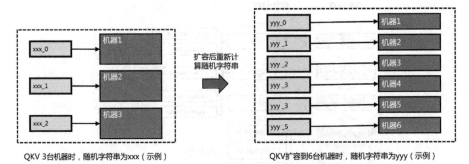

图 5-34

5.7.2.3   缓存加强读操作

在前面的业务架构中提到，当用户进入首页时需要读取 QKV，以判断券有没有被抢完。这种前置处理措施虽然可以提升扣减券库存模块的性能，但也会带来海量的读操作问题。假设一共有 5 种券，每种券分为 36 棵分树，首页的读请求量是 10 万次/秒，如果每次请求都读取全量分树的库存，那么到达 QKV 的访问量会被放大 5×36 倍，达到 1800 万次/秒。这是不可接受的。

面对读场景的放大问题，技术团队采用了共享内存缓存的机制，如图 5-35 所示。每次读请求都不直接访问 QKV，而是使用异步线程周期性地拉取所有分树的库存，更新到共享内存缓存供给读操作。读请求只需读取本机共享内存缓存便可获取全量分树的库存，无须访问 QKV。此时 QKV 的访问量只与分树数量、部署的机器数量以及更新周期有关。假设有 5 种券，每种券分成 36 颗分树，当更新周期为 1s，前端部署的机器为 400台时，到达 QKV 的读请求量固定为 5×36×400×1 = 7.2 万次/秒，相对于首页读请求量 10 万次/秒来说，这是一个可以接受的量级。

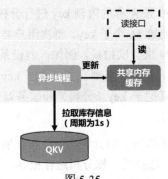

图 5-35

5.7.2.4   网络路径优化

在业务架构中可以看到，在抢券的规则准入阶段，需要调用多个外部接口来判断用户是否有抢券资格。对多个外部接口的调用使得调用链路变长，不但增加了请求耗时，降低了系统的响应速度，同时增加了抢券时的故障风险。

被调用的多个外部接口都是数据获取接口，减少此类接口调用的方法，首先想到的就是合并优化。通过分析数据的特点，技术团队发现抢券时需要获取的数据都是准静态数据，如图 5-36 所示。

如图 5-37 所示，可以使用离线任务事先将数据聚合在一起，统一使用千万 QPS 的高性能存储组件 FeatureKV 来存储，在抢券时用一次请求代替之前的所有读取操作。

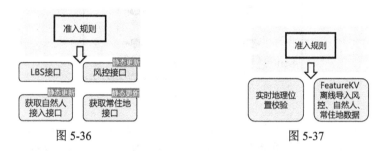

图 5-36　　　　　　　　　　　　　　　　图 5-37

5.7.2.5　过载保护

当实际业务量大于目标容量时，采取有效的降级措施也能帮助系统满足业务预期。在抢券场景中，关键的业务预期是：即使抢券接口发生过载，也能使得券在业务可预期的时间内被抢完，并告知用户，保障用户基本的抢券体验。即使实际业务量超出目标容量，发生过载，也可以在一次操作后，显示券已被抢完，不会发生用户投诉。

具体而言，当实际业务量超出系统所能提供的最大容量时，需要丢弃无法处理的请求（在前端前置实施降级措施），防止产生更大的雪崩。在抢券系统中，技术团队采取了以下过载保护措施。

- 接口限频：根据目标容量设置接口限频，在超过限频时，拒绝请求。
- 支付平台自带的过载保护：根据服务的机器负载、队列等待时长，对服务进行动态的过载保护。

此外，技术团队还通过各种过载保护机制，减少不必要的读请求。例如，首页限制刷新频率；在抢券成功后，首页缓存抢券结果，刷新时不再向后台请求。

5.7.3　部署架构

抢券模式的效果很好，A 市抢券活动结束后，B 省又提出在该省 10 余个城市同时进行抢券活动，预估的活动量级在 60 万次/秒~100 万次/秒。

最理想的情况是，为每个城市的抢券活动都独立部署一套抢券系统，如图 5-38 所示，使得每个城市的抢券活动都不会相互影响。

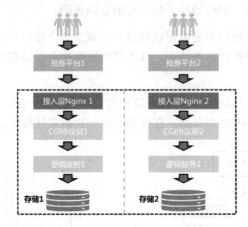

图 5-38

但是在实际情况下，系统不同层的最小独立单元的性能差异巨大。以 QKV 为例，其最小独立单元可由 6 台服务器组成，可以提供 45 万次/秒的计算性能，而逻辑层的最小独立单元只需 3 台服务器，只能提供 2200 次/秒的 QPS。

所以，在不考虑城市预估抢券量级的情况下，为每个城市全链路独立部署一套抢券系统，会造成比较严重的资源浪费。例如，A 市的 QPS 为 12 万次/秒，而 H 市的预期 QPS 只有 1000 次/秒，远远小于 15 万次/秒。可见，为每个城市独立部署一套抢券系统是不合理的。

具体考虑实现架构中每一层的模块，由于最小独立单元的性能差异巨大，以及不同层的扩容特征不同，所以这里将 QKV 的最小独立单元作为抢券系统的最小独立部署单元。一套最小独立部署的抢券系统，可以支持 16 万次/秒的抢券（仍然可以通过水平扩容，成倍提升性能）。那么，对于一个城市来说，当其预估量级加上当前系统已经承载活动的预估量级超过最小独立单元性能容量的 1/2（经验值）时，便需要进行独立部署。

结合在当前基础设施下各层的独立部署成本，最终系统各层的独立部署方式如下。

- Nginx：活动 Nginx 共享现有的应用接入层 Nginx 集群，在各城市的活动内无须隔离。
- CGI 协议层：单元化的独立部署单元。
- 逻辑服务：单元化的独立部署单元。
- 存储：单元化的独立部署单元。

最终根据各城市预估的目标 QPS 以及各个城市的地理位置，将抢券系统独立部署为 5 个独立单元，如图 5-39 所示。以同一个独立单元来支持邻近城市的共有需求，正如上文所述，服务于 H 市的 SET 4 则会是使用资源最少的节点。

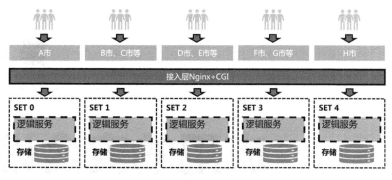

图 5-39

5.7.4　活动效果

经过上述一系列优化，该支付平台终于可以有把握支持一个城市的抢券需求了。结果也如技术团队所愿，平台顺利支持 A 市 16 场抢券活动，最高抢券峰值为 11 万次/秒，最快在 50 秒内抢光 70 万张券。

第 6 章

应用的安全设计

在本章中，我们将探讨云上应用的安全管理，深入研究如何识别云上应用的内部和外部安全需求及监管要求，并在云环境中全面规划和实施网络安全、身份安全、主机安全和数据安全等各方面的措施。此外，我们还将了解如何持续检测威胁并迅速做出合理的响应，以确保云上应用安全。

6.1　简介

确保应用安全，不能只从技术实现的角度去考虑，而需要综合考虑云服务商、云用户（应用服务提供方）等各方的责任分工，以及网络、系统、数据等各方面。

6.1.1　责任分工

随着用户将业务迁移到云平台上，确保数据和应用安全成了一项至关重要的任务。在云环境中，安全责任并不是由单一的某方来承担的。实际上，云安全是基于共同承担责任的模式来实施的。在这个模式下，云服务商与其用户都有自己的角色和责任，如图6-1 所示。

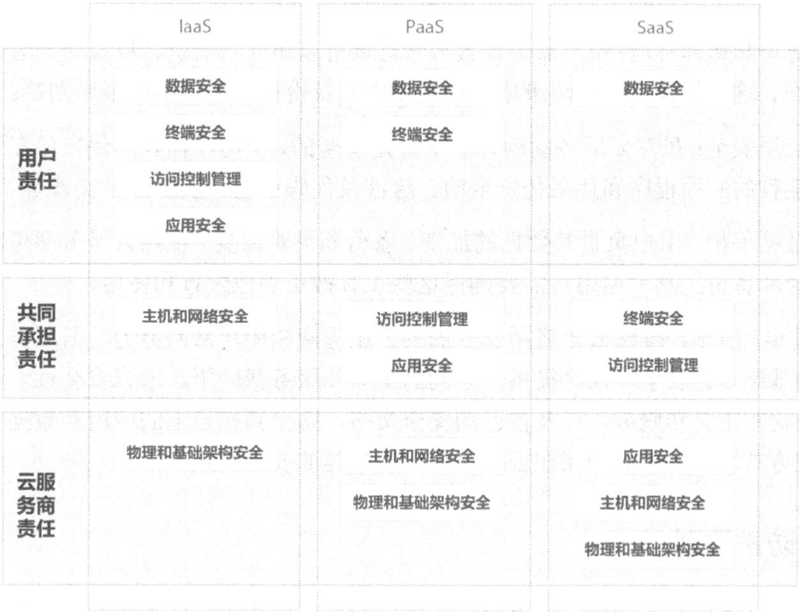

	IaaS	PaaS	SaaS
用户责任	数据安全 终端安全 访问控制管理 应用安全	数据安全 终端安全	数据安全
共同承担责任	主机和网络安全	访问控制管理 应用安全	终端安全 访问控制管理
云服务商责任	物理和基础架构安全	主机和网络安全 物理和基础架构安全	应用安全 主机和网络安全 物理和基础架构安全

图 6-1

6.1.1.1　云服务商的安全责任

对于云服务商而言，其安全责任如下。

- 平台安全：云服务商负责确保其提供的云计算基础设施——包括物理硬件、网络、服务器和相关软件——是安全的。这涉及数据中心的物理安全、网络的隔离与防护，以及底层系统的持续监控和安全补丁更新。

- 安全工具与服务：云服务商通常会提供一系列的安全工具和服务，帮助用户加强其在云上的应用和数据的安全。这可能包括身份认证工具、加密服务、防火墙、入侵检测系统等。

- 合规认证：云服务商应努力满足不同行业和地域的合规要求，如 ISO27001、GDPR等，并定期进行第三方审计，确保其提供的云服务满足这些要求。
- 安全教育与最佳实践：云服务商会提供文档、培训和工作坊，指导用户如何更好地使用云服务并确保其安全。

6.1.1.2　云上用户的安全责任

对于云上用户而言，其安全责任如下。

- 网络和防火墙配置：用户需要配置自己的云网络，设置合适的子网、安全组和防火墙规则，以确保只有合法的流量可以进入或离开其资源。
- 身份和访问管理：用户需要设置和管理谁可以访问其云资源以及访问者的访问级别。这包括建立强密码策略、使用多因素身份认证和最小权限原则等。
- 应用安全：虽然云服务商确保了平台是安全的，但用户需要确保自己在该平台上运行的应用程序和代码是安全的。这涉及代码审查、安全开发实践等。
- 数据保护：用户负责其数据的加密、备份和灾难恢复。虽然云服务商可能提供加密和备份工具，但用户需要确保这些工具被正确地配置和使用。

如图 6-1 所示，确保云上应用安全需要云服务商和用户共同努力。云服务商主要负责底层的基础设施安全，同时提供一系列的工具和服务帮助用户增强安全性。而用户则需要利用这些工具和服务，以及自己的安全策略，确保其在云上的应用和数据得到充分保护。双方共同努力才能确保在云环境中实现最佳的安全实践。

6.1.2　防护原则

随着云技术的广泛应用，确保云上应用安全已经成为用户的重要任务。构建安全的云应用不仅要考虑技术层面的挑战，还要建立完整的管理流程和培养适宜的安全意识。以下六大防护原则为云上应用提供了一个坚实的安全基础。

- 最小化原则及职责划分：最小化原则要求只授予应用或用户必要的权限，避免过度授权。简而言之，应用或用户应仅获得完成其任务所需的最小权限。例如，数据库管理员不应获得 Web 服务器的完全访问权限，反之亦然。此外，职责划分确保一个用户或系统不会有太多权力或权限，从而可以降低内部威胁或错误配置带来的风险。
- 零信任原则及多层防御策略：零信任原则意味着不默认信任任何请求，所有请求都应经过验证和授权。而多层防御策略意味着应在整个 IT 系统中建立多重安全措施。比如，在网络层面，应使用隔离、安全组和云防火墙进行流量控制。对于暴露在公网的应用，更应使用 Web 应用防火墙、API 网关和 DDoS（分布式拒绝服务攻击）防护来确保其安全。

- 数据分层保护：考虑到数据的价值和敏感性可能有所不同，应对数据进行分类和分级。例如，用户的信用卡数据和用户的普通购物数据应该有不同的保护级别。对于高度敏感的数据，应使用额外的加密和访问控制策略，确保其在传输和存储过程中的安全。

- 自动化防护：随着云基础设施规模的增长，手动管理和维护变得不再可行。基于自动化安全最佳实践，如使用模板进行版本控制、自动打补丁和配置管理，可以实现快速、一致地部署安全策略，同时降低出现人为错误的风险。

- 审计及追溯：持续监视和记录云资源的操作日志和访问日志是至关重要的。当出现安全事件时，这些日志能够帮助企业追踪和复原攻击路径，评估其影响程度，并采取相应的应急措施。审计和追溯不仅提供了对安全事件的洞察，还为合规调查提供了必要的记录。

- 合规性原则：对于在云上运行的应用，尤其是涉及敏感数据和交易的应用，应满足相关的法律和行业标准。团队应深入理解这些法律法规，并在云架构设计和部署中整合适当的技术和管理控制手段。

6.1.3　云内租户安全

就像之前介绍的，在云平台环境中，除云服务商提供的基础安全措施外，云上应用更加重视租户的安全。具体而言，云内租户安全涵盖多个关键方面。

- 网络接入层安全：主要是指保护应用免受恶意网络攻击。云上应用通过各种网络安全措施，如 DDoS 防护、防火墙、入侵检测和预防系统，以及网络访问控制，来确保数据在传输过程中安全和完整。

- 应用接入层安全：主要通过部署 WAF（Web 应用防火墙）来保护应用。WAF 专门针对应用层攻击——如跨站脚本（XSS）和 SQL 注入——提供保护，确保应用程序的安全。

- 应用内部服务隔离安全：通过使用云服务商提供的 VPC（Virtual Private Cloud，虚拟私有云）隔离来增强内部服务的安全性能。VPC 允许在云中创建私有网络，实现资源的逻辑隔离，从而确保不同服务之间的网络隔离和安全，并且可以设置类似访问控制列表（Access Control List，ACL）的规则来更细粒度地防护不同 VPC 网络间的流量，还可以在各台虚拟机中设置类似"安全组"的主机防火墙，做进一步的防护。

- 虚拟机主机安全：指确保运行应用的虚拟机安全。这主要包括定期的漏洞扫描、操作系统和应用程序的安全更新，以及其他防护措施，以防范恶意软件和未授权访问。

- 应用登录、认证和鉴权：通过部署强大的身份认证和授权机制来保护应用。这可能包括多因素认证、使用堡垒机等措施，以确保只有已授权的用户才能访问应用。

- 数据库安全：确保存储在云中的数据安全。这包括数据的加密存储、加密传输，以及对数据库活动的审计，以监控和记录所有对数据库的访问和更改。

实现云上应用安全不能仅关注某一方面，而要将其作为一个综合性的安全生态系统来考虑，涉及网络、应用、主机、身份认证和数据库等多个层面的安全措施。这些安全措施共同协作，才能确保在云环境中运行的应用程序免受各种潜在的威胁和影响。

构建安全的云应用不仅需要先进的技术和工具，还需要综合的策略和方法论。上述原则提供了一个全面的视角，帮助团队在云上构建既安全又高效的应用，确保企业资产和用户数据安全。本章后续部分将从网络安全、系统安全和数据安全三个方面介绍如何构建云上应用的安全体系。

6.2 网络安全

网络安全主要涉及网络接入层和应用接入层，具体而言，又可以分为外部接入（互联网）和内部隔离（云平台内部）两部分。

6.2.1 网络接入层

网络接入层的网络安全设计要考虑防御 DDoS 攻击、网络入侵检测及入侵防护。

6.2.1.1 防御 DDoS 攻击

在众多网络威胁中，DDoS——也就是"大名鼎鼎"的分布式拒绝服务攻击——最为常见。DDoS 是一种旨在使目标服务不可用的网络攻击形式，其原理如图 6-2 所示。攻击者通过分布在各地的大量终端，同时向目标服务器发送恶意报包，以阻塞目标服务器的出口带宽，或耗尽其 CPU 资源，最终使目标服务器不可用。攻击者通常通过控制已植入木马的众多联网计算机（也称"僵尸网络"）来发送大量伪造的请求，从而超过目标服务器的处理能力，导致服务器的正常服务中断或瘫痪。

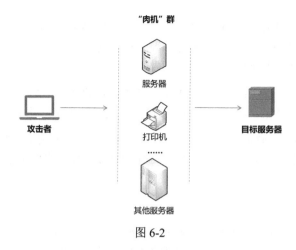

图 6-2

针对 DDoS 攻击，主要使用高防清洗和 Anycast IP 进行防御。

1. 高防清洗防御

云平台利用其功能强大的基础设施，对进入的流量进行实时检测和分析，从而识别攻击流量，当检测到可能的 DDoS 攻击时，流量将被重定向到一个专门的流量清洗中心。如图 6-3 所示，这个中心具备高防清洗能力，攻击流量将被隔离和过滤，只有合法的业务流量才会被送达原始目标。这种服务一般由 DDoS 高防包或 WAF 产品提供。DDoS 高防包与 WAF 产品能有效解决来自境内外的 DDoS 攻击、Web 攻击、入侵、漏洞利用、挂马、篡改、后门攻击等网站及 Web 业务安全问题，确保目标服务能保持正常运行。

图 6-3

AWS（Amazon Web Services）的 Shield 产品是一个专门为 AWS 用户提供的 DDoS 防御服务。下面以此为例来看看这类产品都有什么功能。

- 实时流量分析：Shield 通过分析 AWS 基础架构上的流量模式，持续监测并检测可能的攻击。

- 自动流量清洗：当 Shield 检测到异常流量模式时，会自动将流量引导到其流量清洗服务。在这里，基于预定义的规则和先进的算法，恶意流量将被检测并过滤。

- Web 应用防火墙（WAF）集成：Shield 紧密集成了 AWS 的 Web 应用防火墙，这意味着在应用层上的攻击，如 SQL 注入和跨站脚本攻击，也可以被有效地检测和阻止。

- 7×24 小时 DDoS 响应团队支持：对于 Shield Advanced 用户，AWS 提供了 7× 24 小时的 DDoS 响应团队支持。当用户遭到攻击时，这个团队可以提供专业建议，帮助用户迅速响应和缓解攻击。

- 攻击诊断与可视化：Shield 提供了详细的报告和指标，使用户可以查看攻击的详细信息，如来源、持续时间等，帮助用户更好地理解攻击并进行安全策略调整。

总的来说，通过实时流量分析、自动流量清洗、Web 应用防火墙集成、7×24 小时 DDoS 响应团队支持、攻击诊断与可视化，Shield 为 AWS 用户提供了强有力的 DDoS 防御能力。

2. Anycast IP 防御

全球部署的大型分布式服务往往采用 Anycast IP 方式部署，将同一个 IP 地址通过 BGP（边界网关协议）Anycast 方式广播到各区域运营商，从而方便分布在各地的用户接入。针对 Anycast IP 防御，会将 IP 地址与后端资源绑定，接入区域内的用户流量（包括业务流量和攻击流量）将被引导到就近调度的 Anycast 接入点，每个 Anycast 接入点都配备 DDoS 清洗资源，从而完成近源清洗。

使用 Anycast IP 防御，当服务在某一地区（比如 Region1）被攻击时，达到封堵阈值触发该地区接入点被封禁后，只会影响该地区的用户接入，不会影响其他地区的用户接入，如图 6-4 所示。

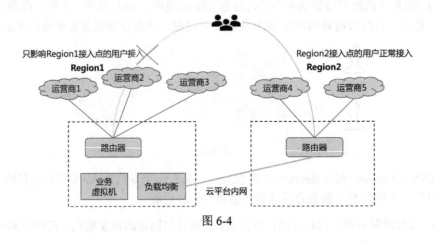

图 6-4

6.2.1.2　网络入侵检测系统

网络入侵检测系统（Network Intrusion Detection System，NIDS）是一种专为检测潜在的恶意网络活动而设计的安全平台。NIDS 的主要任务是检测和分析网络流量，寻找可能的异常或恶意活动。在云环境中其重要性尤为突出，因为它可以提供第二道防线，对付那些绕过了传统防火墙的攻击。

- 流量捕获：NIDS 的核心在于对数据流的实时检测能力。通过在关键网络节点部署传感器或镜像交换机，NIDS 可以捕获并复制通过这些节点的所有数据包。此过程不会造成数据流中断或延迟。

- 深度数据分析：一旦捕获数据，NIDS 将对其进行深入分析，使用预先定义的规则、已知的恶意签名和启发式方法来检测异常或潜在的恶意活动。这些规则和签名是基于已知的攻击模式和行为定义的。

- 告警与响应：当 NIDS 检测到与其规则匹配的活动时，会立即发出告警。这些告警可以直接被发送到安全信息和事件管理（SIEM）系统或其他日志管理工具，以做进一步分析和响应。

例如，AWS 的 GuardDuty 是一个连续的安全检测服务，旨在为 AWS 用户提供针对 AWS 环境中的威胁和异常行为的防护，它的具体功能如下。

- 数据源集成：GuardDuty 的功能不局限于简单的流量检测。它结合了各种 AWS 数据源，如 Amazon VPC Flow Logs、AWS CloudTrail 事件日志和 Amazon Route 53 日志，能提供全面的网络和 API 活动视图。

- 高级分析技术：GuardDuty 使用机器学习算法和行为分析技术，持续地评估数据流，以自动检测诸如异常登录活动、不寻常的 API 调用、已知的恶意 IP 地址访问等异常模式。

- 实时告警与集成：当 GuardDuty 检测到潜在威胁时，不仅会在 AWS 管理控制台中生成详细的安全警告，还会与 AWS Lambda 集成，允许自动化响应和修复。

- SaaS 化部署与维护：与传统的 NIDS 不同，GuardDuty 是完全托管的服务，不需要任何额外的硬件或网络配置。这使得在整个 AWS 环境中部署和维护它成为轻而易举的事情。

NIDS 为组织提供了额外的保护层来对抗网络攻击，而云上的 IDS（入侵检测系统）将这种保护扩展到云环境，利用先进的技术和大量的数据源帮助企业识别并应对威胁。

6.2.1.3　网络入侵防护系统

网络入侵防护系统（Network Intrusion Prevention System，NIPS）是一种主动的网络安全解决方案，它不仅能检测网络中的恶意行为，还能实时地中断或阻止这些行为。

- 流量检测与分析：NIPS 通过在网络的关键节点上部署传感器来实时检测网络流量。它会检查所有经过的数据包，基于预先定义的规则、已知的恶意签名和启发式方法来分析数据。

- 实时拦截与响应：当 NIPS 检测到与其规则匹配的恶意活动时，不仅能发出告警，还有能力实时拦截和阻止此类流量，从而确保恶意数据包不会到达其目的地。

● 策略配置与调整：考虑到网络环境的特点和威胁的动态性，NIPS 允许安全管理员配置和细化其策略，以确保防护措施与组织的安全需求相符。

● 自适应学习：一些先进的 NIPS 可通过机器学习和行为分析技术，自动调整其规则和策略，以更好地识别和阻止新的、未知的威胁。

总之，NIPS 为网络环境提供主动、实时的防护功能，确保潜在的威胁在造成实际损害之前被拦截。与云上的 IDS 相同，通过使用云上的 SaaS 化的 IPS（入侵防护系统），可以轻松地将这种保护扩展到云环境，同时利用自动化和集成工具进一步增强其安全防护能力。

6.2.2   应用接入层

应用接入层的网络安全设计主要考虑应用防火墙、租户隔离及堡垒机等。

6.2.2.1   应用防火墙

应用防火墙，通常被称为 Web 应用防火墙（简称 WAF），专门针对 HTTP 流量设计，为应用提供专门的保护。WAF 的主要功能是保护应用免受常见的网络攻击，如跨站脚本（XSS）、SQL 注入、跨站请求伪造（CSRF）等。与传统的依赖于 IP 地址、端口和协议的网络防火墙不同，WAF 可以深入分析 HTTP 请求的内容，例如 URL、HTTP 请求头和 POST 数据，确保它们不包含恶意内容。基于已知的恶意签名、启发式方法和预先定义的规则，WAF 评估将进入应用的每个请求，以确定是允许、阻止，还是做进一步的处理。

随着云计算的兴起，WAF 也被整合到云服务中，使得对其的部署和管理变得更为容易。云上的 WAF 可以作为服务（WAFaaS）提供，用户可以简单地通过控制面板配置和管理相关的策略，而无须关心底层的硬件和软件细节。用户只需通过云服务控制台选择想要保护的资源（如负载均衡器、CDN 或 API 网关），然后定义或选择适当的 WAF 策略。一些云服务商甚至为常见的应用（如 WordPress、Joomla 或 Drupal）提供了预定义的安全策略模板。

云上的 WAF 采用分布式架构，可以扩展以处理大量的 HTTP/HTTPS 流量，而不会出现明显的延迟。当流量进入云网络时，首先通过 WAF 节点，这些节点负责检测和过滤恶意流量。在后端，云上的 WAF 通常与其他安全和网络服务紧密集成，如 DDoS 防护、CDN 和负载均衡器，这为用户提供了一站式的网络安全解决方案。此外，通过利用全球的威胁情报，云上的 WAF 可以实时更新其规则和定义，以具备对新发现的威胁和漏洞进行处理的能力。这种集中式的管理和更新机制确保了 WAF 始终保持最佳状态，可以有效地应对最新类型的攻击和威胁。

总的来说，WAF 为 Web 应用提供了一道关键的安全屏障，而云上的 WAF 则进一步简化了这种安全防护机制的部署和管理流程，确保应用安全和可用。

6.2.2.2　租户隔离

在云环境中，与传统的南北向流量（进出数据中心的流量）相比，东西向流量（在数据中心内部各节点之间流动的流量）的安全问题变得越来越显著。随着应用和服务在云上的部署越来越复杂，它们之间的交互也随之增多。对这些交互的安全性进行检测和控制，对于防止来自内部的攻击和横向攻击，以及维护云环境的整体安全至关重要。

在云环境中，"租户"是指一组用户和他们的资源，这些资源是从其他租户的资源中独立出来的。每个租户通常都有自己的数据、应用、服务和其他相关资源。隔离的核心原理基于多租户架构，其中物理资源被抽象出来，并在逻辑上被分为多个独立、隔离的域或环境。云上租户间的隔离机制因此变得尤为重要。

云上账号作为最基本的资源管理单元，不仅负责云资源的计量、计费和归属，还负责定义资源的安全边界。每个账号可以被视为一个租户，与一个资源集合相关联。因此，在账号之间实施严格的隔离可以为东西向流量的安全提供第一道防线。具体而言，我们往往通过创建虚拟网络（如 VPC）并为每个租户分配独立的 IP 地址范围，来进一步加强租户间的隔离。这些虚拟网络独立于物理网络，为租户提供了一个安全的、隔离的网络环境。为确保更细粒度的访问控制，云服务商允许用户配置网络安全组和访问控制列表（ACL），这些控制手段可以对进入或离开虚拟网络的流量进行过滤。同时，通过持续监控和记录所有网络流量的相关信息，云服务商可以快速检测和响应任何未经授权的访问尝试或异常活动。

综上所述，云上的租户隔离不仅仅是一个理念，更是一个实践过程。它结合了多种技术和策略，确保了东西向流量的安全，从而为云上的用户和资源提供了一个安全、可靠的运行环境。

6.2.2.3　堡垒机

对业务资源进行远程运维时，需要隐藏真实运维端口与管理账号，从而解决远程运维的安全问题。堡垒机，也被称为跳板机或 SSH 网关，是一个高度安全、专门配置的系统，旨在作为一个中间层设备控制并审核用户对内部网络中的资源的访问。它的主要功能是为内部网络提供一个额外的安全层，阻止来自外网的会话直接访问内部网络系统，同时记录所有的活动，从而使管理员能够回顾和审查所有会话。如图 6-5 所示，用户（一般是远程运维人员）首先需要连接到堡垒机，并通过它访问内部网络的其他资源。这样，即使攻击者突破了外部防御，还需要突破堡垒机的高级安全防护措施，才能访问内部资源。图中的"VPC"指的是虚拟私有云。

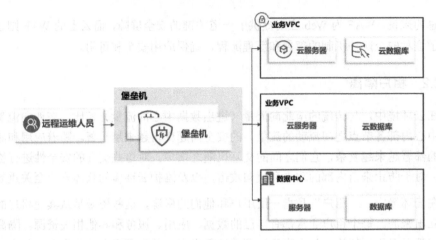

图 6-5

随着企业逐渐将业务迁移到云上，堡垒机的概念也被拓展到云环境中。云上的堡垒机通常以独立服务的形式存在，用户可以快速部署并集中管理对云资源的访问。在云平台上，用户可以非常轻松地部署堡垒机，只需要选择适当的服务或模板，按需配置，并与需要保护的资源相关联。大多数云服务商还为堡垒机提供了高级的集成功能，如多因素认证、集中的日志管理和审计，以及与其他安全工具和服务的集成。

云上的堡垒机利用了云计算的原生特性，如弹性、自动扩展和高可用性，从而提供了一个既安全又高效的访问控制点。它通常与云上的身份和访问管理（IAM）系统紧密集成，从而确保只有经过身份认证和授权的用户才能访问受保护的资源。此外，云上的堡垒机通常存储在高度安全的环境中，并且由云服务商进行定期的安全审计和维护，以确保其始终处于最佳的安全状态。

云上的堡垒机也可以与其他云服务紧密集成，例如密钥管理服务，以进一步提升安全性，或与日志和监控服务集成，以提供更详细的可见性告警功能。借助云原生和集成技术，堡垒机不仅为云环境提供了一个安全的访问控制点，还确保了对内部资源的访问是安全、受控和可审计的。

6.2.3　案例：某手游后台服务的多层防护设计

近几年，海外 DDoS 攻击越来越多，游戏行业是重灾区，被攻击占比超过 78%。在 DDoS 攻击中，UDP Flood 攻击占比达到 88%，其中 UDP 反射是主要攻击手段，此类攻击会造成游戏卡顿、掉线，甚至停服（服务器关闭，玩家无法进入游戏），进而影响用户口碑和游戏收入。攻击者会通过广泛分布的僵尸网络、肉机等发起对目标系统的攻击，攻击源一般分布得比较分散，因此难以防范。一般的 DDoS 攻击示意图如图 6-6 所示。

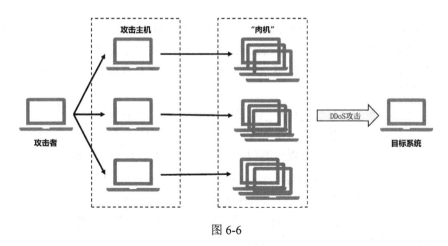

图 6-6

某手游起初使用某知名云服务商的高级安全服务，整体上该云服务商的安全防护体系主要对弹性负载均衡的 TCP 服务防护效果较好，但对 UDP 服务防护效果较差，导致在遭到 DDoS 攻击时，游戏对战服务经常出现卡顿情况。后来，该手游想重点解决 UDP 服务的防护问题，经过调研和业界方案对比，最终采用分层防护的综合方案。

如图 6-7 所示，来自外网的流量进入云服务商的虚拟机实例（游戏业务 VM）时，会经过层层过滤和拦截。同样地，当黑客发起针对游戏后台的 DDoS 攻击的时候，网络流量需要穿越层层防护机制。

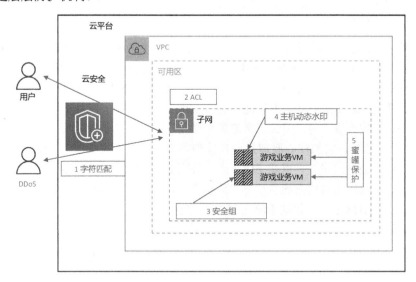

图 6-7

- 第 1 层：字符匹配机制，即云服务商利用自己的全球边缘节点提供流量清洗服务，清洗带宽可达到 10Tbps 以上，一般的攻击流量很难超过这个量级。字符匹配机制需要云服务商安全团队在后台开启，即需要人工支持。它的核心原理是配置

UDP 包的静态特征码，例如每个 UDP 包头的 offset 位置需要有指定的静态水印，这样的包才属于合法包，否则会被自动过滤掉。这对于 UDP 反射攻击非常有效，因为反射攻击都是利用全球公网的 NTP、DNS 进行攻击的，这些反射流量不会包含业务静态水印。

- 第 2 层：黑客通过抓包分析能够比较容易地识别 UDP 包的静态特征码，如果攻击流量成功穿过边缘节点进入 VPC，那就需要在 VPC 的子网设置 ACL（访问控制列表）规则，这样可以过滤掉一些非法 IP 地址、端口（Port）及协议。

- 第 3 层：安全组（Security Group）是针对虚拟机实例级别的防护，可以将其看作主机防火墙。在此可以针对具体的模块服务进行配置，例如，对于游戏大厅只对外开放 TCP 的某端口，而对于游戏的战斗服务器只开放 UDP 的某端口，这样可以防止漫无目的端口扫描攻击。

- 第 4 层：前面 3 层可以拦截大部分常规攻击，但对于精准攻击的场景，大规模攻击流量就会侵入后端服务器，对游戏服务造成较大影响。针对这种情况，我们可以采用主机动态水印方案，即在操作系统内核的网络模块中分析每一个 UDP 包，判断动态水印是否合法，如果非法就直接丢弃，非法包不会经过内核协议栈被传递到应用层。其原理是，客户端 API 根据签名、序号、IP 地址+Port 等特征为每一个 UDP 包设置不同的水印，内核通过相同的算法进行计算，验证 UDP 包水印的合法性。这种方法的最大优势是每个 UDP 包的水印都不同，可实现精确防御，黑客无法模拟。

- 第 5 层：第 4 层的设计有一个弊端，即使主机端已根据动态水印识别到非法流量并将其丢弃，但流量实际上已经进入主机网卡，最终还是会占用主机的网卡带宽。而该手游使用的云服务商主机的网卡带宽是 10~12Gbps，一旦黑客发起流量碾压式攻击，即使根据动态水印能够将攻击流量全部拦截，但由于网卡带宽已经被占满，导致大量丢包，因此正常流量仍然会受影响。基于此，我们可以采用入侵检测（IDS），它的核心原理是一旦检测到主机产生大规模流量（例如 5Gbps，远超正常业务流量），就将 EIP（弹性公网 IP 地址）自动绑定到一台"蜜罐肉机"上，从而成功将攻击流量引到"肉机"上，此即蜜罐保护。同时，为真正提供服务的机器绑定一个新的 EIP 并通知用户重新连接。这样，用户只会感受到 2s 左右的卡顿，游戏对战通常不受影响，系统底层会自动连接到新的 EIP。

凭借多层防护，该手游后端服务器在海外经受住了多轮次攻击，成功拦截攻击流量，整体平稳，对用户无影响。

6.3　系统安全

系统安全是一个重要概念，主要指确保应用在正常运行过程中不受恶意攻击或其他安全威胁，主要包括应用接入层安全和逻辑层安全两个方面。

应用接入层安全主要关注与外部系统和用户进行交互的部分。为确保安全，需要实施账号管理、登录认证和鉴权管理。认证是指通过用户名和密码、数字证书或双因素认证等方式确认用户身份，鉴权则是指通过角色、权限和访问控制列表等确定用户拥有访问特定资源的权限。此外，应用接入层安全还包括密钥管理和证书管理。密钥管理是指确保加密密钥的安全存储、分发和使用，而证书管理则涉及数字证书的申请、签发、分发、吊销和更新等操作。

逻辑层安全关注系统内部的安全实现。在虚拟化环境中，虚拟机安全主要关注虚拟化平台的安全，包括安全组、虚拟机主机安全和虚拟机 IDS 等。容器安全则主要涉及镜像安全、运行时安全和 API 管理接口安全等方面。在实际应用中，需要综合考虑应用接入层安全和逻辑层安全的各个方面，以确保系统的整体安全。

6.3.1　应用接入层

对于应用接入层的系统安全设计，主要需要做好账号管理、登录认证、鉴权管理、密钥管理、证书管理。

6.3.1.1　账号管理

在云环境中，账号管理涉及执行操作的实体，包括人员身份和程序身份。人员身份通常代表组织中的个人，如企业中的管理员、运维人员和开发人员。账号管理是一项关键的安全任务，需要综合考虑组织的架构。通常，大型组织在云服务平台上会创建一个主账号，并根据不同部门或项目的需求创建多个子账号。这些子账号可以独立运作，拥有自己的资源和权限，同时受到主账号的监管。通过基于角色的访问控制（RBAC），不同的角色对应组织中的不同职位或部门，被定义了一组权限，指定了可以访问哪些资源，以及可以执行哪些操作。

在管理策略方面，策略定义了账号的创建、使用和删除的规则，并确保账号管理遵循组织的安全和合规标准。此外，资源和成本管理也是关键，通过子账号可以更细致地管理资源的使用和分配，并进行成本监控。公司还可以通过云应用获得关于不同部门或项目的资源使用情况的可视化报告，或进行预算控制。

以一个使用 AWS 的国际公司为例，该公司为每个部门（如研发、销售、人力资源和财务）创建了子账号，并在每个子账号中设置了不同的人员身份，如"研发经理""销售代表"等，确保各员工只能访问与其工作相关的资源。通过 AWS 的成本管理工具，公司能够监控每个子账号的资源使用情况和成本，并能设置预算上限。同时，公司使用 AWS 策略来确保所有子账号遵守公司的安全和合规标准，并定期进行安全性和合规性审计。最后，公司实现了云环境账号与内部身份认证系统的集成，实现了 SSO（单点登录），使员工可以使用公司凭证访问 AWS 子账号，无须额外的登录步骤。

6.3.1.2　登录认证

云应用的操作人员通常通过控制台、API 接口及特定场景下的客户端等对云上资源进行操作，往往通过应用或服务使用的自动化凭证进行登录认证。云上应用的账号认证主要包括账号创建与配置、身份认证、分组与组织，以及账号维护等方面。为确保云环境安全、合规，可以遵循以下最佳实践。

- 实现人员身份的统一认证：通过集中化的身份提供商（Identity Provider，IdP）进行人员身份的统一认证，可以简化人员身份管理流程，并确保组织内云上、云下人员身份的一致性。建议通过云 SSO 与组织内的 IdP 集成，实现人员身份的统一认证。

- 避免使用 Root 账号：在注册账号后，可以使用用户名和密码登录控制台。登录成功后，将获得 Root 身份，该身份拥有此账号的所有权限。但 Root 账号的密码一旦泄露，安全风险极高。因此，建议尽可能避免使用 Root 账号访问云上资源。

- 建立更安全的登录机制：对于人员身份，保护好登录凭证（如用户名和密码）可有效降低账号泄露的风险。可以通过多种方式提升登录的安全性，例如提升密码强度、避免凭证混用、定期更换密码，以及设置多因素验证。

- 尽量使用临时 token：通过云上的 Root 账号创建的 token（供程序调用），属于固定 token。在云上，建议尽量通过"角色扮演"的方式获取临时 token，以替代使用固定 token，从而降低由于固定 token 存在时间长而导致的信息泄露风险。

总之，在云环境中，登录认证是确保云资源安全、合规的关键环节。我们需要综合考虑对人员身份和程序身份的管理，以及遵循一系列最佳实践，以实现有效的云上账号管理。

6.3.1.3　鉴权管理

在云环境中，鉴权管理的目标是在特定条件下控制特定身份对特定资源执行的操作。云上鉴权管理的核心原则是权限最小化，即仅为特定身份授予能保证其完成工作的必要权限。云上鉴权管理包括以下几个方面。

- 基于人员职能进行授权：根据人员身份（如管理员、运维人员、开发人员等）进行权限划分，并对权限进行抽象，简化授权流程，降低管理成本。在对职能权限进行抽象后，可以通过将不同人员的对应身份加入指定职能用户组的方式进行授权，提高管理效率。

- 基于资源范围进行授权：在云上，建议通过云账号或资源组来区分不同业务使用的资源。在资源合理分类的基础上，根据各类人员管理的业务需要，基于对应的资源范围进行授权，这样可以简化授权逻辑，提高权限策略的复用率，从而在权限最小化和管理效率之间实现平衡。

- 定期审查权限：周期性地关注特权身份和闲置权限，确保每种身份的权限均持续满足权限最小化原则。

云上权限体系的设计主要包括以下几个方面。

- 主体：包括人员身份（如管理员、开发人员、运维人员和最终用户）和机器身份（如服务应用、操作工具和工作负载）。这些身份需要访问云环境和应用资源，如通过 Web 浏览器、客户端应用或交互式命令行工具进行操作。

- 角色：角色是一种权限集合，用于表示特定职能或责任。通过将主体与角色关联，可以简化权限管理和授权流程。

- 权限：权限管理用于控制对云资源的访问，权限决定了谁可以访问资源，以及在什么条件下访问。

在整体的云安全架构设计中，鉴权管理在云环境中具有至关重要的地位。通过优秀的账号和权限设计，可确保仅已授权身份在特定条件下能够访问相应的云资源。此类控制涉及识别用户和身份（身份认证）、确定该身份可以访问哪些资源（授权），以及审计相应身份的访问和操作记录（监控和审计）。

6.3.1.4 密钥管理

云上密钥管理是指在云环境中对加密密钥进行创建、存储、分发、轮换和销毁。加密密钥是保护数据隐私和完整性的关键要素，因此需要采取严格的安全措施来防止密钥泄露或被篡改。云上密钥管理的主要目标是保障密钥的安全性和可用性，同时简化密钥管理流程。

云上密钥管理的主要功能如下。

- 密钥创建：创建安全且随机的加密密钥，用于加密和解密数据。

- 密钥存储：安全地存储加密密钥，确保密钥不被未经授权的用户访问。

- 密钥分发：将加密密钥安全地分发给已授权用户和应用程序，以便在需要时使用。

- 密钥轮换：定期更换加密密钥，以降低密钥泄露的风险。轮换策略可以根据组织的安全需求和合规要求进行定制。

- 密钥销毁：在不再需要密钥时，安全地销毁密钥，以防止数据泄露。

下面以某云服务商的 Key Management Service（简称 KMS）为例进行介绍，它是一个托管式加密密钥管理服务，用于保护在云平台中存储的数据。以下是该 KMS 的原理及具体工作机制。

- 创建和控制密钥：用户可以使用 KMS 创建被称为"用户主密钥"（CMK）的加密密钥。CMK 可以是对称密钥（用于加密和解密操作），也可以是非对称密钥（用于加密和解密操作，或签名和认证操作）。用户可以为 CMK 设置别名、添加描述和调整密钥策略，以便更好地管理密钥的使用。

- 加密和解密数据：用户可以使用 KMS 的 API 或集成服务（如存储服务、数据库服务等）对数据进行加密和解密操作。加密数据时，KMS 使用 CMK 对数据进行加密，并返回加密后的密文；解密数据时，KMS 使用与加密操作相同的 CMK 对密文进行解密，并返回原始明文数据。

- 密钥轮换和版本管理：KMS 支持密钥自动轮换，用户可以为 CMK 启用或禁用自动轮换。当启用自动轮换时，KMS 会定期（例如每年）生成新的 CMK 版本，并将其用于加密操作，旧版本的 CMK 仍可用于解密之前已加密的数据。

- 审计和监控：将 KMS 与 CloudTrail（用户审计）集成后，用户可以通过 CloudTrail 日志审计和监控密钥的使用情况，以保障密钥的安全性和合规性。

总之，云上密钥管理是确保云环境中数据安全的重要组成部分。通过使用云上密钥管理服务，用户可以简化密钥管理流程，同时保障密钥的安全性和可用性。

6.3.1.5　证书管理

云上证书管理是指在云环境中对数字证书进行生成、存储、分发、续期和吊销。数字证书是一种用于证明用户、设备或服务身份的电子凭证，通常用于安全通信和身份认证。云上证书管理的主要目标是确保证书安全、可用，同时简化证书管理流程。云上证书管理的主要功能如下。

- 证书生成：生成数字证书，包括公钥和私钥，用于加密和解密数据，以及签名和验证操作。

- 证书存储：安全地存储数字证书，确保证书不被未经授权的用户访问。

- 证书分发：将数字证书安全地分发给已授权用户和应用程序，以便在需要时使用。

- 证书续期：在数字证书到期之前，自动或手动更新证书，以确保安全通信和身份认证能够持续。

- 证书吊销：在不再需要证书或认为证书不安全时，安全地吊销证书，以防止出现身份冒充和数据泄露的问题。

下面以某云服务商的证书管理器（简称 ACM）为例进行介绍。ACM 是一个托管式证书管理服务，用于生成、存储和管理在云环境中使用的数字证书。以下是 ACM 的原理及具体使用机制。

- 创建和导入证书：用户可以使用 ACM 创建新的公共 SSL/TLS（安全套接字层协议/安全传输层协议）证书，或导入现有的证书。ACM 会自动处理证书的公钥和私钥，以及与证书颁发机构（CA）的通信。
- 集成云服务：将 ACM 与其他服务（如弹性负载均衡、CDN 等）集成后，可以将 ACM 证书轻松部署到这些服务中，以实现安全通信和身份认证。
- 自动证书续期：ACM 会自动续期托管的证书，确保证书在到期前得到更新，从而避免服务中断。用户无须手动跟踪证书的有效期和续期操作。
- 审计和监控：将 ACM 与 CloudTrail 集成后，用户可以通过 CloudTrail 日志审计和监控证书的使用情况，以保障证书的安全性和合规性。

总之，云上证书管理是确保在云环境中进行安全通信和身份认证的重要组成部分。通过使用云上证书管理服务，用户可以简化证书管理流程，同时保障证书的安全性和可用性。

6.3.2　逻辑层

下面从虚拟机安全和容器安全两方面来介绍逻辑层的系统安全设计。

6.3.2.1　虚拟机安全

1. 安全组

云上虚拟机的安全组是一种虚拟防火墙，用于控制和保护在云环境中运行的虚拟机（也被称为实例）的网络访问。安全组允许用户定义一组入站和出站规则，以限制实例之间及实例与外部网络的通信。通过配置安全组规则，可以确保仅允许合法和必要的网络流量进入或离开虚拟机，从而提高云上虚拟机的安全性。

云上虚拟机的安全组的工作原理如下。

- 安全组作用于实例的网络接入层，可以将其看作一个有状态的虚拟防火墙。基于设置的规则，安全组根据源 IP 地址、目的 IP 地址、协议（如 TCP、UDP、ICMP 等）和端口号等做出判断，允许或拒绝网络流量通过。
- 安全组通常包括入站规则和出站规则。入站规则控制进入实例的网络流量，而出站规则控制离开实例的网络流量。
- 安全组是有状态的，这意味着如果某些流量被允许进入实例，相应的流量会自动被允许离开实例，无须额外配置出站规则。

云上虚拟机的安全组的具体使用方式如下。

- 创建安全组：在云上创建一个新的安全组，为其设置名称并填写描述。安全组可以与特定的虚拟私有云（VPC）关联。

- 配置安全组规则：为安全组定义入站和出站规则。规则可以包括允许或拒绝来自特定协议、端口和 IP 地址范围的流量。例如，可以创建一个入站规则，允许来自特定 IP 地址范围的 SSH 访问。

- 将安全组应用于实例：在创建或运行虚拟机时，可以为其分配一个或多个安全组。安全组将立即开始应用其规则，保护关联的实例。

- 更新安全组规则：可以随时修改安全组的规则，新规则会自动应用于所有关联的实例。这使得安全组成为一种灵活且易于管理的网络访问控制机制。

总之，云上虚拟机的安全组是一种虚拟防火墙，用于保护在云环境中运行的实例。通过配置安全组规则，可以有效地控制实例之间及实例与外部网络的通信，从而提高云上虚拟机的安全性。

2. 虚拟机主机安全

云上虚拟机主机安全是指确保在云环境中运行的虚拟机主机免受各种安全威胁和攻击。以下是关于云上虚拟机主机安全的描述，涵盖了前面提到的各个方面。

- 对于云上虚拟机主机的安全设计，首要任务是进行安全资产清点。这涵盖收集虚拟机主机的关键信息，以建立对其安全状态的全面认知。这些信息包括虚拟机操作系统的类型、版本和主机名，这些数据能够帮助我们确定可能存在的风险。此外，审查虚拟机上正在运行的进程及已经打开的端口也是必不可少的步骤，通过这种方式，我们能够及早发现异常或未经授权的活动。同时，对已创建的系统账号进行审查，有助于防止未经授权的账号存在，从而减少恶意访问。对于运行 Web 服务的虚拟机，还需要审查其 WebEndpoint 配置，确保遵循安全设置和最小权限原则。

- 另一方面，扫描和修复漏洞是确保虚拟机主机安全的核心步骤之一。在这个阶段，我们要着重减少系统和应用程序的漏洞。这可以通过以下方式实现：定期检查虚拟机操作系统和应用程序的安全补丁，并及时安装或使用，以修复已知漏洞。此外，我们需要扫描系统账号的密码强度，防止弱密码带来的安全风险。使用漏洞扫描工具，我们能够检测系统和应用程序中的已知漏洞，然后采取适当的措施进行修复。

- 最后，确保虚拟机主机按照安全合规的标准运行是维护安全的另一个重要方面。这涉及检查是否符合特定的合规性标准，以确保满足法规和行业标准。在部署新业务或应用之前，进行安全性评估，以确保新业务能够满足安全要求。此外，定期进行日常的合规性检查，可以确保虚拟机主机持续满足安全要求，降低风险。

云上虚拟机主机安全涉及安全资产清点、漏洞扫描和修复，以及合规基线检测等多个方面。通过综合这些步骤和实践，我们能够保护虚拟机主机免受各种潜在的安全威胁，确保其在云环境中能够安全和稳定地运行。

3. 虚拟机 IDS

IDS（入侵检测系统）可以是网络级的（NIDS），也可以是主机级的（HIDS）。当我们讨论虚拟机的 IDS 时，通常指的是 HIDS，因为它直接安装在特定的虚拟机上并监控其上的活动。其主要功能如下。

- 基于签名的检测：这是最常见的检测类型，IDS 包含一个预定义的已知攻击数据库。系统实时检测活动，并与数据库中的签名进行对比，以识别可能的威胁。

- 基于异常的检测：在 IDS 中建立一个虚拟机的正常行为基准或模型，之后任何偏离该基准的行为都会被标记为"可疑"，从而引发告警。

- 基于策略的检测：在这种方法中，系统管理员定义了一套规则或策略，描述了什么是允许的行为。任何违反这些策略的行为都会被 IDS 识别并引发告警。

云上虚拟机 IDS 的主要使用方式如下。

- 集成与原生支持：许多云服务商提供了原生的或与第三方合作的 IDS 解决方案，使得为虚拟机部署 IDS 很容易。

- 中心化的日志管理：在云环境中，特别是涉及多个虚拟机时，中心化的日志管理和分析是至关重要的。通过集中存储和分析虚拟机的日志，管理员可以很容易地检测和处理横跨多个系统的攻击。

- 自动化响应：基于云环境的动态和可伸缩特性，IDS 不仅可以检测威胁，还可以与其他系统工具集成，例如当检测到威胁时自动隔离受感染的虚拟机。

云上虚拟机 IDS 的实现机制如下。

- 虚拟化层集成：在云环境中，虚拟机 IDS 可以直接与虚拟化技术集成，例如与 Hypervisor（虚拟机监视器）相互作用，从而提供对虚拟机内部和外部流量的深入洞察。

- 分布式检测节点：为了确保在高度分布式的云环境中的完整性和高效性，IDS 应该包含分布式的检测节点，这些节点的分布通常会跨越多个虚拟网络、子网和虚拟机。

- API 集成：为了利用云的完整能力，虚拟机 IDS 应该能够与云服务商的 API 进行交互，从而实现动态扩展、自动化响应和其他高级功能。

- 状态共享与协同防御：当一个虚拟机的 IDS 检测到威胁时，它应该有能力与其他 IDS 节点共享这一信息，从而实现整个云环境的协同防御。

从总体上说，虚拟机 IDS 为云上的虚拟资源提供了一个额外的安全层。通过深入了解虚拟机的行为和流量模式，以及与云环境深度集成，这些系统可以为云上的应用和数据提供强大的保护。

6.3.2.2　容器安全

容器化应用和容器编排工具 K8s 已经成为云原生应用部署的标准，但这样也带来了新的安全挑战。下面介绍在考虑云上容器和 K8s 安全时需要特别关注的几个关键方面。

1. 镜像安全

容器镜像是构成容器应用的基础，因此其安全性对系统整体至关重要。首先，为确保镜像的可靠性和完整性，所有容器镜像都应该从已知的、受信任的源获取，并通过签名进行验证。但仅依赖可靠的镜像仓库是不够的，因为其中的镜像仍可能存在漏洞。为此，必须定期对所有镜像进行安全扫描，以发现和修复任何潜在的安全问题。此外，为减少潜在的攻击面，应避免在容器镜像中包含不必要的软件和依赖，并确保不以 Root 用户身份运行容器。采取这些策略可以大大增强镜像的安全性，为容器应用提供坚实的基础。

2. 运行时安全

当容器运行在生产环境中时，确保其隔离性和安全性显得尤为重要。一方面，容器应当被赋予最小的、必要的权限，以避免权限被滥用、系统被攻击。例如，应该限制容器对宿主机资源的访问，并借助 Linux 的安全增强特性，如 AppArmor、seccomp 和 SELinux，进一步约束容器进程的行为和权限。在网络方面，应定义和实施明确的网络策略，控制容器之间及容器与外界的通信，确保只有已授权的通信能够发生。最后，对于任何异常或可疑的容器行为，都应进行实时监控和告警，以便管理员能快速响应和处理。

3. API 管理接口安全

K8s API 是 K8s 集群的控制面，对其进行保护对集群的安全至关重要。首先，所有与 API 的交互都应通过 TLS 进行加密，保证数据的机密性和完整性。而 API 的身份认证和授权也尤为关键，通常使用基于角色的访问控制（Role-Based Access Control，RBAC），确保每个用户和服务账号只能访问被授权的资源。另外，API 服务器的通信应限制在特定的网络范围内，屏蔽来自未知来源的请求。而且，还需要定期审查和更新权限策略，确保其始终符合最佳实践和业务的需求。通过这些策略和措施，可以有效地加固 K8s API，保护整个集群免于遭受潜在的威胁和攻击。

6.4　数据安全

数据安全是一个复杂的命题。下面介绍一些常见的数据安全策略，包括数据安全建模、

数据库层安全管理、存储层安全管理等策略,注意,具体实践还需要专业的安全技术团队
来实施。

6.4.1　数据安全建模

数据安全建模主要涉及数据的分级、备份及隐私等方面。

6.4.1.1　数据分级

数据分级是确保云上数据得到恰当保护的重要步骤。在云环境中,数据种类繁多,
涉及的业务场景也各不相同,因此,我们需要对数据进行细致的识别和分类,以实现精
细化的安全管理。首先,企业需要有能力对存储的数据进行深度检测,特别是那些包含
敏感信息的数据,例如个人身份信息(PII)数据。这样的数据,由于其与个人隐私的关
联性,通常需要我们更多地关注和保护。在完成敏感数据的发现后,应根据数据的重要
性、敏感程度及相关的法规和业务需求对其进行分类。通过分类,组织可以明确对哪些
数据需要应用更加严格的安全策略、哪些数据对安全的要求相对较低。通过这样的分类
管理,企业可以确保每一类数据都得到与其重要性和敏感程度相匹配的保护。

6.4.1.2　数据备份

在云环境中,数据备份不仅是预防数据丢失的关键手段,还是确保业务连续性和灾
难恢复的基石。备份策略的制定应基于企业的业务需求,特别是数据恢复的时效性和完
整性需求,即考虑 RTO(恢复时间目标)和 RPO(恢复点目标)。RTO 关注数据恢复
所需的时间,而 RPO 则关注数据恢复的数据点(换言之就是,在灾难发生后,我们可以
容忍丢失多长时间内的数据)。为满足这些目标,企业应该定期备份数据,确保在发生
意外时可以迅速并完整地恢复数据。对于备份数据的存储位置,也应当考虑冗余和多地
域策略,以防受到单点故障或特定区域灾难的影响。

6.4.1.3　数据隐私

在云环境中,数据隐私的重要性不言而喻。为了保障用户的隐私权和企业的合规性,
我们必须确保数据在存储、处理和传输的过程中都能得到足够的保护。首先,数据存储
的地理位置是一个关键的因素。一般情况下,数据会被存储在一个明确的地域,并默认
不会离开这个地域,除非有明确的功能或服务需要。这种策略旨在满足不同地域的法律
法规要求,特别是关于数据主权和跨境传输的规定。此外,在存储和传输的过程中,数
据都应该被加密处理,确保即使遇到未经授权的访问,数据也不会被轻易解读。最后,
除技术措施外,还需要有清晰的数据使用和访问策略,即规定哪些用户或服务可以访问
哪些数据,以及可以进行什么操作。

6.4.2　数据库层安全管理

从数据库层来看，数据安全管理一般涉及访问控制、数据加密及数据库审计等方面。

6.4.2.1　访问控制

访问控制是数据库安全策略的核心，主要用于确定谁可以访问数据库、何时可以访问数据库，以及允许访问数据库中的哪些资源、执行哪些操作。

访问控制旨在确保只有已授权的用户或应用程序可以访问数据库，并对用户或应用程序能进行的操作类型进行限制。其主要目标如下。

- 防止数据被未经授权的用户访问。

- 限制对敏感数据的访问。

- 记录访问活动以供将来审计。

数据库访问控制的主要组成部分如下。

- 身份认证：这是确定用户身份的过程。大多数数据库系统都有内置的身份认证机制，如用户名和密码。随着安全需求的增加，多因素认证（例如一次性密码、生物特征认证）技术也越来越普及。

- 授权：授权涉及确定用户可以执行哪些操作，以及可以访问哪些数据。例如，某些用户只能读取数据而不能修改数据，或者只能访问某些表而不能访问其他表。

- 基于角色的访问控制（RBAC）：在这种模型中，权限不是直接赋予用户的，而是赋予角色的。然后，用户被分配到一个或多个角色。这种方法可以简化权限管理流程，尤其是在大型组织中。

在实施数据库访问控制时，最佳实践如下。

- 最小权限原则：始终为用户和应用程序分配尽可能小的权限，只提供执行任务所需的最小访问权限。

- 定期审查权限：随着时间的推移，用户的职责可能会变化，因此定期审查并调整权限至关重要。

- 使用强密码和多因素认证技术：为数据库设置强密码，并考虑使用多因素认证技术，提高安全性。

总的来说，访问控制是数据库安全策略的核心，旨在确保只有经过适当授权的用户和应用程序可以访问和修改数据，正确实施和管理访问控制可以大大降低数据泄露或损坏的风险。

6.4.2.2　数据加密

　　加密是为了确保数据库中的数据能够保密和完整。加密不仅可以防止未经授权的个体访问数据，还可以确保数据在传输或存储时不被篡改。随着越来越多的数据迁移到数字平台上，确保信息安全和保护隐私变得至关重要。攻击者可能会试图窃取或篡改数据，而加密提供了一层额外的防御，确保数据即使被盗也是不可读的。

　　数据加密的主要形式包括对整个数据库文件进行加密和仅加密数据库中的特定列或字段（这对于只加密敏感数据而不是整个数据库非常有用）。在具体使用的过程中，需要考虑密钥管理和加密算法两方面。密钥是进行加密和解密的"秘密"成分。对于数据加密来说，安全地存储和管理这些密钥至关重要。如果密钥丢失，加密的数据可能会永久丢失；如果密钥泄露，加密的数据可能会被非法解密。加密算法是一种用于加密和解密数据的数学算法，常见的加密算法包括 AES（高级加密标准）、DES（数据加密标准）、RSA（非对称加密算法）等，选用经过充分测试和认证的算法是很重要的。

　　总之，数据加密是确保数据安全的关键组成部分，我们不仅需要对数据本身进行保护，还需要确保密钥管理、加密算法和相关的策略都得到关注和实施。

6.4.2.3　数据库审计

　　数据库审计是指通过对数据库活动进行记录和监视，对数据库进行安全性和合规性管理，同时为企业提供关于数据库访问和操作的深入洞察。

　　随着数据的重要性不断提升，数据库审计也成了必不可少的一个环节。数据库审计的主要需求来自以下方面。

- 合规性需求：很多组织需要遵循各种合规规定，如PCI DSS（支付卡行业数据安全标准）、HIPAA[1]、GDPR（通用数据保护条例）等。根据这些规定，需要对数据库中的敏感数据访问和修改行为进行记录和监视。
- 安全性需求：通过对数据库活动进行审计，组织可以检测潜在的安全威胁，如未经授权的数据访问、数据泄露或其他恶意活动。
- 责任归属需求：审计日志可以为数据库中的每一项操作提供清晰的责任链，帮助我们确定数据的变更者。

数据库审计的主要类型如下。

- 基于权限的审计：记录谁在尝试访问数据库，无论这些尝试是否成功，以及试图进行什么操作。

1　HIPAA，Health Insurance Portability and Accountability Act，尚没有确切的中文名称，国内文献一般直接称为 HIPAA 法案，有的称"健康保险携带和责任法案"。

- 基于语句的审计：记录执行的所有 SQL 语句，无论这些语句是否影响了数据。

- 基于对象的审计：针对数据库中特定的表、视图或其他对象，记录所有与这些对象相关的活动。

- 基于数据的审计：记录对数据的所有更改，包括插入、更新和删除操作。

总体而言，数据库审计是确保数据安全和合规的关键组成部分，它提供了一个详细的视图，展示了数据库的使用情况和可能存在的安全威胁，从而使组织能够及时响应并采取必要的行动。

6.4.3　存储层安全管理

存储层的对象存储或块存储也涉及诸如访问控制、数据加密等方面，因为其原理和实现机制与数据库层的访问控制和数据加密等相似，所以这里不再赘述。

6.5　预案及审计

做好安全预案及安全审计是保障应用安全的重要环节。

6.5.1　安全预案

安全预案是指为应对潜在的安全事件和威胁而制定的预案，它为业务提供了明确的指引，有助于快速、有效地应对安全事件，从而尽量降低安全事件对业务的影响。以下是对安全预案的详细描述。

- 安全事件的捕获与分析：为了有效地制定和执行安全预案，首先需要有能力捕获和分析来自各个源头的日志和指标。通过监控这些日志和指标，运维人员可以更加清晰地了解应用的状态，从而快速检测到潜在的安全威胁或异常行为。例如，异常的登录尝试、非常规时间段的大量数据传输等，都可能是安全事件的早期迹象。及时地发现和分析这些事件，可以大大提高应对安全威胁的效率和效果。

- 安全事件的应对与处置：当发现潜在的安全威胁或安全事件时，应用的运维人员需要迅速采取行动以减小其影响。相关行动通常包括断开受影响的网络连接、暂停相关的应用程序或服务、完全隔离受威胁的服务等。同时，应用的管理员也需要对事件进行深入的调查，以确定其产生原因、作用范围和可能的后续影响。

- 事前准备与工具配置：安全预案的价值并不仅仅体现为在安全事件发生后能够对其进行较好的应对，更重要的是事前的准备。这意味着在发生安全事件之前，管理员就应该提前配置必要的工具和权限，确保在需要时可以迅速响应。例如，提前配置好网络监控工具、日志分析系统和应急响应团队的权限等，这些有助于在发生安全事件时迅速采取行动。

- 定期的模拟演练与实践：仅有完整的安全预案并不能高枕无忧，相关组织还需要定期进行模拟演练（也称 GameDays）来检验预案的实际效果。通过模拟真实的安全事件，组织可以检查预案中可能存在的漏洞和不足，同时可以培训员工如何在真实的安全事件中采取行动。这样，当真正的安全事件发生时，应用相关组织已经有了充分的准备，可以迅速、有效地应对。

- 持续的预案更新与完善：随着技术的发展和组织的变化，安全预案也需要不断地更新和完善。我们应该定期评估预案的有效性，并根据最新的安全威胁和技术发展状况调整预案。同时，每次发生真实的安全事件都是对预案的一次考验，组织应该充分利用这些经验，不断地完善和强化自己的安全预案。

总之，制定和执行安全预案是确保组织安全的关键要素之一。基于安全预案，我们可以迅速、有效地应对各种安全威胁，从而最大限度地保障业务安全。

6.5.2 安全审计

安全审计是一种对企业信息系统进行的系统性的、独立的、文件化的检查，旨在评估系统的安全性，确保其与预设的安全策略和规定相符，进而确保企业信息资产安全。随着科技的迅速发展，信息安全风险问题也日益严峻，导致多种国际安全标准和框架应运而生。例如，ISO27000 和 PCI DSS 都是被广泛认可的标准，旨在帮助组织建立并维护安全的信息系统。

- ISO27000：ISO27000 是一个由国际标准化组织（ISO）和国际电工技术委员会（IEC）共同发布的关于信息安全管理系统（ISMS）的标准系列。其中，ISO/IEC27001 是该系列中的主要标准，为企业提供了一个信息安全管理框架，包括风险管理、身份认证、访问控制、物理安全等多个方面。例如，一个国际金融机构在多个国家运营，处理大量敏感的用户和交易数据，为了确保数据安全，该机构按照 ISO/IEC27001 的指导原则部署信息安全管理系统，能够对当前的安全状况进行全面的评估，确定风险，制定和执行相关政策、程序和控制措施，以及定期进行内部和外部的安全审计。

- PCIDSS：PCIDSS 是一个全球统一的安全标准，适用于所有处理、存储或传输信用卡信息的实体。该标准由主要的信用卡公司共同制定，旨在降低信用卡欺诈风险和提高整个支付产业的安全性。例如，一个在线零售商在其网站上提供信用卡支付服务，为了保障消费者的信用卡信息安全，该零售商必须遵循 PCIDSS，这意味着该机构需要实施强密码策略，使用加密技术，限制对敏感数据的访问，定期进行安全评估，并在发生安全事件时及时报告。

IT 领域的安全审计旨在通过独立和系统的评估，确保组织的信息系统安全、合规。随着数字化和全球化的深入发展，各类企业面临的安全挑战也日益增加，这使得像 ISO27000 和 PCIDSS 这样的国际安全标准和框架成为企业必不可少的工具，帮助企业建立、维护和持续优化安全环境。图 6-8 展示了一些知名的云上安全相关国际标准或认证，感兴趣的读者可以进一步了解相关信息。

图 6-8

　　随着应用越来越多地转向云服务，云安全审计成了一个关键议题。如图 6-9 所示，云安全审计会出现在各个操作步骤中，旨在评估应用在云环境中的安全性和合规性，确保数据、应用和服务受到适当的保护。云安全审计的重要性不仅在于检测当前的安全状况，还在于确定未来的安全策略和方向。

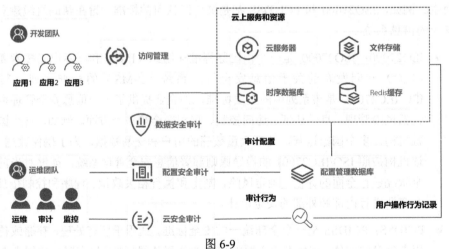

图 6-9

　　安全审计在 IT 领域中是一个至关重要的过程，其主要目的是确保应用达到既定的安全标准。这通常涉及对应用的云上环境进行详细检查，包括 IaaS、PaaS 和其他相关的 SaaS 服务，以识别任何可能的安全隐患。完成审计后，应用所属的组织通常会得到一份报告，详细列出潜在的风险点和改进建议。

随着技术的不断演进，许多应用选择将 IT 资源迁移到云上，这也带来了新的安全挑战。与传统的本地数据中心相比，应用在云环境中会遇到以下挑战。

- 数据安全：数据是云环境中最宝贵的资产。安全审计需要评估数据在传输、存储和处理时的安全性，这包括对云上数据加密、数据备份、数据完整性管理和数据生命周期管理的评估。

- 身份认证和访问管理：在云环境中，谁有权限访问什么资源是关键问题。安全审计应评估身份认证、授权和访问控制策略的有效性。

- 应用安全：在云上运行的应用程序可能会受到多种攻击。安全审计需要评估应用的安全性，包括开发、部署和运行阶段的安全实践。

- 网络安全：在云环境中，网络是另一个容易受到攻击的目标。安全审计应确保应用具备适当的网络隔离、防火墙配置和入侵检测/防护系统。

举个实际的例子，一家全球性的金融机构为了满足国际合规要求，决定对其基于多个云服务的应用进行安全审计。机构聘请了一个独立的审计团队来评估应用及云环境的安全性。审计团队对机构使用的存储服务、计算服务和网络配置进行了深入的审查，发现了以下几个关键问题。

- 数据加密：虽然金融机构对其存储在云上的敏感数据进行了加密，但审计团队发现在数据传输过程中并没有对其进行端到端加密，这增加了数据在传输过程中被截获和窃取的风险。

- 访问控制：金融机构的员工可以访问云上的数据和资源，但机构并没有设置合适的多因素认证机制，并且在权限控制方面过于粗放，增加了潜在的安全风险。

- 日志管理：审计团队发现，尽管应用的日志记录了大量活动，但金融机构并没有设置合适的日志监控和告警机制，导致潜在的异常活动可能不会被及时发现。

- 合规缺失：由于金融机构在多个地理位置运营，因此每个地区都有其特定的数据保护策略和隐私法规。审计团队发现，机构在某些地区并没有完全遵守当地的数据存储和处理规定。

为了解决上述问题，审计团队为金融机构提供了一系列的建议，包括强化数据传输的加密，实施更严格的访问控制策略，优化日志监控系统，确保在所有运营地区满足合规要求。

云安全审计不应该被看作一次性的活动。随着技术的发展和业务需求的变化，企业应当定期进行安全审计，确保其云环境始终处于安全和合规的状态。云安全审计不仅能帮助企业发现和修复安全问题，还能推动整个行业朝着更加安全和可靠的方向发展。

第 7 章

应用的可运维设计

云上应用可以类比为组装汽车的过程，客户按需从 PaaS 中选择合适的组件，如引擎、轮胎、离合器、悬挂系统和车辆控制系统，而无须深究这些部件如何工作。但要想让汽车能开起来，仅仅拥有一辆汽车还不够，还需要整个交通体系的支持，如道路、加油站和交通管理，这正是运维的职责。与传统运维相比，云上应用省去了组件购买和组装的环节。随着云技术的成熟，运维正朝着更高级的方向发展，传统运维成本也逐渐降低。其核心目标是更接近业务，深入了解业务，利用云平台的便捷性增强业务连续性和客户体验，并确保整体业务价值链的流畅和高效。

随着业务发展和应用深入分化，云上应用的复杂性也随之增加。伴随快速迭代和版本多样性，以及某些对时效性有高要求的业务发展，运维面临的不确定性和复杂性也随之增加。为应对这些挑战，我们需要为云上应用引入更精细的运维和观测方法，如版本控制、灰度测试、系统监控、自动化检查等，以提高效率，保障运维的稳定性，并增强应用的健壮性。

7.1　可运维性概述

下面我们从应用的可运维性目标、发展阶段和云上应用的可运维性三方面对应用的可运维性进行简要介绍。

7.1.1　目标

应用上云是为了满足不断变化的业务需求，这同时产生了对高品质、高效率且具有成本效益的云应用运维的迫切需求。下面，我们将深入探讨云上应用可运维性的三大目标：质量、效率和成本。

在云环境中，运维质量的高低决定了一个应用或服务能够持续、稳定且安全地为用户提供价值的程度。首先，高可用是关键，因为应用需要具备韧性，使其能从各种失败中快速恢复，维持业务的连续性。这通常可以通过实施冗余、制定备份策略和启用故障切换策略来实现。其次，高可用也是评估质量的重要方面，它确保了用户在使用应用时能够获得一致的、符合预期的体验，尤其在高负载或关键操作期间。最后，安全性是另一个核心考量指标。随着数据泄露和其他安全事件的不断发生，确保云上应用达到严格的安全标准成了首要任务，从而防止潜在的数据泄露、拒绝服务攻击或其他恶意行为。

在云上应用的运维中，高效率不仅能加快任务执行的速度，还能最优地利用资源、时间和人力，以达成预定的业务目标。自动化是实现这一目标的关键，它不仅可以减少人为错误，还可以加快流程。例如，通过自动执行日常运维任务、自动部署和弹性伸缩，以及自动故障恢复，减少人为失误并加快流程。此外，采用持续集成/持续部署（CI/CD）策略能够让企业确保代码发布的质量和速度。有了有效的监控和报警系统，团队可以及时发现并应对潜在问题。集中的日志管理则提供了宝贵的系统行为洞察，为优化和故障排除提供重要信息。

对任何业务来说，成本管理始终是一个关键的因素。在云环境中，这意味着需要在满足业务需求的同时优化资源使用，避免资源浪费。云计算的按需付费模式允许应用只为实际使用的资源付费，而不是为未使用的资源支付费用。通过设置预算、跟踪实际费用并不断分析，应用可以确保费用不会超出预期，同时最大限度地提高资源利用率。了解云服务商的定价模型，并利用长期合同或预留实例等策略，也可以降低运维成本。

7.1.2　发展阶段

随着互联网行业的激进扩张，众多的云上应用服务犹如雨后春笋般涌现。从用户视角看，对云上应用的依赖意味着对其可靠性的迫切需求，这种紧迫性带来的是对云上应用稳定性的更高期望。因此，运维的角色和技术瓶颈逐渐被放大。随着应用及网络规模日益扩张，涉及的运维团队也日渐壮大，从而导致不确定性的增加。在如此多变的环境中确保应用的安全、稳定和高效成为一项艰巨的任务。以当时的标准来看，尽管能短暂地应对这些问题，但这对未来持续增长的稳定性需求显然是不足的。

从应用的生命周期视角看，云上应用与传统软件最大的不同在于，云上应用提供的不仅仅是一个交付活动，还包括持续的运维保障。考虑到众多可能的潜在问题源，云上应用的运维任务是确保应用服务在高度不确定性的环境中稳定可用。云时代的兴起使运维的角色更为重要，运维人员不仅仅是后端的问题处理者，更是带有前瞻性的"设计师"。他们将后端的经验和需求带入前端的开发和设计阶段，从而构建高可用的解决方案。

IT 运维的发展大致经历了三个阶段：手工运维、体系化运维和 SRE 运维。下面分别介绍这三个阶段。

7.1.2.1　手工运维

手工运维是 IT 运维的初始阶段，这一阶段的特点是大量依赖人工操作来维护和管理应用。在这一时期，许多组织的 IT 基础设施并不复杂，因此可以通过人工的方式进行管理。但随着业务规模的扩张和应用复杂度的增加，手工运维逐渐成为 IT 运维发展的瓶颈。

在手工运维阶段，系统管理员通常负责管理和维护物理硬件及数据中心（IDC），包括硬件安装、硬件更换及故障排除。除此之外，他们还需要负责服务器操作系统，以及基础组件（如数据库和消息中间件等）的安装、配置和日常维护工作。当应用程序出现逻辑上的错误或故障时，研发人员往往需要远程访问服务器来进行诊断和修复操作。

在这个阶段，应用的部署通常是手工进行的。系统运维人员在收到研发团队提供的软件包后会将其手工部署到生产环境中。这可能涉及手工配置服务器、设置环境变量、启动应用等步骤。应用的升级通常在网站的低流量时段（如半夜）进行。这是为了减少升级对用户的影响。在应用升级过程中，系统管理员和研发团队可能需要密切合作，确保应用顺利上线。

当服务器、操作系统或基础组件出现问题时，由系统管理员进行故障排查和修复。如果故障是由应用的业务逻辑引起的，那么研发人员需要直接登录到服务器进行故障排查。

手工运维的最大问题是缺乏自动化，这导致运维工作容易出错、效率低下且不易扩展。随着业务的增长，手工运维很难满足日益增长的需求。此外，由于没有统一的监控和报警机制，故障响应往往依赖于人工检查，这可能导致故障的发现和修复时间较长。

总的来说，手工运维满足了早期组织的基本需求，但随着技术和业务的发展，组织往往需要转向更高级的运维模式，如体系化运维和 SRE 运维，以提高效率和可靠性。

7.1.2.2　体系化运维

体系化运维是 IT 运维的第二阶段，它标志着运维从人工驱动逐渐转向结构化和分工的管理。在这一阶段，应用被划分为多个方面，如基础设施、基础组件等。这种细分使得组织可以进一步对其内部组件,如负载均衡器(LB)、Web 应用、缓存、消息队列、数据库、数据存储和中间件等进行拆解,从而分配给专门的团队进行管理和维护。

由于每个组件都由相对独立的专业团队负责,这些团队能够更加深入地研究其特定组件的各个方面,例如,如何安装、部署、升级、排除故障,以及如何实现高可用性和优化性能以支持高并发环境。这种深入研究不仅提高了各组件的稳定性和效率,而且为复杂的 IT 环境带来了更加精细化的管理。

体系化运维的另一个重要特点是对整体的体系化建设的关注。这意味着不仅仅要对单一的组件或应用进行管理,还要对整个 IT 环境的结构和流程进行规划和优化。为了实现这一目标,许多组织在这一阶段会投入资源开发自动化脚本和工具,以简化和标准化各种运维任务。这些自动化工具不仅提高了工作效率,还为减少人为错误和提高系统的稳定性打下了坚实的基础。

7.1.2.3 SRE 运维

SRE(Site Reliability Engineering)运维是 IT 运维的第三阶段。随着云部署的复杂性日益增长,以及研发团队不断扩大,应用频繁的变更逐渐成为引发故障的主要因素。传统的手动部署和简单的自动化脚本在这种情况下显得力不从心,无法满足业务快速迭代的需求。面对这种挑战,一些科技领先企业(如 Google)开始寻求创新的解决方案,从而促成了 SRE 运维的诞生。

SRE 运维的核心原则是运用软件工程的手段来解决运维挑战。它不仅仅专注于响应问题,更重要的是主动预防问题。为了实现这一目标,SRE 运维团队会开发一系列自动化工具,并与开发团队密切协作,确保双方遵循相同的标准和目标。与传统运维相比,SRE 运维更加强调应用的可靠性、高可用性和高并发优化。SRE 运维团队既承担应用可靠性的设计工作,又负责实际的运维实施。

SRE 运维致力于在整个运维生命周期中建立一个完整的质量循环,并持续优化从应用开发到部署,再到运维的整个过程。这种思维模式鼓励开发团队在早期阶段就考虑到失败的应对策略,从而提高整体服务的可靠性。而为了实现这一目标,SRE 运维还需要形成一套基于最佳实践的框架,将某些应用架构和编码规范整合到一个框架中,从而为建立统一的 SRE 运维平台提供基础。

SRE 运维与传统运维的一个显著差异在于目标焦点。相较于传统运维主要关注满足业务需求,SRE 运维更加强调应用的整体可靠性。实际上,许多现代 SRE 运维工程师都是由资深运维工程师转变而来的。除了处理常规运维任务,他们还积极投身于故障生命周期的全过程管理,不断优化相关流程并制定相应的策略,从而保证应用的高可用性和高并发处理能力。

具体而言,SRE 运维除了需要处理"体系化运维"中涉及的部署/发布和故障排查,还需要负责云上应用整体的稳定性建设、用户支持和体系建设。

1. 部署/发布

对于 SRE 运维团队而言，"部署/发布"是核心活动之一，它要求确保新功能、优化和修复能够平稳、高效地部署到生产环境中。整个过程涉及资源部署、变更管理，以及持续集成/持续部署（CI/CD）三个关键环节。

- 资源部署：此阶段的目标是准备生产环境所需的全部硬件和软件资源。这包括配置虚拟机、设置网络连接、分配存储资源等任务，以及确保所有的服务都有适当的容器化环境。在进行资源部署时，考虑到应用的可扩展性和高可用性是至关重要的。为了实现高可用性，SRE 运维团队可能需要利用分布在不同地理位置的数据中心或云服务商的可用区。

- 变更管理：这个环节旨在确保对生产环境的每次变更都是预计划的、经过审查的，并且可控的。变更不仅包括软件的新版本发布，还包括配置更改和基础设施升级。通过运用自动化工具和明确的流程，SRE 运维团队能够追踪所有变更、评估潜在风险，并在需要时迅速回滚。为了降低风险，他们可能会采用逐步发布、金丝雀部署或蓝绿部署等策略。

- CI/CD：指一种关键的实践，旨在确保软件的质量并加速交付过程。通过自动化代码集成和测试，SRE 运维团队可以保证所有的新代码都符合品质标准并与现有系统兼容。自动化部署流程支持快速、一致且无须人工干预的发布，这样可以减少错误，提高发布的频率。

总之，部署/发布是一个复杂但至关重要的过程，它需要 SRE 运维团队不断创新和优化，以适应业务需求和技术挑战的变化。

2. 故障排查

当应用在生产环境中发生故障或中断时，快速、有效地响应和解决这些问题是 SRE 运维团队的主要职责。这需要一个明确的紧急事件响应流程、清晰的责任划分和经过充分培训的团队。对于每一个事件，事后分析和教训总结都是提高应用韧性和预防未来问题的关键。云上应用故障处理的主要目标是确保服务稳定地运行。

以下是这一处理过程的详细描述。

- 告警接收与评估：当系统监控发出告警时，首要任务是快速响应并评估告警的真实性。值得注意的是，不是每一个告警都代表实际的应用问题；有时，告警可能源于设置不当或过于敏感的阈值。因此，不断优化和调整告警标准至关重要，以确保只有真实的问题才会触发告警。当发现某个告警未能准确指向真实问题时，SRE 运维团队应考虑更改告警策略或对监控面板进行优化。这样，随着业务流量的变化，相应的监控阈值也可以做出适应性调整。

- 问题定位：针对线上问题，没有固定的解决方案。故障处理通常需要结合实时数据、经验和专业知识来进行推断。SRE 运维团队应该运用各种工具验证这些推测，以准确地确定问题所在。

- 故障恢复：在处理故障时，最重要的是快速恢复服务，而不是立即寻找问题的根本原因。例如，如果一个特定的故障只在某个特定节点上出现，那么短暂地停用该节点可能是一个快速的解决方案。对于每一个恢复操作，都应当采取逐步和谨慎的方法，例如，首先尝试重启一个节点，观察效果，再决定是否需要对更多的节点执行同样的操作。具体地说，需要执行标准操作流程，一旦问题被确定，SRE 运维团队应依赖预先定义的标准操作流程来应对。例如，如果某个具体的故障表现与文档中的描述相符，那么执行相应的操作可以迅速解决问题。但要确保这些操作已经过测试，确保它们能够有效地解决问题。

- 故障复盘：故障复盘是对故障发生后的深度反思，旨在避免相似故障的再次出现。此流程必须有完整的文档支持，详细描述故障的发生、时间轴、所采取的措施、恢复方法，以及对故障根源的深入分析。复盘的目的不应是走形式或向领导"交代"，而是真正从中学习和改进。在复盘的过程中，关键是找到真正有价值的、能够预防未来故障的解决方案，而不是单纯地为了应对而制定措施。

总的来说，云上应用的故障处理不仅要求具有策略性，还要求 SRE 运维人员具备实践经验和迅速反应的能力，从而确保在各种情况下都能保持业务的正常运行。

3. 稳定性建设

在 SRE 运维团队的日常工作中，应用稳定性建设是核心工作之一。一个健壮、可扩展且能弹性伸缩的应用架构可以确保应用的高可用性和高并发性。

- 制定服务级目标（SLO）/服务级指标（SLI）：应用的可靠性和性能主要通过 SLO 和 SLI 来衡量。SLO 揭示了应用所追求的性能和可用性水平，而 SLI 则提供了量化这些目标的手段。在实际操作中，SLO 的制定常常依赖于"VALET"（容量、可用性、延迟、错误、工单）评估策略，并根据业务的独特性进行调整。在简化场景中，容量、可用性和错误这三个维度常被采用作为业务 SLO 的主要参照。对 SRE 运维团队而言，清晰并可度量的 SLI 与 SLO 不仅有助于 SRE 运维团队深入了解应用性能，还为他们持续改进提供了路径。当应用性能未达到 SLO 标准时，SRE 运维团队需要迅速识别并介入，确保服务处于持续、稳定且高品质的状态。

- 容量规划：容量规划是 SRE 运维的核心工作之一，它关心应用如何高效、经济和稳定地运行。确切地估算和配置资源是对效率和稳定性的直接保证。这一过程中的主要挑战在于预测业务的增长趋势，因为真实的业务扩展往往难以精确预见。然而，SRE 运维团队通过构建应用模型和汇集历史经验来估算在当前资源配置下可以处理的业务容量，包括对出口带宽、计算和存储等关键资源的深入考虑。对于可能触发流量激增的活动（如大型促销），早期的容量分析和策划尤为关键，这有助于确保应用在高峰时段仍能顺畅运行。为此，持续监控应用性能、预测未来负载和实时扩展资源是为了确保应用的可伸缩性和反应速度。SRE 运维团队应针对数据库、服务器和网络带宽等要素进行持续的评价和调整。

在确定了 SLO/SLI，以及明确了容量之后，SRE 运维团队需要通过应用架构的优化来逐步满足 SLO。例如，通过实施应用云原生转型，可以充分发挥云服务的伸缩性、灵活性和韧性。借助云原生转型，应用能够更敏捷地应对变化，快速扩展或缩减规模，同时能优化资源使用情况。此外，云原生架构还增强了应用的稳健性，使其更加有准备地应对各种突发状况，从而在确保 SLO 的前提下大幅提升服务的整体质量。

4. 用户支持

云上应用的用户支持在 SRE 运维团队的职责范畴内占据着重要位置。为用户提供稳定、可靠的服务是 SRE 运维团队的核心任务，而用户支持就是确保用户能够有效、顺畅地使用这些服务的关键环节。以下是对云上应用用户支持的详细描述。

- 技术咨询：SRE 运维团队常常需要为用户提供专业的技术咨询，这包括但不限于应用配置、最佳实践、性能优化，以及云资源的有效使用。

- 用户故障排查与解决：当用户遇到应用问题或系统中断时，SRE 运维团队需要迅速响应和识别问题的根本原因，并采取相应的措施进行修复。这不仅仅是修复一个问题，更是确保云上应用的持续可靠性。

- 文档与知识库：一个齐全、清晰、持续更新的文档和知识库能够帮助用户独立解决常见问题。这涵盖了安装、配置、故障排查等方面，使用户在遇到问题时能够第一时间找到答案。

- 培训与教程：为用户提供应用的培训和教程，可以帮助他们更好地理解和使用应用，这对于新用户尤其重要。

- 持续反馈：建立一个机制让用户能够持续提供他们的反馈意见，这对于产品和服务的持续改进至关重要。SRE 运维团队可以通过这些建议来优化应用，增加新功能或进行必要的调整。

5. 体系建设

在 SRE 运维框架下，体系建设涉及整个组织运作的流程、工具和人员配置。为了确保服务的高可用性、高效性和高质量，建立合适的体系是至关重要的。

以下是"体系建设"中三个关键部分的详细描述。

- 流程制定：流程是确保组织内各项工作高效运行的核心。在 SRE 运维实践中，流程的制定关乎服务的整体生命周期，包括开发、部署、运维和故障修复。例如，故障响应流程规定了在故障发生时团队应如何行动，包括初步检测、告警、分配人员负责，以及进一步的问题排查、解决和事后的回顾分析。另外，变更管理流程对于规范应用的变更也至关重要，由于每次变更都可能带来潜在风险，因此，需要一个严格的流程来评估变更的可行性、批准实施，并配备适当的监控和回滚方案以防万一。

- 工具平台开发：工具和平台是执行流程和实践的关键。对于 SRE 运维团队来说，选择、开发或自定义合适的工具是至关重要的，其涉及的主要工具包括：监控和告警工具，如 Prometheus、Grafana 等开源产品或每家云服务商自带的云上产品，用于实时了解应用的状态，并在问题发生时迅速通知相关人员；日志管理和分析工具，用于帮助团队收集、存储和分析日志，以便快速定位问题；配置管理和自动化工具，像 Ansible、Chef 或 Puppet 这样的工具可以在云上确保应用的配置是一致的，并自动化日常的运维任务。

- 人员组织协调：人是任何组织中最重要的资产，在 SRE 运维体系下，确保每个成员明确其职责，并能够跨团队协作是至关重要的。组织协调是明确 SRE 运维团队中每个成员的角色和职责，例如，哪些人负责响应故障，哪些人负责日常的维护工作，等等。

更进一步，SRE 运维需要建立一套全面的体系来保障服务的稳定性。通过实施 SRE 运维的理念和方法，SRE 运维团队致力于提升系统的平均无故障时间（MTBF）和降低平均故障修复时间（MTTR）。这样，SRE 运维团队能够不断推进服务稳定性。

总结而言，SRE 体系的建设要求深度整合流程、工具和人力资源。这三部分相互配合，共同构成了确保服务可靠性的基石。

7.1.3　云上应用的可运维性

云上应用的可运维性设计是确保应用在云环境中高效、稳定、安全地运行的关键。参考 SRE 运维体系，我们将介绍以下几个方面。

- 可观测性：可观测性是运维设计的基石。通过详细的日志记录、实时监控关键业务和系统指标，以及预警机制和服务质量的全程追踪，我们可确保对应用状态和健康度的全面掌握。

- 日常操作：运维操作保证了应用能够流畅地运行，响应各种需求变化。这涉及动态的资源供应、部署/发布、变更管控，以及统一的日常管控措施。

- 故障排查：面对不可避免的故障，快速预警、精准定位和及时恢复是维持服务连续性的关键，也有助于提升用户信心和满意度。

- 预案和演练：为了增强应对突发事件的能力，制定详尽预案并定期进行实战演练，可以检验预案的有效性并锻炼 SRE 运维团队的应急响应能力。

- 持续优化：根据实际操作经验和用户反馈，我们不断地优化流程、工具和实践，以确保云上应用的可运维性处于行业领先水平。

云上应用的可运维性设计是一项综合性任务，涉及多个层面的协同工作。确保这些层面的有效实施是保持应用高效、稳定和安全运行的前提。接下来，我们将逐一深入讨论这些设计原则。

7.2　可观测性

对于云上应用而言，监控和可观测性是支撑其可运维性的两大支柱。为了确保应用能高效、稳定且安全地运行，我们需要对内部和外部环境进行全方位、实时的监控和分析，这正是监控和可观测性的核心作用。在复杂的云环境中，应用的组件、交互和数据流必须被彻底理解，因为这里的动态性和多样性可能远超传统环境。

利用监控工具和策略，我们可以实时掌握应用的健康状况和性能指标，从而保证其稳定性和最佳性能。当遇到问题或性能下降时，可观测性能帮助团队迅速定位根本原因。具体地说，日志记录提供了有序的事件流以便于故障排查，而指标和告警则让我们能够预先捕捉到潜在的问题。进一步地，结合告警、阈值判定和自动化响应措施，应用可以对异常状况做出快速反应，提高系统的弹性。决策者也可以依赖这些准确可靠的数据做出明智、及时的决策。从用户体验的视角看，通过真实用户监控（RUM）等工具，团队能够评估应用性能和可用性，确保始终提供优质的用户体验。

综上所述，监控和可观测性不仅奠定了云上应用可运维性的坚实基础，同时是推动应用持续优化、改进，以及提供卓越用户体验的重要工具。

7.2.1　可观测性概述

下面将从可观测性的诞生背景、度量指标、三大支柱及建设步骤来介绍应用的可观测性。

7.2.1.1　可观测性的诞生背景

传统的应用监控系统或工具在监控云上应用时有以下不足。

- 缺少数据或数据散乱：在传统的监控体系中，一个显著的不足是数据的缺失或凌乱。首先，可能有一些关键的检测点没有进行数据采集或没有打印相关日志。其次，原始的监控数据可能被存储在各种分散的地方，如本地服务器、日志系统或监控系统，导致相关人员难以确定查看的位置。更糟糕的是，这些数据可能互相孤立，没有进行有效的关联，使得数据无法汇总，给整体分析和判断带来了难度。

- 管控系统割裂：很多公司都面临一个问题，即他们通常使用多套不同的监控系统，这些系统之间的监控数据是隔离的。这些独立运行的系统可能存在账号、权限设置，以及操作习惯上的差异。由于缺乏统一性，当运维人员需要调查某个特定问题时，不得不在多个系统间频繁切换，寻找相关的监控数据和图表。特别是在紧急情况下，查找正确的信息入口、系统或图表可能会变得非常困难，进而影响到故障诊断的速度和效率。

- 分析能力不足：即使监控系统采集了大量的数据，如果缺乏足够的分析能力，依然很难从中找到真正有价值的异常信息。这可能是由于系统提供的图表是固定的，只支持有限的分析条件，导致不能灵活地进行深入分析。另一个可能的原因是监测算法的能力不足或者算力有限，导致必须依赖于人工进行逐个数据的分析处理，这不仅效率低下，而且容易产生误判。

为了弥补传统监控对云上应用监控的不足，我们需要云上应用的可观测性设计，它提供了云上应用统一的监控，并且以应用/业务为维度进行监控。以下是可观测性设计的主要要求。

1. 统一监控

随着云原生和微服务架构的流行，无论是小型企业还是大型公司都在监控方面进行了大量投资。小型企业可能同时使用 3 至 5 套监控系统，而大型企业可能需要管理 10 套甚至更多的监控工具。虽然这些监控平台专注于捕获和分析数据，但数据往往仍然是分散的，彼此孤立。对于分布式应用架构，如果要精确地评估其服务的性能和影响，我们就需要更高级别的观测能力。通过集中整合来自不同源头的数据，如日志、链路追踪和指标，我们能够获得综合视图，并量化业务健康度和用户体验，以此为基础进行持续优化。

传统的监控工具（如指标监控、日志记录和调用链追踪）通常用于解决单一问题，而可观测性则要求从更高层面去审视系统的整体行为，解释其是否正常运作及原因。由此诞生了诸如 OpenMetrics 和 OpenTracing 等组织，以及 Prometheus、Jaeger 等开源产品，用于打通各个组件。

2. 应用/业务维度监控

与传统监控手段相比，可观测性注重将指标监控、日志管理和追踪技术集成到一个统一的框架下。随着应用程序向云端迁移，以及应用架构变得越来越复杂，监控的关注点也从基础设施转向了直接关系到用户体验的问题。可观测性采用了一种更加以应用和业务为中心的方法，不仅仅关注系统或软件的性能指标。传统监控通常侧重于硬件资源，如 CPU 和内存使用率，而可观测性则聚焦于应用内部的运行状况和调用过程。

可观测性的目标是将这些分散的数据源统一起来，并找出它们之间的关联，为工程师提供全面的视角。这不仅有助于故障定位，还能用于分析用户体验和代码性能。随着业务发展和用户基数的增长，实时了解应用状态和持续分析应用数据变得至关重要，它可以帮助我们洞察业务趋势，并做出数据驱动的决策。

与传统监控着重于单点问题不同，可观测性能够揭示应用异常背后的原因和补救措施。此外，通过整合多个数据源并分析它们之间的联系，我们可以更好地理解故障发生的背景。现代应用部署在复杂的生态系统中，短暂的服务中断可能导致重大的财务损失和用户流失。这些服务可能运行在各种环境中，例如，由 Kubernetes 管理的虚拟机和容器，以及使用各种 PaaS 产品，如数据库、缓存和消息队列等，它们之间复杂的调用关系产生了丰富的数据交互。

7.2.1.2 度量指标

针对云上的应用以及与应用相关的资源，度量指标往往涉及以下几个方面。

- 容量（Volume）：应用承诺的最大容量是多少，比如，常见的 QPS、TPS、会话数、吞吐量和活动连接数等。

- 可用性（Availability）：代表应用是否正常或稳定，比如，请求调用 HTTP200 状态的成功率、任务执行成功率等。

- 时延（Delay Time）：应用响应是否足够快，比如，时延是否符合正态分布，需指定不同的区间，比如，常见的 P90、P95、P99 等。

- 错误率（Error）：服务有多少错误率，比如 5XX、4XX，以及自定义的状态码。

- 人工干预：是否需要人工干预，比如，一些复杂的故障场景，需人工介入来恢复服务。

7.2.1.3 三大支柱

可观测性是现代应用架构中的关键组件，它由指标/监控/告警、日志和链路追踪这三大支柱组成，如图 7-1 所示。这三大支柱原本是独立发展的技术，但为了更高效地排查问题，业界逐渐认识到了将它们整合的重要性。

图 7-1

- 指标/监控/告警：这是可观测性的核心，它为工程师提供系统、服务或模块的关键性能指标，如 HTTP/RPC 请求的数量、成功率、延迟分布、错误码分布等。这些指标为工程师提供了一个高层次的系统状态概览，使他们能够迅速检测并响应潜在的问题。

- 日志：日志提供了系统、应用或中间件的详细记录，包括业务日志、系统日志、中间件日志和用户访问日志。通过分析这些日志，工程师可以深入了解发生的事件，确定问题的根本原因，并采取相应的补救措施。此外，日志与指标可以相互融合，通过标签或关键字对事件日志进行聚合，从而得到事件的统计信息。

- 链路追踪：在复杂的分布式系统中，一个请求可能会经过多个服务或组件。链路追踪能够跟踪请求在系统中的完整路径，明确每个服务或组件的调用关系，并通过 TraceID 将离散的节点关联起来。这不仅能够为工程师提供系统的拓扑视图，还能帮助他们确定性能瓶颈或故障点所在。

随着 Docker、Kubernetes 等云原生技术的流行，应用变得更加分散和复杂，传统的单点监控方法已无法满足现代工程师的需求。在这种背景下，可观测性的整合思想应运而生，旨在通过全局视角呈现系统的完整状态，从而提高故障检测和问题解决的效率。

除了前面提到的要点，健康检查在实现可观测性方面起着至关重要的作用。健康检查类似于拨测功能，它可以探测 IP 地址和端口号的可达性，并将这些信息，以及潜在的故障原因报告给可观测性平台。

以我们的实践经验为例，我们曾使用健康检查来监控数据库，通过分析数据库的慢 SQL 查询、TPS（每秒事务处理量），以及其他行为来评估其运行状况。此外，健康检查还能在服务部署后立即确认服务是否已成功启动，若发现异常，则迅速实施回滚。例如，Kubernetes 提供了生存性探测功能，而云服务商的状态页面（Status Page）也配备了相应的异常检测机制。

7.2.1.4　建设步骤

如图 7-2 所示，一般的可观测性的构建包括数据采集、数据清洗、数据计算/聚合和数据存储这四个关键步骤。

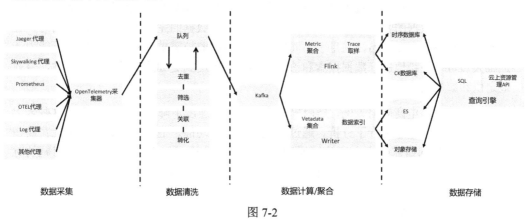

图 7-2

下面对每个步骤进行详细介绍。

- 数据采集：数据的采集是可观测性构建的第一步，这一阶段主要集中于从各个系统、服务或设备中收集关键指标、日志和其他有关信息。通过各种工具和代理，将这些数据捕获并转发给下一阶段的处理流程。

- 数据清洗：由于原始数据可能充满噪声和冗余，因此需要进行清洗和预处理。在这一阶段，数据可能经过本地预处理，例如，去除重复、无效或不规范的数据。同时，数据也可能需要转化和关联，这包括将某些数据条目从一种形式转化为另一种形式，或是将不同数据来源的信息进行关联。对于大量的数据流，引入队列机制可以缓冲数据的流量，确保系统稳定性，并将数据有效地转发至其他系统或存储方案。

- 数据计算/聚合：随着大数据技术的进步，我们已经将大部分计算任务迁移到了如 Flink 这样的框架上。其中，视图级联运算、延时数据运算等功能尤为显著。数据聚合是对原始数据进行初步计算，将数据按照特定的时间粒度或其他维度进行合并，形成更高级别的摘要或统计信息。这使得我们可以对大量的数据进行高效分析，而无须处理每一条记录。同时，引入迭代流可以循环利用计算结果，优化计算过程。

- 数据存储：数据存储是确保可观测数据长期有效和可访问的关键环节，主要包括日志（Log）、追踪信息（Trace）和度量指标（Metrics）。通过数据 ID 的抽象化，我们可以将数据进行分类并标记，使其更容易进行后续的处理和查询。考虑到大量的观测数据，存储解决方案必须具备高性能、可扩展性，以及对实时和离线处理的支持。因此，时序数据库（如 OpenTSDB、ClickHouse、InfluxDB 等）成为首选。但同时，对于某些需求，我们也可能会考虑使用大数据集群或其他日志系统进行数据存储和分析。

云上的可观测性产品为云上用户带来了一体化的监控解决方案，简化了建设、观测和分析的复杂性。这些工具不仅整合了拨测、用户端、Web 和小程序等多种监控技术，还自动处理了数据的收集、清洗、聚合和存储，确保数据的完整性与安全性。同时，它们支持多种协议和云产品，满足了不同应用和环境的监控需求。深入的监控分析能力让运维人员可以轻松地进行数据探索和诊断，从高级维度到更细致的维度进行下钻，有效地定位和解决问题。

以华南地区电商应用为例，当用户报告应用访问速度下降时，IT 团队利用这些云上的可观测性产品迅速进行了分析。通过多维度的下钻功能，他们定位到某特定运营商在特定时间段的网络瓶颈为主要问题原因。这种综合分析不仅大大节省了定位问题的时间，还缩短了解决问题的时间，确保了应用的稳定运行和用户的良好体验。

7.2.2　指标/监控/告警

在云计算的时代，应用的可观测性成为确保应用稳定、高效运行的关键。其中，"指标/监控/告警"是构建强大的云应用可观测性的核心框架，它起到了桥梁的作用，连接应用与运维团队，确保业务连续性和服务质量。

首先，指标是我们对应用健康状况的量化表示。它们提供了从不同角度深入了解应用性能的窗口。无论是应用的响应时间、负载、内存使用还是错误率，这些指标都反映了应用在某一时刻的运行状态。

其次，监控工具会持续追踪这些指标，为我们提供一个宏观的视角，帮助我们实时洞察应用的健康状况，从而做出及时调整。例如，在 Java 应用中借助 Java 管理扩展（Java Management Extensions，JMX）工具，我们可以直观地了解到垃圾收集的效率、内存的使用情况、线程的活跃状态等。

然而，仅有指标和监控还不足以构建完善的云应用观测系统。当指标超出预设的正常范围时，及时的告警机制就显得尤为关键。告警不仅可以在第一时间通知运维团队解决问题，还能通过自动化措施，如扩容、重启服务等，来自动应对突发情况，确保业务的连续性。

7.2.2.1　云上应用面临的挑战

云上应用的监控面临着多重挑战，这些挑战来源于云计算的独特性、应用的复杂性，以及外部的不断变化。以下是几个主要的挑战及其描述。

- 全面性挑战：在一个如此多元和快速演变的云环境中，覆盖每一个可能的故障点，确保全面监控并为其配置合适的告警，无疑是一项艰巨的任务，尤其是云资源动态变化且分散于各地，使得问题的原因可能隐藏在多个地方，这极大地增加了故障检测和定位的难度。

- 实时性挑战：在数字化时代，用户对云上应用的响应时间和稳定性有着极高的期望。云环境中的应用和服务分布广泛，如果不能实时捕捉和应对异常，就可能会导致巨大的业务损失。这要求监控系统不仅要有迅速捕获异常的能力，还要在第一时间对其做出响应。

- 复杂性挑战：现代的分布式服务架构和容器化部署让云上应用的结构变得更加复杂。这意味着，当出现问题时，可能涉及多个服务和组件。在这种环境中，单一的故障可能会导致多个服务受到影响，进而加大了问题定位的难度。

- 多样性挑战：现在的市场上有各种各样的监控和告警工具，为用户提供了丰富的选择。但这也意味着用户需要评估和整合这些工具，确保数据的连续性和工具之间的互通性。这种多样性带来了工具选择和数据整合的挑战。

- 有效性挑战：例如，告警机制。仅仅产生告警是远远不够的，告警必须具有针对性和重要性，以确保能够及时引起运维团队的注意，否则，过于频繁或无关紧要的告警可能会导致团队陷入"告警疲劳"的状态。因此，合理地设定告警的优先级，并提供有效的诊断信息，变得至关重要。

7.2.2.2　指标

"指标"在技术和业务领域中起到了桥梁的作用，它是评估应用、服务或系统健康状况和性能的关键。当这些指标被视为"业务黄金指标"时，技术团队与业务团队便在何为"重要"上达成共识，确保技术努力与业务目标一致。完整的监控和告警体系都是建立在指标之上的，以确保关键业务流程的稳定性，为客户提供高质量的服务。

清晰定义的"黄金指标"及其背后的支撑指标为团队搭建了全面的指标体系。这不仅赋予了业务管理者深刻见解，还确保了技术基础设施的优良状态和效能。黄金指标进一步为团队提供了自动化的、可量化的方法，监控其业务的健康状况和稳定性，从而成为融合技术和业务决策、评估及持续优化的核心工具。可能的指标体系如图 7-3 所示。

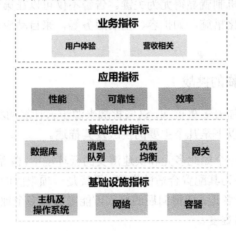

图 7-3

1. 基础设施指标

监控基础设施对整个应用至关重要，基础设施能够确保资源、服务和应用程序在云环境中无缝运行。以下是关于主机及操作系统、网络、容器三大核心领域的详细描述。

（1）主机及操作系统

在云环境中，主机监控指标是维护服务稳定性的关键环节，它涉及对虚拟机或物理服务器的资源利用率和性能进行实时追踪。

- CPU 使用率：CPU 监控是这个过程的一部分，如果发现 CPU 使用率显著上升，则说明应用可能到达了处理能力的瓶颈。为了保持应用的响应速度和稳定性，单机的 CPU 使用率应保持在 50%以下。

- 内存使用率：对内存的监测同样重要，因为它能帮助我们在早期发现内存泄漏或资源耗尽的迹象，建议内存使用率不超过 70%。

- 磁盘使用率：磁盘使用率的检测对于预防因磁盘空间不足导致的服务中断或性能

降低至关重要。而对存储使用率的监控则确保我们不会因磁盘空间不足而面临中断或性能下降的风险。

- 磁盘 I/O：磁盘 I/O 监控提供了磁盘读/写速度和活动的实时信息，对于预防因读/写过慢影响应用性能有着很大的帮助。建议单个磁盘的 IOPS 至少应保持有 20%的空余，以供不时之需，这样的缓冲有助于确保应用的平稳运行和及时的数据处理。

（2）网络

在分布式环境中，网络的性能和稳定性是服务可用性的关键因素。网络监控主要涉及数据传输的效率和可靠性，同时预防因超出资源限制导致的服务中断。

- 吞吐量：吞吐量通常是指上传/下载速率，也就是各个节点发送和接收数据的速度，通常以 Mbps 或 Gbps 为单位。有时也用包速率（Packets Per Second，PPS）来衡量吞吐量。包速率反映了网络每秒能够处理的数据包的数量。为了维持网络的稳定性和避免拥塞，建议将 PPS 保持在实例规格峰值性能的 60%以下。这样的阈值设定有助于应对突发的网络流量，保证服务的连续性和响应速度。

- 带宽使用率：带宽使用率包括整体外网带宽和各个节点的带宽这两部分，它对于预防网络瓶颈和服务中断至关重要。建议将整体外网带宽使用率保持在购买的带宽上限的 80%以下，以及将各个节点的内网和外网带宽控制在所能支持的峰值带宽的 60%以下。这样可以确保在需求激增时，还有足够的带宽资源来处理额外的流量。

- 并发连接数：并发连接数是衡量各个节点能够同时处理的用户请求数量的指标。监控并发连接数能够确保服务器处理高峰时期的请求量，避免因达到连接数上限而导致新的用户请求无法得到处理。

- 网络延迟：提供了关于数据传输速度的信息，它是评估用户体验的关键指标。它通常被称为"ping 时间"或"往返时间"（RTT），是衡量数据从源头到目的地所需时间的指标，尤其在实时应用程序如在线游戏、视频会议或 VoIP 通话中。较低的网络延迟意味着更短的响应时间，从而带来更流畅的用户体验。

- 丢包率：丢包率描述的是在网络传输过程中丢失的数据包比例，它是衡量网络传输可靠性的指标。监控数据丢包率对于及时发现网络问题、提高数据传输的稳定性和效率非常重要。

（3）容器

对于容器化环境，监控还需要关注容器的资源隔离、配额，以及它们与宿主机的交互。

- CPU 和内存分配率：这个指标能确保资源不被过度分配或浪费。它包括追踪 CPU 和内存的分配量与实际使用量的比例，从而优化资源使用并防止性能受到影响。

- Pod 运行状态：Pod 运行状态的监控指标是反映服务健康状况的直接方式。监控系统需要能够识别出哪些 Pod 正在正常运行，哪些可能处于等待、错误或不断重启的状态，以便及时解决问题，保证服务的可用性。

- Pod 重启检测：Pod 的频繁重启情况也需要被监控，因为它可能指示着应用的不稳定性或配置上的问题。频繁重启可能源于应用代码错误、资源配置不当或其他环境问题。因此，这个指标对于维护应用稳定性极为关键。

- 节点剩余弹性网络接口（ENI）：对于容器节点的剩余 ENI 数量的监控也不容忽视，尤其在云基础设施中，ENI 数量直接关系到该节点能够承载的 Pod 数量。监控 ENI 的使用情况有助于预防网络资源短缺，避免由此导致的部署问题。

通过全面的基础设施监控，我们可以确保其云资源、服务和应用程序的性能、稳定性和可靠性。

2. 基础组件指标

在云上应用中，众多基础组件确保了应用高效和稳定地运行，如 MySQL、Redis、Elasticsearch、Kafka、Nginx 等，以及与之相关的负载均衡、网关服务等，这些基础组件的性能和健康状态对于整体应用的运行至关重要。为了确保高可用性和高性能，运维人员需要对这些组件的关键指标进行持续监控。

例如，对于数据库，其核心指标聚焦于确保最优的性能和稳定性，它包括对 CPU 使用率、磁盘使用、存储容量、网络带宽和连接数的精细管理。一般云数据库服务的 CPU 使用率应限制在其实例规格的 70% 以内，防止过载同时保持应对高峰流量的能力。磁盘利用率的监控对于防止 I/O 性能下降至关重要，避免了因读/写速度减慢导致的性能问题。在存储容量方面，建议不超过 60%，以便为数据增长提供缓冲空间，确保数据库写入操作的顺畅进行。网络吞吐量的监控对于数据库尤为关键，带宽使用峰值、查询率（QPS）和连接数峰值建议保持在 70% 以下，从而减少网络拥塞和避免延迟。对数据库连接数的监控也不能忽视，连接数应低于实例规格的 70% 以内，这样可以保证每个连接的稳定和高效。这种监控不仅能预防服务中断，还能在不断变化的需求中提供高性能的数据库服务，确保用户体验不受影响。

对于建立在基础组件之上的业务，每个组件都有其独特的监控指标。例如，MySQL 的关键指标包括查询速度、连接数和复制延迟；Redis 的监控侧重于内存使用、命令处理速度和缓存命中率；Elasticsearch 的核心指标涉及其健康状况、搜索速度和节点状态。Kafka 的主要关注点是消息的生产与消费速率以及消息积压情况。对于像 RabbitMQ 这样的消息队列系统，关键指标是消息的生产和消费速度及队列中消息的数量。Nginx 的健康状况和性能可通过活动连接数、请求速率和响应时间来评估；而 JVM 的监控则集中于堆内存使用、垃圾回收及线程状态。负载均衡和网关服务的重要指标包括请求响应时间、活动连接数及后端服务的健康状态。对这些组件进行详细的监控不仅有助于实时了解系统的健康状况和性能，还能在出现问题时迅速定位并解决问题，从而保证整个系统的稳定性和可靠性。

3. 应用指标

应用层的可观测性主要关注应用的性能、可靠性、效率。这些指标为服务的健康状况提供了清晰、高效的见解，使团队能够及时发现并解决问题。为了全面了解应用的运行情况，下面分别介绍这些关键部分。

（1）性能

- 吞吐量：应用的性能主要通过吞吐量来衡量。吞吐量通常指的是应用在单位时间内处理的请求数量或事务量。它是评估应用处理能力的重要指标，反映了应用在实际运行中应对访问压力的效率。吞吐量的关键在于优化资源利用，提升处理速度。了解应用的使用模式、预测未来负载，以及规划扩展或优化策略都离不开对吞吐量的分析。请求速率是衡量吞吐量的一个具体指标，通常用于衡量 Web 服务器或 API 的负载。它表示应用在单位时间内收到的请求数，并以每秒请求数（RPS）为单位进行量化。高的请求速率往往意味着应用正面临较大的并发请求，这可能对应用的响应时间和总体性能产生影响。因此，监控请求速率有助于提前识别潜在瓶颈，并采取适当的措施以维持应用的稳定运行。

- 并发数：这是用于描述应用在同一时间内处理的请求数量，可以是并发的请求数、I/O 操作或交易数等。高并发可能导致资源争夺，因此，需要关注并确保应用能够处理高并发情境。

- 响应时间：响应时间指的是应用处理请求所需的时间，它量化了应用响应客户端请求所花费的时长。在评估响应时间时，我们不仅要考虑平均延迟，更重要的是关注那些较长的延迟，比如 P90（第 90 百分位延迟）和 P99（第 99 百分位延迟）。这些较长的响应时间往往是应用中存在的瓶颈或其他问题所致。在某些服务场景中，较高的延迟可能会导致用户满意度下降，或者影响到依赖该服务的其他应用的性能。因此，响应时间是一个关键的性能指标，其持续增长可能暗示着系统整体容量的下降或特定环节的瓶颈。

（2）可靠性

应用监控中的可靠性部分主要包括错误率、故障率和正常运行时间（涉及平均故障间隔时间和平均恢复时间）。这些指标综合反映了应用的稳定性和可用性。

- 错误率：错误率是指在应用接收到的所有请求中失败请求的比例。这些失败可能源自客户端错误（如请求格式错误）、服务依赖问题（如数据库不可用），或者应用内部错误（如代码缺陷）。错误率直接反映了应用的健康状况，并且通常与延迟一起被考虑，因为即使请求没有完全失败，高延迟也可能对用户体验造成不利影响。一个稳定、健康的系统通常应具备 99.9% 以上的成功率。异常的错误率往往表明应用存在问题，需要及时排查和处理。在这种情况下，监控错误率的变化非常关键。一旦检测到错误率异常增高，应立即着手进行故障排除，确定是哪个接口或服务导致的问题，并实施修复。如果问题无法迅速解决，例如，遇到性能瓶颈，就需要采取临时措施，如与上游服务协调延长超时时间，以减少用户受到的影响，同时寻求长效解决方案。

- 故障率：故障率指的是在特定时间段内应用发生故障的频率，它是一个反映系统可靠性的指标。这里的故障可以是服务中断、性能下降，或者其他任何可能影响用户体验的不良事件。故障率的高低直接关系到用户对服务的信任度和满意度。通过监控故障率，团队可以及时发现系统的薄弱环节，并采取相应措施。

- 正常运行时间指应用在无故障情况下连续运行的时间，而平均故障间隔时间是指应用在两次故障之间的平均正常运行时间。这两项指标都是评估应用稳定性和可靠性的重要参数。更长的正常运行时间和更长的平均故障间隔时间表明应用具有较好的可靠性。另外，平均恢复时间是指从应用发生故障到恢复正常运作的平均耗时，这一指标反映了故障处理的效率。较短的平均恢复时间意味着运维团队能够迅速定位问题并恢复服务，这对于维持高可用性是至关重要的。

总之，通过细致的监控和积极的故障响应，可以显著提高应用的可靠性。

（3）效率

应用的效率通常通过资源使用率（饱和度）来衡量，它反映了应用部署所使用的资源是否已达到或超过其容量。资源使用率可以包括 CPU 使用率、内存占用、磁盘 I/O 和网络使用情况。当应用接近其资源的最大限度时，性能可能会显著下降。在资源达到或超过其承载能力的情况下，新请求可能会排队，从而导致响应延迟增加。这种"请求积压"可以看作应用过载的指标，对于评估应用的健康状况非常重要。例如，如果一个服务的 CPU 使用率已经达到 90%，那么它很可能即将达到其性能瓶颈，需要密切留意其性能表现。因此，监控资源饱和度有助于团队及早发现潜在问题，防止因资源限制而导致的应用性能下降或崩溃。

应用的性能、可靠性、效率这三方面的指标可以让运维人员获得一个全面的应用运行状态视图。通过持续监控这些关键指标，并根据实际状况做出适应性调整，团队可以确保应用在云端的高可用性、可靠性和最优性能。这样的监控行动和响应机制有助于实现更为稳定和高效的运维环境。

4. 业务指标

与应用和基础设施层面的技术指标相比，业务层面的监控指标更为直观，它们直接反映了云上应用核心业务的活动情况。由于不同的应用覆盖的业务领域不同，对应的业务指标也会有所差异。例如，在电子商务应用中，除了关注基本的交易数据，还会特别注意商品浏览、支付流程、配送等关键业务环节的性能和效果。

总的来说，在云上监控应用的业务指标时，用户体验和营收相关的指标是两个至关重要的方面。这些指标不仅关乎应用的市场表现，还对其长期成功有着决定性的影响。通过深入分析用户的行为习惯、满意度以及营收的增长趋势，可以对应用的业务健康状况做出准确判断，并据此制定相应的优化策略。

（1）用户体验

用户体验包括页面加载时间、会话时长或会话深度等能揭示用户使用应用的习惯和偏好，为营销和产品优化提供线索。

- 页面加载时间：这个指标是衡量用户体验质量的关键指标。它指的是从用户发起请求到页面完全加载的时间。页面加载时间的长短直接影响用户的满意度和留存率，因为页面加载时间延长，就会增加用户跳出率。为了优化用户体验，开发者需要监控页面加载时间，并通过优化代码、减少资源文件大小、使用内容分发网络（CDN）等方式来减少它。

- 会话时长或会话深度：这个指标指的是用户在应用中花费的时间或访问的页面数量。它反映了用户对应用的黏性和内容的吸引力。较长的会话时长通常意味着用户对应用或网站的内容更加投入和感兴趣。

（2）营收相关

营收相关指标的任何波动都可能对应用的财务健康状况造成直接影响。以下是一些常用的指标。

- 用户活跃度：用户活跃度通常通过日活跃用户数（DAU）、周活跃用户数（WAU）和月活跃用户数（MAU）等指标来衡量。这些指标衡量了在特定时间内互动或使用应用的独立用户数量。高用户活跃度通常预示着高用户参与度和更强的用户忠诚度。

- 用户留存率：用户留存率反映了在一段时间后用户继续使用应用的比例。它是衡量用户满意度、产品黏性和长期价值的重要指标。提高用户留存率意味着更好地维护了现有用户，减少了获取新用户的成本。

- 收入：收入是衡量应用成功的直接经济指标。它可以通过不同的渠道来跟踪，如直接销售、订阅模型、广告收入或内购。收入指标帮助企业评估产品的市场需求、定价策略的有效性，以及用户对产品的价值认可。通过分析收入流和增长趋势，企业可以做出更明智的商业决策和战略调整。

此外，业务响应时间，如订单处理速度和客服响应时长，可以直接影响到用户的满意度和忠诚度。因为指标众多，所以在此不一一赘述。通过深入监控业务层面的指标，应用的运维团队能够更加敏捷地做出决策，优化业务流程，提高效率，从而确保盈利性和增长潜力。为了实现这一点，许多云上应用的运维团队会引入定制化的监控方案，这样不仅可以跟踪通用的业务指标，还能深入了解特定业务领域的运行状况。这种方法有助于捕捉到更细微的业务动态，为优化提供更有针对性的数据支持。

7.2.2.3 监控

不同于之前需要单独搭建监控体系，云上应用可以方便地使用开箱即用的云上监控产品。公有云服务商，例如 AWS、Azure 和腾讯云等，都已经推出了自己的云上监控和管理工具，帮助用户在复杂的多租户环境中有效地监控其应用和资源。

云上监控产品的核心原理围绕以下几个方面展开。

首先是数据采集。通过在每个虚拟机、容器或云服务中使用代理或 SDK 来收集指标和日志。这些数据可以包括 CPU、内存、网络 I/O、磁盘 I/O 和应用性能等。对于公有云特定的服务，还会提供其他特有的指标，如云数据库的查询响应时间或云存储的 I/O 操作。

其次是数据传输。收集到的数据被安全地传输到云监控服务的数据中心。在传输过程中，数据是经过加密的，并通过专用网络连接进行传输。数据被传输后，进入数据处理和存储阶段。到达监控服务的数据中心后，数据进行处理和归档，这可能涉及数据的聚合、分析和告警生成。

最后，数据通过 Web 页面进行可视化展示，通常表现为图形或图表，并根据预定的阈值和规则生成告警和通知（下一节会详细介绍告警）。

从监控机制来看，这些服务主要具备以下特点。

- 实时性，确保及时发现并解决问题。
- 可扩展性，能够轻松处理从数十万级别到数百万级别的指标。
- 灵活性和可自定义，允许用户定义自己的指标和日志，并创建自己的告警和通知规则。
- 集成性，可以与其他云服务（如日志管理、自动扩展和函数计算等）无缝集成。

以 AWS 上部署的一个在线电商平台应用为例。这个应用使用了 EC2 实例、RDS 数据库和 S3 存储。在 EC2 实例中，CloudWatch 代理被用来收集 CPU、内存和磁盘使用率的数据。对于 RDS 数据库，系统会自动收集与查询性能、IOPS 和连接数等相关的数据。而对于 S3 存储，主要收集 I/O 操作、延迟和错误率的数据。所有这些数据都被发送到 CloudWatch 服务，并在 CloudWatch Logs 中进行存储。为了实时监控应用的健康状况，管理员可以使用 CloudWatch Dashboard 创建一个仪表盘，实时展示所有关键指标的图表。此外，他们还可以设置告警，如当 EC2 的 CPU 使用率超过 80%时，发送电子邮件给管理员，或当 RDS 数据库的连接数接近最大值时，发送短信进行通知。这样，管理员不仅可以实时掌握应用的健康状况，还可以快速发现并解决潜在问题，确保为用户提供持续、稳定的服务。

7.2.2.4　告警

告警功能是监控系统中的一个关键组成部分，其目的是在系统出现异常或问题时迅速通知管理员及相关责任人员。告警机制基于预定义的阈值和规则运作。当监控到的指标超出或低于这些阈值时，告警系统就会触发通知。这些阈值一般根据历史数据分析、业务需求以及性能指标的标准来设置。

告警机制的核心工作流程包括多个阶段。首先，数据源（如服务器、网络设备或应用程序）不断地向监控系统传送关键的性能和健康状况指标。然后，这些指标数据与事先设定的阈值进行比较分析。当监测到不符合阈值标准的异常情况时，告警系统就会生成一个包含详细信息的告警事件。这个事件记录了发生异常的时间、受影响的组件、可能的原因及其他相关细节。最后，告警事件会被传达给指定的接收人，通常是通过电子邮件、短信、电话或其他通知渠道。除了即时通报，告警系统通常还提供一个界面，供管理员查看、分类和管理所有的报警事件，以便追踪和解决问题。

公有云服务商通常提供一系列告警产品和工具，帮助企业高效地监控并在云环境中管理其资源和应用。这些告警工具充分利用了云计算的自动化和可伸缩性优势，允许用户根据实际业务需求定制和管理告警策略。以 AWS 的 CloudWatch 为例，它不仅可以监控 AWS 资源，如 EC2、RDS 和 Lambda，还能监控应用程序的性能指标。用户可以针对任何 CloudWatch 指标设置阈值，当这些指标超出或低于这些阈值时，CloudWatch Alarms 就会触发告警。这些告警可以配置为向其他服务发送通知，从而触发自动化的操作。这种集成性和自动化能力使得运维团队能够迅速给出反应，执行必要的补偿措施，如自动扩展资源或重启受影响的服务。此外，云告警产品常常配备强大的日志和指标分析功能，帮助团队深入分析问题根源，并依据实际数据进行优化。

1. 告警上报

告警上报是告警系统中的一个关键环节，它确保了任何异常或潜在的问题都能及时被识别并通知给相应的人员或系统。对于云上应用来说，考虑到其复杂性和动态性，上报系统的重要性尤为突出。

- 告警来源的多样性：在云环境中，告警可以来自各种资源和服务，包括但不限于虚拟机、容器、数据库、存储、网络和各种应用服务。每个资源或服务都可能有自己独特的监控指标和触发告警的条件。

- 数据采集与识别：为了及时上报告警，首先需要有效地采集各种监控数据。这可能涉及各种代理、SDK 或直接的 API 调用，以从各种资源和服务中捕获相关指标。当这些数据被捕获后，告警系统必须能够识别超出正常范围或违反预定阈值的数据点。

- 实时性与准确性：告警的实时性是至关重要的。云应用的某些异常情况如果不能被及时发现，则可能会迅速升级为严重的问题。因此，及时上报是防止这种情况发生的关键。同时，为了维持高效的工作流程并避免不必要的干扰，告警系统需要具有较高的准确性。

2. 告警处理

一旦告警被上报，接下来的步骤是如何处理这些告警。处理不仅仅是通知相关人员，还包括确定告警的根本原因和采取相应的措施。告警的处理包括以下三方面的工作。

- 告警分类与优先级设定：所有的告警并不都是相同的。根据其影响的严重性、紧急性和范围，告警应该被分类并赋予相应的优先级。例如，影响到生产环境的关键服务的告警优先级将远高于仅影响开发环境的告警。

- 自动化响应：一些常见的问题和告警可以通过自动化脚本或工作流来处理，例如，扩展资源、重启服务或清理旧的日志文件。通过自动化响应，可以减少人工介入，加快问题的处理速度。

- 通知和协作：当需要人工介入时，告警系统应该通知相关的团队或个人。此外，告警信息应提供足够的上下文，以帮助接收者快速理解问题并采取措施。现代的告警处理工具通常还提供了协作功能，允许团队成员之间共享信息、讨论问题和协同解决。

3. 告警收敛

告警收敛是监控体系中一个至关重要的环节，其目的在于确保接收者接收到的告警信息既精确，又具有价值，而非大量且混乱的"告警轰炸"。这是一个动态的过程，需要对持续产生的告警进行智能分析和处理。

告警收敛用到以下方式。

- 去重与合并：相同类型和来源的告警可能在短时间内多次触发，特别是在问题持续存在的情况下。告警去重确保同样的问题不会产生大量的重复告警，从而减少告警的噪声。当一系列的告警由同一个问题导致时，例如，一个关键服务的宕机导致多个依赖它的服务也出现问题，这些告警应该被聚合为一个主要的告警事件，以减少冗余信息。

- 临时静音：在维护窗口或已知的问题期间，可以为特定的服务或资源设定告警静音，以避免大量的预期告警。

- 智能分析：利用人工智能和机器学习技术，告警系统可以学习历史数据，预测未来可能发生的故障，并调整告警策略，从而减少不必要的告警。这种前瞻性的告警预测不仅能帮助运维团队对即将到来的问题有所准备，还能使他们有机会在问题实际发生前就采取预防措施，从而提高整个系统的稳定性和可用性。

- 持续优化：通过对接收的告警进行反馈，可以不断优化告警收敛规则。例如，如果某个告警总是被认为是误报，那么可以调整其触发条件或完全禁用它。告警收敛是一个持续的优化过程，需要结合实际业务和系统的特点进行调整。

在分布式的云上应用中，服务间的相互依赖和调用是常态。如果没有合理的超时策略，就可能引发无效等待和"告警轰炸"。为了避免这种情况，团队需要定期审查和调整服务之间的超时设置，确保它们是合理的，并且能够反映服务的实际性能和响应时间。正确的告警收敛不仅可以减少噪声，提高团队的工作效率，而且能够确保在真正的问题发生时，团队能够快速、准确地响应。

云上应用的告警管理是一个多层次、多维度的挑战。从准确地上报和处理告警到高效地收敛告警，每一步都需要深入的策略和技术实现，以确保云上应用的高可用性和性能。

7.2.3　日志

在云上应用中，对日志服务的安全事件监控与分析是极其重要的。为了有效地捕捉和记录来自云服务和资源的各类事件，日志的核心功能是记录不连续的事件，这使得我们能够在事后深入分析应用的具体行为，比如已执行的函数或处理的数据。为了提高收集、整合和分析的效率，每条日志都应该包含关键的元数据，比如涉及的服务、事件类型和操作者。同时，在处理大型分布式应用时，保持日志的一致性格式非常关键，因为这样的应用可能包括成千上万个节点、大量实时事件信息，以及 TB 级的文本数据。在这种情况下，如何高效地传输、存储、整合和检索大量数据是一个挑战。此外，整合后的日志数据对于监测应用的整体运行状况极为重要，而单独的日志条目可以提供关于特定时刻应用行为的深入见解。从安全角度出发，保护日志的完整性并防止其被篡改或被非授权访问是至关重要的。

下面以"BookWorld"在线图书馆应用程序为例，详细介绍这一过程。

7.2.3.1　采集

云上应用的日志采集是构建有效日志管理系统的第一步，它涉及捕捉和整合所有与应用相关的日志信息。在现代云架构中，由于资源和服务的分散性，各种应用和服务会在不同的位置和时间生成日志。这些日志信息可能来源于各种虚拟机、容器、数据库、负载均衡器、网络设备等。日志采集的核心任务是确保从这些多样化的源头中有效、准确且实时地收集数据。采集过程通常需要考虑日志的格式、大小和生成频率，以便确保在不同的云环境中都能有效地捕捉。此外，随着微服务架构的兴起，每个服务都可能产生自己的日志，这使得采集过程更为复杂。因此，选择一个适合的工具或平台能够跨越多种环境和技术进行日志采集，是此阶段的关键。

云上应用在运行过程中会不断产生各种日志，用以监控其行为和状态。这些日志类型多样，包括记录系统活动的系统日志（syslog）、用户交互的访问日志（accesslog）、程序运行中的异常和错误（errorlog）、内部调试信息（debuglog），以及应用的运行状态（stacklog）。日志形式可以是简单的文本格式，也可以是更复杂的结构化或二进制格式。虽然这些日志最初设计为本地存储，但随着集中式日志管理系统的发展，这些日志现在可以方便地汇聚并存储在大型分布式存储环境中。集中式的日志系统的主要组成部分包括日志的标准化、收集与传输、数据清洗和预处理、存储，以及最终的数据分析和利用。

如果我们考虑一个典型的日志条目，则可能会看到一些关键组件，如时间戳、消息详情、日志的严重性级别，以及跟踪 ID。有了像 OpenTelemetry 这样的工具，我们就可以为这些日志条目附加更多的上下文信息，如创建日志的用户、相关的订单信息、服务详情，以及可能的机器位置或其他元数据。这些标签和上下文不仅使我们可以更容易地从海量的非结构化日志中筛选出有用的信息，还为日志分析提供了更加丰富的维度。

例如，"BookWorld"在线图书销售平台为了优化性能和及时解决潜在问题，选择了 AWS 公有云的日志服务作为日志管理解决方案。首先，该平台启动了 Amazon CloudWatch Logs，这个服务为"BookWorld"上的所有云服务提供了日志监控功能，从而帮助技术人员更好地理解和运营我们的系统。由于"BookWorld"部署在多个 AmazonEC2 实例上，该平台装载了 CloudWatch Logs Agent，这样可以方便地将这些实例的系统和应用程序日志发送到 CloudWatch Logs。一旦 Agent 配置完毕，技术人员就可以明确指定哪些日志文件需要收集并将它们分类到不同的日志组中。

7.2.3.2　聚合

聚合阶段在日志管理中起着至关重要的作用，它专注于如何将来自不同源头的日志数据整合到一个统一的系统中。在分布式环境下，考虑到日志的数量和规模可能非常庞大，聚合不仅要考虑效率，还必须确保数据的完整性和准确性。该阶段的目标是保证所有日志数据能够得到统一的管理和处理，无论它们来源于哪个服务或技术栈。有效的聚合策略有助于减少不必要的存储需求，并确保在后续分析和处理中能够便捷地访问和检索数据，从而将无序的信息转化成有组织且易于管理的形式。

在"BookWorld"案例中，技术团队利用 AWS Lambda 函数来处理后台订单和通知任务。由于 Lambda 与 CloudWatch Logs 紧密集成，每次 Lambda 函数执行时，相关日志都会被自动捕获和存储。然而，仅仅收集日志是不够的；为了应对"BookWorld"每日产生的大量日志数据，技术人员定义了一系列的日志过滤模式，使任何异常事件或数据库请求的高延迟和失败都能被及时标识。通过创建特定的 CloudWatch 指标，如"订单失败率"和"平均响应时间"，技术人员可以更加直观地评估应用程序的性能状态。

7.2.3.3　保存

在日志数据被采集和聚合之后，下一步是决定如何、在何处，以及保存多长时间的数据。在保存阶段，主要考虑因素包括存储成本、数据的可访问性，以及合规性要求。依据不同的业务需求，日志数据可能需要被保留数天、数月甚至数年。短期存储便于技术团队进行快速查询和故障排除，而长期存储往往是为了满足法规遵守或审计需求。为了保证数据的安全性和完整性，日志存储方案应具备数据备份、加密和冗余机制。云服务商通常提供多样化的存储选择，如实时存储、冷存储或归档存储，以适应不同的商业需求和预算。

对于"BookWorld"平台，为了符合长期保存和法规遵从性要求，日志数据会被自动归档到 Amazon S3 存储桶，这得益于 CloudWatch Logs 与 S3 的无缝集成。

7.2.3.4 查询/展示

一旦日志被采集、聚合和保存，最终的挑战是如何从这海量的数据中提取有价值的信息。查询/展示阶段重点在于为技术团队提供必要的工具和界面，使他们能够轻松地搜索、分析和可视化日志数据。一个有效的日志查询系统应当支持高度定制化的查询，以满足从简单的关键字搜索到复杂的模式匹配的各种需求。而日志展示工具则需要提供丰富的可视化选项，以帮助用户直观地理解数据的模式和趋势。此外，为了快速响应潜在的问题或安全威胁，查询和展示系统还需要支持实时监控和告警功能。

对于"BookWorld"平台，除了将日志数据自动归档到 Amazon S3，还可以利用 Amazon Athena 对存储在 S3 中的日志数据进行灵活的分析和可视化。当然，保持对日志的实时性关注也非常重要。平台为关键指标设定了警报阈值，确保一旦达到或超过这些阈值，运维团队能够立即收到通知，以便迅速采取应对措施。此外，"BookWorld"平台采用了 CloudWatch Logs Insights 来进一步增强日志数据的分析能力。通过这个工具，运维团队可以执行强大的查询并实现可视化的功能，从而快速识别问题、发现模式和趋势。

总之，借助 AWS 公有云提供的日志服务，"BookWorld"平台实现了优化的日志管理流程，并确保平台运行稳定、安全和高效。

7.2.3.5 案例：ELK 解决方案

业界广泛使用的 ELK 是一个强大的日志管理和分析解决方案，如图 7-4 所示，它主要由 Elasticsearch、Logstash 和 Kibana 三个开源项目组成。这个解决方案提供了从日志收集到处理，再到可视化的一整套流程，帮助云上应用更有效地处理大量日志数据。

下面介绍这个解决方案的各个组成部分。

- Filebeat：是 ELK 堆栈中用于轻量级日志采集的组件。它可以配置为监控特定的日志文件或位置，一旦识别到日志变化，它就会捕获这些日志数据并将它们传输到定义的下游处理系统，通常是 Logstash 或 Elasticsearch。Filebeat 的设计目标是消耗尽可能少的系统资源，同时保证数据传输的可靠性。

- Kafka：是一个分布式流处理平台，它通常被作为大规模消息传递系统。在 ELK 堆栈中，Kafka 可以作为 Filebeat 和 Logstash 之间的缓冲区，解耦数据的产生和处理，提高系统的弹性和可伸缩性。Kafka 能够处理高吞吐量的日志数据，并确保消息在系统出现故障时不会丢失。

- Logstash：是一个强大的日志数据处理管道，它可以接收从 Filebeat 传来的数据，然后处理这些数据，并将其发送到 Elasticsearch。Logstash 支持多种输入、过滤和输出插件，可以解析和转化各种格式的日志数据，如 JSON、XML 等。

- Elasticsearch：是一个分布式搜索和分析引擎，它被用来存储、搜索和分析大量数据。在 ELK 堆栈中，Elasticsearch 负责存储 Logstash 处理后的日志数据，并建立索引以实现快速、准确的数据检索。

- Kibana：是 ELK 堆栈的数据可视化组件。它允许用户使用 Elasticsearch 数据库，并以图表、表格和地图的形式展示数据。用户可以通过 Kibana 创建复杂的查询和图表，以可视化和分析日志数据。Kibana 提供了一个对用户友好的界面，使得即便是非技术用户也能很容易地浏览和解释日志数据。

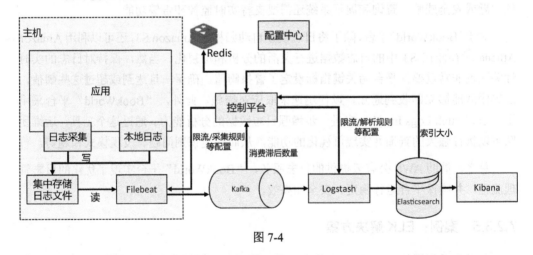

图 7-4

　　整个 ELK 堆栈协同工作，使得日志数据从产生到可视化的过程变得简单、高效。而这个模型不仅适用于日志分析，也适用于其他许多大数据采集和分析的场景。

7.2.4　链路追踪

　　在传统应用程序中，我们习惯于使用本地工具来追踪和修复问题，这种方法相对直接。但是，随着应用程序迁移到云端，情况变得复杂得多。如今，一个简单的请求常常需要多个后端服务的协作才能完成，这意味着我们已经进入了一个高度复杂的分布式应用时代。在这样的架构下，不同服务之间的交互变得无比复杂，任何一个小小的失误都可能在服务之间扩散，引起连锁反应，最终导致整个应用崩溃。随着应用规模的扩大和更新频率的增加，这种复杂性带来了新的挑战。

设想这样一个情境：当用户向云上应用服务发出一个请求时，这个请求不是在一个服务中简单执行，而是需要在多个应用服务之间传递和执行，这个全过程我们称之为"调用链"。每个请求在执行时会经历多个子步骤，这些步骤在技术上被称为"Span"，每个 Span 代表一个具体的服务调用或执行环节。因此，我们可以追踪请求的整个流程，从最初的发起，直到最终的完成。复杂的业务流程可能涉及多个服务，通过内容分发网络（CDN）、负载均衡器等网络服务，最终落实到虚拟机或容器上执行。面对问题时，如果我们仍然采用传统的排查方法，检查每一个服务、虚拟机或容器，效率就会非常低下，难以迅速找到并解决问题。正因如此，一个新的技术需求应运而生——我们需要一种能够追踪整个调用链的工具。这就是链路追踪技术出现的原因。

7.2.4.1　原理

在当前的技术生态中，为了确保全程完全掌控请求，全链路追踪已成为必备的手段。随着云应用的复杂性增加，准确并迅速地识别出问题的根源已变得愈发具有挑战性，尤其是涉及众多服务之间的交互时。

以用户下单流程为例，此操作涉及网关、用户服务及订单服务的协同工作。首先，网关接收到下单请求，然后与用户服务沟通，从数据库中提取用户信息。随后，订单服务创建并更新订单状态至缓存中。为了跟踪这些交互过程，我们使用一个特殊的标识符"TraceID"来标记整个请求流程，确保我们可以在不同设备、地理位置和环境中对其进行追踪和区分。这个 TraceID 不仅标识了请求本身，还包含诸如虚拟机、Pod、服务调用、缓存和数据库访问等关键信息。它还附带了每次服务交互的时间戳、执行状态和详细日志。

由于持续采集日志可能会产生较高的费用，如果没有有效的追踪标识（如 TraceID），即使有大量的日志数据，问题的诊断和排解也会变得极其艰难。但是，有了 TraceID，我们就能够迅速找到错误所在，并关联到相关的日志记录，从而极大地提高问题解决的效率。

进一步地，有了订单 ID 或交易 ID 等通用属性后，我们就可以更好地关联单个请求的链路。与此相对，用户 ID 因为涉及长周期行为，可能不适合用于短周期的场景。相互关系的识别在这些独立服务中并不复杂，但如何高效地利用这些采集的数据是关键。初代系统仅仅提供日志打印功能，虽然表面上足够，但实际对业务流程的帮助有限。为了有效地利用这些数据，我们需要根据异常种类和严重性对其进行分类。通过集中展示仪表盘，运维团队可以快速定位到问题源头，而不需要费力地搜索日志。

为了使日志检索更高效，我们需要秉持一个原则：尽可能通过追踪数据计算度量标准。在业务度量方面，通过接口或远程调用可以直接表示某个事件，比如订单的创建，这样就无须额外添加标记。此外，许多应用服务的度量都可以通过追踪数据提取；对于中间件的度量，我们可以从客户端开始，记录如数据库访问详情、请求速率、成功率信息。应用服务不仅仅是提供基本的调用路径，在每次调用时还产生了大量的详细信息，如函数参数、关键请求上下文等。这些丰富的数据为开发者提供了深入了解应用行为的机会，尤其当应用出现异常时。通过结合其他度量和日志数据，我们能够获得一个全方位、多维度的应用观察视角，从而大大提升故障检测和排除的能力。

7.2.4.2　现有工具

市场上有许多调用链追踪工具，如 Jaeger、SkyWalking、Pinpoint、Zipkin，以及 Spring Cloud、Sleuth、OpenTracing 和 OpenCensus 等开源解决方案，它们专门用于实现链路追踪技术。这些工具能够实时监控调用链数据，一旦发现异常，便能迅速定位问题所在。它们还允许用户深入查看具体请求，了解服务内部的调用逻辑和执行细节。

这些调用链追踪工具的作用不仅限于分析单个请求，它们还能提供一个广泛的监控视角，让用户全面监督应用的总体状况，无论是大型服务系统（如直播平台或电商网站），还是核心单一服务（如用户认证或订单处理）。全链路监控能够显示应用的关键指标，如服务请求的处理速度、处理延迟、错误发生次数和比率等。结合这些追踪数据和调用拓扑，运维团队可以更深入地挖掘问题的根本原因，确定问题是否集中于特定服务器，或是与某个特定集群、分组或 API 相关。这种深度分析能力为快速定位和解决问题提供了强大的支援，有助于维护服务的稳定性和响应性。

7.2.4.3　OpenTracing 标准

在谈及调用链追踪时，我们不得不提及 OpenTracing。它是一个开放标准，其目标旨在为分布式追踪提供一个统一且跨语言的 API。作为一种开放源码的追踪规范，OpenTracing 为分布式系统中的请求提供了一个统一且跨平台的接口。它与特定的工具或实现无关，旨在确保开发者在面对各种追踪工具时，不必为每一个都编写特有的代码，而是依赖于统一的 API。

几个核心概念包括 Trace、Span、上下文、标签和日志。Trace 代表着一个完整的事务或请求流程，其中包括可能的多个 Span。每个 Span 可以被视为单个服务或任务中的一个独立操作，有明确的开始和结束时间，并可能附带其他元数据。上下文是 Span 的关键部分，它携带了诸如 TraceID 和 SpanID 这样的数据，用以标识和传播追踪信息。标签是以键-值对形式提供的附加追踪信息，而日志则是与 Span 相关的结构化事件记录。

OpenTracing 的优势在于它的中立性和跨语言特性。它只提供标准接口，不涉及具体实现，因此开发者可以选择任何兼容的追踪系统，如 Jaeger 或 Zipkin，而不需要更改代码的核心实现。同时，它支持多种编程语言，确保开发者在使用不同的技术栈时仍能享受一致的追踪体验。此外，OpenTracing 的设计允许技术人员方便地扩展和定制，以满足实际需求。现代框架和工具对 OpenTracing 的支持使得技术人员实施追踪更加简便、高效。在当今云计算广泛应用的时代，具备这样的追踪能力对于提高分布式系统的透明度和优化故障排查流程至关重要。

7.2.4.4　云上链路追踪

链路追踪在公有云环境中（如 AWS）是为了解决分布式应用中请求跟踪、性能分析和故障定位的问题。随着应用越来越依赖于分布式微服务，每一个用户请求可能涉及多个服务和多个组件之间的交互。如果要了解整个请求的生命周期、定位性能瓶颈和故障点，就需要调用链追踪。

在 AWS 中，有一个名为 AWS X-Ray 的服务，专门用于分布式跟踪。X-Ray SDK 会自动记录请求的所有信息，如请求和响应时间、请求参数等。当请求流经各个服务时，这些数据会被收集、聚合和存储起来。用户可以在 X-Ray 控制台查看并分析这些数据，了解请求的全过程，从而定位故障和性能问题。

AWS X-Ray 虽然有自己的 SDK，但也可以与 OpenTracing 集成，符合 OpenTracing 的标准。这意味着，如果一个应用已经使用 OpenTracing 进行追踪，那么它可以轻松地切换到 AWS X-Ray 或其他追踪系统，而不需要改变应用代码。

假设我们有一个电商应用部署在 AWS 上，该应用由前端、商品服务、购物车服务、订单服务、支付服务等组成。当用户单击购买按钮时，就会触发一个请求，这个请求需要经过多个服务才能完成。当使用 AWS X-Ray 和 OpenTracing 时，每次服务调用（例如，从前端到商品服务，从商品服务到订单服务等）都会生成一个 Span，这些 Span 都有一个共同的 TraceID。当请求完成后，我们可以在 X-Ray 控制台看到这个请求的整体视图，包括每个服务调用的耗时、是否出现错误等。如果某个服务响应时间过长或出现错误，我们就可以迅速定位并进行调优。

7.2.5　案例：健康码可观测性体系设计

健康码在疫情期间成了人们日常生活中不可或缺的一款应用，它服务于数亿用户，每天被调用数千亿次，为维护公共卫生安全发挥了巨大作用。以中国最大的省份为例，其健康码的用户量超过 1 亿，日活跃用户数达到千万级别。

鉴于健康码的重要性，其应用程序在设计和开发时，都是以高可用性和高并发为目标的。可观测性作为一项基础技术功能，在健康码的运营维护中扮演了至关重要的角色。良好的可观测性体系使得业务能够迅速、精确地识别故障，同时在故障诊断过程中追溯根本原因，加快故障修复速度。

可观测性系统的两个主要作用是预防和应对。首先，它能够对业务事件进行预警，在故障发生前提供有效预警，使得运维人员有机会提前介入，预防事件升级为故障。其次，可观测性系统也可在故障发生后，评估其影响范围，追踪异常源头，并引导技术团队进行干预，从而提高故障恢复的效率。

7.2.5.1　应用功能架构

本案例介绍的健康码的应用功能架构比较简单，它是基于公有云 IaaS、PaaS 产品构建的，其整体架构如图 7-5 所示。

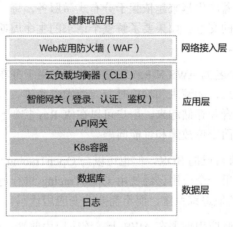

图 7-5

首先，为了确保应用的安全性，该架构采用了 Web 应用防火墙（WAF），这为健康码应用构筑了一道重要的安全屏障，能够有效地抵御各种网络攻击。接着，为了应对高并发的用户请求，利用云负载均衡器（CLB）服务来确保流量的均匀分配，从而增强访问速度和系统稳定性。在用户身份管理上，整合了智能网关来处理用户的登录、认证和授权等关键操作，确保了用户信息安全和访问控制的精准性。此外，API 网关作为 7 层 HTTP 网关，为后端服务设定了统一的入口点，简化了后端的复杂性，并提升了接口管理的效率。最后，核心应用服务部署在 K8s 容器平台上，这不仅使得部署、管理和扩展应用变得更加高效和灵活，还能够根据实际服务负载和需求进行快速的弹性伸缩。通过 K8s 的自动化特性和容器技术的轻量化优势，健康码应用实现了资源利用和运维效率的最佳平衡。

7.2.5.2　可观测性的基础组件

健康码可观测性建设的基础组件包括日志、监控和第三方接口拨测。

1. 日志

因为健康码应用采用了云平台的标准组件等作为其基础组件，这些组件都具备生成标准化日志的能力，如图 7-6 所示。这些日志不仅记录了每个组件的运行情况，也包含大量关于安全、性能和可用性的关键数据。为了最大化这些数据的价值，技术团队对日志进行了清洗和汇聚，并通过这种方式提取出关键的可观测性指标，从而深入了解其基础设施的运行状况。

2. 监控

针对基础组件的监控，技术团队采用了行业普遍认可的方法——Prometheus 及其 Exporter。Prometheus 是一个应用广泛的开源工具，能够收集和分析服务的实时数据。技术团队通过部署诸如 Node Exporter 之类的监控代理，来让 Prometheus 监控基础设施的健康状况。技术团队通过云平台监控关键指标，使用云平台接口将这些数据提供给 Exporter 导出工具，以便提供给云原生监控系统 Prometheus，最终能够使用 Grafana 可视化工具对基础设施的状态进行跟踪和分析，整体架构如图 7-7 所示。

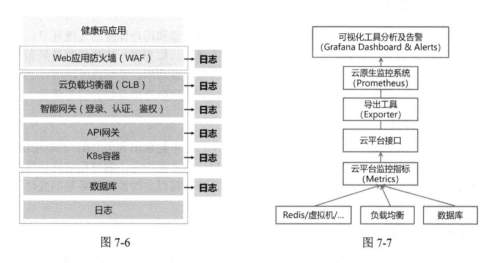

图 7-6　　　　　　　　　　　　　　图 7-7

这种方法可以让技术团队在没有依赖专有监控系统的情况下，收集关于资源使用、性能指标和操作状态的细粒度数据。这些数据随后会被 Prometheus 收集，并可用于生成实时的监控视图和报警，确保技术团队能够快速响应任何潜在的应用问题。通过这些做法，技术团队建立了一个强大的基础组件监控体系，该体系不仅保证健康码应用的健康运行，也为持续优化提供了数据支持。

3. 第三方接口拨测

健康码应用除了依赖内部服务，还依赖于多个外部第三方接口，这些接口对于整个应用的功能性和用户体验至关重要。为了确保这些外部服务的稳定性和可靠性，技术团队在应用内部建立了一套第三方接口的拨测系统，其目的是验证这些第三方服务的可用性和性能，同时能在出现问题时快速确定责任范围。

为了达成这个目标，技术团队采用了如 Blackbox Exporter 这样的低成本探测解决方案。Blackbox Exporter 可以对第三方服务执行定时健康检查，监测它们的响应时间和可用性。通过这种方法，技术团队能够主动监控外部服务性能，而不是仅仅等待用户反馈问题。一旦第三方服务出现延迟或中断，探测系统会立即向技术团队发出警报，以便他们迅速采取措施，如切换到备份服务或通知服务提供商处理问题。

通过可视化图表呈现的探测结果使得技术团队能够迅速识别潜在问题。例如，借助直观的图表，技术团队能够一目了然地查看各接口的平均响应时间、最短和最长响应时间及成功率。这不仅提升了问题处理的速度，也体现了技术团队对健康码服务稳定性的承诺和对问题处理的透明度。

总之，这套探测系统是健康码监控策略的关键一环，它不仅增强了服务的可靠性，还在问题发生时允许技术团队迅速划定责任。

7.2.5.3　业务监控

在健康码应用中，对业务指标的监控是确保应用质量和用户体验的关键环节。业务团队需要特别关注那些对用户至关重要的关键业务指标，如亮码、核酸检测结果和疫苗接种状态的接口。通过细致地观测这些接口的业务量、成功率、平均耗时，以及 P95 分位数耗时等指标，我们能够全面把握系统的性能，并采取措施持续提升服务质量。

1. 业务量指标

业务量指标是通过分析日志来获得的。我们从日志中提取出各个 URL 的调用次数，并根据时间段进行计数，这样就能够得到每个接口的业务量指标。通过设定阈值监控、进行同环比分析，以及采用动态阈值监控等手段，我们可以实时监控业务量的变化，并预警可能的异常波动。

2. 成功率指标

成功率指标反映了接口请求的成功比例，即成功的请求量占总请求量的百分比。这个指标对于评估应用健康至关重要。我们通过分析日志中的返回码来区分出成功和异常的请求，从而准确计算出成功率，并通过阈值监控来确保成功率保持在可接受的范围内。

3. 耗时指标

耗时指标则衡量了接口响应的速度。一般从日志中记录每一次请求的耗时，并使用平均值或 P95 分位数耗时作为监控标准。此外，我们还采用了有阈值和无阈值的监控方法，以实时捕捉到任何可能导致用户体验下降的延迟增长。

为了管理和分析这些日志数据，技术团队采用了云平台提供的日志处理工具。这样不仅提升了处理日志的效率，还增强了对数据的深入洞察力。这种方法不仅能确保系统的稳定运行，还能为用户带来更流畅和可靠的健康码服务体验。

7.2.5.4　用户体验监控

对用户体验的监控主要通过前端监控、舆情监控两方面来实现。

1. 前端监控

在健康码应用中，前端埋点技术被用来精确监控用户的体验，它帮助我们捕捉到诸如资源加载缓慢、API 响应超时或成功率低等前端问题。为了实现这一目标,技术团队选择了云平台 RUM(Real User Monitoring)工具,它的一大优势是对业务代码的侵入性极低,集成过程既简单,又快捷。

RUM 能够提供全面的前端性能分析,包括 JavaScript 的错误捕捉、页面的白屏问题、首屏加载速度、API 的成功率,以及 API 调用的耗时等关键指标。这些数据对于优化前端性能和提升用户满意度至关重要。接入 RUM 的过程非常直接,我们只需在业务代码中新增如下几行代码,即可完成部署。

```
importAegisfrom'aegis-mp-sdk';

constaegis=newAegis({
id:"xxxx",//项目 key
uin:'xxx',//用户唯一 ID(可选)
reportApiSpeed:true,//接口测速
spa:true,//页面切换时上报 pv
});
```

上述代码不仅不会干扰现有的业务逻辑,还能够收集各项指标数据,为我们提供实时的用户体验监控。借助这些内容,我们可以迅速识别和解决前端的问题,确保用户能够享受到流畅和响应迅速的服务。

图 7-8 是前端监控数据视图,这有助于运维人员第一时间了解整体用户体验数据。

指标名	指标值		指标名	指标值
首屏耗时	0.9ms		API	1590
PV	156009		成功率	99.82%
UV	147843		失败次数	23
			请求耗时	0.73ms

图 7-8

2. 舆情监控

舆情监控在维护用户体验方面起着至关重要的作用。它允许技术团队跟踪和分析用户在各种社交媒体平台上的反馈,特别是在业务出现问题时。通常,用户会通过微信投诉入口、微博和其他在线渠道表达他们的不满或遇到的问题。通过监控这些渠道,技术团队能够及时发现和响应这些投诉。

当出现涉及健康码应用的关键字或热点话题时,舆情监控系统会迅速捕捉到这一趋势。这种及时的信息汇聚能力使技术团队能够迅速介入,并采取必要的措施来处理用户的问题,同时有效地沟通响应措施和解决方案。这样的及时反应对于防止小问题演变成大危机非常关键,它帮助应用保持了用户的信任,防止了负面舆情的扩散。

为了确保最佳状态,我们采用了模拟业务请求的拨测方法。这种方法通过模拟真实

用户的请求行为，对后端服务进行全面测试。拨测工作在检测到失败的情况时——无论是由于无法建立连接、响应超时，还是因为返回了错误的代码——都会立即触发告警。这种主动的探测手段对于提前发现并解决潜在的服务问题非常有效。

拨测服务能够从全国多个地点发起测试请求，这样进一步提高了拨测的有效性。通过这些全国分布的拨测请求，技术团队可以从多个维度评估接口的性能和可用性，并及时获得反馈。拨测结果会被整理成报表，为技术团队提供了一个清晰的质量视图。

通过这些数据，可以形成整体健康码质量拨测视图。这个视图详细展示了各地区健康码服务的响应时间和成功率等关键指标，使技术团队能够快速识别出性能瓶颈或服务不稳定的地区。借助这些实时数据，我们能够及时采取措施，优化服务质量，保证用户在全国各地都能获得一致的优质体验。

总的来说，在云上应用的运维工作中，构建一套全面的可观测性体系是确保业务连续性和可用性的核心。这个体系融合了对前端和后端的综合监控，形成了一个一体化的观测框架。通过汇聚各个组件的日志、对用户界面的实时监测和后端服务的持续拨测，应用的运维人员能够从多个角度洞察应用的运行状况，及时发现并解决潜在的问题。这种一体化的监控不仅包括性能指标，也包括用户体验、系统安全性和业务关键指标等各个方面。有了这样一个全方位的可观测性支持，云上应用就能够在各种情况下保持高效、稳定地运行，为用户提供可靠的服务。

7.3　日常操作

针对云上应用的运维操作，我们需要考虑以下三个主要环节。

- 云上资源供给：在云上运维中，资源供给在云服务层面，我们需要关注如虚拟机、网络、存储、容器 K8s，以及数据库的管理。利用如 Terraform 这种自动化的工具，能够简化云资源的配置和管理。此外，为了满足业务需求，应用配置和跨多云的资源编排也是不可或缺的部分。

- 部署/发布：部署/发布环节首先需要对应用和相关资源进行打包，这包括传统的软件包打包和为云环境优化的容器镜像打包。随后，这些包或镜像被部署到目标环境。为了提高部署效率和减少人为错误，大多数部署活动通过自动化的流水线进行。灰度发布策略可以帮助团队逐步推出新功能，而不会立即影响所有用户。此外，为了确保系统的稳定性和安全性，任何云上应用的更改都应经过严格的变更控制，同时利用各种先进的测试技术，如灰度测试、压力测试和全链路测试，来确保部署的质量。

- 日常维护：日常维护是确保云上应用长时间稳定运行的关键。这包括对各个应用和服务进行日常的任务和作业调度，以及多任务之间的编排。进程守护机制确保关键进程始终在线并运行正常。数据是现代业务的生命线，因此，定期备份和快速恢复机制至关重要。随着用户量或数据量的变化，应用可能需要进行扩缩容，以适应变化的需求。最后，为了保护系统免受过载，利用熔断和限流机制可以控制访问量和请求，确保系统的稳定运行。

7.3.1　云上资源供给

传统应用运维与云上应用运维在资源供给方面有显著的区别。在传统应用运维中，IT 团队需要深入参与硬件管理的各个环节。这开始于新的数据中心或服务器机房的规划和开设，随后是物理设备的采购、部署和接线。这是一个相对复杂和耗时的过程，需要管理员对硬件配置和网络结构深入了解。设备一旦部署完成，日常的设备管理就成为重中之重。这包括但不限于设备的上线、下线、监控和故障排查。特别是在硬件发生故障时，可能需要立即采购并替换损坏的部件，这通常需要与供应商紧密合作并保持良好的库存管理。此外，带外网管理为运维人员提供了一种远程访问服务器硬件的方式，使其能够进行如 BIOS 配置、远程重启等操作。对于裸金属服务器，常见的管理任务包括系统的重装、密码的重置和硬件的故障排查。

然而，随着云计算的兴起，上述的许多复杂工作已经由公有云服务商承担。对于云上应用的运维团队来说，他们不再需要关心物理硬件的采购、部署和维护，这些都由云服务商背后的团队处理。这种转变使得企业可以将重点放在应用的开发和优化上，而不是物理硬件的日常管理，从而大大提高了效率和灵活性。

7.3.1.1　云上服务管理

在云计算的时代，云资源供给成为应用最关心的部分。对于云上应用而言，我们不再需要关心传统的物理硬件，而是转向 IaaS、PaaS 这样的模式，这涉及云上的虚拟机（VM）、网络配置、存储服务、容器技术（如 K8s）以及云上数据库服务等。这些资源和服务为应用提供了所需的基础设施支持，使得应用开发者可以专注于应用逻辑的开发，而不是底层的资源管理。

在云服务管理方面，尽管许多云服务商为用户提供了对用户友好的图形控制台，方便对云资源进行操作和管理，但当面临大型或高度复杂的应用部署时，纯手动的操作很难满足效率需求。与传统的 IDC 相比，云计算的创新之处在于其允许通过 API 编排基础设施，从而显著加速部署过程。在这种背景下，采用自动化手段来实施资源和应用的部署与发布变得尤为关键。

"基础设施即代码"（Infrastructure as Code，IaC）这一思路鼓励我们构建编程化的基础设施，以便高效、自动地配置资源。这主要涉及基础设施自动化的应用，例如，资源编排服务和 Terraform 等工具。Terraform 是一个备受瞩目的基础设施即代码工具，它能够产生可复用的代码模块，帮助消减重复工作。其广泛适用于多种云环境，允许跨多家云服务商进行基础设施部署。使用 Terraform 语言编写的脚本具备出色的可读性和易于管理的属性，并支持仿真环境，这使得基础设施代码可以在本地或 CI/CD 环境中被有效地测试。Terraform 让开发者和运维团队有能力通过代码形式描述并构建云资源。这意味着，一旦配置了相应的 Terraform 模板，就能通过几个简单的命令轻松地部署或更新云环境。而创建 Terraform 脚本的最佳做法之一是进行模块化设计。也就是说，将不同的功能或资源定义为独立的模块，这样不仅使代码更为整洁和通用，而且在将其部署到不同的环境（如生产或测试）时，可以根据需要组合这些模块，从而提高部署的效率和准确性。

例如，针对云上应用的供给，在 AWS 这样的大型云平台上，通过 Terraform，运维人员可以轻松管理和部署各种资源。下面以部署一个简单的 AWS 环境为例，操作流程相对直观，但它体现了"基础设施即代码"的核心理念。

首先，需要在本地设备上完成 Terraform 的安装并进行相关 AWS 的配置，这样 Terraform 才具有访问 AWS 资源的权限。完成基础设置后，运维人员会创建一个工作目录，并在其中编写一个名为 `main.tf` 的 Terraform 模板。这个模板详细描述了即将在 AWS 上部署的资源，如本例中定义的 EC2 实例，以及相应的安全组规则。当 `main.tf` 配置完毕后，运维人员首先执行 `terraform init` 来初始化该目录，这步操作会下载所有必要的插件。随后，他们可以通过 `terraform plan` 预览即将进行的操作。确认无误后，执行 `terraform apply` 指令，Terraform 便开始在 AWS 上自动创建和配置预定义的资源。不仅如此，Terraform 的真正魅力在于其动态管理能力。当运维人员需要对已部署的资源进行更新或变更时，他们只需简单地修改 `main.tf` 中的相关配置，再次执行 `terraform apply`，Terraform 就会智能地识别出需要变更的信息，并自动完成变更。利用 Terraform 进行 AWS 资源管理的过程不仅确保了部署的一致性和可重复性，而且大大简化了传统的资源配置流程。这种方式使得云资源管理更加高效、灵活，它体现了 "Everything is Code" 的现代理念。

7.3.1.2　应用配置管理

在现代的云计算环境中，应用的配置管理显得尤为关键。对于大型分布式云上应用，可能会跨越多个可用区（Availability Zone，AZ）、地域（Region）乃至跨洲部署，这种跨区域性使得配置管理变得复杂。再加上应用所依赖的各种云上服务，如 VM、网络、存储、容器 K8s、DB 等，手动管理这些服务的配置将会是一项巨大且容易出错的工作。更不用说，云上应用的持续集成/持续部署（CI/CD）使得变更十分频繁，手动配置显然无法满足高效的运维需求。

因此，云上应用的配置管理开始转向自动化、集中化的方向。配置中心的出现就是为了解决这一问题。配置中心作为一个统一的数据源，能够为所有服务提供配置信息。当服务启动或运行时，它们会从配置中心获取或更新所需的配置，确保所有服务使用的配置是一致的。此外，配置中心还提供版本管理，当配置发生变化时，可以快速回滚到之前的版本。

AWS 为用户提供了一个名为 AWS Systems Manager Parameter Store 的服务，该服务可以用于配置中心，它允许用户存储、管理和检索配置数据，如密码、数据库字符串和许可证代码，这些数据可以是纯文本或加密数据。与此同时，它也支持身份和访问管理，确保敏感信息的安全访问。运维人员可以使用它集中管理配置，同时确保应用在需要时能够快速、安全地访问这些配置信息。例如，一个在 AWS 上部署的 Web 应用可能需要访问其后台数据库。数据库的连接字符串可以存储在 Parameter Store 中，当 Web 应用启动时，它从 Parameter Store 获取这个连接字符串，确保数据的安全性和一致性。

7.3.1.3 多云编排

随着云计算技术的成熟和应用的普及，企业的云战略也在不断演进。早期，大多数企业倾向于选择一个主要的云服务商（即单云策略），来满足他们的计算和存储需求。但随着时间的推移，多云策略——即同时利用两个或更多的云服务商——逐渐受到青睐。以下是从单云到多云策略发展的主要优势。

- 避免云服务商锁定：依赖单一的云服务商可能会增加企业面临云服务商锁定的风险，这可能导致企业在想要更换云服务商时遇到迁移成本高昂和技术上的复杂性。为了避免这种风险，许多企业选择实施多云策略。通过使用多个云服务商，企业可以获得更高的灵活性，从而更轻松地在不同云平台之间迁移和优化工作负载。

- 提高可靠性和可用性：每个云服务商都可能遇到服务和宕机的情况。因此，通过在多个云服务商之间分散部署应用程序和数据，企业可以显著减少因单一云服务商故障而影响整体运营的风险。

- 性能和延迟优化：不同的云服务商在全球的数据中心位置可能会有所不同。多云策略允许企业根据其目标市场和用户群在最佳的地理位置选择数据中心，从而减少延迟并提高应用性能。

- 成本效益：不同的云服务商可能会提供不同的价格策略和优惠方案。通过采取多云策略，企业能够在各个云服务商之间进行比较和选择，根据特定的需求和预算，针对价格、性能、安全或其他关键因素进行最佳选择。

- 技术和服务多样性：每个云服务商都有其独特的技术和服务组合。通过利用多个云服务商，企业可以利用最先进的技术和服务，从而为其应用和业务提供最佳的支持。

- 合规性和数据治理：在某些行业和地区，数据存储和处理的合规性要求可能会限制数据在某些特定的地理位置的存储。通过实施多云策略，企业可以选择符合这些法规要求的云服务商和具体的数据中心地点，从而确保遵守相关的法律法规，并保护敏感数据不受侵犯。

多云策略成为许多企业的首选，它允许企业在不同的云服务商之间灵活部署资源和应用，从而优化性能、成本和合规性。在这种复杂的背景下，Terraform 以其跨云的特性崭露头角，为运维团队提供了统一的工具进行资源管理。

想象一个场景：一家全球化的公司希望将其线上应用部署在 AWS 和腾讯云上，以确保其在北美洲和亚洲的用户能获得最佳的访问体验。为此，该公司决定使用 Terraform 进行部署。首先，运维团队会创建一个 Terraform 工作目录，并定义两个子模块：一个针对 AWS，另一个针对腾讯云。在 AWS 的模块中，他们可能会定义 EC2 实例、S3 存储桶、VPC 和相关的安全组规则。而在腾讯云的模块中，他们可能会定义 CVM 实例、COS 存储、VPC，以及相应的安全组策略。在主文件 main.tf 中，运维团队将调用这两个子模块，并为每个模块提供所需的参数，如实例大小、存储桶名称等。同时，他们还需要在 Terraform 配置中添加 AWS 和腾讯云的访问密钥和凭证，确保 Terraform 可以成功访问两个云平台。部署过程与之前相似，但增加了两个不同云平台的特点。运维团队首先执行 terraforminit 来初始化工作目录。然后，通过 terraformplan 预览所有即将在两个云平台上创建的资源。确认无误后，terraformapply 将同时启动 AWS 和腾讯云上的部署流程。随着时间的推移，如果该公司想在其中一个云平台上进行扩展或调整，只需要更新相应的 Terraform 模块，并再次执行 terraformapply 即可。这种跨云的资源管理策略，不仅确保了部署的一致性和可重复性，还大大简化了运维工作流程，真正做到了"一次编写，到处运行"。通过 Terraform，企业可以轻松实现多云策略，确保企业在云端的资源无论是在 AWS、腾讯云还是其他任何云平台上，都能够得到最优的配置和高效的管理。

7.3.2　应用部署/发布

在云环境中部署和发布应用程序不仅涉及将应用部署到云平台和发布供用户使用这两个阶段，还包括之前的应用程序打包过程以及伴随的变更管理流程。

7.3.2.1　打包

在云计算环境中，应用打包的目的是将软件代码、配置和依赖项整合成一个独立的、可移植的单元，以便在不同的环境中顺畅地部署和执行。随着技术的发展，打包方式也经历了从传统的软件打包到现代的容器化打包的演变，每种方法都有自己的特点。

传统应用打包通常紧密关联具体的操作系统和平台。开发人员为应用程序选定一个特定的运行时环境，如 Java 或.NET，并将代码、库，以及其他依赖项合并形成一个打包文件，例如.exe、.msi、.jar 或.rpm 等。常用的打包工具有 Maven、NPM 或 Pip 等，用于管理和封装依赖项。对于需要编译的语言，如 Java 或 C++，源代码会被编译成机器码或中间代码，并与其余资源一同打包。打好的包可以被复制和安装到目的系统上，但安装过程中可能需要针对新环境做相应的调整。

容器技术是一种轻量级的虚拟化方法，它允许开发人员将应用程序连同其所有依赖项和运行环境封装在一个独立的、可移植的容器内。这样，应用程序在容器中运行时，会与主机上的其他系统和应用程序保持完整的隔离性。在大多数情况下，我们使用 Docker 作为容器技术的代表，因为它简化了整个过程。使用 Docker，开发人员可以通过一个被称为 Dockerfile 的文本文件来描述如何构建应用程序的 Docker 容器镜像。这个 Dockerfile 包含了应用程序及其依赖项、运行环境，以及所有必要的配置。通过 Docker 命令行工具，开发人员可以根据 Dockerfile 来构建应用程序的容器镜像，并将其上传至云服务商的容器镜像仓库。一旦这个镜像被上传，它就可以被部署和运行在任何支持 Docker 的环境中，无论是物理机、虚拟机还是其他云平台。这样的部署保证了应用的行为在不同环境中的稳定性和一致性，从而极大地降低了跨多平台部署的复杂性。

7.3.2.2 部署/发布

对于云上应用，部署和发布是应用上线的两个核心步骤，虽然它们经常被并列讨论，但实际上存在明显的区别。

部署是指将应用程序及其必要的组件安装在指定的运行环境，通常是云服务器或容器中。部署过程首先确保目标环境配备了所有必要的配置和依赖，例如，操作系统和数据库。接下来，系统会为应用分配所需的计算、存储和网络资源。应用及其相关组件会被传输到这个环境，完成安装和必要的配置。最后，相关的服务被启动，应用转为可运行状态。

相较于部署，发布则更多地关注如何将这些已部署的应用或其新功能推向终端用户。发布需要对各版本进行管理，确保正确的版本为用户所用。在应用的发布中，可能采用灰度发布策略，这允许开发者逐步推出新功能，而不至于影响到所有用户。为了保障应用的稳定性，发布过程中会进行应用的健康检查。如果应用的新版本出现问题，还需要有机制能够迅速回滚到上一个稳定版本。

综上所述，部署着重于应用的安装和配置，确保其在特定环境中正常运行；发布则强调应用或新功能如何被用户接纳，确保它们可以稳定、高效地为用户所用。在某些持续集成/持续部署（CI/CD）的场景中，部署可能会比发布更频繁，但无论如何，两者都是软件交付中不可或缺的环节。云上应用一般采用自动化部署和灰度发布的方式来进行。

1. 自动化部署

随着云计算的普及和发展，应用的部署方法也经历了显著的变革。过去，手工部署应用是常态，但它通常具有高风险、低效率和不一致的缺点。现今，自动化部署已成为行业标准，它为企业提供了一种更快、更安全、更可靠的部署方法。

自动化部署的核心原理是"持续集成/持续部署"（CI/CD）。持续集成要求开发者频繁地提交代码到中心代码库，并通过自动化的测试确保没有错误。而持续部署则确保新的或更改的代码可以自动、安全地部署到生产环境。整个流程的自动化基于构建—测试—部署的流水线，确保每个步骤都是连贯、一致和可重复的。

以 AWS 为例，开发者可以利用 AWS CodeBuild 来执行代码的构建和测试环节，随后借助 AWS CodeDeploy 将应用程序部署到 Amazon EC2 实例或者其他计算环境中。结合使用 AWS CodePipeline，开发者可以设计出端到端的自动化工作流，从源代码管理到生产部署，实现流畅的部署流程。

以一个简单的 Web 应用程序为例，当开发者完成了代码更新并提交到 Git 仓库后，AWS CodePipeline 将自动检测到这一改变并触发部署流程。首先，AWS CodeBuild 会自动获取最新代码，并执行编译、测试，以及生成部署所需的文件包。如果构建过程顺利完成，那么 AWS CodeDeploy 会自动把这些文件包部署到指定的 EC2 实例上，整个过程几乎无须开发者手动操作。

通过集成配置中心，自动化流程确保了资源按标准化的方式申请和分配，这不仅减少了资源浪费和配置错误，还帮助维持了部署环境的一致性。自动化过程将原本复杂、易错的人工任务转化为明确、可控的步骤，显著提升了部署的准确性和效率。

2. 灰度发布

灰度发布是一种软件发布策略，旨在确保新版本应用的平稳过渡，同时最大限度地减少对所有用户造成的中断或潜在问题。其核心思想是在实际发布新版本之前，先将其部署到一小部分用户群体中，以便在实际环境中进行验证和测试。

灰度发布的原理基于以下考虑：相较于传统的全量发布，灰度发布让开发团队和运维团队有机会分阶段推出新版本。这种方法确保了在发布初期，只有小部分用户群体接触新版本。这样，如果新版本出现任何问题，受影响的用户基数将被限制在较小范围内。此外，通过实时监控这部分用户的反馈和应用表现，团队能够及时捕捉并解决可能出现的任何问题，待问题全部解决后，再扩大发布范围。

例如，在 AWS 上进行灰度发布的一个典型方法是使用 Elastic Load Balancing（ELB）和 Auto Scaling Groups（ASG）。对于上例中已经在 AWS 上部署的简单 Web 应用，下面给出其简单的实现灰度发布的流程。

- 创建新版本的应用镜像：在应用的新版本准备好后，创建一个新的镜像。
- 设置新的 ASG：使用新的镜像创建一个新的 ASG，并确保它与旧版本的应用隔离。
- 控制对新镜像的访问：通过流量分配策略限制对新镜像的访问。
- 监控与反馈：密切关注新版本应用的性能和用户体验反馈。使用 CloudWatch 等工具来跟踪错误率、响应时间等关键指标。
- 扩大发布范围：如果新版本在小规模测试中表现良好，则可以逐渐增加流向新版本的流量。

● 回滚策略：在任何时候，如果新版本出现问题，可以迅速通过 ELB 将所有的流量重定向回旧版本，并停用新的 ASG。

● 全量发布：当确认新版本的稳定性后，可以将所有的流量完全切换到新版本，并停用旧版本的 ASG。

通过此方法，我们可以提供一种灵活、可控的方式来实施灰度发布策略，确保应用更新的平稳过渡，并最大程度地降低由于新版本引入的问题所带来的风险。

7.3.2.3　变更管理

在云计算环境中，变更是不可避免的。但同时，这些变更也为云上应用带来了诸多不便和挑战。云上的应用大多构建为面向变更的工作负载，这意味着它们具有伸缩性，能自动增加或减少资源以适应实时的需求变化。尽管伸缩性为应用提供了极大的灵活性，但这也意味着应用的配置、资源和运行环境可能会经常发生变化。这样的特性确保了应用可以高效地响应变化的用户需求和系统压力，但它也增加了管理和维护的复杂性。

在云环境中，变更管理贯穿于应用的整个生命周期，并与众多其他运维流程紧密相连。由于其关联性强，一个小的配置错误或不慎的操作都可能引发一系列的问题，甚至导致整个应用或系统的故障。因此，如何确保变更的有序性、可控性和可追溯性成为企业在云上运维时必须面对和解决的关键问题。

变更管理是 IT 运维中的一个核心实践，其目标是最大程度地降低由于变更所导致的服务中断风险。这不仅是维持应用持续、稳定运行的重要因素，而且直接关系到整个业务的稳定性和用户体验的质量。一个成熟、体系化的变更管理流程有助于规范团队的操作，确保每一次变更都是有序进行、可预测结果的，进而减少由此引起的故障概率。当变更管理得以正确实施时，它有助于提升整体业务的稳定性和可靠性，为用户提供更少故障、更高效率的云服务体验。

1. 变更带来的问题

云上应用故障往往伴随着种种挑战，而变更管理是其中的一大关键环节。以下是由于变更所引发的云上应用的一些常见问题。

● 不透明性：随着云上应用的复杂性日益增加，运维系统的数量也在增长，涉及的运维对象多样化，再加上参与变更的人员众多，很容易导致整个操作流程变得难以追踪和理解。在这种背景下，很难知道谁、何时、为何进行了哪些变更。这种不确定性使得当故障发生时，迅速确定变更事件并进行应急响应变得异常困难。例如，如果某个配置项被不小心改动、一个核心进程被错误更新或者某个关键文件意外被删，都有可能引发非预期的应用程序故障，而找出故障源头则变成了一项复杂的任务。

- 不可控性：变更操作在某些情况下可能过于随意，缺乏明确的操作指南或预案。由于操作过程可能是临时决定的，这种不确定性增加了风险，因为我们很难预测这样的变更会对系统产生何种影响。再者，如果这些变更没有经过充分的灰度测试，或者在发生问题时不能轻易回退，那么随之而来的问题可能会成倍放大。即便有严格的变更规范，如果这些规范在实际操作中被忽视，那么它们只能在事后起到定责的作用，而无法真正预防风险。

- 不可溯性：有时，操作的结果并没有被全部记录，尤其是那些直接登录服务器并在命令行中执行的所谓"黑屏操作"。这种没有记录的操作使得事后难以追溯，甚至在发生故障时，我们可能完全不知道故障的真正原因，这无疑为故障恢复增加了额外的难度。

为了确保云上应用的稳定性与效率，我们必须对变更进行更为严格的管理，确保每一个步骤都是可控、可追溯的。

2. 解决措施

（1）统一规范体系

在面对云上应用由于变更带来的问题时，采取统一、规范的变更体系是非常关键的。一个结构化且完备的变更管理体系可以显著减少由于变更导致的故障和异常。以下是统一规范的变更体系的关键组成部分。

- 变更对象分类：当我们讨论变更管理时，首先需要明确变更的对象和范围。这涉及对变更系统、变更等级和变更对象进行分类。例如，变更对象可以分为配置变更、版本升级、硬件替换等。同时，根据变更的影响范围和风险，它们可以进一步被划分为临时变更、常规变更或紧急变更等。为每种变更制定相应的标准审批流程是关键，以确保每个变更都经过适当的审核。而确保数据的完整性和准确性意味着，在启动变更时，可以准确地找到并匹配相关的数据和流程。

- 标准流程：拥有一个标准化的变更控制流程是变更管理的核心。从变更的启动、批准、执行到最后的确认，每一步都应该清晰明确。关键在于确保整个流程的透明性和可追溯性，这样在整个变更过程中，我们可以及时发现并解决任何可能出现的问题。同时，云上应用还需要使用云服务商和第三方的服务，所以其变更流程还需要与他们打通。

- 变更审批：变更审批是变更管理中不可或缺的环节。它确保了所有的变更都经过了严格的审查和考核。审批流程应回答以下关键问题：①能不能不做这个变更？是不是真的需要？②打算具体做什么内容的变更？③什么时候开始执行这个变更？④谁负责执行这个变更？⑤变更执行后，如何验证它的正确性和效果？⑥如果变更导致新的问题，怎么进行回退或恢复？

- 变更日历：变更日历是一个记录和追踪所有计划中和已经完成的变更活动的工具。它可以帮助团队预览即将到来的变更，以确保资源的充足和时间的合理分配。

同时，通过变更日历，团队可以避免在相同或相邻的时间段进行可能导致冲突的多个变更。

统一和规范的变更体系确保了云上应用变更的有序性、透明性和可控性，从而最大程度地减少了变更引起的风险和故障。

（2）变更受控

为了确保变更的顺利实施，并减少由此产生的潜在故障风险，可以遵循几个核心原则，即：可监控、可灰度测试、可回滚。

- 可监控：当进行任何变更时，关键是能够实时监控这些变更的影响。这需要对基础指标、应用指标和业务指标进行细致的观测。通过与变更之前的数据进行对比，可以及时发现并解决问题，尤其是在变更后，任何指标的异常变化都可能是潜在故障的信号。复杂的算法可以被用来自动检测这些变化，以确保突发事件得到及时响应。例如，如果服务器的 CPU 使用率在一个更新后突然激增，这可能意味着新的代码不如之前的版本高效。在 7.2 节已经提过，云平台为应用提供了一整套开箱即用的监控方案。

- 可灰度测试：在进行任何大的变更或更新之前，最好先在一个较小的、可控的环境中测试它，这就是灰度测试。例如，当推出一个新功能或更新时，可以先对 1%的用户进行测试，然后扩大到 10%、50%等，直到 100%。这种分阶段的发布策略可以确保任何问题在影响大部分用户之前得到发现和修复。同时，在升级中间件、负载均衡器等关键组件时，采用流量灰度策略特别重要。例如，启动一个新的集群并逐渐转移流量，可以确保升级过程平稳过渡。云平台提供的网关、伸缩组等工具为实现灰度策略提供了实用的手段。

- 可回滚：无论我们如何仔细，总有可能出现因变更而导致的故障。在这种情况下，最快且最安全的应对策略就是回滚到变更之前的状态。这要求每次变更都应该是一个独立的、可回滚的版本。一旦监控到有异常，相关人员可以立即启动回滚应用，将应用恢复到稳定的状态。尽管手动回滚是一个选择，但自动回滚可以大大提高恢复速度，确保业务的连续性。云上应用的回滚则需要结合应用自身的升级逻辑进行设计和开发。当然，诸如容器 K8s 等技术也为应用的回滚提供了相对简便的方式。

面对变更，运维人员需要持续遵循上述原则，确保云上应用的稳定性和高可用性。当然，除了这些技术措施，团队之间的良好沟通和协作也很重要。

（3）故障关联

故障关联机制的主要目的是建立变更和故障之间的联系，以便快速诊断问题，缩短故障时间，并预防未来同类事件的发生。其核心理念是将变更的记录与系统中发生的故障事件相连接，这样运维团队可以获得有助于定位问题本质的有针对性的信息。

下面详细描述故障关联机制。

- 统一的变更事件系统：为了实现高效的故障定位，首先需要有一个统一的变更事件系统，用于跟踪所有与 IT 基础设施相关的变更活动。无论是软件发布、网络配置更改、硬件替换，还是其他任何变更，都应记录在此系统中。由于各种 IT 组件可能有自己的变更管理系统，如 DNS 系统、DB 系统或缓存管理系统，将所有这些信息统一到一个系统中是至关重要的。

- 多维度关联方法。

  ○ 直接关联：当一个特定的服务或应用出现故障时，可以直接查询与该服务相关的最近的变更记录。例如，如果一个应用服务在更新软件后发生故障，则可以通过查询这个应用的变更记录来确定是哪个版本的更新引起的问题。

  ○ 上下游关联：在复杂的 IT 环境中，多个服务或应用可能依赖于相同的基础设施。因此，当底层（如数据库）发生变更时，可能会影响到所有依赖于它的服务或应用。

  ○ 基础设施相关性关联：除了直接依赖，故障也可能由于基础设施如网络、存储或计算资源的变更而引起。例如，如果服务器的某些配置被修改，可能会影响到部署在该服务器上的所有应用。

  ○ 时间窗口关联：通过设置一个与故障发生时间相近的时间窗口，可以查询在这个时间窗口内的所有变更事件。这种方法对于捕获不太明显的变更特别有用，这些变更可能在故障发生前的几分钟或几小时内发生。

采用这种多方面的故障关联策略，运维团队能够更快、更准地识别导致故障的原因，从而加速恢复过程，并为避免将来发生类似情况制定有效对策。

3. 具体流程

变更管理的核心目的是确保系统内的每个修改都受到严格的管控、审查和记录，从而最小化对业务造成的中断和风险。一个典型的变更管理生命周期可以细分为"变更前"、"变更中"和"变更后"三个主要阶段。

- 在变更前的阶段，变更计划和应急预案制定至关重要。所有计划内的变更需要一个详尽的方案，该方案应包括变更的时间表、涉及的系统组件、具体的操作步骤，以及预计的影响。同时，必须备有针对突发状况的应对措施。变更审批流程也不可忽视，根据变更的敏感性和潜在影响，需设定相应的审批层次。此外，需要评估变更可能带来的影响，特别是对依赖关系的影响。

- 进入变更中的阶段，风险管理成为核心焦点。为了确保流程的顺畅，需要一套周全的规则库来识别并控制潜在风险，甚至自动拦截被标记为高危的操作。同时，需要对变更过程实施实时监控，以便及时发现并处置异常情况。对于关键或风险较高的变更，要求至少由两名团队成员协同操作，相互验证每一步骤。

- 变更后，首要任务是对变更成效进行评估，这往往通过比较变更前后系统的表现来实现。此外，每次变更应当有完整的文档记录，便于日后追踪和审计。若出现问题，能够迅速将问题与特定的变更关联起来。回滚计划也是这个阶段不可或缺的一环，确保应用在出现问题时能够迅速恢复到变更前的状态。最后，利用灰度测试、全链路测试及压力测试等手段，确保云应用性能、稳定性和安全符合标准。

总的来说，变更管理不仅是一个技术层面的操作过程，而且是一个涉及策划、执行和后续验证的综合过程。它需要团队之间的紧密合作和多种工具的支持，以确保业务的连续性和应用的稳定性。

7.3.2.4　案例：某在线文档服务变更管控故障

某在线文档服务出现重大服务故障，并且持续超过 7 小时才完全恢复，给海量用户的使用带来极大不便。

问题发生的原因说明：故障当日下午，该在线文档服务的数据存储运维团队在进行升级操作时，直接在生产环境中对全量用户上线了新的升级工具，而这个升级工具存在 Bug，导致华东地区生产环境存储服务器被迫下线。受其影响，该在线文档数据服务发生严重故障。为了尽快恢复服务，数据存储运维团队全力进行数据恢复工作，但受限于其部署方案、恢复方案、数据量级等因素，整体用时较长。

具体过程如下。

- 14:07：数据存储运维团队收到监控系统报警，定位到原因是升级过程中新的运维工具 Bug 导致存储物理节点机器下线。

- 14:15：联系硬件维护团队尝试将下线机器重新上线。

- 15:00：确认因存储系统使用的机器类别较旧，无法直接操作上线，立即调整恢复方案为从备份系统中恢复存储数据。

- 15:10：开始新建存储系统，从备份中开始恢复数据，由于该在线文档服务的数据量庞大，因此该过程历时较长。

- 19:00：完成数据恢复，但同时为保障数据的完整性，在完成恢复后，用时两小时进行数据校验。

- 21:00：存储系统通过完整性校验，并开始和该在线文档服务进行联合调试，最终在 22 点恢复该在线文档的全部服务，用户所有的数据均未丢失。

通过对整个故障处理过程的分析，我们发现这个问题虽然定位相对迅速，但由于数据恢复和验证环节耗时较长，整体处理效率并不理想。首先，从变更管理的角度出发，变更未能按照可灰度测试的要求进行，从而引发了整个存储集群的全面瘫痪，进一步导致大规模服务中断。其次，变更过程未能做到可回滚，因此在故障发生后无法迅速恢复服务，只能依赖于备份数据的恢复，这明显减缓了恢复速度。关于存储服务器的下线操作这类敏感变更，在实施前缺乏充分的风险评估和适当的审批流程。此外，考虑到高可用性方面，该应用仅实现了同城"热备"，而没有实现异地"双活"，因此在发生服务中断时无法迅速切换来保证持续服务。现场应对的迟缓也反映出运维团队在面对此类故障时，缺乏相应的容灾演练。

7.3.3　日常维护

在云上应用的日常维护中，运维工作的执行对于保证应用稳定运行至关重要。运维人员通常需要执行各类命令行指令、API调用，或者利用专门的运维平台来安排日常作业，从而确保应用的正常运作。但并非所有的运维任务都很简单直接，对于那些复杂的、需要多步操作的任务，运维人员可以利用平台提供的编排功能，按照特定的逻辑和顺序组织一系列运维任务，以确保流程高效且顺畅。

除了执行运维任务，保证应用的连续性是另一个重点。这就需要对应用进程进行监控和守护，确保在进程异常退出的情况下能立即手动或自动重启，从而维持服务的高可用性。数据作为应用的核心，需要得到特别的关注，通过定期备份和实施恢复策略，可以防止因各种原因导致的数据丢失，并能在发生问题时迅速恢复。

随着应用负载的增长，资源使用可能会逐渐增大。在这种情况下，单纯地增加资源并不是最佳解决方案。运维操作需要包括对应用的弹性扩展，根据实际需求动态调整资源用量，以保持应用性能处于最优状态。然而，在流量突增的情况下，运维人员还需采取过载保护措施，防止应用因临时的高流量冲击而崩溃，同时要避免对云平台上其他应用造成不利影响。

7.3.3.1　作业下发

应用的作业下发是运维中的关键操作，其目的是将特定任务、命令或配置迅速且准确地传达给云端的应用程序，以实现预定的运行状态或做出相应的调整。这个过程涉及多个组件，包括作业调度、通信协议，以及安全验证措施。

在操作原则上，当运维人员需要对某应用执行操作时，他们首先会通过SSH或运维平台发起一个作业请求。该请求包含具体的操作命令、应用标识及相关参数。随后，这个请求被放入作业调度队列中等待执行。作业调度系统依据设置的优先级、依赖关系等要素，调度请求的执行时机。当请求被执行时，它通过云环境中的通信渠道（如API调用、消息队列等）发送至目标应用。为了保证通信安全，此过程可能涉及加密、认证和授权。目标应用收到请求后，解析命令并执行，最后可能返回执行结果或状态给发起者。

以腾讯云控制台为例，用户可通过其实现各种运维操作。用户可以选择一个或多个目标实例，并选择预设命令或输入自定义命令。单击"执行"按钮后，控制台会在目标实例上执行命令。整个过程在腾讯云的安全管控下进行，保证命令传递和执行的高效与安全。

7.3.3.2 作业编排

在云计算环境中，应用程序的运维操作变得越来越复杂，尤其在涉及多步骤或多个组件的操作时。为了简化、标准化并自动化这些操作，许多应用程序开始使用基于流程引擎的运维平台来编排操作。这类平台通过定义明确的流程，能够自动化地将一系列运维任务组合成连续的、结构化的操作流程。

基于流程引擎的运维平台采用流程建模的方式来设计和执行操作。这些流程通常通过图形界面来定义，这让运维人员能够通过拖放等方式设计工作流，同时设置条件触发、错误处理和回滚机制。每个操作步骤都被表示为流程中的一个节点，这些节点可以根据依赖关系安排先后顺序，从而保证操作的有序和完整。

例如，AWS 的 Step Functions 是一个典型的基于流程引擎的运维编排服务。它允许用户设计和执行由多个 AWS Lambda 函数组成的工作流。用户可以通过 AWS Management Console 定义一个状态机，指定各个步骤的执行顺序、输入和输出、错误处理策略等。举个例子，每当新的代码被推送到代码仓库时，Step Functions 就可以被配置为自动触发，依次执行代码构建、自动测试，最终完成部署。在整个流程中，Step Functions 确保了各个步骤的准确执行顺序，并提供了实时监控和日志功能。

基于流程引擎的运维平台通过结构化和自动化手段简化了云端运维操作的复杂性，保证了操作的准确性和高效性。像 AWS 的 Step Functions 等工具为开发者和运维人员提供了强大的工作流编排和自动化功能，使得运维任务更加便捷和高效。

7.3.3.3 进程守护

云上应用的进程守护机制旨在确保在遇到意外中断或崩溃时，应用能够自动恢复，从而维持其持续可用性。这一机制通常包括两个主要过程：健康检查（探活）和故障恢复（拉起）。健康检查通过定期向应用发送请求或执行特定的检查命令来验证应用是否正常运行。如果在规定时间内应用未能返回预期的健康状况信号，守护进程或系统会判断应用已崩溃或不健康。在确认应用不健康或已崩溃后，故障恢复机制会自动重启应用，使其恢复正常工作状态，这有时还可能包括其他恢复步骤，比如重新连接到数据库或清除临时文件。

K8s 是一个专为容器化应用设计的开源容器编排平台，它能够自动管理和运维这些应用。在 K8s 中，Pod 是最低层次的部署单元，通常包含一个或多个密切相关的容器。Pod 的设计考虑了容器的生命周期，并提供了一种强大的方法来模拟传统的进程守护功能。当 Pod 内的任何一个容器崩溃时，K8s 就会自动重启该容器，以保持服务的持续可用性。这种方式类似于传统的进程守护程序如 systemd 或 supervisord，不过 K8s 是在容器层面上进行操作的。此外，K8s 提供了两种类型的探针：Liveness 探针用于检测容器是否仍在运行，如果探针检查失败，K8s 将认为容器不健康，并采取相应行动，比如重启容器；而 Readiness 探针用于确认容器是否已经准备好处理流量，确保只有健康的、准备就绪的 Pod 会接收网络请求，这样可以提高应用的稳定性和可用性。

例如，考虑一个基于 Web 的云上应用，它可能会因为各种原因（如资源耗尽、代码错误等）导致服务崩溃。在传统的守护机制下，我们可能需要额外的进程守护机制来监控这个应用，并在其崩溃时重新启动它。但在 K8s 环境中，我们可以简单地为这个应用设置一个 Liveness 探针，该探针会定期检查 Web 端口的响应。如果应用停止响应，K8s 会自动重新启动整个 Pod，确保应用重新上线。此外，如果应用需要一段时间初始化，我们还可以使用 Readiness 探针，确保流量只在应用完全就绪时被路由到。

7.3.3.4　备份恢复

对于所有类型的应用程序（包括云上应用），数据备份和恢复都是至关重要的，因为它们确保在数据丢失或损坏的情况下能够迅速且准确地恢复业务运营。虽然云上的数据备份和恢复遵循的原理与传统的数据中心相似，但云环境提供了更具弹性且分布式的工具和服务。

云服务商提供自动化工具和服务来定期捕捉应用程序数据的快照。这些备份可以根据业务需求和数据的重要性按日、小时或分钟进行。通常，备份数据会被存储在多个地理位置的冗余存储系统中，确保即使一个数据中心发生故障，数据仍可以从其他位置恢复。为了减少存储占用和备份时间，许多云服务只备份自上次完整备份以来发生变化的数据，也就是增量备份。由于云环境中的资源高度可用，当应用需要恢复数据时，恢复过程可在几分钟内完成，而传统环境可能需要几小时甚至几天。此外，云备份服务允许用户从多个备份版本中挑选，因此可以将数据恢复到特定的时间点。

以腾讯云的 CDB 关系数据库服务为例，用户在部署数据库时可以选择开启自动备份功能。腾讯云随后会每日自动为数据库创建备份快照，并在用户指定的备份周期内保留所有的事务日志，从而实现 5 分钟的增量备份。若用户数据库出现故障或数据丢失，便可以利用这些备份和日志精确地恢复数据库状态，甚至可以选择恢复到过去任意时间点。此外，CDB 备份被存储在腾讯云的 COS 对象存储服务上，该服务以高度可靠性著称，为数据提供高达 12 个 9 的耐用性保证，并在多个不同的区域保存多个副本。

7.3.3.5　扩缩容

云上应用的扩缩容功能已经成为现代应用程序架构的关键特性。在云计算环境中，扩缩容不仅仅是简单地增加或减少服务器数量，而是一个完整的自动化过程，它根据实际工作负载动态调整资源使用情况，以确保应用的高可用性和最佳性能。

扩缩容操作首先依赖于对应用及其基础架构的实时监控。监控工具会收集各种性能指标，例如，CPU 使用率、内存使用情况、磁盘 I/O 和网络流量。基于这些指标，运维团队可以设定特定的阈值，当达到或超过这些阈值时，就会触发自动扩缩容操作。一旦满足预定义的条件，自动扩缩容系统将做出相应的调整。扩展通常意味着增加更多的实例或资源，而缩容则意味着减少这些资源。为了使扩缩容高效地运作，云上应用应设计为无状态的，这样使得每个实例都能够独立处理请求，而不依赖于特定的本地状态。此外，扩缩容需与负载均衡解决方案紧密结合，确保流量能被平滑地分配到新加入或移除的实例上。

以腾讯云为例，结合 CLB（云负载均衡器）和 Auto Scaling（自动伸缩）功能，用户可以为其应用设置智能的扩缩容策略。例如，在"双十一"高峰时段，电商平台可能会面临巨大的流量压力。通过 Auto Scaling，用户可以根据 CPU 使用率或网络 I/O 等指标自动增减 CVM 实例。如果 CPU 使用率持续高于 80% 超过 5 分钟，Auto Scaling 可配置为自动增加 CVM 实例；而如果 CPU 使用率长时间低于 20%，则可以自动减少实例数。同时，CLB 将确保所有传入的流量被均匀地分配到所有活跃的 CVM 实例。这种自动扩缩容机制保证了即使在流量波动剧烈的情况下，电商平台也能维持稳定的用户体验，并在低峰时段有效降低成本。

7.3.3.6　过载保护

过载保护是云计算环境中关键的机制，用于保障云上应用在高流量或突发事件下的稳定性。为了确保系统在面对异常流量时仍能维持一定的可用性，运维人员需要对应用采取多种措施，包括限流和熔断。限流是控制进入应用的请求数量，这可以基于时间（如每秒的请求数）或资源（如并发连接数）来设定。熔断是一种自动的保护机制，当检测到应用的某个部分出现问题时，会自动"切断"这个部分，防止问题扩散，从而影响整个系统。

例如，某电商平台正在为"双十一"购物节做准备，运维团队必须确保系统的稳定性和响应速度以应对节日当天巨大的访问流量。为了处理当天的高并发情况，运维团队采用了精心设计的过载保护措施。首先，他们与数据分析部门合作预测了当天的最大并发数和请求量，以及可能出现的流量高峰时段。基于这些预测数据，他们在应用的入口层设置了动态限流策略。例如，为了保证核心支付服务不被过度负担，他们针对支付接口设定了每秒查询率（QPS）的上限。同时，他们为关键服务如支付、登录和商品详情等设置了熔断阈值，以便在某个服务出现问题时快速隔离故障。在"双十一"当天，电商平台的流量急剧增加，由于事先实施了限流措施，因此应用能够稳定处理大部分请求。对于超出处理能力的请求，系统会友好地提示用户稍后再试。中午 12 点时，支付服务的一个接口出现了小故障，熔断机制立即触发，将故障隔离开，不影响其他正常服务。这为运维团队争取了时间来诊断并迅速解决问题。

总结来说，对于云上应用的持续运维，过载保护不仅是技术上的难题，更是关乎业务连续性和用户体验的重要环节。有效的过载保护策略能够在关键时刻确保应用的平稳运行，减少因短暂故障导致的潜在经济损失和品牌声誉损害。正如"双十一"案例所示，通过精心规划和执行，运维团队能够成功抵御高流量的挑战，为公司创造长期的商业价值。

7.4　故障排查

在云计算时代，随着应用的规模和复杂性不断增加，故障排查和恢复对于保持应用的可运维性变得至关重要。云上应用常常是一个跨越多个服务、基础设施和网络的复杂系统。当前，我们观察到的趋势是向敏捷、微服务和无服务器化架构发展。虽然在设计阶段我们非常注重可靠性，但由于这些架构的快速变化和迭代性质，致使设计上的缺陷有时难以避免。同时，应用开发受时间和资源的约束，因此在成本和目标之间寻找平衡点意味着应用中难免会出现一些缺陷。此外，应用所依赖的基础设施（如硬件、软件、网络等）也在持续更新。随着时间的推移，这些基础设施可能会由于其复杂性和不可预测性而出现问题，进而影响应用的稳定性。这种复杂性使得在出现问题时找出根本原因可能变得非常具有挑战性。然而，高效的故障排查能力有助于迅速定位并解决问题，避免造成更大的损失。

在云环境中，主要有两种类型的故障。第一种是灾难型故障，这类故障往往是突如其来的、大规模的，并且通常需要人工干预才能恢复正常。它们可能涉及关键的基础设施组件，比如服务器、网络和电源。如果不及时处理，这些故障可能对整个业务造成严重的破坏。由于许多服务和基础设施组件相互依赖，一个组件的故障可能会触发连锁反应，从而威胁到整个应用的稳定性和可用性。第二种是容量型故障，它与应用的大小和流量有关。当应用的用户数量突然大量增加或者某个功能的使用量暴增时，应用可能无法应对这些额外的请求，导致服务变得不稳定甚至完全中断。为了迅速恢复这种情况，我们需要能够对资源进行自动伸缩，以适应工作负载的变化。即便具备了自动伸缩的能力，我们仍然需要实施限流、降级及熔断等策略，以确保核心服务在高压力下的持续可用性。

读到这里，可能有些读者会觉得故障排查是第 4 章的内容，但这二者之间是这样的关系：能快速恢复的问题，其实是基于前期大量的故障排查及故障恢复的经验，累积形成的可以比较流程化、标准化、自动化甚至智能化的恢复过程，然后才能被快速恢复。

下面我们从故障告警、问题定位、故障恢复和根因分析几个过程来详细讲述故障排查的整体流程。

7.4.1　故障告警

故障告警是云上应用故障排查的第一步，在 7.2 节中，已经大致介绍了告警的机制，在此不再赘述。这里仅补充两点，一方面，云上应用的告警不能遗漏，也不能过多，另一方面，告警阈值的设置也非常关键。

7.4.1.1　告警需求

故障告警是云上应用故障排查中的关键环节，旨在确保及时、准确地捕捉并响应潜在或实际的系统问题。设计良好的告警系统需要满足两大核心要求：一是确保告警不会被遗漏，二是避免产生大量无关或重复的告警。

- 告警不能遗漏：通过建立应用与运维人员的关联性，确保告警信息能够准确发给有能力处理问题的相关人员。此外，建立其他资源与应用的关联，确保所有告警能够根据这些关联找到对应的负责人。还需要建立层级化的告警响应制度，以确保所有的告警都能得到及时处理。例如，当一线运维人员（L1）在规定时间内未对告警进行处理时，系统会自动将告警提升到更高级别的运维或研发团队（L2），若持续未处理，可以继续上升到团队领导（L3）或更高级别的管理层。这种层级化的升级制度确保了重要告警不会因个别人员的疏忽而被遗漏。

- 告警不能过多：通过对相似或重复的告警信息进行合并，可以减少运维团队接收到的告警数量。例如，可以将来自同一服务器、集群或服务的告警合并为一条；将在相同时间段内产生的告警按照特定策略合并；或者将链路上下游相关的告警合并，从而使得告警更为集中和明确。另外，还需要确保告警信息不仅仅是描述问题的现象，更应该包含问题的原因或潜在原因。这样，运维人员可以更快速地定位和解决问题，而不是花费大量时间去解读每一条告警的具体含义。

7.4.1.2　阈值合理设置

告警阈值设置是另一个至关重要的环节，合理的告警阈值不仅可以让运维人员及时发现并处理问题，还可以避免不必要的告警干扰，从而提高运维效率。然而，设置合理的告警阈值并不简单。当应用复杂且变动频繁时，其众多的组件和服务都有各自的性能指标，为这些指标确定合理的告警阈值尤为重要。设置过高的阈值可能会导致重大问题被忽视，而设置过低的阈值则可能引发过多的误报。

为了更准确地为这些指标设置告警阈值，我们可以从两个角度入手：基于历史数据和基于压力测试。首先，通过对历史监控数据的分析，我们可以根据应用的实际使用情况为各个服务和组件推荐阈值。例如，根据过往的数据，我们可能会发现大数据应用的CPU 使用率经常超过 95%，而搜索服务的 CPU 使用率则在 70%左右。但随着应用的持续变化，这些建议的阈值也需要不断更新。其次，我们还可以通过压力测试来确定应用在极限状态下的性能指标，从而为这些指标设置告警阈值。

此外，我们还需考虑时序数据的特性。周期型数据（如请求量和订单数）通常会随业务用户量的变化而有规律地波动。平稳型数据（如请求成功率）通常在正常情况下应保持稳定。因此，对于周期型数据，由于其固定的波动特性，我们可能无法使用固定的告警阈值。但对于平稳型数据，我们可以根据其正常的稳定值及允许的偏差范围来设定告警阈值。

例如，AWS 提供的 CloudWatch 服务就是一个典型的监控和报警工具，它可以为 AWS 环境中的资源和在 AWS 平台上运行的应用程序提供实时数据和可操作的见解。让我们设想一个场景：某公司将其电商平台部署在 AWS 的 EC2 计算服务上，用 RDS 作为其后端数据库服务，S3（简单存储服务）用于存储产品图片，以及使用 Lambda（无服务器计算服务）来处理一些后台任务，如数据分析或其他自动化的计算作业。

为了确保应用的高可用性和良好的用户体验，该公司运维团队在 CloudWatch 中配置了以下告警。

- EC2 实例的 CPU 使用率：如果某个实例的 CPU 使用率超过了 85%并持续 5 分钟，CloudWatch 就会发出告警。这样，运维团队可以在实例负载过高时迅速得知并进行扩容、优化或故障转移，以确保服务不中断。

- RDS 数据库连接：如果数据库连接数突然大增或超过了预设阈值，可能意味着存在某种异常行为或应用存在问题，CloudWatch 也会发出告警。

- S3 存储空间：如果 S3 的使用空间接近账户限额，CloudWatch 就会提前发出警报，以便团队及时清理无用数据或升级存储策略。

- Lambda 错误率：如果 Lambda 函数的错误率升高，则可能代表代码存在问题或外部服务出现问题，CloudWatch 就会及时提醒开发团队。

基于以上告警，一旦问题发生，运维团队和开发团队都能立即获知，从而迅速采取措施。同时，很多告警具有预防性，如存储空间告警，能够帮助团队在问题演变成真正的危机之前对其进行处理。除了告警功能，CloudWatch 还为团队提供了关于应用和资源性能的深入见解，帮助他们优化配置和资源使用。结合其他 AWS 服务，如 Auto Scaling，当收到 CPU 使用率过高的告警时，能够自动增加实例数量，以确保应用的流畅运行。

7.4.2　问题定位

在云环境中，应用的故障排查对于维持业务连续性和良好的用户体验至关重要。当一个应用部署在公共云上（如 AWS、Azure 或 GCP）时，其底层的依赖项和服务可能变得极其复杂。这些应用可能牵涉多个服务、数据库、消息队列、存储解决方案和网络配置。因此，一旦出现性能问题或故障，迅速、准确地定位问题是保证业务顺畅运行的关键。

尽管像 AWS 的 CloudWatch、Azure 的 Monitor，以及 GCP 的 StackDriver 这样的监控和日志工具非常强大，但它们往往难以为所有类型的应用提供全方位的问题定位解决方案，原因如下。

- 业务特性差异巨大：每个应用都有其独特的业务逻辑、数据流程和依赖关系，这意味着通用工具可能无法满足所有需求。

- 个性化的指标和日志：除了云服务提供的标准监控指标，特定业务应用可能还需要额外的定制化指标和日志来辅助故障排查。

- 复杂的依赖链：现代云应用常常涉及复杂的微服务架构，跨多个服务和组件的调用链路可能会非常长，这使得问题定位更加困难。

因此，尽管公有云提供了一些基础的工具和服务，但运维人员仍然需要投入资源开发和整合自己的监控、日志和告警系统，以确保能够针对自己的业务需求有效地定位问题。

7.4.2.1　定界及定位

在复杂的系统维护中，问题定位是至关重要的步骤，特别是在分布式系统和微服务架构里。这个过程大致可分为两个核心环节：定界和定位。

- 定界是问题定位的初步阶段，旨在从宏观层面确定受影响的系统范围和边界。当应用出现故障时，我们首先要识别哪些部分受到了影响，这可能是应用的某个模块，或者某几个服务。其次，要进一步明确这些受影响的部分的具体边界，如确定问题是否仅限于某个特定的网络段、机器或是整个数据中心。此外，通过观察异常的模式，我们可以识别出问题是否与特定时间段、事件或配置更改有关。在分布式架构中，这还涉及判定哪些服务受损、是否只是特定的服务实例出了问题，或者是否涉及某个具体的 API。

- 紧随定界之后的是定位环节，这需要我们进行更细粒度的分析，以找出真正的问题。这可能涉及深入地查看日志、性能指标、网络流量等，为我们提供更多关于故障的信息。通过比较正常与异常状态下的行为，我们可以更加明确地识别出问题所在。例如，正常和异常节点间的性能指标差异，或是应用在故障发生前后的配置变化。在分布式服务环境中，调用链追踪可以帮我们追踪请求在应用中的流转路径，进而找出问题所在。

例如，当我们在云环境中遇到这样的故障情景（即某服务在 100 个节点上部署，但出现了 10%的失败率）时，故障的定界和定位需要按照如下操作进行。

- 定界故障范围：首先，我们需要判断这 10%的失败率是否是系统范围内的，即这 100 个节点是否都受到了影响，或仅是其中的某些节点受到了影响。通过查看 1000 个失败请求的日志和指标，我们可以初步判断这些失败请求是否集中在某些特定节点上。如果是，则需要进一步判定这些节点的共性，比如是否属于同一物理位置、是否在同一宿主机或是否受到相同的外部因素影响。

- 定位：在已知故障节点的基础上，我们需要查看这些节点的详细日志，以找出可能的错误信息或异常行为模式。这包括但不限于错误代码、堆栈跟踪和相关的上下文信息。还可以使用云服务提供的监控工具，比较故障节点和正常节点的性能指标，如 CPU 使用率、内存使用、网络流量、I/O 速率等，以找出潜在的瓶颈或异常行为。检查这些节点在故障期间是否有任何外部因素的干扰，如 DDoS 攻击、网络中断或其他云服务的故障。确保故障节点的配置与正常节点一致，并查看近期是否有任何配置更改。

通过上述步骤，我们不仅可以确定问题的边界，还可以进一步定位到问题的根本原因，从而快速恢复服务并避免将来再次出现类似故障。

7.4.2.2　具体措施

在云上定位应用的问题时，准确、高效的定位措施至关重要。以下是一些具体的措施。

首先，监控指标是快速评估问题范围的重要工具。云服务商通常提供全面的监控服务，通过这些服务，用户可以一目了然地查看应用和基础设施的性能指标。监控面板能够帮助我们迅速识别 CPU、内存、网络等资源使用上的异常，以及跟踪应用的错误率和响应时间等关键性能指标。

然后，为了深入了解引起指标异常的具体原因，我们需要查看应用日志。日志记录了应用的行为、错误、警告和其他相关信息。利用云服务商的日志管理服务，如 AWS CloudWatch Logs 或腾讯云的 CLS，我们可以高效地搜索和分析日志，并可视化相关数据，以便找到问题的关键线索。

在多服务或组件相互调用的复杂场景下，单纯依靠日志可能不足以准确定位问题。此时，调用链跟踪成为关键。通过使用 AWS X-Ray、Jaeger 等调用链跟踪工具，我们可以获得服务间调用的流程图，包括调用延迟、失败点等，这为我们深入分析问题根源提供了极大帮助。

此外，若怀疑网络通信存在问题，那么使用抓包工具能捕获详细的网络请求和响应数据，有助于诊断网络层面的异常。

综合运用上述工具和方法，对比正常和异常状态下的数据，可以帮助我们逐步缩小问题的范围，从而迅速定位并采取相应的解决措施。重要的是，鉴于云环境的动态性和复杂性，建议在问题发生前就对应用进行持续监控，确保能够及时响应和恢复。

7.4.2.3　应用查错设计

应用查错设计是指开发者针对复杂的云环境和动态伸缩的应用架构，在应用设计阶段内嵌一些特定功能，以确保在故障发生时能够迅速、高效地发现问题，以及定位和诊断问题。

以下是一种结构化的描述方式。

- 详细日志记录：应用程序需要具备记录详细、有意义的日志的功能。这不仅包括错误日志，还包括操作日志、事务日志、性能日志等。合适的日志级别（如 debug、info、warn、error）可以帮助开发者在不同场景下获取所需的详细信息。

- 健康检查端点：设计一个专门的 API 端点或 URL，用于返回应用或服务的健康状况。该端点通常包括数据库连通性检查、外部依赖服务状态、内存使用情况等关键组件的状态。

- 调用链跟踪：对于分布式服务架构的应用，内置调用链跟踪功能有助于开发者了解服务之间的调用流程，迅速定位服务之间通信时可能出现的问题。

- 业务及性能指标收集：内置功能用于定期收集和报告应用业务及性能指标，包括但不限于请求响应时间、并发请求数量、应用负载等。通过这种方式，当应用的性能出现下降时，我们能够迅速察觉并定位问题。

- 异常捕获与通知：整合应用内的异常捕捉和处理框架，能够在异常发生时，不仅能将其记录在日志中，还能够通过已集成的报警系统，如电子邮件、短信或各类即时通信工具，向相关的团队成员发送实时警报。这样做有助于快速响应并处理问题。

- 自动错误诊断：在可能的情况下，为应用集成自动错误诊断功能。例如，当应用检测到数据库连接失败时，它可以尝试重新连接，或者提供相关的诊断信息，如"数据库服务器未响应"或"认证失败"。

- 容错与恢复设计：考虑在应用中加入容错和自动恢复功能，确保即使部分组件出现故障，应用也能继续为用户提供部分或全部服务。

- 文档与故障排查指南：提供详细的开发、运维文档和故障排查指南，确保在问题发生时团队能够根据指南快速响应。

通过这些查错设计，开发者不仅能够快速地发现和定位问题，还能确保应用的高可用性和稳定性，从而提供更好的用户体验。

7.4.3　故障恢复

在面对云上应用的各种问题时，我们必须拥有迅速且低成本的故障修复能力。否则，每次发生故障时都像突然面对一场战斗，导致巨大的经济损失，并严重损害品牌形象。比如，2021 年 10 月 4 日，Facebook 经历了长达 7 小时的重大服务中断。这次故障甚至对其内部沟通工具造成了影响，迫使团队不得不通过电子邮件进行交流。事故原因是数据中心失去了与互联网的连接，因而运维团队无法远程解决问题。最终，必须由运维人员亲自前往数据中心重置服务器才能恢复服务。

为了避免这种情况，运维人员必须具备在故障发生时能迅速恢复应用的能力。在理想的情况下，应用应该具备自我修复能力，自动执行预定的恢复方案。但当需要人工介入时，运维团队应该凭借他们的经验和预定的应急预案迅速行动，将损失降到最低。运维团队如果没有事先的充分准备和对潜在问题的深入了解，面对故障时就很容易陷入恐慌和混乱。因此，为了确保应用的高可用性和业务的持续性，除了提高应用的可靠性，运维团队还必须建立强大的故障恢复能力。

7.4.3.1　恢复能力等级

云上应用的故障恢复能力是指其应对和恢复故障的能力，它可以分为四个不同的层级，每个层级对应一种故障应对的策略和方法。

- 第一级：在线层层排查。在这一层级中，运维人员首先依靠自己的经验和技能逐步排查故障，缩小故障原因的范围，然后手动执行各种操作和命令进行修复。这些操作可以包括修改配置文件、调整在线参数或重新启动进程等。这是一个常见的修复模式，需要运维人员具备丰富的经验和对业务的深入了解。有经验的运维人员可以迅速定位并解决问题，而不太熟悉业务或技能不足的运维人员可能需要较长时间，甚至可能面临无法解决问题的情况。

- 第二级：有文档指导的排查步骤。在经过第一级的排查和修复后，运维人员会总结经验，编写详细的故障处理文档。这些文档会详细描述排查步骤和所需命令，从而为后续出现同样故障的情况提供指导。然而，这种方法仍然存在一定的局限性，比如，需要查阅文档、按照文档操作，并且当出现文档未覆盖的新故障时，仍然需要退回到第一级模式进行处理。

- 第三级：一键修复工具。这一级的修复策略基于已知的故障场景，将其抽象成一系列的修复方案，并将这些修复过程自动化，以形成便捷的修复程序。当故障发生时，运维人员只需简单地启动这个程序，便可以快速地恢复业务。这种方法大大提高了修复效率，但仍需要运维人员进行监控和决策。

- 第四级：自愈。这是最理想的修复层级，它要求应用首先能够自动感知到异常，然后自动执行预定的修复预案，而无须人工干预。这种自动化的方法可以大大缩短恢复时间，但也要求系统的决策机制必须非常准确，确保不会出现误操作，因为一个错误的决策可能会导致更严重的后果。

总之，每个层级都有其适用的场景和优势，关键是根据业务的特点和需求，合理选择并不断优化修复策略，提高云上应用的可靠性。

7.4.3.2　具体采用措施

在云上应用出现故障时，迅速、准确地恢复故障是至关重要的。为了高效地实现这一目标，运维人员可以采取以下一系列具体措施。

- 快速回滚：如果故障是由最近的代码或配置变更引起的，则优先考虑快速回滚到上一个稳定的版本。

- 异常设备隔离：为了防止故障扩散，及时隔离出现异常的设备或服务。这可以是自动的，也可以是手动的，关键是将损失限制在最小的范围内。

- 引流排障：在某些情况下，为了不影响主要的业务流程，可以临时将流量从故障节点或服务引导到其他正常运行的节点或服务上，以确保用户体验不受影响。

- 备份与恢复：确保应用和数据的定期备份，并且可以在需要时迅速恢复。在出现数据损坏或丢失的情况下，备份和恢复是至关重要的。

通过上述措施，可以确保云上应用在面临故障时，能够被迅速、有效地恢复，从而最大程度地减少对用户和业务的影响。

7.4.3.3　预案

为了确保云上应用在面临故障时能够迅速恢复正常运行，事先设计并准备好的应急预案显得至关重要。这些预案实际上是将特定故障场景下验证过的修复步骤和运维操作编排成可以直接执行的程序。

应急预案不仅仅基于过往的故障经验或识别到的系统弱点，它还融合了应用的内在修复机制和平台的运维特性。对于那些自愈能力不足的组件或服务，重点强调制定恢复预案。一个有效的预案应该对在特定情境下要执行的修复流程有明确的描述。在制定这些预案时，通常需要考虑诸如流量控制、功能降级、灾难恢复切换、扩容和缩容，以及资源隔离等设计策略。主要的评估准则是快速恢复的能力，以及预案在恢复过程中所起的作用。以 MySQL 主从复制架构为例，当主数据库出现故障时，预案应当指导如何将备用数据库提升为主数据库，包括同步延迟的确认、I/O 线程的暂停、主从关系的重置，以及角色的切换等多个步骤。

具备完整的应急预案的好处不言而喻：它能大幅缩短故障应对时间，减轻每次故障修复所需的工作量，避免频繁的紧急调查和修复工作，减少对特定专家的依赖。通过将专家的解决方案固化到预案中，使得普通运维人员也能有效处理问题。

最后，我们引入了一个被称为"预案覆盖率"的指标，用来衡量成功应用应急预案的频率，即在所有的故障事件中，通过预案实现恢复的比例。

7.4.3.4　工具及平台

基于预案开发的快速恢复工具和平台旨在为云上应用提供一个迅速而准确的故障恢复手段。当云上应用出现故障时，这些工具和平台能根据历史经验，自动调用相应的修复流程，最大程度地缩短故障持续的时间。在其背后，首先是对过往故障的深入研究与分析，从而为各类故障绘制出一套标准化的应对策略，这些策略通过自动化技术实现，使得预先定义的故障修复动作可以在故障发生时迅速启动。而在这一过程中，关键的一步是故障的自动分类。当系统感知到故障时，它会迅速判断并分类故障，确保启动相应的恢复预案。另外，这种自动化的故障恢复不是一次性的。系统在执行完预案后，会持续监控应用状态，确保恢复工作已完结。如果问题依旧或出现新的挑战，系统会迅速地进行重新评估，再次启动适当的预案。这种反馈循环确保了恢复工作的连续性和准确性。

一个集成了故障处理预案的平台能够显著提升故障修复的速度，因为它作为一个集中式的故障处理入口，汇集了所有预先设定的处理方案。这样的平台允许运维人员在收到实时异常警报时，迅速定位问题并实施相应的预案。每个预案在平台上都有经过实际演练的记录，以证实其有效性，确保运维人员能够迅速且准确地做出响应。故障预案的设计在很大程度上依赖于资深运维人员的专业经验，他们通过处理多起故障事件，提炼出标准化的处理流程。这个过程实际上是对团队知识和经验的累积，将运维人员的操作方法标准化，使得所有人都能通过平台有效地处理故障。

经验的抽象化过程侧重于最常见的故障场景，例如，网络不稳定、服务器宕机、内存泄漏等场景，以及可能造成服务全面崩溃的重大故障场景。此外，对于支付和登录等对业务至关重要的核心服务也需要特别考虑。

理想的预案平台应该是动态发展的，不断吸取经验和教训，整合新的工具和预案。它应该支持新预案的开发，并能集成更多的管理系统和软件集群，同时提供将各种运维操作编排的功能。平台内建了一系列基本的原子操作，如数据库主从切换、故障节点的移除、关键路径的扩容等，这些操作可通过 API 调用被灵活编排，实现一键式执行。此外，编排功能还允许用户自定义操作步骤、调整执行顺序和指定执行对象，以提供高度的灵活性和适用性。

对于 7.4.3.3 节中提到的 MySQL 主从切换案例，为了优化该流程，我们可以将整个恢复流程自动化。MySQL 恢复工具实时监测主库的状态，一旦检测到异常（如连续几次查询失败），就触发主从切换过程。

自动化工具会在实时监测中发现主库异常，并在确认与主库数据延迟后，自动执行接下来的步骤。这些步骤包括暂停主库的 I/O 操作、重置主从配置等，这些操作将通过编写脚本或 API 调用的方式实现自动化。这样可以确保操作的一致性，减少人为操作带来的错误。

在完成上述自动化操作后，自动化工具还需要负责更新应用程序的配置，将数据库连接从原来的主库切换到新的主库。这一步可以通过利用服务发现和配置中心等机制来实现。这样，流程的每一步都将被自动化，从而确保每次操作的一致性，方便运维人员执行。

7.4.4　根因分析

在云上应用的故障排查中，根因分析是至关重要的最后一步。其主要目标是深入探究导致应用异常的根本原因，而不仅仅满足于解决表面问题。一个成功的根因分析不仅有助于解决当前遇到的问题，还能提供针对未来问题的预防策略。

根因分析是一种系统化的方法，其效果取决于对具体的应用上下文的理解，以及有关最近发生的事件的完整知识，例如，最近的版本发布、主机宕机、指标异常或核心数据库问题。对于经验丰富的运维团队来说，这种分析基于对云上应用的深入了解和丰富的故障处理经验。

在进行根因分析时，常用的两种主要方法是对照对比和关联分析。

- 对照对比法侧重于将当前数据与过去的数据、历史经验或正常样本进行对比，从而识别出异常。通过聚合多个服务或实例的相同指标数据，运维人员可以直观地辨别出哪些组件表现不正常。例如，如果某个应用实例发生故障，则可能导致其服务的成功率低于平均水平，通过对比可以很容易地发现这个问题。

- 关联分析则强调利用链路追踪工具或预定义的关系模型来自动揭示问题所在组件和服务之间的联系。若一个关键业务服务的成功率下降，那么运维人员可以利用关联分析在不同的监控层级（如接入层、应用层、基础设施层、中间件层等）之间寻找潜在的异常源头。这种方法的优势在于能够迅速定位问题的根本原因。

总体而言，对于故障恢复和根因分析，虽然云平台可以提供一部分相关工具，但整体而言，因为与应用强绑定，所以无法采用通用的解决方案。目前云服务商也无法提供一站式的解决方案。

7.4.5 案例：某电商平台存储集群变更故障

一家知名的电商平台由于变更管理控制不当，在进行存储集群的变更操作时不小心引发了其容器平台的故障。这一故障导致整个容器化数据库长时间不可用，进而给该公司的在线零售业务造成了严重的损失。接下来，我们将对这一故障的发生过程进行详细分析，以便对整个事故进行解构和重新认识。

1. 存储集群变更导致故障

在故障发生的那天，该电商平台的存储 SRE 团队正试图部署分布式存储系统的新版本。在变更过程中，他们尝试重启整个分布式存储集群。然而，由于一次性重启的节点数量超过总数的一半，致使分布式事务算法失去了大多数节点的支持，从而引发了短暂的服务中断。从变更管理的角度来看，这次变更没有采用像灰度发布这样的谨慎策略，也没有准备好有效的回滚方案，因此无法迅速恢复服务。

2. 故障蔓延至 K8s 集群

由于该电商平台的 K8s 集群将所有配置文件存储在受影响的分布式存储集群上，因此故障影响扩散到了 K8s 集群。在 K8s 集群的发布更新过程中，当管控平台准备部署新版本时，它会同时发布 K8s 运行时所需的配置文件模板。随后，K8s 运行环境会从存储集群中拉取必要的配置项来填充这个模板。不幸的是，该平台的 K8s 集群配置信息全都保存在受影响的分布式存储服务中。由于存储服务不可用，因此 K8s 管控平台尝试拉取配置的请求均宣告失败。

在这种情况下，K8s 管控平台中存在一个缺陷：当未能成功拉取到配置信息时，本应重新尝试获取的逻辑没能正确执行。相反，代码中的回退逻辑错误地被激活。这个回退逻辑的意图是在无法获取最新配置的情况下，退回到先前兼容的版本。但是，之前的几个配置版本存在一些与当前 K8s 运行环境不兼容的设置。因此，K8s 管控平台持续回退，直到找到一个理论上可以兼容的版本。然而，由于所回退的配置版本过于陈旧，导致最终渲染出的配置信息出现错误。这些过时的配置项并不适合当前的 K8s 运行环境，从而引发了后续的一系列不兼容问题和错误。

因此，K8s 管控集群在配置项拉取过程中的管控逻辑缺陷成了这次故障的一个根本原因。

错误的配置数据被分发到 K8s 集群的各个工作节点，并且在发布过程中同样没有采取分阶段的灰度发布策略。工作节点接收到这些配置信息后，仅执行了配置的校验和（checksum）检查，但并未进行版本比对，结果导致错误的配置被安装到 K8s 集群工作节点的 Kubelet 上。Kubelet 因为错误配置而无法正常重启，使得工作节点与 K8s 管控平面的控制器失去联系，进而使得那些节点上的所有 Pod 被标为 LOST 状态。

当 K8s 管控平面的控制器侦测到 Pod 丢失后，它会尝试迅速创建新的 Pod 来替换掉那些标有 LOST 状态的 Pod。不过，由于需要在短时间内为大量新 Pod 分配 IP 地址，K8s 管控平面的网络控制器无法及时响应，导致短暂的服务不可用。尽管服务很快通过 K8s 的自我恢复机制恢复正常，但随后管控平面的控制器开始将 Pod 标记为就绪状态，这一操作激增了 Etcd 数据库的读写请求，最终致使 K8s 管控平面的核心数据库——Etcd 服务中断。

在现场，K8s 的 SRE 团队在确定了故障的根本原因后，着手通过手动方式向系统中注入正确的 Kubelet 配置，从而使 K8s 集群逐步回归正常运作状态。

3. 故障蔓延至容器化数据库

尽管 K8s 集群开始逐渐复苏，但故障的影响已波及到建立在 K8s 之上的容器化数据库集群。在 K8s 恢复期间，每个节点都会向数据库集群的代理（即 K8s 中的 APIServer）发起请求以获取自身的状态信息。不过，这些请求并未经过适当的优化；每个节点在获取信息时，并没有只查询自身状态，而是下载了整个集群的完整信息，这导致 APIServer 超载，并发生了内存耗尽（OOM）错误，从而使得 APIServer 服务变得不可用。

最初，尝试通过扩展 APIServer 的方式来解决问题，但由于采用了轮询负载均衡算法，并且总是从编号为 0 的节点开始，结果导致大量请求持续集中在一个特定的 APIServer 节点上，进而使得这个节点不断因过载而崩溃。最终，通过临时部署一台高配置服务器作为 APIServer，才设法承受住了流量压力，恢复了 K8s 集群的正常运作。

　　从容器化数据库的角度来看，数据库集群本应在 K8s 集群恢复后自行愈合。但实际上，数据库 SRE 运维团队在现场操作时犯了一个严重的错误。也就是说，在尝试查询所有 Pod 的状态时，由于输入错误，技术人员不慎删除了所有的 Pod。这个错误发生在复制先前在 Etcd 上清除无响应 Pod 的命令时，技术人员在执行查询操作时并未将"delete"命令更改为"get"命令，因此执行的结果导致所有的 Pod 被删除，造成数据库依旧无法投入使用。这个事件反映出 SRE 团队在生产环境操作时的不规范性，强调了重要操作必须有人同行或进行双重检查以避免失误。

　　数据库 SRE 团队随后使用备份数据进行恢复，整个过程大约耗时 40 分钟。但由于备份数据原本并非设计用于整个集群的重建，因此恢复后的实例默认设置为只读状态。接着，团队又花了两小时手动重置，并恢复了 2500 个集群和 17000 个实例的读/写权限及其主从复制关系。

　　总的来说，这场故障起源于存储集群的变更操作，但由于系统设计缺陷和现场决策不当，故障迅速波及其他系统，最终导致长时间的业务中断。此事件凸显了变更管理和灾难恢复在运维中的重要性。同时，现场应对状况表明了缺乏实际演练会导致应对混乱。

第 8 章

Chapter 08

应用上云总结与展望

在前面的章节中，我们首先从时间维度和空间维度介绍了应用本身，紧接着，我们深入探讨了应用程序的功能特性、高可用性、高并发处理能力、安全性和可运维性。这样旨在为读者展现一个架构上完整且逻辑清晰的应用上云过程。

随着本书的尾声渐近，我们即将结束这段关于应用迁移上云的旅程。在结论部分，我们将从一个更宏观的角度来对比云上和云下应用的不同、上云面对的挑战、展望云上应用未来发展的趋势。我们希望通过这种方式，能够为广大读者提供更多的启发和思考。

8.1　云上/云下对比

随着科技的进步和云计算技术的日趋成熟，越来越多的企业选择将自己的应用和数据从传统的数据中心迁移到云平台。对比上云后的应用与之前的情况，我们可以发现，其 IaaS 资源的供给和配置更为便利和实时，PaaS 的管理和运维变得更为自动化，应用运行时的管理也变为全托管模式。

8.1.1　IaaS 供给和配置更为实时便利

在云环境中，IaaS（基础设施即服务）为企业提供了一种更加灵活和高效的资源管理方法，相较于传统的物理部署，其优势更为显著。在传统数据中心场景下，企业需要购买、设置和维护实体硬件，包括服务器、存储设备和网络设施。不仅需要一次性的购买成本，还包括长期的维护和升级开支。更重要的是，随着业务需求的变动，调整硬件规模往往是费时费力的工作。相对地，云环境中的 IaaS 允许企业根据实际需求动态分配和调整资源，如计算能力、存储空间和网络带宽，这种按需分配的原则极大地提升了资源使用的灵活性。

举例来说，当面临应用流量的突然增长时，企业能够迅速扩充资源以适应需求高峰；而在需求减少时，又能快速缩减资源，从而有效控制成本。这种资源的即时供应是云平台相对于传统数据中心的一大优势。在传统环境中，扩展资源需要购买新硬件、等待交货、安装和配置等一系列步骤，可能耗时数周乃至数月。而在云平台上，同样的过程可以在几分钟之内完成，大大增强了企业的业务敏捷性，使之能更有效地响应市场变化和客户需求。

这些改变意味着资源供给和配置的自动化成为云计算环境的核心特征。工具如 Terraform 便在实现云资源自动化管理中扮演了关键角色。通过 Terraform，企业可以使用高级配置语言来描述所需的云资源，并通过自动化的过程来创建、更新或者销毁这些资源。这允许企业定义一套明确统一的基础设施规格，并自动实施这个规格以配置相应的资源。例如，企业可以定义一个包括负载均衡器、多个 Web 服务器和数据库服务器的基础设施，并利用 Terraform 在不同的云平台上自动部署这些资源。此外，由于 Terraform 支持多种云服务商，因此企业可以使用相同的工具集跨不同的云环境进行管理。同时，借助 Terraform 的声明式语法，企业可以在版本控制系统中追踪基础设施的变化，加强其可审计性和可追溯性。

8.1.2　PaaS 管理和运维更为自动化

PaaS（平台即服务）提供了一种更加高效、自动化的方式来部署、管理和运维基础软件。与传统的基础软件管理方式相比，PaaS 具有许多明显的优势，尤其在管理和运维自动化方面。

传统的软件部署和运维通常依赖于人工操作，这不仅消耗了大量的时间和资源，还可能由于人为操作错误而导致配置不当或安全隐患。PaaS 通过提供一个整合的、开箱即用的平台，简化了应用程序从开发到部署直至运维的全过程。在 PaaS 环境下，基础设施的部署、维护和管理都实现了自动化。PaaS 用户无须操心底层的操作系统、中间件或数据库的配置和管理，可以专注于自己的业务逻辑，从而更快地响应市场变化，提升竞争力。

以公有云上的分布式数据库服务为例，这是 PaaS 自动化管理优势的一个生动展示。许多公有云服务商提供的分布式数据库解决方案，像 Amazon RDS 和腾讯云的 TDSQL 等，都充分利用了自动化技术，使运维变得更加简便和高效。

- 自动实现主从部署：传统的数据库部署往往需要手动设置主从关系，确保数据的一致性和高可用性。而在公有云的 PaaS 服务中，这一切都是自动完成的。例如，当用户选择部署一个多节点的数据库集群时，PaaS 服务会自动为用户配置主节点和多个从节点，确保数据的冗余和高可用性。

- 自动实现三地数据库实例同步：为了确保数据的安全和合规性，许多用户需要在不同的可用区或地域部署数据库实例，实现数据的跨地理冗余。在 PaaS 服务中，三地数据库实例同步变得异常简单。用户只需在选择产品时选择需要同步的地域，PaaS 服务就会自动处理数据的复制和同步，确保数据在各个地域都是最新的。

- 自动配置数据库代理（Proxy）实现 SQL 请求路由：在使用多实例数据库时，在传统的数据库环境中，应用需要硬编码数据库的地址和端口，这在多节点、多地域的部署场景下会变得非常复杂。而在云上 PaaS 环境中，云服务商会自动为用户提供一个数据库 Proxy，并且在启动时对其进行自动配置和管理，使得应用无须关心具体的数据库节点和地域，只需发送 SQL 请求，PaaS 服务就会自动路由请求到合适的节点和地域，确保最佳的性能和数据一致性。

PaaS 为云上应用提供了一种高度自动化的基础软件管理和运维环境，尤其在基础软件的部署、管理和运维方面。这使得用户可以更简单、高效地部署和管理基础软件，释放更多的资源和精力来关注核心业务。

8.1.3　应用运行时管理全托管

在传统的云环境中，应用的运行和管理具有许多复杂性，例如，资源配置、部署、进程守护、跨节点调度等。随着云计算技术的发展，我们现在可以利用先进的工具和平台，如 K8s，实现应用运行时的全托管服务，将许多日常的运维任务进行自动化处理，从而极大地提高运维工作的效率，增强系统的可靠性。

- 应用运行状态的保持（Pod 替代传统的应用进程守护）：在传统的云环境中，要确保应用进程能够持续运行并在遇到故障时能够迅速恢复，往往需要使用各种进程守护工具。这些工具会监视应用进程，一旦检测到进程崩溃或停止，就会自动重新启动它。云上的 K8s 引入了一个核心概念——Pod。Pod 是 K8s 中部署容器的最小单元，通常每个 Pod 都包含一个主容器，以及可能的辅助容器。这些容器共享存储、网络和运行环境，形成一个统一的执行环境。借助 Pod，我们不再关心单一的应用进程，而是关心 Pod 的生命周期。K8s 确保 Pod 的运行状态，如果 Pod 由于任何原因失败或被终止，K8s 就会自动创建一个新的 Pod 来替换它，确保应用的连续可用性。

- 应用的容量管理（通过 Deployment 实现）：Deployment 是 K8s 中的另一个核心资源对象，用于描述和控制 Pod 的生命周期。通过 Deployment，用户可以定义应用的期望状态，例如，期望的 Pod 副本数量、更新策略、滚动更新设置等。一旦定义了 Deployment，K8s 会确保始终有指定数量的 Pod 副本在运行。例如，如果应用突然面临高流量，需要增加容量，管理员只需更新 Deployment 中的副本数量，K8s 就会自动调整 Pod 的数量，无须人工干预。反之，当流量减少时，也可以相应地减少 Pod 的数量，实现资源的高效利用。

- 跨节点调度（通过 Scheduler 实现）：在一个拥有数十到数百个节点的大型 K8s 集群中，合理地在各个节点间分配和安排 Pod 是一个非常复杂的任务。K8s 的 Scheduler 组件专门负责这项工作。Scheduler 依据各种策略和限制条件，比如资源需求、节点亲和性、节点反亲和性、污点和容忍度等，来为每个 Pod 挑选合适的部署节点。这样就确保了 Pod 能够获取必要的资源，同时通过负载均衡和故障恢复来增强集群的高可用性。例如，如果某个节点资源紧张，Scheduler 就会把新的 Pod 调度到资源充足的其他节点。若节点发生故障，Kubernetes 就会自动将该节点上的 Pod 迁移到健康的节点上运行。

随着应用上云的推进，应用运行时的管理变得更加自动化和全托管化。借助先进的平台和工具，如 K8s，企业可以实现应用的高效部署、自动扩缩容、跨节点调度和故障恢复，从而提高应用的可靠性和运行效率，减轻人工运维的工作负担。

8.2　上云的挑战

在数字化转型的浪潮中，众多企业都选择了将自身的应用迁移到云端，以提高运营效率和创新能力。然而，这个转型过程并非易事，许多企业在迁移到云端时都面临不少挑战。

下面将详细探讨这些挑战及其背后的问题。

- 缺乏上云调研和规划：很多企业在开始上云前，缺乏足够深入的市场调研和战略规划。这使得他们在迁移过程中可能会忽视某些关键的业务需求，或者选错云服务商。如果没有明确和准确的上云策略和规划，企业在云上就可能会遭遇种种不稳定因素，如费用超出预算、性能不如预期等。这不仅会导致企业的资金和资源被浪费，而且可能对企业的业务和声誉造成严重甚至不可逆的伤害。

- 人员意识和能力不足：当企业决定走向云端时，首要的难题便是人员转型。云技术所需的知识结构与传统 IT 运维和开发有很大差异。很多员工可能并不熟悉云服务的特点和操作方式，这会导致他们在实际工作中感到迷茫或犹豫。还有一个关键的问题是，人员的心态和意识可能还停留在传统 IT 的模式下，这意味着他们在思考问题时往往受限于过去的经验和习惯，难以全面把握云技术带来的新机遇和新挑战。对企业来说，单纯的培训课程或技术分享是远远不够的。他们需要为员工提供一个从心态到技能全方位的转型机会，确保每个员工都能在云技术浪潮中找到自己的定位。

- 缺乏迁移工具：数据和应用的迁移是上云过程中的重要环节。由于缺乏有效的迁移工具，很多企业在迁移过程中会遭遇数据丢失、应用故障等问题，这不仅会影响企业的业务，还可能引发客户的投诉和信任危机。高效、稳定的迁移工具不仅可以保证数据和应用的完整性，还可以大大缩短迁移时间，提高迁移效率。

- 缺乏应用容量评估/管理：对于企业来说，如何确保在云上的应用能够快速、稳定地运行是一个重要的问题。这需要企业对应用的容量进行精确的评估和管理。如果缺乏这方面的能力，企业就可能会遭遇应用崩溃、性能瓶颈等问题，这不仅会影响客户的使用体验，还可能导致企业的业务损失。

- 缺乏云上运维/保障体系：企业仅仅将应用迁移到云端是远远不够的，还需要建立一套完善的云上运维和保障体系，确保应用在云端稳定地运行。如果缺乏这方面的体系，企业可能会遭遇应用故障、安全威胁等问题，这不仅会影响企业的业务，还可能导致企业的资料和数据泄露，造成不可估量的损失。

总的来说，企业在上云过程中面临的挑战是多方面的，需要企业进行全方位的考虑和准备，确保上云的过程能够顺利进行。

8.3　未来趋势

云上应用未来的发展趋势是很明朗的。首先是多云部署势在必行，其次，云上应用的精细化运营已经提上日程。

8.3.1　多云部署

下面我们来说说为什么要考虑多云部署，以及多云部署的场景。

8.3.1.1　考虑多云的原因

近年来，在云计算领域，多云架构已经成为许多企业考虑的一个重要战略方向。其背后的驱动因素多种多样，但主要可以从应用自身的稳定性、云上资源的成本，以及不同云服务商产品功能的差异三个角度进行深入探讨。

- 稳定性：多云策略的一个主要驱动力是提高系统的稳定性。在单云方案中，尽管可以通过跨可用区和地域的方式实现容灾解决方案，但仍然存在单点故障的风险。而且，不同的云服务商在地域覆盖上可能各有侧重，一些可能更擅长服务于欧美地区，而另外一些则在亚洲等地拥有更强的资源。然而，实施真正的多云战略并不简单。对于拥有大量服务的大规模企业而言，要在多个云平台上维持服务的同步和一致性是一项艰巨的任务。例如，在核心链路这样的关键场景中，任何一个服务如果不能在所有的云上同步部署，就可能影响整体应用的稳定性。另外，相比于单一云服务商的内部网络，多云之间的网络连接质量可能较低，从而产生数据分割和网络延迟问题。

- 云上资源的成本：从经济角度分析，采用多云策略虽然可能导致资源的重复投入，但它有助于避免被单一云服务商锁定的局面，从而使用户获得更强的议价能力和更多的选择自由。在单云体系中，服务的部署规模可以精确地匹配业务需求。然而，在多云环境下，出于高可用性的考虑，企业可能需要在每个云平台上进行冗余部署，以保障服务不会因某一云平台出现问题而被中断。这可能会导致总体资源成本超出实际需求，因为原本 100% 的需求在每个云上可能需要至少 80% 的容量，进而使得总资源用量超过实际需求。尽管如此，这种额外的成本相比于获得多家云服务商的议价权而言，通常被认为是值得的。对于注重成本效益的企业而言，通过利用不同云服务商的定价优惠和动态调整资源分配，可以在不牺牲业务连续性的前提下最大化经济效益。

- 不同云服务商产品功能的差异：尽管目前市场上大多数云服务商提供的云产品（如 LB、NAT、VPC、EIP 等）具有相似的功能，但它们在具体的功能和实现上往往存在差异。每家云服务商都有其自身独特的优势和专长，这使得用户可以根据自己的业务需求挑选适合的云服务产品，从而实现服务最大化的效果。有些云服务商的 IaaS 有较强的稳定性，而有些云服务商则在大数据、人工智能产品的用户体验上有很大优势。因此，用户可以根据自身的业务需求挑选最适合的云服务产品，以此来达到最佳的效果。

总体而言，多云策略在提供高可用性、灵活性和避免云服务商锁定方面有其吸引力，但同时带来了技术和管理上的挑战。企业在采纳多云策略时，需要根据自身的业务需求和技术能力进行深入评估和规划，确保多云策略能为其带来真正的价值。

8.3.1.2　多云场景

在当前的多云环境中，中小企业在云迁移和应用部署方面所面临的挑战与大型或超大型企业是有差异的。中小企业的规模、需求和预算决定了其多云策略更加具有个性化的，以满足其特有的业务目标和有限的资源条件。

1. 中小规模

对于中小企业而言，由于其业务规模和数据处理需求通常不像大型企业那样复杂，为了成本效益和操作的简易性，它们更偏向于直接采用云服务商提供的 IaaS 和 PaaS 解决方案。这类服务的即插即用性质为中小企业带来了极大的便利，使它们能够迅速启动和扩展应用，而不必在基础设施建设与维护上投入巨资。

然而，采用多云环境的一个挑战是不同云服务商的 IaaS 和 PaaS 服务之间存在的差异。尽管这些服务在功能上可能类似，但它们的 API、配置和管理工具可能存在差别，这意味着中小企业需要为不同云服务商定制其应用，这无疑增加了部署和维护工作的复杂性。

为了解决这个问题，许多中小企业开始采用容器技术，如 Docker 和 K8s。Docker 让开发者能够将应用及其依赖打包成轻量级、可移植的容器，而 K8s 为这些容器提供了编排和管理功能。由于容器化应用与基础设施解耦，这使得应用可以在任何云环境中轻松部署和运行，大大减少了适配工作的需求。

总之，中小企业倾向于直接利用云上的 IaaS 和 PaaS 服务。通过采用 Docker 和 K8s 等容器技术，它们可以降低对不同云服务商的适配要求。尽管如此，在应用层面还是可能需要针对各个云平台进行定制化的调整。

2. 大型规模

大型企业与中小企业在技术、数据和资源需求上有着显著差异，因此它们在云服务的选择和管理上也有所不同。大型企业通常指具有全球用户基础、大量数据和交易量的企业，它们对性能、安全和合规性有严格要求，因此，在选择和部署云服务时必须进行周密考量。

大型企业的用户通常会有较大的资源需求，因此他们倾向于直接购买云服务商提供的 IaaS 资源，并根据自身特定的需求来配置和管理这些资源。在获得 IaaS 资源后，大型企业的用户常常会在这些基础上建立自己的 PaaS 层。这需要投入大量的技术资源和人力来开发、部署和维护这些自定义的 PaaS 产品。这些产品可能包括数据库、网关、消息队列、大数据平台、安全和监控等组件。为此，大型企业的用户通常会设立专门的团队来负责建设和维护这些 PaaS 系统。

大型用户还非常关注对数据的控制权，要求数据在不同云环境中保持同步和备份。因此，其 PaaS 产品通常具备强大的数据加密、同步、备份和恢复功能。

然而，自建 PaaS 层的做法需要较高的初始投资以及持续的维护和升级成本。尽管如此，这种策略为大型用户提供了高度的技术自主权和数据控制能力，同时赋予了他们根据业务需求灵活调整的能力。尽管这种模式带来了更高的管理成本，但对于那些有能力承担这些成本并寻求最大程度控制的企业而言，它是一种理想的解决方案。

3. 超大型规模

随着应用程序对云计算的依赖加深和规模的扩展，传统的云计算模式可能无法满足超大型规模应用程序的需求。这类用户不仅在公有云上占有大量资源，而且还具备必要的技术积累和人力资源。因此，他们可能会选择构建自己的私有云，并将其与公有云集成，以创建一个更加高效和灵活的混合云环境。

自建私有云的原因有很多。随着业务的增长，用户对云资源的需求也会随之增加。当资源使用量达到一定水平后，用户可能会发现继续在公有云上扩张成本高昂，甚至可能遇到资源限制或合规性问题。通过自建私有云，用户可以根据自己的需求定制和优化资源，保证资源的有效供给，同时降低成本。

然而，仅靠私有云可能不足以应对所有的需求。虽然私有云可以提供稳定的资源，但它的伸缩性可能不如公有云。在面对临时流量激增的情况下，用户需要在公有云上拥有能够快速扩展的资源。这样，当流量超出常规水平时，可以迅速将额外的负载转移到公有云上，确保服务的稳定性和响应速度。

混合云模式结合了私有云的稳定性和公有云的伸缩性。用户可以根据业务需求动态调整资源分配，从而实现资源的最佳利用。此外，这种模式还赋予企业更大的灵活性，使它们能够根据实际需求选择合适的云服务商，减少对单一云服务商的依赖。

此外，对于超大型规模的云上应用来说，数据的安全和合规性也是一个重要的考虑因素。私有云可以为企业提供更高的数据安全保障，企业可以完全控制自己的数据，并确保其不会被第三方访问。而公有云的安全性尽管也很高，但仍然存在数据泄露的风险。通过结合私有云和公有云，企业可以更好地平衡安全性和效率，确保数据的安全性和可用性。

然而，这种模式也面临着挑战。首先，搭建和管理私有云需要大量的资金和人力投入，这涉及采购硬件设备、建设数据中心设施、招聘技术团队等。此外，如何有效地将私有云和公有云整合起来，也是一个技术挑战，它需要确保两者之间的数据同步、负载均衡、安全性等。

总的来说，对于超大型规模的云上应用来说，选择混合云的模式，可以更好地满足其业务需求，确保资源的高效利用和数据的安全性。但这也需要企业具备相应的技术积累和资源，以便能够有效地管理和维护这种复杂的云计算环境。

8.3.2　云上应用的精细化运营

随着云计算技术在企业和组织中的广泛应用，企业和组织对云计算的关注点已经从最初的迁移应用发展到了更精细的运维和运营层面，这重点包括对云上资源和容量的精细化管理、云上服务管理体系（比如基于 ITIL 的框架）的建立对成本的严格控制，以及相关流程、体系、工具和人员的建设。

- 云上资源和容量管理：云上资源和容量的管理不仅包括对计算、存储和网络资源的使用情况进行监控和调节，更重要的是，它根据业务需求预测未来的资源需求，以确保资源的高效利用，同时避免资源浪费。在云环境中，由于资源可以按需分配和收回，所以需要一个更为灵活和自动化的管理方法，这要求运维团队与业务团队之间有更紧密的协作关系。

- 云上服务管理体系：与传统的 IT 环境相比，云环境中的服务管理需要考虑更多的变量。例如：在云环境中，由于基础设施即代码的原则，变更可以被快速地实施，但这也意味着变更的风险可能会增加。因此，需要一个更加自动化且集成度高的变更管理流程。云环境的事件管理不仅要考虑 IaaS 层面的事件，还要考虑 PaaS 和应用层面的事件，这可能涉及更多的监控工具和自动化响应机制。在多云环境中，故障可能会涉及多个云服务商和多个服务层面，这就要求故障定位和恢复过程有更复杂的协调机制和通信策略。与传统环境相比，云环境可能会有更多的未知问题。因此，问题的管理需要采取更加主动的方法来收集信息，预测并预防潜在的问题发生。

- 云上成本的管控：云计算的按需付费模式意味着，成本管理在云环境中更为重要。与传统的固定成本模式不同，云上的资源费用会根据使用量动态变化。因此，企业需要更为精细化的成本监控和分析工具，以及一个对成本和业务价值进行权衡的决策流程。

- 流程、体系、工具和人员的建设：为了有效地管理云环境，企业需要建立相关的流程和体系结构。这包括定义各种管理任务的责任和职责，确立跨团队和跨部门的协作机制，以及选择和部署适当的工具。同时，云环境的管理也需要一种新的思维方式和专业技能。对此，传统的运维人员可能需要接受新的培训，学习如何在云环境中工作。另外，企业可能还需要引入具备云技术专长的新人员。

总之，云计算为企业带来了很多机会，但也带来了新的挑战。成功地管理云环境需要组织对这些挑战有深入的了解，并采取适当的策略和手段。